中国机械工程学科教程配套系列教材

教育部高等学校机械类专业教学指导委员会规划教材

机械设计基础习题集
（第2版）

黄 平　孙建芳　编著

清华大学出版社

北 京

内 容 简 介

本书围绕"机械设计基础"课程考试和研究生入学考试,提供了习题共 2000 多道。全书共 18 章,按流行教材内容进行分章编写。每章针对一个主题,以判断题、选择题、问答题、改错题、计算题、作图题等多种形式,从不同角度测验学生应掌握的主要内容。本书提供了标准化和传统(非标准化)考试的判断题、选择题、填空题、问答题、计算题、作图题、分析题等类型的题目,每章习题都是按先标准化、后非标准化排序的,并将题目按各章分别编号,方便快捷查询。

本书可以作为近机类和机械类专业学生学习的参考用书或参加硕士研究生考试的复习指导书,也可以作为自学"机械设计基础"课程过程中检验学习效果的参考书。另外,本书还可以作为担任"机械设计基础"课程组卷教师的参考用书。

图书在版编目(CIP)数据

机械设计基础习题集/黄平,孙建芳编著. —2 版. —北京:清华大学出版社,2024.3
中国机械工程学科教程配套系列教材 教育部高等学校机械类专业教学指导委员会规划教材
ISBN 978-7-302-65150-5

Ⅰ. ①机… Ⅱ. ①黄… ②孙… Ⅲ. ①机械设计—高等学校—习题集 Ⅳ. ①TH122-44

中国国家版本馆 CIP 数据核字(2024)第 019124 号

责任编辑:刘 杨
封面设计:常雪影
责任校对:赵丽敏
责任印制:刘海龙

出版发行:清华大学出版社
  网 址:https://www.tup.com.cn,https://www.wqxuetang.com
  地 址:北京清华大学学研大厦 A 座   邮 编:100084
  社 总 机:010-83470000   邮 购:010-62786544
  投稿与读者服务:010-62776969,c-service@tup.tsinghua.edu.cn
  质量反馈:010-62772015,zhiliang@tup.tsinghua.edu.cn
印 装 者:三河市人民印务有限公司
经 销:全国新华书店
开 本:185mm×260mm 印 张:26 插 页:2 字 数:641 千字
版 次:2016 年 12 月第 1 版 2024 年 3 月第 2 版   印 次:2024 年 3 月第 1 次印刷
定 价:75.00 元

产品编号:097023-01

我曾提出过高等工程教育边界再设计的想法,这个想法源于社会的反应。常听到工业界人士提出这样的话题:大学能否为他们进行人才的订单式培养。这种要求看似简单、直白,却反映了当前学校人才培养工作的一种尴尬:大学培养的人才还不是很适应企业的需求,或者说毕业生的知识结构还难以很快适应企业的工作。

当今世界,科技发展日新月异,业界需求千变万化。为了适应工业界和人才市场的这种需求,也即是适应科技发展的需求,工程教学应该适时地进行某些调整或变化。一个专业的知识体系、一门课程的教学内容都需要不断变化,此乃客观规律。我所主张的边界再设计即是这种调整或变化的体现。边界再设计的内涵之一即是课程体系及课程内容边界的再设计。

技术的快速进步,使得企业的工作内容有了很大变化。如从 20 世纪 90 年代以来,信息技术相继成为很多企业进一步发展的瓶颈,因此不少企业纷纷把信息化作为一项具有战略意义的工作。但是业界人士很快发现,在毕业生中很难找到这样的专门人才。计算机专业的学生并不熟悉企业信息化的内容、流程等,管理专业的学生不熟悉信息技术,工程专业的学生可能既不熟悉管理,也不熟悉信息技术。我们不难发现,制造业信息化其实就处在某些专业的边缘地带。那么对那些专业而言,其课程体系的边界是否要变?某些课程内容的边界是否有可能变?目前不少课程的内容不仅未跟上科学研究的发展,也未跟上技术的实际应用。极端情况甚至存在有些地方个别课程还在讲授已多年弃之不用的技术。若课程内容滞后于新技术的实际应用好多年,则是高等工程教育的落后甚至是悲哀。

课程体系的边界在哪里?某一门课程内容的边界又在哪里?这些实际上是业界或人才市场对高等工程教育提出的我们必须面对的问题。因此可以说,真正驱动工程教育边界再设计的是业界或人才市场,当然更重要的是大学如何主动响应业界的驱动。

当然,教育理想和社会需求是有矛盾的,对通才和专才的需求是有矛盾的。高等学校既不能丧失教育理想、丧失自己应有的价值观,又不能无视社会需求。明智的学校或教师都应该而且能够通过合适的边界再设计找到适合自己的平衡点。

我认为,长期以来,我们的高等教育其实是"以教师为中心"的。几乎所有的教育活动都是由教师设计或制定的。然而,更好的教育应该是"以学生为中心"的，即充分挖掘、启发学生的潜能。尽管教材的编写完全是由教师完成的，但是真正好的教材需要教师在编写时常怀"以学生为中心"的教育理念。如此，方得以产生真正的"精品教材"。

教育部高等学校机械设计制造及其自动化专业教学指导分委员会、中国机械工程学会与清华大学出版社合作编写、出版了《中国机械工程学科教程》，规划机械专业乃至相关课程的内容。但是"教程"绝不应该成为教师们编写教材的束缚。从适应科技和教育发展的需求而言，这项工作应该不是一时的，而是长期的，不是静止的，而是动态的。《中国机械工程学科教程》只是提供一个平台。我很高兴地看到，已经有多位教授努力地进行了探索，推出了新的、有创新思维的教材。希望有志于此的人们更多地利用这个平台，持续、有效地展开专业的、课程的边界再设计，使得我们的教学内容总能跟上技术的发展，使得我们培养的人才更能为社会所认可，为业界所欢迎。

是以为序。

2009 年 7 月

前言 PREFACE

　　《机械设计基础习题集》(第 2 版)是在第 1 版的基础上,根据这些年的使用和广大读者的建议修改、补充而形成的。本书第 1 版自 2016 年出版以来,受到了广大读者的欢迎,已成为国内"机械设计基础"课程许多学习者重要的参考书之一。与此同时,经过这些年教学改革方面的实践,以及不少读者对本书提出的建议和意见,使我们感到有必要进行一次修订,以满足广大读者的需要。

　　本书第 2 版保留了第 1 版的系统框架,共分 18 章。主要的修改内容包括:

　　(1) 新增 217 道习题。在这些新增习题中,有些是我们在教学过程中新开发用于检测教学效果的,有些是机械设计基础内容的扩展。

　　(2) 修订和补充了第 1 版中存在的错误和遗漏。此外,还对一些题目做了优化,例如对填空题,不再将非关键文字作为填空内容,使读者更容易明确需要填写的内容。

　　(3) 为方便读者使用,在这一版中,将题目按各章分别编号,这样可使读者更加快捷和便利地查询习题。

　　我们希望通过本次修订,使本书内容更加系统和完善。我们也充分认识到,随着科学技术和经济建设的不断发展,必将给机械设计基础内容增加更新和更多的知识。所以,本书在取材和论述方面仍然存在有待改进之处,敬请广大读者批评指正。

　　最后,在本版编写过程中得到了国内外许多同行的关心和支持,对于他们,以及数十年来与作者通力合作为机械设计基础教学的发展做出贡献,并为本书编写给予热情支持与帮助的同事和学生,再次致以最诚挚的感谢!

作　者

2022 年 6 月于广州

目 录
CONTENTS

第 1 章

绪　　论

1.1　判　断　题

1-1-1　变应力都是由变载荷产生的。　　　　　　　　　　　　　　　　　（　）

1-1-2　大小和方向随时间的变化而呈周期性变化的载荷称为随机变载荷。（　）

1-1-3　当零件的尺寸由刚度条件决定时,为了提高零件的刚度,应选用高强度合金钢制造。　　　　　　　　　　　　　　　　　　　　　　　　　　　　　　　（　）

1-1-4　当零件可能出现塑性变形时,应按刚度准则计算。　　　　　　　　（　）

1-1-5　非稳定变应力是指平均应力或应力幅或变化周期等随时间而变化的变应力。（　）

1-1-6　合金钢的强度极限很高,但它对应力集中也很敏感。　　　　　　　（　）

1-1-7　零件是机器的最小加工单元。　　　　　　　　　　　　　　　　　（　）

1-1-8　构件是机器的基本运动单元。　　　　　　　　　　　　　　　　　（　）

1-1-9　合金钢与碳素钢相比有较高的强度,它可以减小零件变化处的过(渡)圆角半径和降低对表面粗糙度的要求。　　　　　　　　　　　　　　　　　　　（　）

1-1-10　互相之间能做相对运动的物件是构件。　　　　　　　　　　　　（　）

1-1-11　自行车前轮轴只承受对称循环弯曲变应力。　　　　　　　　　　（　）

1-1-12　机构的作用只是传递或转换运动的形式。　　　　　　　　　　　（　）

1-1-13　机构中的主动件和被动件都是构件。　　　　　　　　　　　　　（　）

1-1-14　机器的传动部分都是机构。　　　　　　　　　　　　　　　　　（　）

1-1-15　机器是构件之间具有确定的相对运动,并能完成有用的机械功或实现能量转换的构件的组合。　　　　　　　　　　　　　　　　　　　　　　　　　（　）

1-1-16　机械零件的刚度是指机械零件在载荷作用下抵抗弹性变形的能力。（　）

1-1-17　机械零件在静载荷作用下,均受到静强度破坏。　　　　　　　　（　）

1-1-18　机械零件最基本的设计准则是刚度准则。　　　　　　　　　　　（　）

1-1-19　计算零件强度和刚度时所用的载荷是载荷系数与名义载荷的乘积。（　）

1-1-20　计算载荷通常是额定载荷乘以载荷(或工况)系数。　　　　　　　（　）

1-1-21　静载荷作用下的零件,不仅可以产生静应力,还可能产生变应力。（　）

1-1-22　零件表面越粗糙,其疲劳强度越低。　　　　　　　　　　　　　（　）

1-1-23　任何构件的组合均可构成机构。　　　　　　　　　　　　　　　（　）

1-1-24　一般小型机械,都是先小批量生产,再做定型鉴定。　　　　　　（　）

1-1-25　如果采用 45 钢制造的零件经校核发现其扭转刚度不够时,可改用 40Cr 钢以

提高刚度。 （　　）

1-1-26　由原动机额定功率计算出来的载荷称为去计算载荷,也叫名义载荷。 （　　）

1-1-27　塑性材料制造的零件在静应力作用下,其失效形式是塑性变形,但在变应力作用下,其主要失效形式是疲劳断裂。 （　　）

1-1-28　增大零件的截面尺寸只能提高零件的强度,不能提高零件的刚度。 （　　）

1-1-29　增大零件过渡曲线的圆角半径可以减小应力集中。 （　　）

1-1-30　只从运动方面讲,机构是具有确定相对运动构件的组合。 （　　）

1-1-31　周期不变的变应力为稳定循环变应力。 （　　）

1.2　选　择　题

1-2-1　下列机械零件中,_____是专用零件。
（A）拖拉机发动机的气门弹簧　　　　（B）往复式内燃机的曲轴
（C）火车车轮　　　　　　　　　　　（D）自行车的链条

1-2-2　组成机构并且相互间能_____的物体,叫作构件。
（A）做功　　　　　（B）作用　　　　　（C）做绝对运动　　　（D）做相对运动

1-2-3　机器或机构都是由_____组合而成的。
（A）构件　　　　　（B）零件　　　　　（C）器件　　　　　　（D）组件

1-2-4　由塑性材料制成的零件进行静强度计算时,其极限应力为_____。
（A）比例极限　　　（B）弹性极限　　　（C）屈服极限　　　　（D）强度极限

1-2-5　机械设计课程研究的对象是_____。
（A）专用零件　　　　　　　　　　　（B）标准零件
（C）常规工作条件下的通用零件　　　（D）特殊工作条件下的零件

1-2-6　构件之间具有_____的相对运动,并能够完成有用的机械功或实现能量转换的构件的组合,叫作机器。
（A）一定　　　　　（B）确定　　　　　（C）多种　　　　　　（D）不同

1-2-7　变压器是_____。
（A）机器　　　　　（B）机构　　　　　（C）机械　　　　　　（D）A、B、C 都不是

1-2-8　在碳素结构钢中,中碳钢的含碳量通常为_____。
（A）$0.1\%\sim0.3\%$　　　　　　　　　（B）$0.3\%\sim0.5\%$
（C）$0.5\%\sim0.7\%$　　　　　　　　　（D）$0.7\%\sim0.9\%$

1-2-9　4 个结构和材料完全相同的零件甲、乙、丙、丁,若承受最大的应力也相同,而应力特性系数 r 分别等于 $+1.0,0,-0.5,-1.0$,则最可能先发生失效的是_____。
（A）甲　　　　　　（B）乙　　　　　　（C）丙　　　　　　　（D）丁

1-2-10　灰铸铁和钢相比较,_____不能作为灰铸铁的优点。
（A）价格便宜　　　　　　　　　　　（B）抗拉强度较高
（C）耐磨性和减摩性好　　　　　　　（D）抗冲击载荷能力强

1-2-11　一台完整的机器通常包括的基本部分有:原动部分、中间部分、工作部分、传动

部分。此句中错误的是：_____。

　　(A) 原动部分　　(B) 中间部分　　(C) 工作部分　　(D) 传动部分

1-2-12　零件的工作安全系数等于_____。

　　(A) 零件的极限应力比许用应力

　　(B) 零件的工作应力比许用应力

　　(C) 零件的极限应力比零件的工作应力

　　(D) 零件的工作应力比零件的极限应力

1-2-13　碳钢和合金钢是按_____来区分的。

　　(A) 用途不同　　　　　　　　(B) 材料的强度

　　(C) 材料的塑性　　　　　　　(D) 材料的化学成分

1-2-14　机械产品的经济评价通常只计算_____。

　　(A) 设计费用　　(B) 制造费用　　(C) 调试费用　　(D) 实验费用

1-2-15　"机械设计基础"课程研究的内容只限于_____。

　　(A) 专用零件的部件

　　(B) 在高速、高压、环境温度过高或过低等特殊条件下工作的及尺寸特大或特小的通用零件和部件

　　(C) 在普通工作条件下工作的一般参数的通用零件和部件

　　(D) 标准化的零件和部件

1-2-16　机器的工作部分用于完成机械预定的_____,它处于整个传动的终端。

　　(A) 工作　　(B) 机构　　(C) 动作　　(D) 零件

1-2-17　对于受循环变应力作用的零件,影响疲劳破坏的主要应力成分是_____。

　　(A) 最大应力　　(B) 平均应力　　(C) 应力幅　　(D) 最小应力

1-2-18　材料硬度的代号是_____。

　　(A) ZB　　(B) TB　　(C) HGB　　(D) HRC

1-2-19　划分材料是塑性或脆性的标准,主要取决于_____。

　　(A) 材料的强度极限　　　　　(B) 材料在变形过程中有无屈服现象

　　(C) 材料硬度的大小　　　　　(D) 材料的疲劳极限

1-2-20　机器的工作部分须完成机器的_____动作,且处于整个传动的_____。

　　(A) 不同;初端　　　　　　　(B) 预定;终端

　　(C) 预定;初端　　　　　　　(D) 不同;终端

1-2-21　构件是机器的_____单元;零件是机器的_____单元。

　　(A) 运动;制造　　　　　　　(B) 工作;运动

　　(C) 工作;制造　　　　　　　(D) 制造;运动

1-2-22　从运动的角度看,机构的主要功能在于传递运动或_____。

　　(A) 做功　　　　　　　　　　(B) 转换能量的形式

　　(C) 转换运动的形式　　　　　(D) 改变力的形式

1-2-23　一等截面直杆,其直径 $d=15$mm,所受静拉力 $F=40$kN,材料为 35 钢,$\sigma_B=540$N/mm^2,$\sigma_s=320$N/mm^2,则该杆的工作安全系数 S 为_____。

　　(A) 2.38　　(B) 1.69　　(C) 1.49　　(D) 1.41

1-2-24　机器或机构的_____之间具有确定的相对运动。

（A）构件　　　　　（B）零件　　　　　（C）器件　　　　　（D）组件

1-2-25　机器可以用来代替人的劳动,完成有用的_____。

（A）动能　　　　　（B）机械功　　　　　（C）势能　　　　　（D）力

1-2-26　零件的形状、尺寸、结构、精度和材料相同时,磨削加工的零件与精车加工的零件相比,其疲劳强度_____。

（A）较高　　　　　（B）较低　　　　　（C）相同　　　　　（D）不确定

1-2-27　机械零件由于某些原因不能_____时称为失效。

（A）工作　　　　　（B）连续工作　　　　　（C）正常工作　　　　　（D）负载工作

1-2-28　机器工作部分的结构形式取决于机械本身的_____。

（A）组成情况　　　　　（B）用途　　　　　（C）强度　　　　　（D）刚度

1-2-29　从经济性和生产周期性考虑,单件生产的箱体最好采用_____。

（A）铸铁件　　　　　（B）铸钢件　　　　　（C）焊接件　　　　　（D）塑料件

1-2-30　零件强度计算中的许用安全系数是用来考虑_____。

（A）载荷的性质、零件价格的高低、材料质地的均匀性

（B）零件的应力集中、尺寸大小、表面状态

（C）计算的精确性、材料的均匀性、零件的重要性

（D）零件的可靠性、材料的机械性能、加工的工艺性

1.3　填　空　题

1-3-1　材料的塑性变形通常发生在低速_____的情况下。

1-3-2　材料的许用应力越大,表明材料的强度就越_____。

1-3-3　从运动的角度看,机构的主要功能在于_____运动或_____运动的形式。

1-3-4　当转子的转动频率接近其固有频率时,就会发生_____。

1-3-5　构件之间具有_____的相对运动,并能完成有用机械功或实现能量转换的_____组合称为机器。

1-3-6　机器的传动部分是把原动部分的运动和功率传递给工作部分的_____。

1-3-7　机器的工作部分须完成机器的_____动作,且处于整个传动的终端。

1-3-8　机器或机构都是由_____组合而成的。

1-3-9　机器或机构的_____之间具有确定的相对运动。

1-3-10　机器可以用来_____人的劳动,完成有用的机械功。

1-3-11　机械产品开发性设计的核心是_____设计及结构。

1-3-12　机械产品设计中的"三化"是指_____、系列化和通用化。

1-3-13　机械零件的断裂是由于材料的_____不足造成的,机械零件的变形过大是由于材料的_____不足造成的。

1-3-14　机械零件的主要失效形式有:_____变形过大、振动过大和表面失效。

1-3-15　非液体摩擦的机械零件设计准则主要是指在接触表面间的 $p \leqslant [p]$、_____

和 $v \leqslant [v]$。

1-3-16　机械设计基础学习的主要目的是掌握常用机构、_____机械零部件和简单机械的设计。

1-3-17　机械设计中所说的失效是指机械零件由于某些原因_____工作。

1-3-18　机械是_____和_____的总称。

1-3-19　计算载荷是指考虑实际工作条件(如冲击、振动等)下产生附加载荷后,乘以载荷系数所得到的_____作用载荷。

1-3-20　静载荷是指大小和方向不随时间变化或者变化非常_____的载荷。

1-3-21　机械零件强度准则的形式是:判断危险截面处的最大应力是否_____许用应力或实际安全系数是否_____许用安全系数。

1-3-22　为了提高零件的抗拉和抗压强度,增加零件的_____最为有效。

1-3-23　在静强度条件下,塑性材料的极限应力是_____极限;而脆性材料的极限应力是_____极限。

1-3-24　在静载荷作用下的机械零件,不仅可以产生_____应力,还可能产生_____应力。

1-3-25　组成机构,且相互间能做_____运动的物体叫作构件。

1-3-26　一个由多个零件组成的构件,其零件之间_____运动。

1.4　改　错　题

1-4-1　机构的构件之间可以有确定的相对运动。

1-4-2　机器的工作部分用于完成机械预定的工作,它处于整个传动的终端。

1-4-3　机器的原动部分是机械运动的来源。

1-4-4　机器就是用来代替人的劳动。

1-4-5　机器工作部分的几何形状取决于其本身的用途。

1-4-6　具有一定相对运动的构件的组合称为机构。

1.5　问　答　题

1-5-1　机械零件疲劳强度的计算方法有哪两种?其计算准则各是什么?

1-5-2　什么是机械?

1-5-3　机器应具有什么特征?机器通常由哪几部分组成?各部分的功能是什么?

1-5-4　机器与机构有什么异同点?

1-5-5　机械零件有哪些主要失效形式?试结合日常接触的机器举出其中几种零件的失效形式,并分析原因。

1-5-6　设计机器时应满足哪些基本要求?

1-5-7　2个曲面形状的金属零件相互压紧,其表面接触应力的大小由哪些因素确定?

如果这 2 个零件的材料、尺寸都不同，那么其相互接触的各点上彼此的接触应力值是否相等？

1-5-8　机械零件常用的材料有哪些？

1-5-9　什么是零件的工作能力？什么是零件的承载能力？

1-5-10　设计机械零件时应满足哪些基本要求？

1-5-11　试述机械零件的失效和破坏的区别。

1-5-12　机械零件的条件性计算是什么意思？

1-5-13　试述机械零件的设计准则。

1-5-14　机械的现代设计方法与传统设计方法有哪些主要区别？

1-5-15　什么是通用零件？什么是专用零件？各举 2 个实例。

1-5-16　什么叫构件？什么叫零件？试各举 2 个实例。

1-5-17　机械零件的计算准则与失效形式有什么关系？常用的计算准则有哪些？它们分别是针对什么失效形式建立的？

1-5-18　设计计算与校核计算有什么区别？各在什么条件下采用？

1-5-19　机械零件设计的一般步骤有哪些？

1-5-20　选择零件材料时要了解材料的哪些主要性能？合理选择零件材料须考虑哪些具体条件？

1-5-21　机械零件设计时有哪些基本要求？

第 2 章

平面机构的自由度

2.1 判 断 题

2-1-1 凡两构件直接接触,而又相互连接的都叫运动副。 （　　）

2-1-2 运动副是连接,连接也是运动副。 （　　）

2-1-3 运动副的作用是用来限制或约束构件的自由运动的。 （　　）

2-1-4 螺栓连接是螺旋副。 （　　）

2-1-5 两构件通过内表面和外表面直接接触而组成的低副,都是回转副。 （　　）

2-1-6 组成运动副的两构件之间的低副接触一定是面接触。 （　　）

2-1-7 两构件通过内、外表面接触,既可以组成回转副,也可以组成移动副。 （　　）

2-1-8 滚动轴承属于由点接触或线接触零件组成的运动低副。 （　　）

2-1-9 根据两构件间的连接形式不同,运动副分为低副和高副。 （　　）

2-1-10 面接触或线接触的运动副称为低副。 （　　）

2-1-11 线接触的运动副称为高副。 （　　）

2-1-12 若一个机构的自由度数为 2,则该机构具有确定运动共需 2 个原动件。（　　）

2-1-13 一个机构的自由度数应小于它的原动件数。 （　　）

2-1-14 只有当自由度数大于原动件数时,机构才能有确定的运动。 （　　）

2-1-15 机器是具有确定的相对运动,并能完成有用的机械功或实现能量转换的构件的组合。 （　　）

2-1-16 任何构件的组合均可构成机构。 （　　）

2-1-17 在平面中,两构件都自由时有 6 个相对自由度,当它们通过面接触形成运动副时留有 1 个自由度。 （　　）

2-1-18 由于移动副是滑动摩擦,所以摩擦损失大,效率低。 （　　）

2-1-19 火车车轮在铁轨上的滚动,属于高副。 （　　）

2-1-20 房门的开关运动是转动副在接触处所允许的相对转动。 （　　）

2-1-21 齿轮啮合构成的运动副是低副。 （　　）

2.2 选 择 题

2-2-1 两个构件直接接触而形成的_____,称为运动副。

（A）可动连接　　　　（B）连接　　　　（C）接触　　　　（D）无连接

2-2-2 机构具有确定运动的条件是＿＿＿＿＿。

(A) 自由度数目＞原动件数目　　　　(B) 自由度数目＜原动件数目

(C) 自由度数目＝原动件数目　　　　(D) A,B,C 都不是

2-2-3 运动副是指能使两构件之间既保持＿＿＿＿接触，又能产生一定形式相对运动的＿＿＿＿。

(A) 间接,机械连接　　　　　　　　(B) 不,物理连接

(C) 直接,几何连接　　　　　　　　(D) 相对,连接

2-2-4 由于组成运动副中两构件之间的＿＿＿＿形式不同,所以运动副分为高副和低副。

(A) 连接　　　　(B) 几何形状　　　　(C) 物理特性　　　　(D) 接触

2-2-5 组成运动副的两构件之间的接触形式有＿＿＿＿接触、＿＿＿＿接触和＿＿＿＿接触三种。

(A) 点；线；面　　　　　　　　(B) 相对；直接；间接

(C) 平面；曲面；空间　　　　　(D) 滑动；滚动；滑滚

2-2-6 两构件之间做＿＿＿＿接触的运动副,叫作低副。

(A) 点　　　　(B) 线　　　　(C) 面　　　　(D) 空间

2-2-7 两构件之间做＿＿＿＿接触的运动副,叫作高副。

(A) 平面或空间　　　　　　　　(B) 平面或曲面

(C) 曲面或空间　　　　　　　　(D) 点或线

2-2-8 回转副的两构件之间,在接触处只允许＿＿＿＿孔的轴心线做＿＿＿＿。

(A) 绕　相对转动　　　　　　　　(B) 沿　相对转动

(C) 绕　相对移动　　　　　　　　(D) 沿　相对移动

2-2-9 移动副的两构件之间,在接触处只允许按方向做＿＿＿＿相对移动。

(A) 水平　　　　(B) 给定　　　　(C) 垂直　　　　(D) 轴向

2-2-10 带动其他构件＿＿＿＿的构件,叫作原动件。

(A) 转动　　　　(B) 移动　　　　(C) 运动　　　　(D) 做回转运动

2-2-11 在原动件的带动下,做＿＿＿＿运动的构件,叫作从动件。

(A) 相对　　　　(B) 绝对　　　　(C) 机械　　　　(D) 确定

2-2-12 低副的特点是制造和维修＿＿＿＿、单位面积压力＿＿＿＿及承载能力＿＿＿＿。

(A) 容易、小、大　　　　　　　　(B) 不容易、小、大

(C) 不容易、大、小　　　　　　　(D) 容易、大、小

2-2-13 低副的特点：由于是＿＿＿＿摩擦,摩擦损失＿＿＿＿,效率＿＿＿＿。

(A) 滚动、大、高　　　　　　　　(B) 滑动、大、低

(C) 滚动、小、低　　　　　　　　(D) 容易、小、高

2-2-14 暖水杯螺旋瓶盖的旋紧或旋开是由低副组成的＿＿＿＿复合运动。

(A) 移动　　　　(B) 回转　　　　(C) 螺旋　　　　(D) 往复

2-2-15 房门的开关运动,是＿＿＿＿副在接触处所允许做的相对转动。

(A) 移动　　　　(B) 回转　　　　(C) 螺旋　　　　(D) 往复

2-2-16　抽屉的拉出或推进运动,是_____副在接触处所允许做的相对移动。

　　　　(A) 移动　　　　(B) 回转　　　　(C) 螺旋　　　　(D) 往复

2-2-17　火车车轮在铁轨上的滚动,属于_____副。

　　　　(A) 移动　　　　(B) 回转　　　　(C) 高　　　　(D) 低

2-2-18　图 2-1(a)所示两构件构成的运动副为_____,图 2-1(b)所示 A 点处形成的转动副数为_____个。

　　　　(A) 高副;2　　(B) 低副;2

　　　　(C) 高副;3　　(D) 低副;3

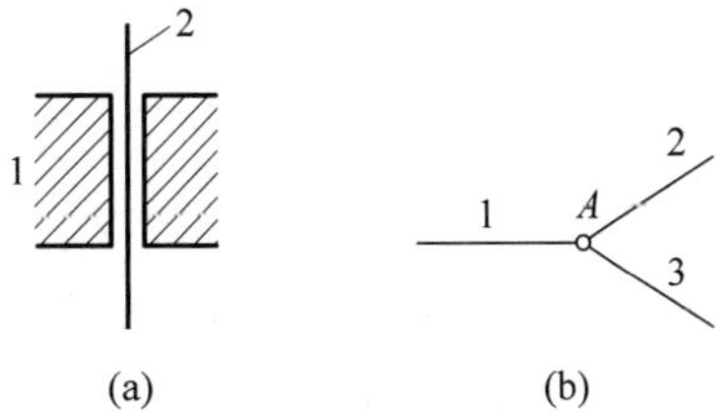

2-2-19　所谓运动副是指_____。

　　　　(A) 两构件通过接触构成的可动连接

　　　　(B) 两构件非接触下构成的可动连接

　　　　(C) 两构件非接触下构成的连接

　　　　(D) 两构件通过接触构成的连接

图 2-1

2-2-20　两构件组成平面转动副时,则运动副使构件间丧失了_____的独立运动。

　　　　(A) 2 个移动　　　　　　　　　(B) 2 个转动

　　　　(C) 1 个移动和 1 个转动　　　　(D) 不确定

题目 2-2-21～题目 2-2-23 出自如图 2-2 所示的运动机构。

2-2-21　该机构的复合铰链、局部自由度和虚约束分别为_____。

　　　　(A) 1,1,1　　(B) 1,2,1　　(C) 1,1,2　　(D) 2,1,1

2-2-22　该机构的活动构件数目、低副数目和高副数目分别为_____。

　　　　(A) 7,7,1　　(B) 6,8,1　　(C) 6,8,2　　(D) 6,7,2

2-2-23　该机构的自由度为_____。

　　　　(A) 3　　　　(B) 1　　　　(C) 2　　　　(D) 0

题目 2-2-24～题目 2-2-26 出自如图 2-3 所示的运动机构。

2-2-24　该机构的复合铰链、局部自由度和虚约束分别为_____。

　　　　(A) 0,0,0　　(B) 1,2,1　　(C) 1,1,2　　(D) 2,1,1

2-2-25　该机构的活动构件数目、低副数目和高副数目分别为_____。

　　　　(A) 3,3,1　　(B) 3,3,2　　(C) 3,2,1　　(D) 2,3,1

2-2-26　该机构的自由度为_____。

　　　　(A) 3　　　　(B) 1　　　　(C) 2　　　　(D) 0

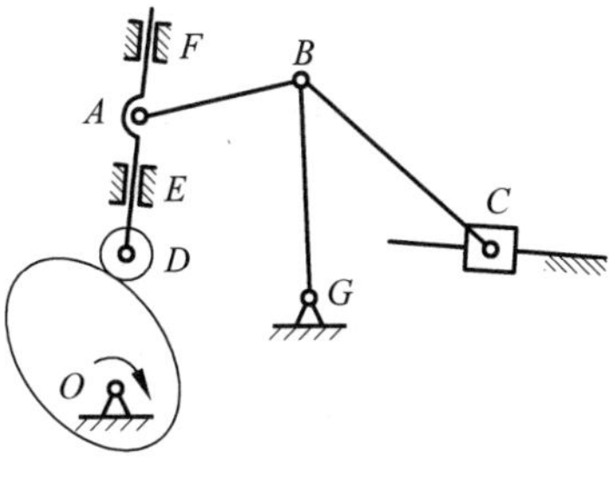

图 2-2 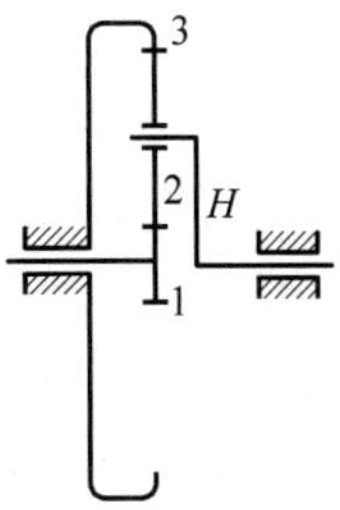　　　　　　　　图 2-3

题目 2-2-27～题目 2-2-29 出自如图 2-4 所示的运动机构。

2-2-27 该机构的复合铰链、局部自由度和虚约束分别为_____。

(A) 3,0,0   (B) 3,0,1   (C) 2,0,0   (D) 3,1,0

2-2-28 该机构的活动构件数目，低副数目和高副数目分别为_____。

(A) 6,7,2   (B) 6,7,3   (C) 7,8,3   (D) 7,9,2

2-2-29 该机构的自由度为_____。

(A) 3   (B) 1   (C) 2   (D) 0

题目 2-2-30～题目 2-2-32 出自如图 2-5 所示的运动机构。

2-2-30 该机构的复合铰链、局部自由度和虚约束分别为_____。

(A) 3,0,0   (B) 3,1,0   (C) 1,0,1   (D) 0,1,3

2-2-31 该机构的活动构件数目、低副数目和高副数目分别为_____。

(A) 7,8,3   (B) 6,7,3   (C) 6,7,2   (D) 7,8,4

2-2-32 该机构的自由度为_____。

(A) 3   (B) 1   (C) 2   (D) 0

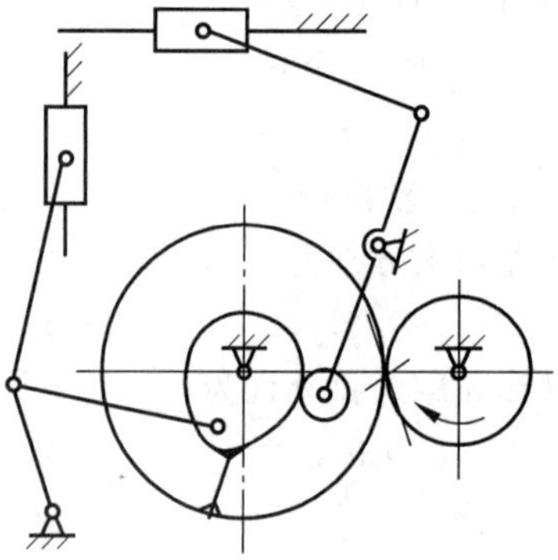

图 2-4

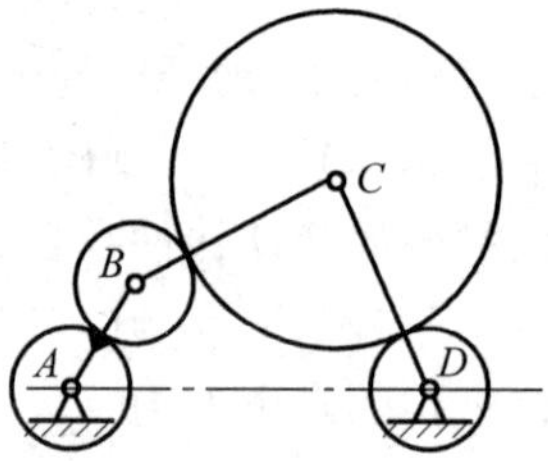

图 2-5

题目 2-2-33～题目 2-2-35 出自如图 2-6 所示的运动机构。

2-2-33 该机构的复合铰链、局部自由度和虚约束分别为_____。

(A) 1,1,1   (B) 1,1,0   (C) 1,0,1   (D) 0,1,1

2-2-34 该机构的活动构件数目、低副数目和高副数目分别为_____。

(A) 6,7,2   (B) 7,9,1   (C) 7,8,2   (D) 6,8,1

2-2-35 该机构的自由度为_____。

(A) 3   (B) 1   (C) 2   (D) 0

题目 2-2-36～题目 2-2-38 出自如图 2-7 所示的运动机构。

2-2-36 该机构的复合铰链、局部自由度和虚约束分别为_____。

(A) 1,0,0   (B) 1,1,1   (C) 1,0,1   (D) 0,1,1

2-2-37 该机构的活动构件数目、低副数目和高副数目分别为_____。

(A) 3,5,2   (B) 4,5,1   (C) 5,4,2   (D) 6,4,1

2-2-38 该机构的自由度为_____。

(A) 3   (B) 1   (C) 2   (D) 0

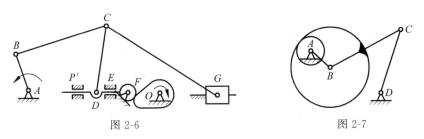

图 2-6　　　　　　　　　　图 2-7

题目 2-2-39～题目 2-2-41 出自如图 2-8 所示的运动机构。

2-2-39　该机构的复合铰链、局部自由度和虚约束分别为_____。

  (A) 0,1,1 (B) 1,1,1 (C) 1,0,1 (D) 0,0,1

2-2-40　该机构的活动构件数目、低副数目和高副数目分别为_____。

  (A) 5,7,0 (B) 4,5,1 (C) 4,5,0 (D) 6,8,1

2-2-41　该机构的自由度为_____。

  (A) 3   (B) 1   (C) 2   (D) 0

题目 2-2-42～题目 2-2-44 出自如图 2-9 所示的运动机构。

2-2-42　该机构的复合铰链、局部自由度和虚约束分别为_____。

  (A) 1,0,0 (B) 1,1,1 (C) 1,0,1 (D) 0,0,1

2-2-43　该机构的活动构件数目、低副数目和高副数目分别为_____。

  (A) 5,7,0 (B) 5,6,1 (C) 4,5,0 (D) 6,8,1

2-2-44　该机构的自由度为_____。

  (A) 3   (B) 1   (C) 2   (D) 0

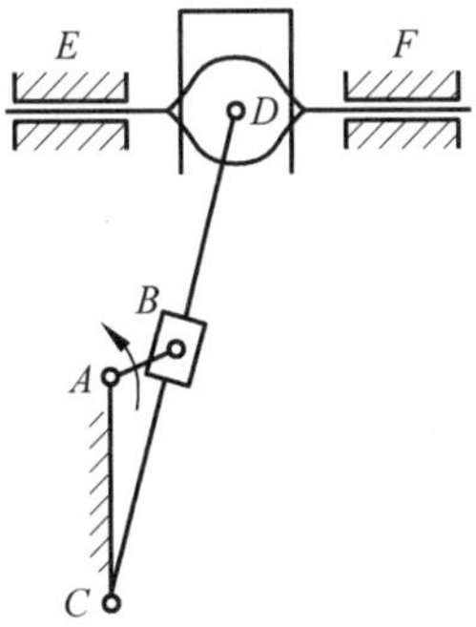

图 2-8 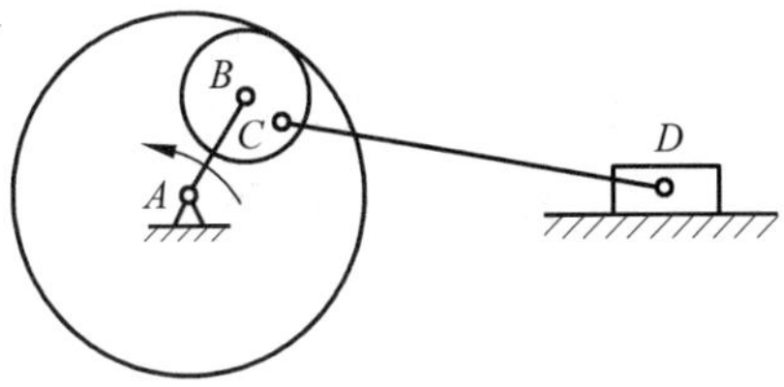　　　　　　　　　　图 2-9

题目 2-2-45～题目 2-2-47 出自如图 2-10 所示的运动机构。

2-2-45　该机构的复合铰链、局部自由度和虚约束分别为_____。

  (A) 0,0,0 (B) 0,0,1 (C) 1,0,1 (D) 0,1,0

2-2-46　该机构的活动构件数目、低副数目和高副数目分别为_____。

  (A) 4,5,0 (B) 5,7,0 (C) 5,6,0 (D) 4,5,1

2-2-47　该机构的自由度为_____。

  (A) 3   (B) 1   (C) 2   (D) 0

题目 2-2-48～题目 2-2-50 出自如图 2-11 所示的运动机构。

2-2-48　该机构的复合铰链、局部自由度和虚约束分别为_____。

（A）1,1,0　　　　（B）0,1,1　　　　（C）1,0,1　　　　（D）1,1,1

2-2-49　该机构的活动构件数目、低副数目和高副数目分别为_____。

（A）7,10,0　　　（B）8,11,1　　　（C）8,12,0　　　（D）7,9,1

2-2-50　该机构的自由度为_____。

（A）3　　　　　（B）1　　　　　（C）2　　　　　（D）0

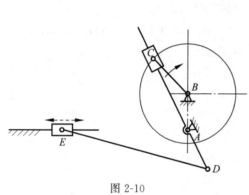
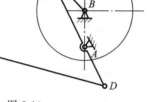

图 2-10

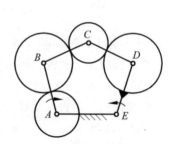

图 2-11

题目 2-2-51～题目 2-2-53 出自如图 2-12 所示的运动机构。

2-2-51　该机构的复合铰链、局部自由度和虚约束分别为_____。

（A）1,0,1　　　　（B）0,1,1　　　　（C）1,1,0　　　　（D）1,1,1

2-2-52　该机构的活动构件数目、低副数目和高副数目分别为_____。

（A）7,10,1　　　（B）8,10,2　　　（C）8,11,1　　　（D）7,9,1

2-2-53　该机构的自由度为_____。

（A）3　　　　　（B）1　　　　　（C）2　　　　　（D）0

题目 2-2-54～题目 2-2-56 出自如图 2-13 所示的运动机构。

2-2-54　该机构的复合铰链、局部自由度和虚约束分别为_____。

（A）3,0,0　　　　（B）3,1,1　　　　（C）4,0,0　　　　（D）3,0,1

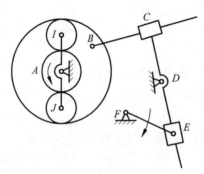

图 2-12

图 2-13

2-2-55　该机构的活动构件数目、低副数目和高副数目分别为________。

(A) 7,8,2　(B) 7,8,3　(C) 9,8,1　(D) 9,7,3

2-2-56　该机构的自由度为________。

(A) 3　(B) 1　(C) 2　(D) 0

题目 2-2-57～题目 2-2-59 出自如图 2-14 所示的运动机构。

2-2-57　该机构的复合铰链、局部自由度和虚约束分别为________。

(A) 0,1,1　(B) 0,0,1　(C) 0,1,0　(D) 1,1,1

2-2-58　该机构的活动构件数目、低副数目和高副数目分别为________。

(A) 9,8,2　(B) 6,8,1　(C) 7,9,1　(D) 7,9,2

2-2-59　该机构的自由度为________。

(A) 3　(B) 1　(C) 2　(D) 0

题目 2-2-60～题目 2-2-66 出自如图 2-15 所示的运动机构。

2-2-60　该机构的复合铰链数目为________。

(A) 1　(B) 2　(C) 3　(D) 0

2-2-61　该机构的局部自由度数目为________。

(A) 1　(B) 2　(C) 3　(D) 0

2-2-62　该机构的虚约束数目为________。

(A) 3　(B) 2　(C) 1　(D) 0

2-2-63　该机构的活动构件数目为________。

(A) 10　(B) 9　(C) 8　(D) 7

2-2-64　该机构的副数目为________。

(A) 13　(B) 12　(C) 11　(D) 14

2-2-65　该机构的高副数目为________。

(A) 1　(B) 2　(C) 3　(D) 0

2-2-66　该机构的自由度为________。

(A) 3　(B) 1　(C) 2　(D) 0

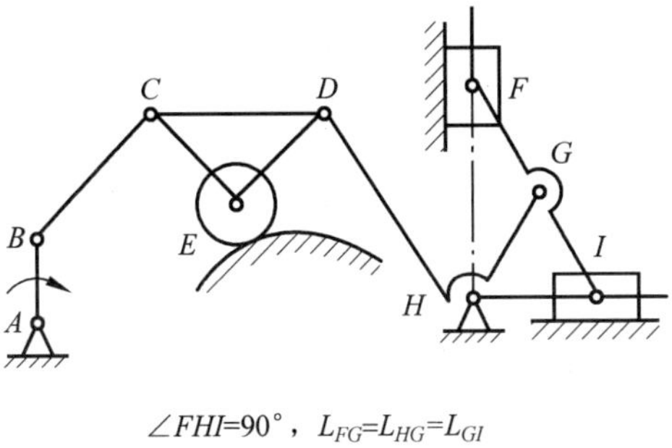
C
D
F
G
B
E
I
H
A
∠FHI=90°, $L_{FG}=L_{HG}=L_{GI}$

图 2-14

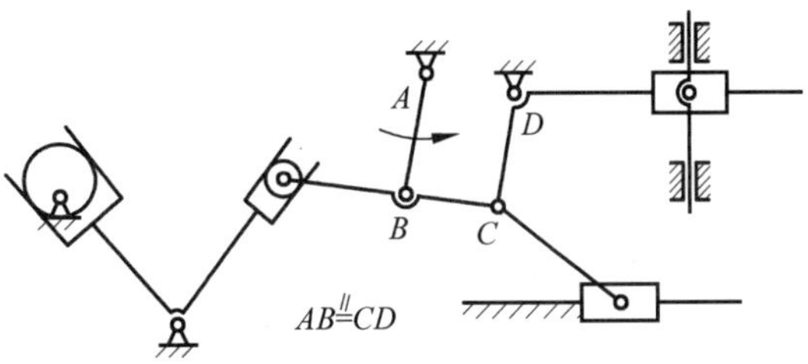
A
D
B
C
AB∥=CD

图 2-15

题目 2-2-67～题目 2-2-72 出自如图 2-16 所示的运动机构。

2-2-67　该机构的活动构件数目为________。

(A) 7　(B) 8　(C) 9　(D) 10

2-2-68 　该机构的低副数目为_____。

(A) 14 　　　　　(B) 13 　　　　　(C) 12 　　　　　(D) 11

2-2-69 　该机构的复合铰链位于_____。

(A) C 处 　　　　(B) F 处 　　　　(C) G 处 　　　　(D) H 处

2-2-70 　该机构的自由度为_____。

(A) 1 　　　　　(B) 2 　　　　　(C) 3 　　　　　(D) 4

2-2-71 　该机构的局部自由度位于_____。

(A) C 处 　　　　(B) F 处 　　　　(C) B 处 　　　　(D) H 处

2-2-72 　该机构的高副数目为_____。

(A) 1 　　　　　(B) 2 　　　　　(C) 3 　　　　　(D) 0

题目 2-2-73～题目 2-2-78 出自如图 2-17 所示的运动机构。

2-2-73 　该机构的活动构件数目为_____。

(A) 7 　　　　　(B) 6 　　　　　(C) 9 　　　　　(D) 10

2-2-74 　该机构的低副数目分别为_____。

(A) 11 　　　　　(B) 10 　　　　　(C) 9 　　　　　(D) 8

2-2-75 　该机构的复合铰链位于_____。

(A) C 处 　　　　(B) F 处 　　　　(C) D 处 　　　　(D) H 处

2-2-76 　该机构的自由度为_____。

(A) 1 　　　　　(B) 2 　　　　　(C) 3 　　　　　(D) 4

2-2-77 　该机构的局部自由度位于_____。

(A) C 处 　　　　(B) F 处 　　　　(C) B 处 　　　　(D) H 处

2-2-78 　该机构的高副数目为_____。

(A) 1 　　　　　(B) 2 　　　　　(C) 3 　　　　　(D) 0

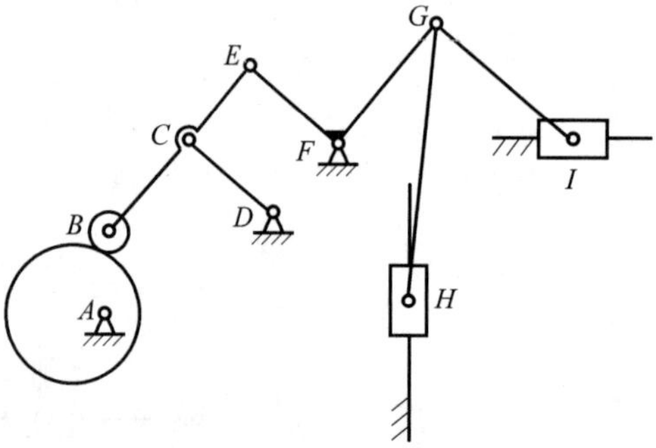

图 2-16

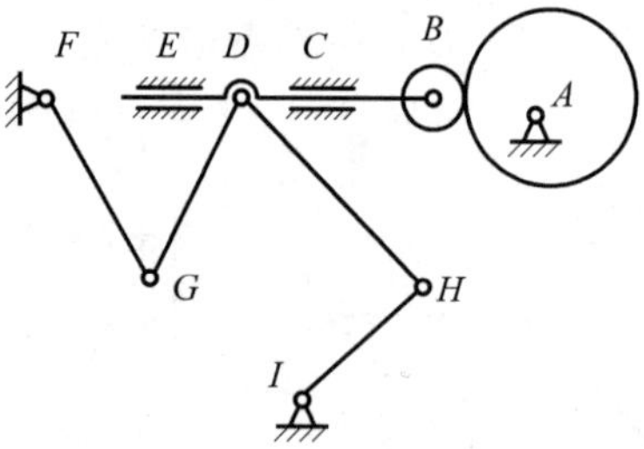

图 2-17

题目 2-2-79～题目 2-2-84 出自如图 2-18 所示的运动机构。

2-2-79 　该机构的活动构件数目为_____。

(A) 5 　　　　　(B) 4 　　　　　(C) 6 　　　　　(D) 3

2-2-80 　该机构的低副数目分别为_____。

(A) 7 　　　　　(B) 6 　　　　　(C) 4 　　　　　(D) 5

2-2-81 　该机构的复合铰链数目为_____。

(A) 2 　　　　　(B) 3 　　　　　(C) 0 　　　　　(D) 1

2-2-82　该机构的自由度为_____。

(A) 1　　　　　　　(B) 2　　　　　　　(C) 3　　　　　　　(D) 4

2-2-83　该机构的局部自由度数目为_____。

(A) 2　　　　　　　(B) 1　　　　　　　(C) 0　　　　　　　(D) 3

2-2-84　该机构的高副数目为_____。

(A) 1　　　　　　　(B) 2　　　　　　　(C) 3　　　　　　　(D) 0

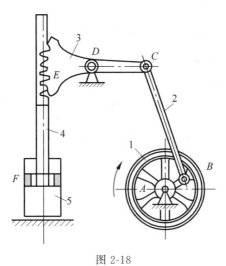

图 2-18

2.3　填　空　题

2-3-1　运动副是指既能使两构件之间保持_____接触,又能形成一定形式相对运动的_____。

2-3-2　由于组成运动副的两构件之间的_____形式不同,运动副分为高副和低副。

2-3-3　两构件之间的运动副有_____接触、_____接触和_____接触三种接触形式。

2-3-4　两构件之间为_____接触的运动副,叫作低副。

2-3-5　两构件之间为_____或_____接触的运动副,叫作高副。

2-3-6　在回转副的两构件接触处,销轴只能_____孔的轴心线做相对转动。

2-3-7　移动副的两构件之间,在接触处只允许按给定方向做_____。

2-3-8　带动其他构件_____的构件称为原动件。

2-3-9　在原动件的带动下,做确定运动的其他构件称为_____。

2-3-10　低副的优点：制造和维修容易,单位面积上的压力_____,承载能力_____。

2-3-11　低副的缺点：由于相对运动是_____摩擦,能量损耗比高副大,因此其效率_____。

2-3-12　带螺纹的瓶盖旋紧或旋松是_____副在接触处做复合运动。

2-3-13 房门的开关运动是_____副在接触处所允许做的相对转动。

2-3-14 抽屉的拉出或推进运动是_____副在接触处所允许做的相对移动。

2-3-15 火车车轮在铁轨上的滚动，构成的是_____副。

2-3-16 最基本的平面高副有_____副和_____副，平面低副有_____副和_____副。

2-3-17 按构件的接触情况，运动副分为高副与低副。高副是指_____接触，低副是指_____接触。

2-3-18 平面高副的约束数为_____，自由度为_____。

2-3-19 机构具有确定运动的条件是：_____。

2-3-20 虚约束是指在机构中_____作用的约束。

2-3-21 两构件在几处相配合而构成转动副，在各配合处两构件相对转动的轴线_____时，将引入虚约束。

2-3-22 两构件在多处接触构成移动副，各接触处两构件相对移动的方向_____时，将引入虚约束。

2.4 问 答 题

2-4-1 什么是运动副？运动副的作用是什么？

2-4-2 平面机构中的低副和高副各引入几个约束？

2-4-3 机构自由度和原动件数目之间有什么关系？

2-4-4 请用机构运动简图表示缝纫机的踏板机构。

2-4-5 什么是运动副、低副、高副？试各举一个例子。平面机构中若引入一个高副将代入几个约束？若引入一个低副又将代入几个约束？

2-4-6 机构具有确定运动的条件是什么？如果不能满足这一条件，将会产生什么结果？

2-4-7 计算平面机构自由度时，应注意什么问题？

2.5 计 算 题

2-5-1 图 2-19 所示为一简易冲床的初拟设计方案。设计者的思路是：动力由齿轮 1 输入，使轴 A 连续回转；而固装在轴 A 上的由凸轮 2 与杠杆 3 组成的凸轮机构将使冲头 4 上下运动，从而达到冲压的目的。试计算其自由度，分析其能否实现设计意图，并提出修改方案。

2-5-2 试计算图 2-20 所示偏心油泵机构的自由度。该油泵的偏心轮 1 绕固定轴心 A 转动，外环 2 上的叶片 a 在可绕轴心 C 转动的圆柱 3 中滑动。当偏心轮 1 按图示方向连续回转时，可将右侧输入的油液由左侧泵出。

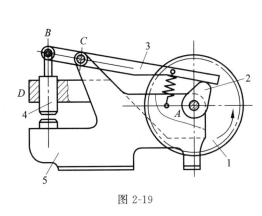
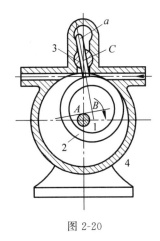

图 2-19　　　　　　　　　　图 2-20

2-5-3　图 2-21 所示为一小型压力机。图中齿轮 1 与偏心轮 1′为同一构件,绕固定轴心 O 连续转动。在齿轮 5 上开有凸轮凹槽,摆杆 4 上的滚子嵌在凹槽中,从而使摆杆 4 绕 C 轴上下摆动。同时,通过偏心轮 1′、连杆 2、导杆 3 使 C 轴上下移动。最后通过摆杆 4 叉槽中的滑块 7 和铰链 G 使冲头 8 实现冲压运动。试计算该压力机自由度。

2-5-4　图 2-22 所示为一具有急回作用的冲床。图中绕固定轴心 A 转动的菱形盘 1 为原动件,其与滑块 2 在 B 点铰接,通过滑块 2 推动拨叉 3 绕固定轴心 C 转动,而拨叉 3 与圆盘 4 为同一构件,当圆盘 4 转动时,通过连杆 5 使冲头 6 实现冲压运动。试计算该冲床的自由度。

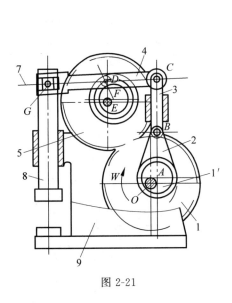
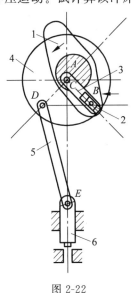

图 2-21　　　　　　　　　图 2-22

2-5-5　试计算图 2-23 所示齿轮-连杆组合机构的自由度。

2-5-6　试计算图 2-24 所示凸轮-连杆组合机构的自由度。图(a)中的铰接在凸轮上 D 处的滚子可在 CE 杆上的曲线槽中滚动;图(b)中的 D 处为铰接在一起的 2 个滑块。

2-5-7　试计算图 2-25 所示精压机的自由度。

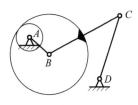

图 2-23

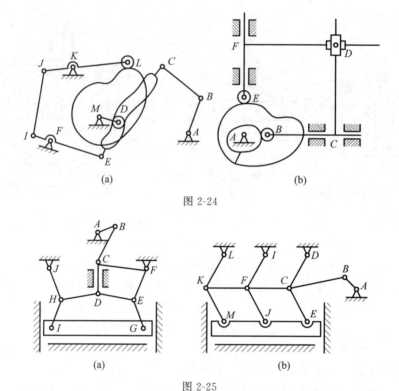

图 2-24

图 2-25

2-5-8 图 2-26 所示为一刹车机构。刹车时,操作杆 1 向右拉,通过构件 2～6 使两闸瓦刹住车轮。试计算机构的自由度,并就刹车过程说明此机构自由度的变化情况。

2-5-9 图 2-27 所示为凸轮驱动式四缸活塞空气压缩机的机构,计算其自由度(图中凸轮 1 为原动件,当其转动时,分别推动装于 4 个活塞上 A,B,C,D 处的滚子,使活塞在相应的气缸内做往复运动,且 4 个连杆的长度相等,即 $\overline{AB} = \overline{BC} = \overline{CD} = \overline{AD}$)。

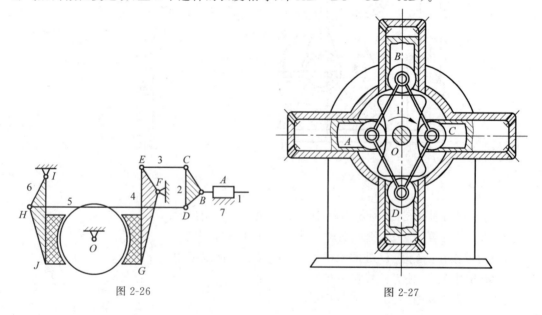

图 2-26

图 2-27

2-5-10　图 2-28 所示为一内燃机的机构简图,试计算其自由度,并分析组成此机构的基本杆组。若在该机构中改选 *EG* 为原动件,试问组成此机构的基本工作是否与之前有所不同。

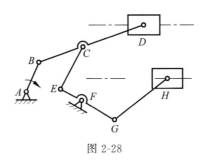

图 2-28

2.6　作　图　题

2-6-1　请绘出图 2-29 所示机构的运动简图。

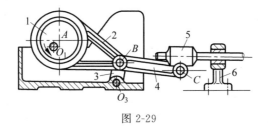

图 2-29

2-6-2　请绘出图 2-30 所示机构的运动简图。

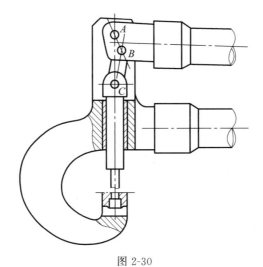

图 2-30

2-6-3　请绘出图 2-31 所示机构的运动简图。

2-6-4　请绘出图 2-32 所示机构的运动简图,并计算其自由度。

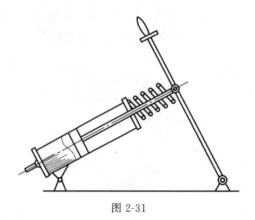

图 2-31

2-6-5　请绘出图 2-33 所示机构的运动简图，并计算其自由度。

2-6-6　请绘出图 2-34 所示机构的运动简图，并计算其自由度。

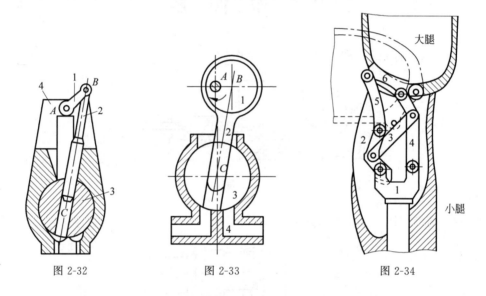

图 2-32　　　　　　　图 2-33　　　　　　　图 2-34

2-6-7　请绘出图 2-35 所示机构的运动简图，并计算其自由度。

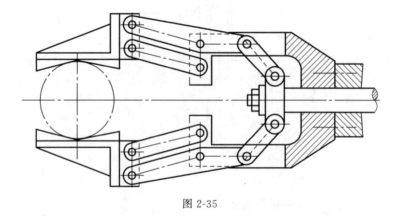

图 2-35

第 3 章

连 杆 机 构

3.1 判 断 题

3-1-1 当机构的极位夹角 $\theta = 0°$ 时,机构无急回特性。 （ ）

3-1-2 机构是否存在"死点"位置与机构取哪个构件为原动件无关。 （ ）

3-1-3 在摆动导杆机构中,当导杆为主动件时,机构有"死点"位置。 （ ）

3-1-4 对曲柄摇杆机构,当取摇杆为主动件时,机构有"死点"位置。 （ ）

3-1-5 压力角就是主动件所受驱动力的方向线与该点速度的方向线之间的夹角。

（ ）

3-1-6 机构的极位夹角是衡量机构急回特性的重要指标。极位夹角越大,则机构的急回特性越明显。 （ ）

3-1-7 压力角是衡量机构传力性能的重要指标。 （ ）

3-1-8 压力角越大,则机构的传力性能越差。 （ ）

3-1-9 铰链四杆机构是平面连杆机构的基本形式。 （ ）

3-1-10 曲柄和连杆都是连架杆。 （ ）

3-1-11 平面四杆机构都有曲柄。 （ ）

3-1-12 在曲柄摇杆机构中,曲柄和连杆共线就是"死点"的位置。 （ ）

3-1-13 铰链四杆机构中曲柄存在的必要条件是:连架杆或机架中必有一个是最短杆;最短杆与最长杆的长度之和小于或等于其余两杆的长度之和。 （ ）

3-1-14 铰链四杆机构都有摇杆。 （ ）

3-1-15 铰链四杆机构都有连杆和静件。 （ ）

3-1-16 在平面连杆机构中,只要以最短杆作固定机架,就能得到双曲柄机构。 （ ）

3-1-17 只有以曲柄摇杆机构的最短杆作固定机架,才能得到双曲柄机构。 （ ）

3-1-18 在平面四杆机构中,只要两个连架杆都能绕机架上的铰链做整周转动,就必然是双曲柄机构。 （ ）

3-1-19 曲柄的极位夹角 θ 越大,机构的急回特性系数 K 就越大,机构的急回特性也越显著。 （ ）

3-1-20 导杆机构与曲柄滑块机构在结构原理上的区别在于选择不同的构件作固定机架。 （ ）

3-1-21 曲柄滑块机构的滑块在做往复运动时,不会出现急回运动。 （ ）

3-1-22 导杆机构中导杆的往复运动有急回特性。 （ ）

3-1-23 采用选择不同构件作固定机架的方法,可以把曲柄摇杆机构改变成双摇杆机构。（　　）

3-1-24 采用改变构件之间相对长度的方法,可以把曲柄摇杆机构改变成双摇杆机构。
（　　）

3-1-25 在平面四杆机构中,凡是能把转动运动转换成往复运动的机构,都有急回运动特性。（　　）

3-1-26 曲柄摇杆机构以曲柄为原动件时不会出现"死点"。（　　）

3-1-27 最长杆为机架时不可能存在双曲柄机构。（　　）

3-1-28 曲柄摇杆机构的摇杆两极限位置间的夹角 ψ,叫作摇杆的摆角。（　　）

3-1-29 在有曲柄的平面连杆机构中,曲柄的极位夹角 θ,可以等于 $0°$,也可以大于 $0°$。
（　　）

3-1-30 在曲柄和连杆同时存在的平面连杆机构中,只要曲柄和连杆共线,这个位置就是机构的"死点"位置。（　　）

3-1-31 在平面连杆机构中,曲柄和连杆是同时存在的,即有曲柄就有连杆。（　　）

3-1-32 有曲柄的四杆机构存在着出现"死点"位置的基本条件。（　　）

3-1-33 有曲柄的四杆机构存在着产生急回运动特性的基本条件。（　　）

3-1-34 机构急回特性系数 K 的值,可以根据极位夹角 θ 的大小通过公式求得。（　　）

3-1-35 极位夹角 θ 的大小可以根据急回特性系数 K 值,通过公式求得。（　　）

3-1-36 利用曲柄摇杆机构,可以把等速转动运动转变成具有急回特性的往复摆动运动,或者没有急回特性的往复摆动运动。（　　）

3-1-37 只有曲柄摇杆机构才能将等速旋转运动转变成往复摆动运动。（　　）

3-1-38 曲柄滑块机构能把主动件的等速旋转运动转变成从动件的直线往复运动。
（　　）

3-1-39 选择铰链四杆机构的不同构件作为机构的固定机架,能使机构的形式发生演变。（　　）

3-1-40 铰链四杆机构形式的改变只能通过选择不同构件作机构的固定机架来实现。
（　　）

3-1-41 铰链四杆机构形式的演变都是通过对某些构件之间相对长度的改变达到的。
（　　）

3-1-42 对铰链四杆机构某些构件之间相对长度的改变也能够起到对机构形式演化的作用。（　　）

3-1-43 当曲柄摇杆机构把往复摆动运动转变成旋转运动时,曲柄与连杆共线的位置就是曲柄的"死点"位置。（　　）

3-1-44 当曲柄摇杆机构把旋转运动转变成往复摆动运动时,曲柄与连杆共线的位置,就是曲柄的"死点"位置。（　　）

3-1-45 曲柄在"死点"位置的运动方向与原先的运动方向相同。（　　）

3-1-46 在实际生产中,机构的"死点"位置对工作都是不利的,都要考虑克服。（　　）

3-1-47 "死点"位置在传动机构和锁紧机构中所起的作用相同,但带给机构的后果是不同的。（　　）

3-1-48 曲柄摇杆机构、双曲柄机构和双摇杆机构都具有产生"死点"位置和急回运动特性的可能。　　　　　　　　　　　　　　　　　　　　　　　　（　　）

3-1-49 曲柄摇杆机构和曲柄滑块机构产生"死点"位置的条件是相同的。（　　）

3-1-50 曲柄滑块机构和摆动导杆机构产生急回运动的条件是相同的。（　　）

3-1-51 传动机构出现"死点"位置和急回运动,对机构的工作都是不利的。（　　）

3-1-52 在铰链四杆机构中,若取最短的杆作机架,则为双曲柄机构。（　　）

3-1-53 对心曲柄滑块机构具有急回特性。　　　　　　　　　　　　（　　）

3-1-54 在铰链四杆机构中,固定最短杆的邻边可得曲柄摇杆机构。（　　）

3-1-55 在四杆机构中,压力角越大则机构的传力性能越好。　　　　（　　）

3-1-56 对于任何一种曲柄滑块机构,当曲柄为原动件时,它的行程速比系数 $K=1$。

（　　）

3-1-57 在摆动导杆机构中,若取曲柄为原动件,则机构无"死点"位置;若取导杆为原动件,则机构有 2 个"死点"位置。　　　　　　　　　　　　　　　　　（　　）

3-1-58 在曲柄滑块机构中,只要原动件是滑块,就必然存在"死点"位置。（　　）

3-1-59 在铰链四杆机构中,凡是双曲柄机构,其杆长关系必须满足:最短杆与最长杆的杆长之和大于其他两杆的杆长之和。　　　　　　　　　　　　　　　（　　）

3-1-60 铰链四杆机构是由平面低副组成的四杆机构。　　　　　　　（　　）

3-1-61 任何平面四杆机构出现"死点"都是不利的,因此应设法避免。（　　）

3-1-62 平面四杆机构有无急回特性取决于极位夹角是否大于零。　　（　　）

3-1-63 平面四杆机构的传动角在机构运动过程中是时刻变化的,为保证机构的动力性能,应限制其最小值 γ 不小于某一许用值 $[\gamma]$。　　　　　　　　　（　　）

3-1-64 在曲柄摇杆机构中,若以曲柄为原动件,最小传动角可能出现在曲柄与机架 2 处共线位置中的 1 处。　　　　　　　　　　　　　　　　　　　（　　）

3-1-65 在偏置曲柄滑块机构中,若以曲柄为原动件,最小传动角可能出现在曲柄与机架(即滑块的导路)平行的位置。　　　　　　　　　　　　　　　　　　（　　）

3-1-66 摆动导杆机构不存在急回特性。　　　　　　　　　　　　　（　　）

3-1-67 增大构件的惯性是机构通过"死点"位置的方法之一。　　　（　　）

3-1-68 在平面连杆机构中,从动件同连杆 2 次共线的位置出现最小传动角。（　　）

3-1-69 双摇杆机构不会出现"死点"位置。　　　　　　　　　　　　（　　）

3-1-70 曲柄摇杆机构的极位夹角必不等于 0,故它总是具有急回特征。（　　）

3-1-71 对图 3-1 所示的铰链四杆机构 $ABCD$,可以通过改变 AB 杆的长度,使它能成为曲柄摇杆机构。（　　）

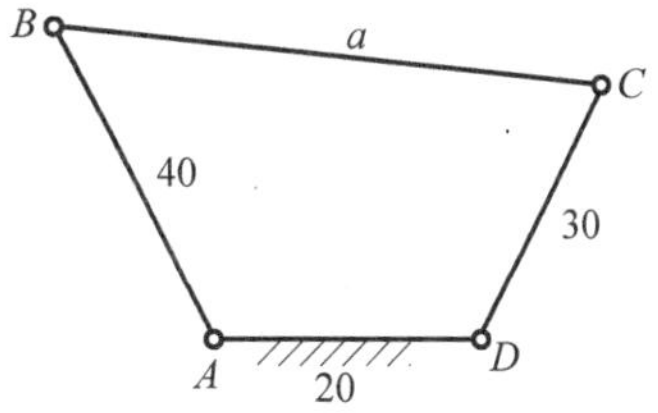

3-1-72 在铰链四杆机构中,若存在曲柄,则曲柄一定为最短杆。　　　　　　　　　　　　　　　（　　）

3-1-73 在单缸内燃机中若不计运动副的摩擦,则活塞在任何位置均可驱动曲柄。　　　　　　　　（　　）

3-1-74 当铰链四杆机构的最短杆与最长杆的长度之和大于其余两杆的长度之和时,机构不存在曲柄。　　　　　　　　　　　　　　　　　　　　　　　　　　（　　）

图 3-1

3-1-75   杆长不等的双曲柄机构无"死点"位置。   （   ）

3-1-76   在转动导杆机构中，无论取曲柄还是导杆为原动件，机构均无"死点"位置。

（   ）

3.2 选择题

3-2-1   当曲柄摇杆机构的摇杆带动曲柄运动时，曲柄在"死点"位置的瞬时运动方向是_____。

　　（A）按原运动方向　　　　　　　（B）反方向

　　（C）不确定的　　　　　　　　　（D）垂直于原运动方向

3-2-2   在各构件长度不相等的平面四杆机构中，如果最短杆与最长杆的长度之和小于或等于其余两杆的长度之和，且最短杆为机架，则这个机构叫作_____。

　　（A）曲柄摇杆机构　　　　　　　（B）双曲柄机构

　　（C）双摇杆机构　　　　　　　　（D）不确定

3-2-3   在各构件长度不相等的平面四杆机构中，如果最短杆与最长杆的长度之和小于或等于其余两杆的长度之和，且最短杆是连架杆，则这个机构叫作_____。

　　（A）曲柄摇杆机构　　　　　　　（B）曲柄滑块机构

　　（C）双曲柄机构　　　　　　　　（D）双摇杆机构

3-2-4   _____等能把等速转动运动转变成旋转方向相同的变速转动运动。

　　（A）曲柄摇杆机构　　　　　　　（B）转动导杆机构

　　（C）双摇杆机构　　　　　　　　（D）曲柄滑块机构

3-2-5   在下列平面四杆机构中，_____无论以哪一构件为主动件，都不存在"死点"位置。

　　（A）双曲柄机构　　　　　　　　（B）双摇杆机构

　　（C）曲柄摇杆机构　　　　　　　（D）曲柄滑块机构

3-2-6   曲柄摇杆机构产生"死点"位置的条件是：摇杆为_____件，曲柄为_____件或者是把_____运动转换成_____运动。

　　（A）从动；主动；旋转；往复摆动　　　（B）从动；主动；往复摆动；旋转

　　（C）主动；从动；旋转；往复摆动　　　（D）主动；从动；往复摆动；旋转

3-2-7   若曲柄滑块机构的_____改作固定机架，则可以得到导杆机构。

　　（A）机架　　　（B）连杆　　　（C）曲柄　　　（D）滑块

3-2-8   导杆机构可以看作是由改变曲柄滑块机构中的_____演变而来的。

　　（A）摆动件　　　（B）固定件　　　（C）回转杆　　　（D）移动件

3-2-9   曲柄滑块机构是由曲柄摇杆机构的_____长度趋向无穷大演变而来的。

　　（A）摇杆　　　（B）曲柄　　　（C）连杆　　　（D）机架

3-2-10   在铰链四杆机构中，最短杆与最长杆的长度之和_____其余两杆的长度之和时，不论取哪个杆作为机架，组成的都是双摇杆机构。

　　（A）小于　　　（B）小于或等于　　　（C）大于或等于　　　（D）大于

3-2-11 曲柄摇杆机构的传动角是_____。

    （A）连杆与从动摇杆之间所夹的余角   （B）连杆与从动摇杆之间所夹的锐角

    （C）机构极位夹角的余角   （D）连杆与从动摇杆之间所夹的钝角

3-2-12 _____既能把转动运动转换成往复直线运动，也可以把往复直线运动转换成转动运动。

    （A）转动导杆机构   （B）双曲柄机构

    （C）摆动导杆机构   （D）曲柄滑块机构

3-2-13 _____等能把转动运动转变成往复摆动运动。

    （A）曲柄摇杆机构   （B）双曲柄机构

    （C）双摇杆机构   （D）曲柄滑块机构

3-2-14 在各构件长度不相等的平面四杆机构中，如果最短杆与最长杆的长度之和小于或等于其余两杆长度之和，且最短杆是连杆，则这个机构叫作_____。

    （A）曲柄摇杆机构   （B）曲柄滑块机构

    （C）双曲柄机构   （D）双摇杆机构

3-2-15 在各构件长度不相等的平面四杆机构中，如果最短杆与最长杆的长度之和小于或等于其余两杆的长度之和，且最短杆是连杆，则这个机构叫作_____。

    （A）曲柄摇杆机构   （B）曲柄滑块机构

    （C）双曲柄机构   （D）双摇杆机构

3-2-16 曲柄滑块机构是由_____演化而来的。

    （A）曲柄摇杆机构   （B）双曲柄机构

    （C）双摇杆机构   （D）摇块机构

3-2-17 在曲柄摇杆机构中，如果将_____作为机架，则与机架相连的两杆都可以做整周旋转运动，则可得到双曲柄机构。

    （A）最短杆   （B）连杆   （C）最长杆   （D）连架杆

3-2-18 组成曲柄摇杆机构的条件是：最短杆与最长杆的长度之和_____或等于其余两杆的长度之和；最短杆的相邻构件为_____，则最短杆为_____。

    （A）大于；机架；曲柄   （B）大于；曲柄；机架

    （C）小于；曲柄；机架   （D）小于；机架；曲柄

3-2-19 平面四杆机构有 3 种基本形式，即_____机构、_____机构和_____机构。

    （A）曲柄滑块；曲柄连杆；双摇杆   （B）连杆；双曲柄；双摇杆

    （C）曲柄摇杆；双曲柄；双摇杆   （D）曲柄；双曲柄；摇杆

3-2-20 平面铰链四杆机构的两个连架杆中可以有一个是_____，另一个是_____，也可以两个都是_____或都是_____。

    （A）曲柄；连杆；曲柄；连杆   （B）曲柄；摇杆；曲柄；摇杆

    （C）连杆；摇杆；连杆；摇杆   （D）曲柄；曲柄；摇杆；摇杆

3-2-21 在铰链四杆机构中，能绕机架上的铰链做_____的称为连架杆。

    （A）往复摆动   （B）往复移动   （C）左右运动   （D）来回运动

3-2-22 在铰链四杆机构中，能绕机架上的铰链做整周转动的_____叫作曲柄。

　　　　　(A) 连杆　　　　　(B) 最短杆　　　　　(C) 可动杆　　　　　(D) 连架杆

3-2-23　当平面四杆机构中的运动副都是_____时，便称之为铰链四杆机构。它是其他多杆机构的基础。

　　　　　(A) 移动副　　　　(B) 高副　　　　　(C) 回转副　　　　　(D) 低副

3-2-24　平面连杆机构能实现一些较复杂的_____运动。

　　　　　(A) 空间

　　　　　(C) 以空间为主的

　　　　　(B) 平面

　　　　　(D) 以平面为主的

3-2-25　平面连杆机构是由一些刚性构件用_____和_____相互连接组成的机构。

　　　　　(A) 转动副；移动副

　　　　　(C) 接触方式；非接触方式

　　　　　(B) 运动副；摩擦副

　　　　　(D) 高副；低副

3-2-26　在曲柄摇杆机构中，只有当_____为主动件时，在运动中才会出现"死点"位置。

　　　　　(A) 连杆　　　　　(B) 机架　　　　　(C) 曲柄　　　　　(D) 摇杆

3-2-27　能产生急回运动的平面连杆机构有_____。（多选）

　　　　　(A) 铰链四杆机构

　　　　　(C) 导杆机构

　　　　　(E) 双摇杆机构

　　　　　(B) 曲柄摇杆机构

　　　　　(D) 双曲柄机构

　　　　　(F) 曲柄滑块机构

3-2-28　能出现"死点"位置的平面连杆机构有_____。（多选）

　　　　　(A) 导杆机构

　　　　　(C) 曲柄滑块机构

　　　　　(B) 平行双曲柄机构

　　　　　(D) 不等长双曲柄机构

3-2-29　当急回特性系数_____时，曲柄摇杆机构才会产生急回运动。

　　　　　(A) $K<1$　　　(B) $K=1$　　　(C) $K>1$　　　(D) 不确定

3-2-30　当曲柄的极位夹角_____时，曲柄摇杆机构才会产生急回运动。

　　　　　(A) $\theta<0°$　　　(B) $\theta=0°$　　　(C) $\theta\neq0°$　　　(D) 不确定

3-2-31　机构处于"死点"位置时，其传动角 γ 为_____，压力角 α 为_____。（多选）

　　　　　(A) $0°$　　　(B) $90°$　　　(C) $180°$　　　(D) $270°$

3-2-32　铰链四杆机构具有两个曲柄的条件是_____。

　　　　　(A) 机架为最短杆，且最短杆与最长杆之和小于或等于其余两杆长度之和

　　　　　(B) 机架为最短杆，或最短杆与最长杆之和小于或等于其余两杆长度之和

　　　　　(C) 机架为最长杆，且最短杆与最长杆之和小于或等于其余两杆长度之和

　　　　　(D) 机架为最长杆，或最短杆与最长杆之和小于或等于其余两杆长度之和

3-2-33　对于以摇杆为原动件的曲柄摇杆机构，当_____共线时，机构处于"死点"位置。

　　　　　(A) 曲柄与连杆

　　　　　(C) 连杆与摇杆

　　　　　(B) 曲柄与机架

　　　　　(D) 连杆与机架

3-2-34　曲柄滑块机构中若存在"死点"，其主动件必须是_____，在此位置_____与_____共线。（多选）

　　　　　(A) 曲柄　　　　　(B) 连杆　　　　　(C) 滑块　　　　　(D) 机架

3-2-35　拟将曲柄摇杆机构改变为双曲柄机构,则应将原机构中的_____作为机架。

　　　　(A) 曲柄　　　　(B) 连杆　　　　(C) 摇杆　　　　(D) 机架

3-2-36　如图 3-2 所示,在以构件 3 为主动件的摆
动导杆机构中,机构传动角是_____。

　　　　(A) $\angle A$　　　　(B) $\angle B$

　　　　(C) $\angle C$　　　　(D) $\angle D$

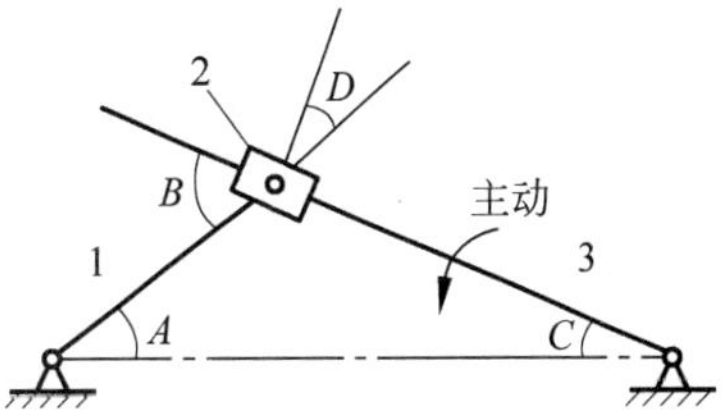

图 3-2

3-2-37　拟将曲柄摇杆机构改变为双摇杆机构,则
应将原机构中的_____作为机架。

　　　　(A) 曲柄　　　　(B) 连杆

　　　　(C) 摇杆　　　　(D) 不确定

3-2-38　平面连杆机构急回运动的相对程度通常用_____来衡量。

　　　　(A) 极位夹角 θ　　　　　　　　(B) 行程速比系数 K

　　　　(C) 压力角 α　　　　　　　　　(D) 传动角 γ

3-2-39　在以下机构中,_____机构不具有急回特性。

　　　　(A) 曲柄摇杆　　　　　　　　　(B) 摆动导杆

　　　　(C) 对心式曲柄滑块　　　　　　(D) 转动导杆

3-2-40　当曲柄摇杆机构以摇杆为主动件时,连杆与曲柄将出现 2 次共线,造成曲柄所
受到的驱动力为零,这一位置被称为_____。

　　　　(A) 机构的急回位置　　　　　　(B) 机构的运动极限位置

　　　　(C) 机构的"死点"位置　　　　　(D) 曲柄的极限位置

3-2-41　当连杆机构存在_____时,机构便具有急回运动特性。

　　　　(A) 压力角　　　　(B) 传动角　　　　(C) 极位夹角　　　　(D) 任一角度

3-2-42　当曲柄摇杆机构的曲柄原动件位于_____时,机构的压力角最大。

　　　　(A) 曲柄与连杆共线的 2 个位置之一

　　　　(B) 曲柄与机架共线的 2 个位置之一

　　　　(C) 曲柄与机架垂直的 2 个位置之一

　　　　(D) 曲柄与连杆垂直的 2 个位置之一

3-2-43　没有急回特性的曲柄滑块机构的行程速比系数_____。

　　　　(A) $K=1$　　　　(B) $K=0$　　　　(C) $K>1$　　　　(D) $K<1$

3-2-44　铰链四杆机构的压力角是指在不计算摩擦的情况下连杆作用于_____上的
力与该力作用点速度所夹的锐角。

　　　　(A) 主动件　　　　(B) 从动件　　　　(C) 机架　　　　(D) 连架杆

3-2-45　平面四杆机构中是否存在"死点",取决于_____是否与连杆共线。

　　　　(A) 主动件　　　　(B) 从动件　　　　(C) 机架　　　　(D) 摇杆

3-2-46　一个 $K>1$ 的铰链四杆机构与 $K=1$ 的对心曲柄滑块机构串联组合时,该串联
组合而成的机构的行程速比系数_____。

　　　　(A) $K>1$　　　　(B) $K<1$　　　　(C) $K=1$　　　　(D) $K=2$

3-2-47　在设计铰链四杆机构时,应使最小传动角 $\gamma_{\min}$ _____。

　　　　(A) 尽可能小一些　　　　　　　(B) 尽可能大一些

(C) 为 0°   (D) 为 45°

3-2-48 与连杆机构相比,凸轮机构最大的缺点是_____。

  (A) 难以平衡惯性力   (B) 点、线接触,易磨损

  (C) 设计较为复杂   (D) 不能实现间歇运动

3-2-49 有一四杆机构,其行程速比系数 $K=1$,则该机构_____急回作用。

  (A) 没有   (B) 有

  (C) 不一定有   (D) 对其他机构可产生

3-2-50 曲柄滑块机构通过_____可演化成偏心轮机构。

  (A) 改变构件的相对尺寸   (B) 改变运动副尺寸

  (C) 改变构件形状   (D) 改变作用原理

3-2-51 在曲柄摇杆机构中,若曲柄为主动件且做等速转动,则其从动件摇杆做_____。

  (A) 往复等速运动   (B) 往复变速运动

  (C) 往复变速摆动   (D) 往复等速摆动

3-2-52 曲柄滑块机构有"死点"存在时,其主动件是_____。

  (A) 曲柄   (B) 滑块   (C) 连杆   (D) 导杆

3-2-53 四杆机构在"死点"时,其传动角_____。

  (A) $\gamma > 0°$ (B) $\gamma = 0°$ (C) $0° < \gamma < 90°$ (D) $\gamma > 90°$

3-2-54 如图 3-3 所示,以有 4 根杆件,其长度分别是：A 杆 20mm,B 杆 30mm,C 杆 40mm,D 杆 50mm,则选择_____作为机架才能组成双曲柄机构。

  (A) A 杆   (B) B 杆   (C) C 杆   (D) D 杆

3-2-55 根据图 3-4 所示各杆所注尺寸,以有斜线的杆为机架时,该铰链四杆机构的名称是_____。

  (A) 曲柄摇杆机构   (B) 双曲柄机构

  (C) 双摇杆机构   (D) 平行四边形

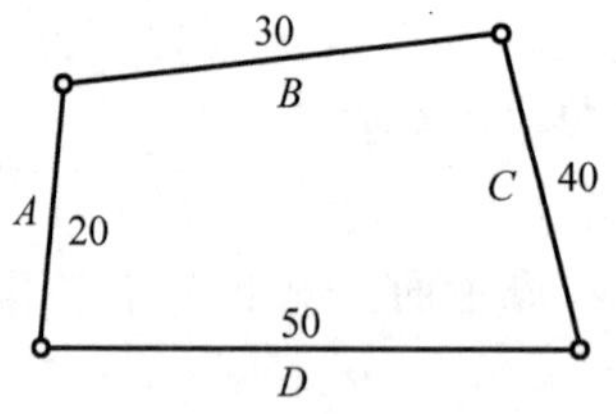

图 3-3 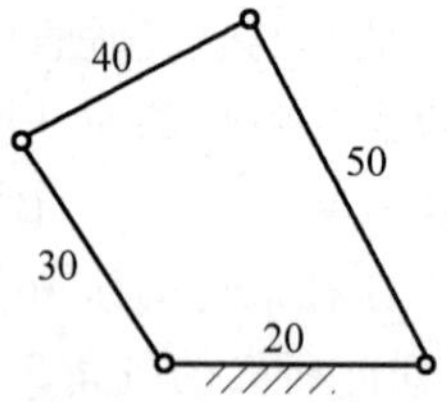   图 3-4

3-2-56 根据图 3-5 所示各杆所注尺寸,以 AD 边为机架的铰链四杆机构的名称是_____。

  (A) 曲柄摇杆机构   (B) 双曲柄机构

  (C) 双摇杆机构   (D) 平行四边形

3-2-57 如图 3-6 所示,已知杆 CD 为最短杆。若要构成双摇杆机构,则机架 AD 的适合长度范围是_____。

(A) $200 < l_{AD} < 250$　　　　　　　(B) $250 < l_{AD} < 300$

(C) $300 < l_{AD} < 350$　　　　　　　(D) $350 < l_{AD} < 400$

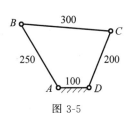

图 3-5

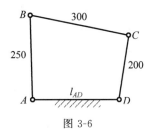

图 3-6

3-2-58　在图 3-7 中,偏心盘 1 绕固定轴 O 转动,迫使滑块 2 在圆盘 3 的槽中来回滑动,而圆盘 3 又相对于机架转动,则该机构的名称是_____。

(A) 曲柄摇杆机构　　　　　　　(B) 双曲柄机构

(C) 双摇杆机构　　　　　　　　(D) 导杆机构

3-2-59　在图 3-8 中,偏心轮 1 绕固定轴 O 转动,通过构件 2,使滑块 3 相对于机架往复移动,则该机构的名称是_____。

(A) 曲柄摇杆机构　　　　　　　(B) 双曲柄机构

(C) 曲柄滑块机构　　　　　　　(D) 导杆机构

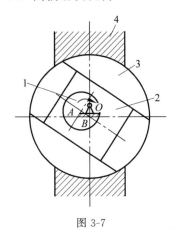

图 3-7

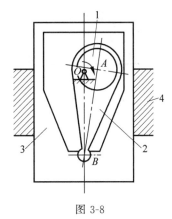

图 3-8

3-2-60　以下机构中,压力角最小的是_____。

(A) 曲柄摇杆机构　　　　　　　(B) 偏心轮机构

(C) 曲柄滑块机构　　　　　　　(D) 转动导杆机构

3.3　填　空　题

3-3-1　平面连杆机构是由一些刚性构件用_____副和_____副相互连接组成的机构。

3-3-2　平面连杆机构能实现一些较复杂的_____运动。

3-3-3 当平面四杆机构中的运动副都是_____副时，称其为铰链四杆机构；它是其余多杆机构的_____。

3-3-4 在铰链四杆机构中，能绕机架上的铰链做整周_____的_____叫作曲柄。

3-3-5 在铰链四杆机构中，能绕机架上的铰链做_____的_____叫作摇杆。

3-3-6 平面四杆机构的2个连架杆中可以有一个是_____，另一个是_____，也可以两个都是_____或_____。

3-3-7 平面四杆机构有3种基本形式，即_____机构、_____机构和_____机构。

3-3-8 组成曲柄摇杆机构的条件是：最短杆与最长杆的长度之和_____其余两杆的长度之和；最短杆的相邻构件为_____，则最短杆为_____。

3-3-9 在曲柄摇杆机构中，如果将_____杆作为机架，则与机架相连的两杆都可以做_____运动，即得到双曲柄机构。

3-3-10 在原曲柄摇杆机构中，如果将_____杆对面的杆作为机架，则与此相连的两杆均为摇杆，即双摇杆机构。

3-3-11 在铰链四杆机构中，最短杆与最长杆的长度之和_____其余两杆的长度之和时，则不论取哪个杆作为_____，组成的机构都是双摇杆机构。

3-3-12 曲柄滑块机构是将曲柄摇杆机构中的_____长度趋向_____演变而来的。

3-3-13 导杆机构可以看作通过改变曲柄滑块机构中的_____演变而来的。

3-3-14 将曲柄滑块机构的_____作为机架时，可以得到导杆机构。

3-3-15 曲柄摇杆机构产生"死点"位置的条件是：摇杆为_____件，曲柄为_____件。

3-3-16 曲柄摇杆机构出现急回运动特性的条件是：摇杆为_____件，曲柄为_____件。

3-3-17 曲柄摇杆机构的_____不等于0°，则急回特性系数_____，机构就具有急回特性。

3-3-18 实际中各种形式的四杆机构，都可以看成是由改变某些构件的_____或选择不同构件作为_____等方法所得到的铰链四杆机构的演化形式。

3-3-19 若以曲柄滑块机构中的曲柄为主动件，则可以把曲柄的_____运动转换成滑块的_____运动。

3-3-20 若曲柄滑块机构的滑块为主动件，则在运动过程中存在_____位置。

3-3-21 可以利用机构中构件运动时_____的惯性，或依靠增设在曲柄上_____的惯性来越过"死点"位置。

3-3-22 连杆机构的"死点"位置将使机构在传动中出现_____或产生运动方向_____等现象。

3-3-23 在实际生产中，常常利用急回运动这一特性来缩短_____时间，从而_____工作效率。

3-3-24 机构从动件所受力的方向与该力作用点速度方向所夹的锐角，称为_____角，用它来衡量机构的_____性能。

3-3-25　压力角和传动角互为_____角。

3-3-26　当机构的传动角等于 0°时,机构所处的位置称为_____位置。

3-3-27　当曲柄摇杆机构的摇杆作为主动件时,将_____与_____的_____位置称为曲柄的"死点"位置。

3-3-28　当曲柄摇杆机构的曲柄为主动件并做_____运动时,则摇杆做_____摆动。

3-3-29　如果将曲柄摇杆机构中的最短杆改作机架,则两个架杆都可以做_____的转动运动,即得到_____机构。

3-3-30　如果将曲柄摇杆机构的最短杆对面的杆作为机架,则与_____相连的两个杆都将做_____运动,这时的机构为_____机构。

3-3-31　根据图 3-9 所示各杆所注尺寸,以 AD 边为机架,判断并指出各铰链四杆机构的名称。

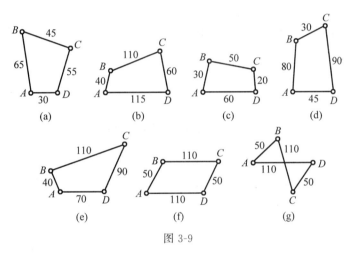

图 3-9

3-3-32　写出图 3-10 所示各机构的名称:_____。

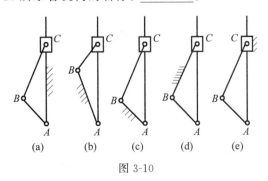

图 3-10

3-3-33　在以摇杆为原动件的曲柄摇杆机构中,当_____共线时,机构处于"死点"位置。

3-3-34　在曲柄滑块机构中,若以滑块为主动件、曲柄为从动件,则曲柄与连杆共线时,称机构处于_____位置,而此时机构的传动角为_____。

3-3-35　若对心曲柄滑块机构的曲柄长度为 a,连杆长度为 b,则最小传动角 $\gamma_{\min}=$_____。

3-3-36   在图 3-11 所示的铰链四杆机构中,以 AB 为机架时称为_____机构；以 CD 为机架时称为_____机构。

3-3-37   平面连杆机构是否具有急回运动的关键是极位夹角_____。

3-3-38   平面机构具有确定运动的条件是_____,且自由度不等于 0。

3-3-39   当行程速比系数 $K = 1.5$ 时,机构的极位夹角为_____。

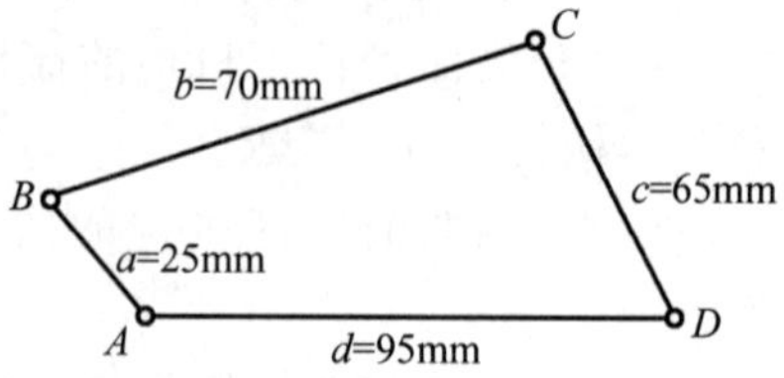

图 3-11

3-3-40   可以利用连杆机构处于"死点"来_____工件。

3-3-41   一曲柄摇块机构的曲柄为主动件,行程速比系数 $K = 1.25$,则摇块的摆角为_____。

3-3-42   一曲柄摇杆机构的曲柄为主动件,摇杆的摆角为 30°,则该机构的行程速比系数 $K = $_____。

3-3-43   在曲柄摇杆机构中,极位夹角是指摇杆处在两个极限位置时曲柄所夹的_____角。

3-3-44   曲柄滑块机构是通过改变_____机构中的_____演变而来的。

3.4 改 错 题

3-4-1   平面连杆机构是由一些刚性构件通过低副相互连接而成的机构。

3-4-2   常把曲柄摇杆机构的曲柄和连杆叫作连架杆。

3-4-3   "死点"位置和急回运动是铰链四杆机构的两个运动特点。

3-4-4   把铰链四杆机构的最短杆作为固定机架,就可以得到双曲柄机构。

3-4-5   曲柄机构也能产生急回运动。

3-4-6   双摇杆机构也能出现急回现象。

3-4-7   各种双曲杆机构全都有"死点"位置。

3-4-8   "死点"位置和急回运动这两种运动特性是曲柄摇杆机构的两个连架杆在运动中同时产生的。

3-4-9   克服铰链四杆机构的"死点"位置有 2 种方法。

3-4-10   曲柄滑块机构和导杆机构的不同之处是曲柄的选择。

3.5 问 答 题

3-5-1   有四根杆件,其长度分别为：A 杆 20mm,B 杆 30mm,C 杆 40mm,D 杆 50mm,试画图表示如何连接和选择机架才能组成以下各种机构：①曲柄摇杆机构；②双曲柄机构；③双摇杆机构；④曲柄滑块机构。

3-5-2   如图 3-12 所示,缝纫机工作时动力来自哪里？原动件是哪个构件？新手使用时为何机构容易卡死？

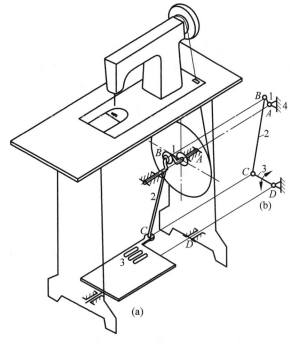

图 3-12

3-5-3　什么是连杆机构？连杆机构有什么优、缺点？

3-5-4　什么是曲柄？什么是摇杆？铰链四杆机构曲柄存在的必要条件是什么？

3-5-5　铰链四杆机构有哪几种基本形式？

3-5-6　什么是铰链四杆机构的传动角和压力角？压力角的大小对连杆机构的工作有何影响？

3-5-7　什么叫行程速比系数？如何判断机构是否有急回运动？

3-5-8　平面连杆机构和铰链四杆机构有什么不同？

3-5-9　双曲柄机构是怎样形成的？

3-5-10　双摇杆机构是怎样形成的？

3-5-11　简述曲柄滑块机构的演化与由来。

3-5-12　导杆机构是怎样演化而来的？

3-5-13　在曲柄滑块机构中,滑块的移动距离根据什么计算？

3-5-14　试写出曲柄摇杆机构中,摇杆急回特性系数的计算式。

3-5-15　在曲柄摇杆机构中,摇杆为什么会产生急回运动？

3-5-16　已知急回特性系数,如何求得曲柄的极位夹角？

3-5-17　在平面连杆机构中,哪些机构在什么情况下出现急回运动？

3-5-18　在平面连杆机构中,哪些机构在什么情况下出现"死点"？

3-5-19　曲柄摇杆机构有什么运动特点？

3-5-20　简述克服平面连杆机构"死点"位置的方法。

3-5-21　什么曲柄滑块机构才会有急回运动？

3-5-22　曲柄滑块机构有什么特点？

3-5-23　试述摆动导杆机构的运动特点。

3-5-24　试述转动导杆机构的运动特点。

3-5-25　曲柄滑块机构与导杆机构在构成上有何异同？

3-5-26　何谓曲柄？铰链四杆机构有曲柄存在的条件是什么？当以曲柄为主动件时，曲柄摇杆机构的最小传动角可能出现在机构的什么位置？

3-5-27　识读如图 3-13 所示的平面四杆机构，试回答下列问题：

（1）该平面四杆机构的名称是什么？

（2）此机构有无急回运动，为什么？

（3）此机构有无"死点"，在什么条件下出现"死点"？

（4）构件 AB 为主动件时，在什么位置有最小传动角？

（5）滑块为主动件时，在什么位置有最小传动角？

3-5-28　铰链四杆机构中存在双曲柄的条件是什么？

3-5-29　在曲柄等速转动的曲柄摇杆机构中，已知：曲柄的极位夹角 $\theta = 30°$，摇杆工作时间为 7s，试问：(1)摇杆空回行程所需时间为多少秒？(2)曲柄每分钟转速是多少？

3-5-30　在图 3-14 所示的导杆机构中，已知 $l_{AB} = 40\mathrm{mm}$，试问：(1)若机构成为摆动导杆时，l_{AC} 的最小值为多少？(2)AB 为原动件时，机构的传动角为多大？(3)若 $l_{AC} = 50\mathrm{mm}$，且此机构成为转动导杆时，l_{AB} 的最小值为多少？

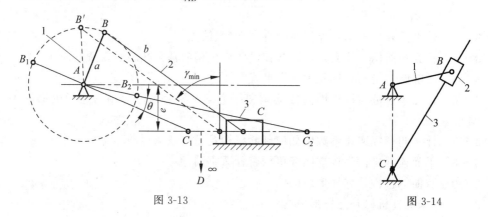

图 3-13　　　　　　　　　　　　　　　　图 3-14

3-5-31　在铰链四杆机构 $ABCD$ 中，已知：$l_{AD} = 400\mathrm{mm}$，$l_{AB} = 150\mathrm{mm}$，$l_{BC} = 350\mathrm{mm}$，$l_{CD} = 300\mathrm{mm}$，且杆 AB 为原动件，杆 AD 为机架，试问构件 AB 能否做整周回转？为什么？

3-5-32　对心曲柄滑块机构的行程速比系数等于多少？

3.6　计　算　题

3-6-1　如图 3-15 所示，已知四杆机构各构件的长度：$l_1 = 240\mathrm{mm}$，$l_2 = 600\mathrm{mm}$，$l_3 = 400\mathrm{mm}$，$l_4 = 500\mathrm{mm}$。试问：(1)当取杆 4 为机架时，是否有曲柄存在？(2)若各杆长度不变，能否以选不同杆为机架的办法获得双曲柄机构和双摇杆机构？若能获得，如何获得？

3-6-2　图 3-16 所示为一偏置曲柄滑块机构,试求杆 AB 作为曲柄的条件。若偏距 $e=0$,则杆 AB 为曲柄的条件又是什么? 分析杆 AB 作为机架时是何种机构?

3-6-3　在图 3-15 所示的铰链四杆机构中,各杆的长度为:$l_1=28\text{mm}$,$l_2=52\text{mm}$,$l_3=50\text{mm}$,$l_4=72\text{mm}$,试求:

(1) 当取杆 4 为机架时,该机构的极位夹角 θ、杆 3 的最大摆角 φ、最小传动角 $\gamma_{\min}$ 和行程速比系数 K。

(2) 当取杆 1 为机架时,将演化为何种类型的机构?

(3) 当取杆 3 为机架时,又将演化成何种类型的机构?

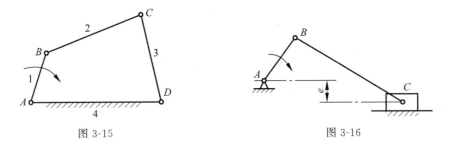

图 3-15　　　　　　　　　　　图 3-16

3-6-4　如图 3-17 所示,设要求四杆机构两连架杆的三组对应位置分别为 $\alpha_1=35°$、$\varphi_1=50°$,$\alpha_2=80°$,$\varphi_2=75°$,$\alpha_3=125°$,$\varphi_3=105°$。试以解析法设计此机构。

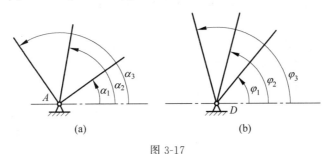

(a)　　　　　　　　　　　(b)

图 3-17

3.7　作　图　题

3-7-1　设计一曲柄滑块机构。已知滑块的行程 $S=50\text{mm}$,偏距 $e=16\text{mm}$,行程速比系数 $K=1.2$,求曲柄和连杆的长度。

3-7-2　试作图分析对心曲柄滑块机构最大传动角和最小传动角的位置。

3-7-3　在图 3-18 所示的连杆机构中,已知各种构件的尺寸为:$l_{AB}=160\text{mm}$,$l_{BC}=260\text{mm}$,$l_{CD}=200\text{mm}$,$l_{AD}=80\text{mm}$;构件 AB 为原动件,沿顺时针方向均匀回转,试确定:

(1) 四杆机构 $ABCD$ 的类型。

(2) 该四杆机构的最小传动角 $\gamma_{\min}$。

(3) 滑块 F 的行程速比系数 K。

3-7-4　图 3-19 所示为一实验用小电炉的炉门装置,设关闭时的位置为 E_1,开启时的位

置为 E_2，试设计一四杆机构来操作炉门的启闭（各有关尺寸见图）。在开启时，炉门应向外
开启，炉门与炉体不得发生干涉。而在关闭时，炉门应有一个自动压向炉体的趋势。（图中
S 为炉门质心的位置，B，C 为两活动铰链所在位置。）

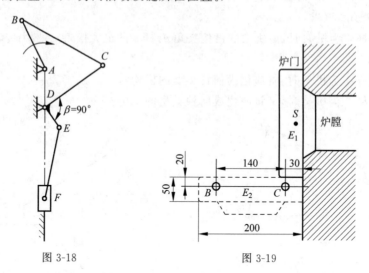

图 3-18　　　　　　　　　　图 3-19

3-7-5　如图 3-20 所示，现欲设计一铰链四杆机构，设
已知摇杆 CD 的长 $l_{CD}=75\text{mm}$，行程速比系数 $K=1.5$，机
架 AD 的长度 $l_{AD}=100\text{mm}$，摇杆的一个极限位置与机架
间的夹角为 $\varphi=45°$，试求曲柄的长度 l_{AB} 和连杆的长度
l_{BC}（有两组解）。

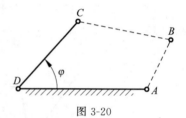

图 3-20

3-7-6　图 3-21 所示为一已知的曲柄摇杆机构，现要求
用一连杆将摇杆 CD 和滑块 F 连接起来，使摇杆的 3 个已知位置 C_1D，C_2D，C_3D 和滑块
的 3 个位置 F_1，F_2，F_3 相对应（图示尺寸系按比例绘出）。试确定此连杆的长度及其与摇
杆 CD 铰接点的位置。

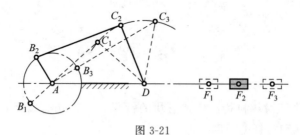

图 3-21

3-7-7　如图 3-22 所示，设已知破碎机的行程速比系数 $K=1.2$，颚板长度 $l_{CD}=$
300mm，颚板摆角 $\varphi=35°$，曲柄长度 $l_{AB}=80\text{mm}$。求连杆的长度，并验算最小传动角 $\gamma_{\min}$
是否在允许的范围内。

3-7-8　图 3-23 所示为一牛头刨床的主传动机构。已知：$l_{AB}=75\text{mm}$，$l_{DE}=100\text{mm}$，
行程速比系数 $K=2$，刨头 5 的行程 $H=300\text{mm}$，要求在整个行程中，推动刨头 5 有较小的
压力角，试设计此机构。

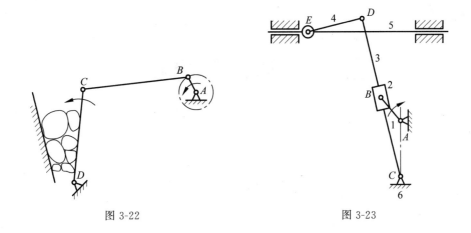

图 3-22　　　　　　　　　　　　　　图 3-23

3-7-9　试设计一曲柄滑块机构,设已知滑块的行程速比系数 $K=1.5$,滑块的冲程 $H=50$mm,偏距 $e=20$mm,求其最大压力角。

第4章

凸轮与其他常见机构

4.1 判 断 题

4-1-1 一个凸轮只有一种预定的运动规律。 （ ）

4-1-2 凸轮在机构中经常是主动件。 （ ）

4-1-3 从动件的运动规律是受凸轮轮廓曲线控制的,所以,凸轮工作的实际要求也要按凸轮现有的轮廓曲线制定。 （ ）

4-1-4 凸轮轮廓曲线是根据实际要求拟定的。 （ ）

4-1-5 盘形凸轮的行程与基圆半径成正比,基圆半径越大,行程也越大。 （ ）

4-1-6 盘形凸轮的压力角与行程成正比,行程越大,压力角也越大。 （ ）

4-1-7 盘形凸轮的结构尺寸与基圆半径成正比。 （ ）

4-1-8 当基圆半径一定时,盘形凸轮的压力角与行程的大小成正比。 （ ）

4-1-9 当凸轮的行程大小一定时,盘形凸轮的压力角与基圆半径成正比。 （ ）

4-1-10 在圆柱面上开有曲线凹槽轮廓的圆柱凸轮只适用于滚子从动件。 （ ）

4-1-11 由于盘形凸轮制造方便,所以适用于较大行程的传动。 （ ）

4-1-12 适合尖顶从动件工作的轮廓曲线,也必然适合滚子从动件工作。 （ ）

4-1-13 凸轮轮廓线上某点的压力角是该点法线方向与速度方向之间的夹角。 （ ）

4-1-14 凸轮轮廓曲线上各点的压力角是不变的。 （ ）

4-1-15 使用滚子从动件的凸轮机构,滚子半径的大小对机构的预定运动规律是有影响的。 （ ）

4-1-16 选择滚子从动件滚子的半径时,必须使滚子半径小于凸轮实际轮廓曲线外凸部分的最小曲率半径。 （ ）

4-1-17 压力角的大小影响从动件的运动规律。 （ ）

4-1-18 压力角的大小影响从动件的正常工作和凸轮机构的传动效率。 （ ）

4-1-19 滚子从动件滚子半径选得过小,将会使运动规律"失真"。 （ ）

4-1-20 理论上,由于凸轮的轮廓曲线没有限制,所以从动件的运动规律可以任意设计。 （ ）

4-1-21 对于滚子从动件凸轮机构,凸轮的实际轮廓曲线和理论轮廓曲线是一条。 （ ）

4-1-22 盘形凸轮的理论轮廓曲线与实际轮廓曲线是否相同取决于所采用的从动件的形式。 （ ）

4-1-23　凸轮的基圆尺寸越大,推动从动件的有效分力也越大。　　　　　　（　　）

4-1-24　采用尖顶从动件的凸轮是没有理论轮廓曲线的。　　　　　　　　（　　）

4-1-25　当凸轮的压力角增大到临界值时,不论从动件是什么形式的运动,都会出现自锁。　　　　　　　　　　　　　　　　　　　　　　　　　　　　　　（　　）

4-1-26　在确定凸轮基圆半径的尺寸时,首先应考虑凸轮的外形尺寸不能过大,再考虑对压力角的影响。　　　　　　　　　　　　　　　　　　　　　　　　　　（　　）

4-1-27　凸轮机构的主要功能是将凸轮的移动或转动转变成从动件按一定规律的往复移动或摆动。　　　　　　　　　　　　　　　　　　　　　　　　　　　　　（　　）

4-1-28　等加速、等减速运动规律会引起柔性冲击,因而这种运动规律适用于中速、轻载的凸轮。　　　　　　　　　　　　　　　　　　　　　　　　　　　　　（　　）

4-1-29　凸轮机构易实现各种预定的运动,且结构简单、紧凑,便于设计。　　（　　）

4-1-30　对于同一种运动规律,使用不同类型的从动件所设计出来的凸轮的实际轮廓是相同的。　　　　　　　　　　　　　　　　　　　　　　　　　　　　　　（　　）

4-1-31　设计凸轮机构时,为减小压力角,基圆半径应尽量取小一点。　　　（　　）

4-1-32　间歇运动机构的主动件不能变成从动件。　　　　　　　　　　　　（　　）

4-1-33　棘轮机构必须具有止回棘爪。　　　　　　　　　　　　　　　　　（　　）

4-1-34　单向间歇运动的棘轮机构必须有止回棘爪。　　　　　　　　　　　（　　）

4-1-35　凡是棘爪以往复摆动运动来推动棘轮做间歇运动的棘轮机构,都是单向间歇运动的。　　　　　　　　　　　　　　　　　　　　　　　　　　　　　　（　　）

4-1-36　棘轮机构只能用在要求间歇运动的场合。　　　　　　　　　　　　（　　）

4-1-37　止回棘爪是棘轮机构中的主动件。　　　　　　　　　　　　　　　（　　）

4-1-38　棘轮机构的主动件是棘轮。　　　　　　　　　　　　　　　　　　（　　）

4-1-39　与双向对称棘爪相配合的棘轮齿槽应当是梯形槽。　　　　　　　　（　　）

4-1-40　齿槽为梯形槽的棘轮必然要与双向对称棘爪相配合组成棘轮机构。　（　　）

4-1-41　槽轮机构的主动件是槽轮。　　　　　　　　　　　　　　　　　　（　　）

4-1-42　外啮合槽轮机构中的槽轮是从动件,而内啮合槽轮机构中的槽轮是主动件。　　　　　　　　　　　　　　　　　　　　　　　　　　　　　　　　　（　　）

4-1-43　棘轮机构和槽轮机构的主动件都做往复摆动运动。　　　　　　　　（　　）

4-1-44　槽轮机构必须有锁止圆弧。　　　　　　　　　　　　　　　　　　（　　）

4-1-45　只有槽轮机构才有锁止圆弧。　　　　　　　　　　　　　　　　　（　　）

4-1-46　槽轮的锁止圆弧制成凸弧或凹弧都可以。　　　　　　　　　　　　（　　）

4-1-47　外啮合槽轮机构的主动件必须用锁止凸弧。　　　　　　　　　　　（　　）

4-1-48　内啮合槽轮机构的主动件必须使用锁止凹弧。　　　　　　　　　　（　　）

4-1-49　棘轮机构中的止回棘爪和槽轮机构中的锁止圆弧的作用是相同的。　（　　）

4-1-50　止回棘爪和锁止圆弧都是机构中的一个构件。　　　　　　　　　　（　　）

4-1-51　棘轮机构和间歇齿轮机构在运行中都会出现冲击现象。　　　　　　（　　）

4-1-52　棘轮的转角大小是可以调节的。　　　　　　　　　　　　　　　　（　　）

4-1-53　单向转动棘轮的转角大小和转动方向可以通过调节其参数得以改变。（　　）

4-1-54　双向对称棘爪棘轮机构的棘轮转角大小是不能调节的。　　　　　　（　　）

4-1-55　棘轮机构是把直线往复运动转换成间歇运动的机构。　　　　　　（　　）

4-1-56　槽轮的转角大小是可以调节的。　　　　　　　　　　　　　　（　　）

4-1-57　间歇齿轮机构在工作中不会出现冲击现象。　　　　　　　　　（　　）

4-1-58　槽轮的转向与主动件的转向相反。　　　　　　　　　　　　　（　　）

4-1-59　摩擦棘轮机构属于"无级"传动。　　　　　　　　　　　　　　（　　）

4-1-60　利用曲柄摇杆机构带动的棘轮机构中的棘轮转向和曲柄转向相同。（　　）

4-1-61　锯齿形棘轮的转动方向必定是单向的。　　　　　　　　　　　（　　）

4-1-62　双向棘轮机构的棘轮齿形是对称形的。　　　　　　　　　　　（　　）

4-1-63　利用调位遮板，既可以调节棘轮的转向，又可以调节棘轮转角的大小。（　　）

4-1-64　摩擦棘轮机构可以做双向运动。　　　　　　　　　　　　　　（　　）

4-1-65　只有间歇运动机构，才能实现间歇运动。　　　　　　　　　　（　　）

4-1-66　间歇运动机构的主动件和从动件，是可以互相调换的。　　　　（　　）

4-1-67　棘轮机构都有棘爪，没有棘爪的间歇运动机构一定是槽轮机构。（　　）

4-1-68　槽轮机构都有锁止圆弧，因此没有锁止圆弧的间歇运动机构一定是棘轮机构。
　　　　　　　　　　　　　　　　　　　　　　　　　　　　　　（　　）

4-1-69　除间歇运动机构外，其他机构也能实现，在主动件做连续运动时，从动件能够产生周期性的时停、时动的运动。　　　　　　　　　　　　　　　　　　（　　）

4-1-70　在凸轮机构中，从动件采用等加速、等减速运动规律，是指在推程时做等加速运动，而在回程时做等减速运动。　　　　　　　　　　　　　　　　　　　（　　）

4-1-71　在凸轮机构中，当从动件的速度突变时，将产生柔性冲击。　　（　　）

4-1-72　平底直动从动件盘状凸轮机构的压力角为常数。　　　　　　　（　　）

4-1-73　凸轮机构的基圆半径越小，其压力角越大。　　　　　　　　　（　　）

4-1-74　当凸轮机构的压力角最大值超过许用值时，必然出现自锁现象。（　　）

4-1-75　在凸轮机构中，滚子从动件使用最多，因为它是 3 种从动件中最基本的形式。
　　　　　　　　　　　　　　　　　　　　　　　　　　　　　　（　　）

4-1-76　在滚子从动件盘形凸轮机构中，基圆半径和压力角应在凸轮的实际廓线上进行度量。　　　　　　　　　　　　　　　　　　　　　　　　　　　　　　（　　）

4-1-77　在直动从动件盘形凸轮机构中，无论选取何种运动规律，从动件的回程加速度均为负值。　　　　　　　　　　　　　　　　　　　　　　　　　　　　　（　　）

4-1-78　凸轮的理论廓线与实际廓线几何尺寸不同，但其形状总是相似的。（　　）

4-1-79　设计对心直动平底从动件盘形凸轮机构时，若要求平底与导路中心线垂直，则平底左右两侧的宽度必须分别大于导路中心线到左右两侧最远切点的距离，以保证在所有位置平底都能与凸轮廓线相切。　　　　　　　　　　　　　　　　　　　（　　）

4-1-80　在盘形凸轮机构中，其对心直动尖顶从动件的位移变化与相应实际廓线曲率半径增量的变化相等。　　　　　　　　　　　　　　　　　　　　　　　　（　　）

4-1-81　在盘形凸轮机构中，对心直动滚子从动件的位移变化应与相应的理论廓线曲率半径增量变化相等。　　　　　　　　　　　　　　　　　　　　　　　　（　　）

4-1-82　不完全齿轮传动机构可以把主动件的等速转动转换成从动件的间歇运动。
　　　　　　　　　　　　　　　　　　　　　　　　　　　　　　（　　）

4-1-83　双向运动的棘轮机构有止回棘爪。　　　　　　　　　　　　　（　　）

4-1-84　间歇运动机构不能把间歇运动转换成连续运动。　　　　　　　（　　）

4-1-85　棘爪与棘轮轮齿接触处的公法线位于棘轮与棘爪的转动中心之间的原因是使棘爪能顺利进入棘轮轮齿的齿顶面而不会从棘轮轮齿上滑脱。　　　　　　　　（　　）

4-1-86　槽轮机构的运动系数是指在一个运动循环内,槽轮的运动时间与转臂的运动时间之比。因为槽轮机构是间歇运动,因此运动系数应等于0.5。　　　　　　（　　）

4-1-87　槽轮转角的大小是不能调节的。　　　　　　　　　　　　　　（　　）

4-1-88　槽轮机构的主动件在工作中是做往复摆动运动的。　　　　　　（　　）

4-1-89　外啮合槽轮机构从动件的转向与主动件的转向是相反的。　　　（　　）

4-1-90　在传动过程中有严重冲击现象的间歇机构是间歇齿轮机构。　　（　　）

4-1-91　典型的棘轮机构由棘轮、驱动棘爪、摇杆和止回棘爪组成。　　（　　）

4.2　选　择　题

4-2-1　与其他机构相比,凸轮机构最大的优点是_____。
　　　　（A）可实现各种预期的运动规律　　　（B）便于润滑
　　　　（C）制造方便,易获得较高的精度　　　（D）从动件的行程较大

4-2-2　_____盘形凸轮机构的压力角恒等于常数。
　　　　（A）摆动尖顶推杆　　　　　　　　　（B）直动滚子推杆
　　　　（C）摆动平底推杆　　　　　　　　　（D）摆动滚子推杆

4-2-3　下述几种运动规律中,_____既不会产生柔性冲击也不会产生刚性冲击,可用于高速场合。
　　　　（A）等速运动规律　　　　　　　　　（B）摆线运动规律(正弦加速度运动规律)
　　　　（C）等加速等减速运动规律　　　　　（D）简谐运动规律(余弦加速度运动规律)

4-2-4　_____从动杆的行程不能太大。
　　　　（A）盘形凸轮机构　　　　　　　　　（B）移动凸轮机构
　　　　（C）圆柱凸轮机构　　　　　　　　　（D）空间凸轮机构

4-2-5　_____可使从动杆得到较大的行程。
　　　　（A）盘形凸轮机构　　　　　　　　　（B）移动凸轮机构
　　　　（C）圆柱凸轮机构　　　　　　　　　（D）A,B,C 均可

4-2-6　与连杆机构相比,凸轮机构最大的缺点是_____。
　　　　（A）惯性力难以平衡　　　　　　　　（B）点、线接触,易磨损
　　　　（C）设计较为复杂　　　　　　　　　（D）不能实现间歇运动

4-2-7　对于直动推杆盘形凸轮机构来讲,在其他条件相同的情况下,偏置直动推杆与对心直动推杆相比,两者在推程段最大压力角的关系为_____。
　　　　（A）前者比后者大　　　　　　　　　（B）后者比前者大
　　　　（C）一样大　　　　　　　　　　　　（D）不确定

4-2-8　对心直动尖顶推杆盘形凸轮机构的推程压力角超过许用值时,可采取_____

的措施来解决。

   （A）增大基圆半径   （B）改用滚子推杆

   （C）改变凸轮转向   （D）改为偏置直动尖顶推杆

4-2-9 _____对于较复杂的凸轮轮廓曲线，也能准确地获得所需要的运动规律。

   （A）尖顶式从动杆   （B）滚子式从动杆

   （C）平底式从动杆   （D）曲面式从动杆

4-2-10 _____的摩擦阻力较小，传力能力大。

   （A）尖顶式从动杆   （B）滚子式从动杆

   （C）平底式从动杆   （D）曲面式从动杆

4-2-11 _____的磨损较小，适用于没有内凹槽凸轮轮廓曲线的高速凸轮机构。

   （A）尖顶式从动杆   （B）滚子式从动杆

   （C）平底式从动杆   （D）曲面式从动杆

4-2-12 计算凸轮机构从动杆行程的基础是_____。

   （A）基圆   （B）转角   （C）轮廓曲线   （D）曲面

4-2-13 在凸轮机构几种常用的推杆运动规律中，_____只宜用于低速。

   （A）等速运动规律   （B）等加速等减速运动规律

   （C）余弦加速度运动规律   （D）正弦加速度运动规律

4-2-14 滚子推杆盘形凸轮的基圆半径是从凸轮回转中心到_____的最短距离。

   （A）凸轮实际廓线   （B）凸轮理论廓线

   （C）凸轮包络线   （D）从动件运动线

4-2-15 平底垂直于导路的直动推杆盘形凸轮机构的压力角等于_____。

   （A）$0°$ （B）$10°$ （C）$15°$ （D）$20°$

4-2-16 在凸轮机构推杆的 4 种常用运动规律中，_____有刚性冲击。

   （A）等速运动规律   （B）等加速等减速运动规律

   （C）余弦加速度运动规律   （D）正弦加速度运动规律

4-2-17 在凸轮机构推杆的 4 种常用运动规律中，_____有柔性冲击。

   （A）等速运动规律   （B）等加速等减速运动规律

   （C）简谐运动规律   （D）正弦加速度运动规律

4-2-18 凸轮机构推杆运动规律的选择原则为：（1）_____；（2）考虑机器工作的平稳性；（3）考虑凸轮实际廓线便于加工。

   （A）满足受力要求   （B）满足环境要求

   （C）满足机器工作的需要   （D）满足费用要求

4-2-19 若发现移动滚子从动件盘形凸轮机构的压力角超过了许用值，且实际轮廓线又变尖，此时应采取的措施是_____。

   （A）增大基圆半径和滚子半径 （B）减小基圆半径和滚子半径

   （C）减小基圆半径，增大滚子半径 （D）增大基圆半径，减小滚子半径

4-2-20 在设计直动滚子推杆盘形凸轮机构的工作廓线时发现压力角超过了许用值，且廓线出现变尖现象，此时应采取的措施是_____。

   （A）增大基圆半径   （B）减小基圆半径

(C) 增大滚子半径　　　　　　　　　(D) 减小滚子半径

4-2-21　设计凸轮机构时,若量得其中某点的压力角超过许用值,则可以_____使压力角减小。

(A) 减小基圆半径　　　　　　　　　(B) 采用合理的偏置方位

(C) 增大滚子半径　　　　　　　　　(D) 减小滚子半径

4-2-22　盘形凸轮是一个具有变化半径的盘形构件,当它绕固定轴转动时,推动从动杆在与凸轮轴_____的平面内运动。

(A) 共面　　　　(B) 平行　　　　(C) 垂直　　　　(D) 成 $180°$

4-2-23　盘形凸轮从动杆的行程不能太大,否则将使凸轮的_____尺寸变化过大。

(A) 横向　　　　(B) 轴向　　　　(C) 周向　　　　(D) 径向

4-2-24　对于滚子式从动杆凸轮机构,为了在工作中不使运动规律"失真",其理论轮廓外凸部分的最小曲率半径必须小于滚子半径。这句话中的错误之处是_____。

(A) 滚子式　　　(B) "失真"　　　(C) 最小　　　　(D) 小于

4-2-25　为了使凸轮机构正常工作和具有较高的效率,要求凸轮最小压力角的值不得超过某一许用值。这句话中的错误之处是_____。

(A) 效率　　　　(B) 最小　　　　(C) 不得超过　　(D) 许用值

4-2-26　凸轮轮廓曲线出现尖顶时的滚子半径_____该点理论廓线的曲率半径。

(A) 大于等于　　(B) 小于　　　　(C) 小于等于　　(D) 大于

4-2-27　在高速凸轮机构中,为减少冲击与振动,从动件运动规律最好选用_____运动规律。

(A) 等速　　　　(B) 等加速等减速　(C) 简谐　　　(D) 正弦加速度

4-2-28　具有相同理论廓线,只有滚子半径不同的 2 个对心直动滚子从动件盘形凸轮机构的从动件运动规律_____,凸轮的实际廓线_____。

(A) 相同　　　　(B) 不相同　　　(C) 不确定　　　(D) A,B,C 都不对

4-2-29　对于滚子从动件盘形凸轮机构,若 2 个凸轮具有相同的理论轮廓线,只因滚子半径不等而导致实际廓线不相同,则两机构从动件的运动规律_____。

(A) 不相同　　　(B) 相同　　　　(C) 不一定相同　(D) A,B,C 都不对

4-2-30　若凸轮实际轮廓曲线出现尖点或交叉,则可_____滚子半径。

(A) 增大　　　　(B) 减小　　　　(C) 不变　　　　(D) 无法确定

4-2-31　压力角是衡量机械_____的一项重要指标;为了降低凸轮机构压力角所采取的一项措施是_____。

(A) 效率　　　　(B) 传力性能　　(C) 减小滚子半径　(D) 增大基圆半径

4-2-32　在凸轮机构中,适宜在高速下使用的推杆类型是_____。

(A) 尖底推杆　　(B) 滚子推杆　　(C) 平底推杆　　(D) 曲面推杆

4-2-33　推杆为等速运动的凸轮机构适于_____。

(A) 低速轻载　　(B) 中速中载　　(C) 高速轻载　　(D) 低速重载

4-2-34　盘形凸轮机构的滚子从动件被损坏,若换上一个半径不同的滚子,则_____

(A) 压力角不变,运动规律不变　　　(B) 压力角变化,运动规律也变化

(C) 压力角不变,运动规律变化　　　(D) 压力角变化,运动规律不变

4-2-35 _____盘形凸轮机构的压力角恒等于常数。

(A) 摆动尖顶推杆 　　　　　　　　(B) 直动滚子推杆

(C) 摆动平底推杆 　　　　　　　　(D) 摆动滚子推杆

4-2-36 下面为间歇运动机构的是_____。

(A) 棘轮机构、摩擦制动器 　　　　(B) 超越式离合器、槽轮机构

(C) 棘轮机构、槽轮机构 　　　　　(D) 摩擦制动器、超越式离合器

4-2-37 下述几种运动规律中，_____会产生柔性冲击，但不会产生刚性冲击。

(A) 等速运动规律 　　　　　　　　(B) 正弦加速度运动规律

(C) 等加速等减速运动规律 　　　　(D) 简谐运动规律

4-2-38 凸轮从动件按等速运动规律运动上升时，冲击出现在_____。

(A) 升程开始点 　　　　　　　　　(B) 升程结束点

(C) 升程中点 　　　　　　　　　　(D) 升程开始点和升程结束点

4-2-39 图 4-1 所示为凸轮机构从动件升程加速度随时间的变化曲线，该运动规律是_____运动规律。

(A) 等速 　　　　　　　　　　　　(B) 等加速等减速

(C) 正弦加速度 　　　　　　　　　(D) 余弦加速度（简谐）

4-2-40 图 4-2 所示为凸轮机构从动件位移随时间的变化曲线，该运动规律是_____运动规律。

(A) 等速 　　　　　　　　　　　　(B) 等加速等减速

(C) 正弦加速度 　　　　　　　　　(D) 余弦加速度（简谐）

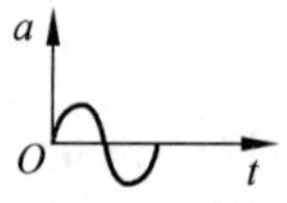

图 4-1 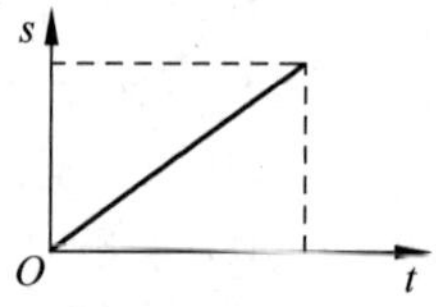　　　　　　　　　　图 4-2

4-2-41 图 4-3(a) 所示为凸轮机构从动件升程加速度随时间的变化曲线，该运动规律是_____运动规律。

(A) 等速 　　　　　　　　　　　　(B) 等加速等减速

(C) 正弦加速度 　　　　　　　　　(D) 余弦加速度（简谐）

4-2-42 图 4-3(b) 所示为凸轮机构从动件整个升程加速度随时间的变化曲线，该运动规律是_____运动规律。

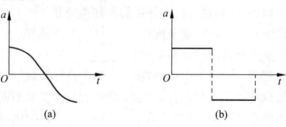

(a)　　　　　　　　　　(b)

图 4-3

(A) 等速　　　　　　　　　　(B) 等加速等减速

(C) 正弦加速度　　　　　　　(D) 余弦加速度(简谐)

4-2-43　直动从动件凸轮机构的推程许用压力角常取为_____,回程许用压力角常取_____。

(A) 0°　　　(B) 30°　　　(C) 70°～80°　　　(D) 90°

4-2-44　棘轮机构的主动件是_____。

(A) 棘轮　　　(B) 棘爪　　　(C) 止回棘爪　　　(D) 曲柄

4-2-45　当要求从动件的转角经常改变时,下面的间歇运动机构中合适的是_____。

(A) 间歇齿轮机构　　　　　　(B) 槽轮机构

(C) 棘轮机构　　　　　　　　(D) 凸轮机构

4-2-46　利用_____可以防止棘轮反转。

(A) 锁止圆弧　　(B) 止回棘爪　　(C) 圆销　　(D) 曲柄

4-2-47　利用_____可以防止间歇齿轮机构的从动件反转和不静止。

(A) 锁止圆弧　　(B) 止回棘爪　　(C) 圆销　　(D) 曲柄

4-2-48　棘轮机构的主动件做_____的。

(A) 往复摆动运动　　　　　　(B) 直线往复运动

(C) 等速旋转运动　　　　　　(D) 等加速运动

4-2-49　单向运动的棘轮齿形是_____。

(A) 梯形齿形　　(B) 锯齿形齿形　　(C) 矩形齿形　　(D) 三角形齿形

4-2-50　双向式运动的棘轮齿形是_____。

(A) 梯形齿形　　(B) 锯齿形齿形　　(C) 矩形齿形　　(D) 三角形齿形

4-2-51　槽轮机构的主动件是_____。

(A) 槽轮　　(B) 曲柄　　(C) 圆销　　(D) 止回棘爪

4-2-52　槽轮机构主动件的锁止圆弧是_____。

(A) 凹形锁止弧　　　　　　　(B) 凸形锁止弧

(C) 半凹半凸形锁止弧　　　　(D) 不确定

4-2-53　槽轮的槽形是_____。

(A) 轴向槽　　　　　　　　　(B) 径向槽

(C) 弧形槽　　　　　　　　　(D) 轴向槽或径向槽

4-2-54　为了使槽轮机构的槽轮运动系数 $K>0$,槽轮的槽数 z 应大于_____。

(A) 2　　　(B) 3　　　(C) 4　　　(D) 5

4-2-55　在单向间歇运动机构中,棘轮机构常用于_____的场合。

(A) 低速轻载　　(B) 高速轻载　　(C) 低速重载　　(D) 高速重载

4-2-56　槽轮机构所实现的运动变换是_____。

(A) 变等速连续转动为不等速连续转动

(B) 变转动为移动

(C) 变等速连续转动为间歇运动

(D) 变转动为摆动

4-2-57　在图4-4所示的凸轮机构中，_____所画的压力角 α 是正确的。

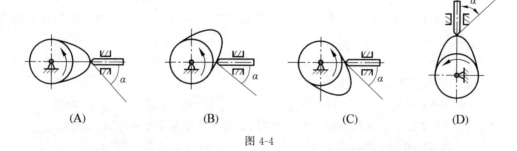

（A）　　　　　　　（B）　　　　　　　（C）　　　　　　　（D）

图 4-4

4-2-58　在图4-5所示的凸轮位移线图中，推出和回程所受的冲击分别是_____。
（A）刚性冲击和柔性冲击　　　　　　（B）刚性冲击和刚性冲击
（C）柔性冲击和柔性冲击　　　　　　（D）柔性冲击和刚性冲击

4-2-59　在图4-5所示的凸轮位移线图中，远休止角是_____。
（A）150°　　　　　（B）30°　　　　　（C）120°　　　　　（D）60°

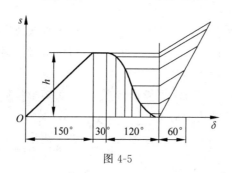

图 4-5

4.3　填　空　题

4-3-1　当设计滚子从动件盘形凸轮机构时，基圆半径取值过小，则可能产生_____和_____现象。

4-3-2　若偏置滚子直动从动件盘状凸轮机构的凸轮角速度为 ω、基圆半径为 r_b、偏心距为 e，试给出在升程 h 处且从动件速度为 v_2 时的压力角表达式_____。

4-3-3　一偏置直动平底从动件盘形凸轮机构的平底与从动件运动方向垂直，该机构的传动角 $\gamma=$_____。

4-3-4　设计滚子从动件盘形凸轮廓线时，若发现工作廓线有变尖现象，则在尺寸参数上应采取的措施是加大_____；或减小_____。

4-3-5　基圆半径越小，凸轮机构的结构就越_____，但基圆半径过小会导致压力角_____，从而使凸轮机构的传动性能变_____。

4-3-6　凸轮机构从动件采用等加速等减速运动规律运动时，会产生_____冲击。

4-3-7　若盘形凸轮机构理论廓线的最小曲率半径为 $\rho_{\min}$,滚子从动件的滚子半径为 r_r,为使凸轮实际廓线不变尖,则应满足的条件是:_____。

4-3-8　所谓间歇运动机构,就是在主动件做_____运动时,从动件能够产生周期性的_____运动的机构。

4-3-9　棘轮机构主要由_____、_____和_____等构件组成。

4-3-10　棘轮机构的主动件是_____,从动件是_____,机架起固定和支撑作用。

4-3-11　棘轮机构的主动件做_____运动,从动件做_____性的时停、时动的间歇运动。

4-3-12　双向工作的棘轮的齿槽是_____形的,而一般单向运动的棘轮齿槽是_____形的。

4-3-13　为保证棘轮在工作中的_____可靠和防止棘轮_____,棘轮机构应当装有止回棘爪。

4-3-14　槽轮机构的主动件是_____,它以等速_____,具有_____槽的槽轮是从动件,由它来完成间歇运动。

4-3-15　槽轮的静止可靠性和不能反转是通过槽轮与曲柄的_____实现的。

4-3-16　不论是外啮合还是内啮合的槽轮机构,_____总是从动件,_____总是主动件。

4-3-17　间歇齿轮机构是由_____演变而来的。

4-3-18　间歇齿轮机构从动件的静止可靠性是通过齿轮上的_____实现的。

4-3-19　间歇齿轮机构在传动中存在着严重的_____,所以只能用在低速和轻载的场合。

4-3-20　棘爪和棘轮开始接触的一瞬间,会发生_____,所以棘轮机构传动的_____较差。

4-3-21　为了改变棘轮机构摇杆摆角的大小,可以利用改变曲柄_____来实现。

4-3-22　在双向对称棘爪棘轮机构中,棘轮的齿形和棘爪都是_____的,所以能方便地实现双向间歇运动。

4-3-23　双动棘轮机构的主动件是_____棘爪,它们以先后次序推动或拉动棘轮转动,这种机构的间歇停留时间_____。

4-3-24　摩擦棘轮机构是一种无棘齿的棘轮,棘轮是通过与相当于棘爪的摩擦块之间的_____工作的。

4-3-25　当双圆销外啮合槽轮机构的曲柄转一周时,槽轮转过_____槽口。

4-3-26　单边楔形棘爪棘轮机构,不仅可以调节棘轮_____的大小,还能调节棘轮的_____方向和使棘轮停止转动。

4-3-27　在自行车中,使用棘轮机构_____后轮反转。

4-3-28　槽轮机构能把主动轴的等速连续_____转换成从动轴的周期性_____运动。

4-3-29　能实现间歇运动的机构,除棘轮机构和槽轮机构以外,还有_____机构和_____机构等。

4-3-30　棘轮机构的结构简单,制造方便,运转_____,转角大小_____方便。

4-3-31　棘轮机构在棘爪和棘轮开始接触时会发生_____，所以传动的_____较差。

4-3-32　棘轮机构常用于速度_____、载荷_____的场合。

4-3-33　棘轮机构常用于转角大小需要_____的场合及在起重设备中_____鼓轮反转。

4-3-34　槽轮机构是由_____、_____、_____和具有径向槽的_____等组成的。

4-3-35　槽轮机构中的_____是主动件，一般做等速连续_____，_____是从动件，做_____的间歇运动。

4-3-36　有一外槽轮机构，已知槽轮的槽数 $z=4$，拨盘上装有一个圆销，则该槽轮机构的运动系数 $\tau=$_____。

4-3-37　对于原动件转一圈，槽轮只运动一次的槽轮机构来说，槽轮的槽数应不少于_____；机构的运动系数总小于_____。

4-3-38　棘轮的标准模数 m 等于棘轮的_____圆直径与齿数 z 之比。

4-3-39　棘轮机构和槽轮机构均为_____运动机构。

4-3-40　棘轮机构常用于转角较_____且需调整转角的传动，而槽轮机构只能用于转角较_____的间歇传动。

4-3-41　常用的间歇运动机构有_____机构、_____机构、_____机构和_____机构。

4-3-42　为了使从动件获得间歇传动，常采用_____机构或_____机构。

4.4　改　错　题

4-4-1　槽轮转角的大小是能够改变的。

4-4-2　间歇运动机构能将主动件的连续运动转换成从动件的任意停止和动作的间歇运动。

4-4-3　棘轮机构的主动件是棘轮，从动件是棘爪。

4-4-4　棘轮机构能将主动件的直线往复运动转换成从动件的间歇运动。

4-4-5　棘轮机构的止回棘爪是主动件。

4-4-6　双向棘轮机构中棘轮的齿形是锯齿形的，而棘爪必须是对称的。

4-4-7　止回圆弧的作用可以保证棘轮的静止可靠和防止棘轮反转。

4-4-8　棘轮转角的大小可以通过改变棘爪的长度得以实现。

4-4-9　棘轮机构的主动件是棘轮。

4-4-10　槽轮的槽形都是轴向的。

4-4-11　槽轮机构的主动件具有锁止凹弧。

4-4-12　单向运动的棘轮转角大小的调节，只能利用调节曲柄的长度来实现，不能使用调位遮板。

4-4-13　有锁止圆弧的间歇运动机构都是槽轮机构。

4-4-14　把等速连续转动运动转换成间歇运动的机构，仅有槽轮机构。

4.5　问　答　题

4-5-1　简述凸轮的优、缺点。

4-5-2　凸轮机构常用的几种推杆的运动规律有哪些？

4-5-3　凸轮机构推杆运动规律的选择原则是什么？

4-5-4　在设计直动滚子推杆盘形凸轮机构的工作廓线时，发现压力角超过了许用值，且廓线出现变尖现象，采用什么方法解决？

4-5-5　设计哪种类型的凸轮机构时会出现运动失真？当出现运动失真时应考虑用什么方法消除？

4-5-6　为什么在等加速等减速运动规律中，既要有等加速段又要有等减速段？

4-5-7　如果滚子从动件盘形凸轮机构的实际轮廓线变尖或相交，可以采取哪些办法来解决？

4-5-8　什么是间歇运动机构？常用间歇运动机构有哪些？

4-5-9　棘轮机构与槽轮机构都是间歇运动机构，它们各有什么特点？

4-5-10　槽轮机构的运动系数 τ 表示什么意义？5 个槽的单销槽轮机构的运动系数 τ 等于多少？

4-5-11　棘轮机构的设计主要包括哪些内容？

4-5-12　槽轮机构设计时要避免什么问题？

4-5-13　棘轮机构和槽轮机构均可用来实现从动轴的单向间歇运动，但在具体的使用选择上又有什么不同？

4-5-14　止回棘爪的作用是什么？

4-5-15　常用的调节棘轮转角大小的方法有哪些？

4-5-16　用什么方法能改变棘轮的转向？

4-5-17　槽轮的静止可靠性和防止反转是怎样保证的？

4-5-18　单向运动棘轮机构和双向式棘轮机构有何不同？

4-5-19　棘轮机构有哪些作用？

4-5-20　典型棘轮机构由哪些构件组成？在棘轮机构中为保证棘爪能够顺利进入棘轮轮齿的齿根，应满足什么条件？

4-5-21　为什么棘爪与棘轮轮齿接触处的公法线要位于棘轮与棘爪的转动中心之间？

4-5-22　槽轮机构的槽数 z 和圆销数 n 的关系是什么？

4-5-23　如何避免不完全齿轮机构在啮合开始和终止时产生的冲击？从动轮停歇期间，如何防止其运动？

4.6　分　析　题

4-6-1　有一摆动滚子推杆盘形凸轮机构，已知 $l_{OA}=60\text{mm}$，$r_0=25\text{mm}$，$r_r=50\text{mm}$，$l_{AB}=8\text{mm}$。凸轮顺时针方向等速转动，要求当凸轮转过 $180°$ 时，推杆以余弦加速度运动向

上摆动 25°,转过一周中的其余角度时,推杆以正弦加速度运动摆回原位置。试以作图法设计凸轮的工作廓线。

4-6-2　试以作图法设计一轴向直动推杆圆柱凸轮机构凸轮的轮廓曲线。已知凸轮的外径 $d=40$mm,滚子半径 $r_r=5$mm。凸轮转角为 $0\sim2\pi$ 时,推杆向一端等速移动 50mm;凸轮转角为 $2\pi\sim3\pi$ 时,推杆静止不动;凸轮转角为 $3\pi\sim5\pi$ 时,推杆又向另一端等速移动 50mm;凸轮转角为 $5\pi\sim6\pi$ 时,推杆又静止不动。要求尽可能使推杆运动平稳,为此允许在 2 种运动规律的交接处,推杆的运动规律略有变化。现要求:

(1) 完成该凸轮的全部轮廓曲线;

(2) 标出各部分尺寸、凸轮和推杆的运动方向及反转作图方向;

(3) 标出凸轮机构一个运动循环中各滚子相对运动的先后顺序号。

4-6-3　试用解析法设计偏置直动推杆盘形凸轮机构凸轮的理论轮廓曲线。已知凸轮以等角速度沿顺时针方向回转,在凸轮转过角度 $\delta_1=120°$ 的过程中,推杆按正弦加速度运动规律上升 $h=50$mm,凸轮继续转过角度 $\delta_2=30°$ 时,推杆保持不动,其后,凸轮在回转角度 $\delta_3=60°$ 期间,推杆又按余弦加速度运动规律下降至起始位置。凸轮轴置于推杆轴线右侧,偏距 $e=20$mm,基圆半径 $r_0=50$mm。

4-6-4　在 4-6-3 题中,凸轮机构在推程和回程的最大压力角为多少? 如果凸轮的轴心线偏于推杆轴线的左侧,其最大压力角有无变化? 试对计算结果加以比较。

4-6-5　已知一棘轮机构,棘轮模数 $m=5$mm,齿数 $z=12$,试确定机构的几何尺寸。

4-6-6　在直动尖顶推杆盘形凸轮机构中,如图 4-6 所示的推杆运动规律尚不完全,试在图上补全各段的 s-δ、v-δ、a-δ 曲线,并指出有刚性冲击的位置和有柔性冲击的位置。

4-6-7　图 4-7 所示给出了某直动推杆盘形凸轮机构的推杆速度线图。要求:

(1) 定性地画出其加速度和位移线图;

(2) 说明此种运动规律的名称及特点(v,a 的大小及冲击的性质);

(3) 说明此种运动规律的适用场合。

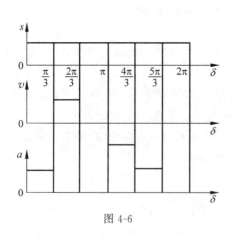

图 4-6

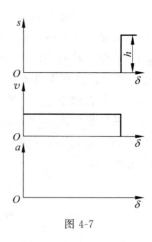

图 4-7

4-6-8　图 4-8 所示的直动平底推杆盘形凸轮机构的凸轮为 $R=30$mm 的偏心圆盘,$\overline{AO}=20$mm,试求:

(1) 基圆半径和升程；

(2) 推程运动角、回程运动角、远休止角和近休止角；

(3) 凸轮机构的最大压力角和最小压力角；

(4) 推杆的位移 s、速度 v 和加速度 a 的方程；

(5) 若凸轮以 $\omega = 10\mathrm{rad/s}$ 的角速度回转，当 AO 处于水平位置时推杆的速度。

4-6-9　图 4-9 所示偏置直动尖顶推杆盘形凸轮机构的凸轮廓线为渐开线，渐开线的基圆半径 $r_0 = 40\mathrm{mm}$，凸轮以 $\omega = 20\mathrm{rad/s}$ 的角速度逆时针旋转。试求：

(1) 在 B 点接触时推杆的速度 v_B；

(2) 推杆的运动规律（推程）；

(3) 凸轮机构在 B 点接触时的压力角；

(4) 分析该凸轮机构在推程开始时有无冲击？若有，是哪种冲击？

4-6-10　在图 4-10 所示的对心直动尖顶推杆盘形凸轮机构中，凸轮为一偏心圆，O 为凸轮的几何中心，O_1 为凸轮的回转中心。直线 AC 与 BD 垂直，且 $\overline{O_1O} = \overline{OA}/2 = 30\mathrm{mm}$，试计算：

(1) 该凸轮机构中 B，D 2 点的压力角；

(2) 该凸轮机构推杆的行程 h。

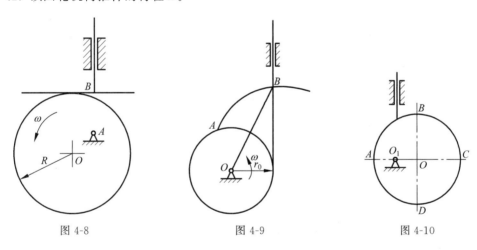

图 4-8　　　　　图 4-9　　　　　图 4-10

4.7　作　图　题

4-7-1　试用作图法设计一对心滚子直动推杆盘形凸轮。已知凸轮的基圆半径 $r_0 = 35\mathrm{mm}$，凸轮以等角速度 ω 逆时针转动，推杆行程 $h = 20\mathrm{mm}$，滚子半径 $r_\mathrm{r} = 10\mathrm{mm}$，位移线图如图 4-11 所示。

4-7-2　试用作图法设计一偏置滚子直动推杆盘形凸轮。已知凸轮以等角速度 ω 顺时针转动，凸轮转轴 O 偏于推杆中心线的右方 10mm，基圆半径 $r_0 = 35\mathrm{mm}$，推杆行程 $h = 32\mathrm{mm}$，滚子半径 $r_\mathrm{r} = 10\mathrm{mm}$，其位移线图如图 4-12 所示。

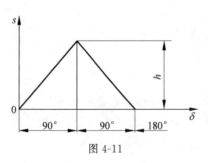

图 4-11

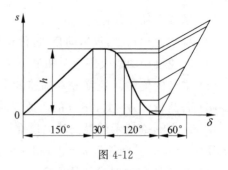

图 4-12

4-7-3 如图 4-13 所示,在自动车床控制刀架移动的滚子摆动从动件凸轮机构中,已知 $L_{OA}=60\text{mm},L_{AB}=36\text{mm},r_{\min}=35\text{mm},r_r=8\text{mm}$,从动件的运动规律如下:当凸轮以等角速度 ω_1 逆时针回转 90°时,从动件以等加速等减速运动向上摆 15°;当凸轮自 90°转到 180°时,从动件停止不动;当凸轮自 180°转到 270°时,从动件以简谐运动摆回原处;当凸轮自 270°转到 360°时,从动件又停止不动,试用作图法绘制凸轮的轮廓。

4-7-4 试用作图法设计凸轮的实际廓线。已知基圆半径 $r_0=40\text{mm}$,推杆长 $l_{AB}=80\text{mm}$,滚子半径 $r_r=10\text{mm}$,推程运动角 $\delta_0=180°$,回程运动角 $\delta_0'=180°$,推程回程均采用余弦加速度运动规律,推杆初始位置 AB 与 OB 垂直(见图 4-14),推杆最大摆角 $\varphi_{\max}=30°$,凸轮顺时针转动。$\left(\text{注:推程 } \varphi=\dfrac{\varphi_{\max}}{2}(1-\cos\pi\delta/\delta_0)\right)$

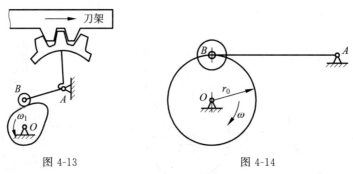

图 4-13

图 4-14

4-7-5 已知偏置式滚子推杆盘形凸轮机构如图 4-15 所示,试用图解法求出推杆的运动规律 $s\text{-}\delta$ 曲线(要求清楚标明坐标 $(s\text{-}\delta)$ 与凸轮上详细对应点号的位置,可不必写步骤)。

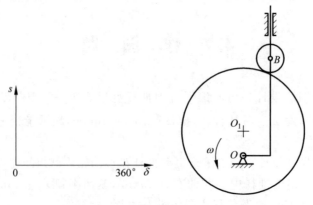

图 4-15

4-7-6 图 4-16 所示为凸轮推杆的速度曲线,它由 4 段直线组成。要求:

(1) 在题图上画出推杆的位移曲线、加速度曲线;

(2) 判断哪几个位置存在冲击,并说明是刚性冲击还是柔性冲击;

(3) 在图中 F 的位置,凸轮与推杆之间有无惯性力作用? 有无冲击存在?

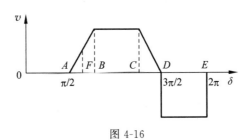

图 4-16

第5章

轮　系

5.1　判　断　题

5-1-1　轮系可分为定轴轮系、周转轮系和混合轮系 3 种。　　　　　　（　　）

5-1-2　旋转齿轮的几何轴线不是全部固定的轮系,称为周转轮系。　　（　　）

5-1-3　至少有一个齿轮和它的几何轴线不绕另一个齿轮轴旋转的轮系,称为定轴轮系。　　　　　　　　　　　　　　　　　　　　　　　　　　　　（　　）

5-1-4　定轴轮系首末两轮的转速之比等于组成该轮系的所有从动齿轮齿数乘积与所有主动齿轮齿数的乘积之比。　　　　　　　　　　　　　　　　　　（　　）

5-1-5　在周转轮系中,凡是具有旋转轴线的齿轮就称为中心轮。　　　（　　）

5-1-6　在周转轮系中,凡是具有轴线固定的齿轮就称为行星轮。　　　（　　）

5-1-7　定轴轮系可以把旋转运动转变成直线运动。　　　　　　　　　（　　）

5-1-8　轮系传动比的计算,不但要确定轮间的转速比数值,还要确定它们的转向关系。　　　　　　　　　　　　　　　　　　　　　　　　　　　　　（　　）

5-1-9　对空间定轴轮系,两齿轮的转向关系可用传动比计算方式中的 $(-1)^m$ 的符号来判定,其中 m 是它们间的外啮合次数。　　　　　　　　　　　　　（　　）

5-1-10　计算行星轮系的传动比时,应先把行星轮系转化为一假想的定轴轮系,再用定轴轮系的方法解决。　　　　　　　　　　　　　　　　　　　　　　（　　）

5-1-11　定轴轮系和行星轮系的主要区别在于是否有转动的系杆。　　（　　）

5-1-12　轮系可分为定轴轮系和周转轮系 2 种。　　　　　　　　　　（　　）

5-1-13　轴线不固定的旋转齿轮轮系称为周转轮系。　　　　　　　　（　　）

5-1-14　行星轮系和差动轮系的区别是:当周转轮系的 2 个中心轮都能转动时(自由度为 1)称为差动轮系;若固定其中 1 个中心轮,则称为行星轮系。此句中错误之处是"自由度为 1"。　　　　　　　　　　　　　　　　　　　　　　　　　　　　（　　）

5-1-15　在周转轮系中,轴线固定的齿轮称为中心轮。　　　　　　　（　　）

5-1-16　在周转轮系中,轴线旋转的齿轮称为行星轮。　　　　　　　（　　）

5-1-17　定轴轮系和行星轮系都存在转动的系杆。　　　　　　　　　（　　）

5-1-18　定轴轮系的传动比等于各对齿轮传动比的连乘积。　　　　　（　　）

5-1-19　周转轮系的传动比等于各对齿轮传动比的连乘积。　　　　　（　　）

5-1-20　惰轮对就是没有用的齿轮。　　　　　　　　　　　　　　　（　　）

5-1-21　定轴轮系与周转轮系的区别是:定轴轮系中的所有轴相对于机架的位置都是

固定的；周转轮系是指轮系中有 1 个齿轮的轴线绕另一轴线转动的轮系。此句中错误之处是"有 1 个"。　　　　　　　　　　　　　　　　　　　　　　　　　　　（　　）

5.2　选　择　题

5-2-1　对于平面定轴轮系，两齿轮的转向关系可用它们之间的_____次数来判定。

（A）内啮合　　　　（B）外啮合　　　　（C）总啮合　　　　（D）内外啮合差的

5-2-2　行星轮系由_____、_____和_____3 种基本活动构件组成。

（A）主动轮；中心轮；系杆　　　　　　　（B）行星轮；从动轮；转臂

（C）行星轮；中心轮；系杆　　　　　　　（D）太阳轮；中心轮；行星架

5-2-3　在定轴轮系中，每一个齿轮的回转轴线都是_____的。

（A）由相对运动确定　　　　　　　　　　（B）相对固定

（C）由运动确定　　　　　　　　　　　　（D）固定

5-2-4　惰轮对_____并无影响，却能改变从动轮的_____。

（A）传动比的大小；转动方向　　　　　　（B）传动比；转动方向

（C）转动方向；传动比　　　　　　　　　（D）转动方向；传动比的大小

5-2-5　轮系中_____两轮的_____之比，称为轮系的传动比。

（A）指定；转速　　　　　　　　　　　　（B）指定；齿数

（C）首末；转速　　　　　　　　　　　　（D）首末；齿数

5-2-6　如果 1 对齿轮的主动轮和从动轮齿数分别为 z_1 和 z_2，若考虑两轮旋转方向的异同，则该对齿轮的传动比可写成 $i =$ _____。

（A）$+z_2/z_1$　　　（B）$+z_1/z_2$　　　（C）$-z_2/z_1$　　　（D）$-z_1/z_2$

5-2-7　定轴轮系的传动比等于组成该轮系的所有_____轮齿数连乘积与所有_____轮齿数连乘积之比。

（A）末轮；首轮　　　　　　　　　　　　（B）主动轮；从动轮

（C）首轮；末轮　　　　　　　　　　　　（D）从动轮；主动轮

5-2-8　周转轮系中，只有 1 个_____时的轮系称为行星轮系。

（A）主动件　　　（B）从动件　　　（C）太阳轮　　　（D）转臂

5-2-9　轮系可获得_____的传动比，并可做_____距离的传动。

（A）较小；较远　　（B）较大；较远　　（C）较大；较近　　（D）较小；较近

5-2-10　轮系可以实现_____要求。

（A）只变速，不变向　　　　　　　　　　（B）不变速，只变向

（C）变速和变向　　　　　　　　　　　　（D）既不变速，也不变向

5-2-11　轮系既可以_____运动，也可以_____运动。

（A）转动；移动　　　　　　　　　　　　（B）合成；转动

（C）分解；移动　　　　　　　　　　　　（D）合成；分解

5-2-12　差动轮系的主要结构特点是有_____。

（A）1 个主动件　　　　　　　　　　　　（B）1 个被动件

              （C）2 个从动件　　　　　　　　　　（D）2 个主动件

5-2-13 周转轮系结构的尺寸_____，重量较_____。

    （A）紧凑；轻　　　（B）紧凑；重　　　（C）适中；轻　　　（D）适中；重

5-2-14 周转轮系可获得_____的传动比和_____的功率传递。

    （A）较小；较小　　（B）较小；较大　　（C）较大；较小　　（D）较大；较大

5-2-15 差动轮系是指自由度_____。

    （A）为 1 的周转轮系　　　　　　　（B）为 1 的定轴轮系

    （C）为 2 的周转轮系　　　　　　　（D）为 2 的定轴轮系

5-2-16 周转轮系的传动比计算应用了转化机构的概念，对应的周转轮系的转化机构是_____。

    （A）定轴轮系　　　（B）行星轮系　　　（C）混合轮系　　　（D）差动轮系

5-2-17 行星轮系是指自由度_____。

    （A）为 1 的周转轮系　　　　　　　（B）为 1 的定轴轮系

    （C）为 2 的周转轮系　　　　　　　（D）为 2 的定轴轮系

5-2-18 周转轮系中若 2 个中心轮都不固定，则该轮系是_____；其给系统一个 $-\omega_H$ 后所得到的转化轮系是_____。

    （A）差动轮系　　　（B）行星轮系　　　（C）复合轮系　　　（D）定轴轮系

5-2-19 平面定轴轮系增加 1 个惰轮后_____。

    （A）只改变从动轮的旋转方向，不改变轮系传动比的大小

    （B）既改变从动轮的旋转方向，又改变轮系传动比的大小

    （C）只改变轮系传动比的大小，不改变从动轮的旋转方向

    （D）不确定

5-2-20 图 5-1 所示为万能刀具磨床工作台横向微动进给装置，运动经手柄输入，由丝杠传给工作台。已知：$z_1 = z_2 = 19$，$z_3 = 18$，$z_4 = 20$，如果手柄转 1 圈，则丝杠转_____圈。

    （A）-0.9　　　　　（B）0.9　　　　　（C）1.9　　　　　（D）0.1

    题目 5-2-21～题目 5-2-25 来自如图 5-2 所示的轮系，已知 $n_1 = 636$r/min。各轮齿数分别为 $z_1 = 20$，$z_2 = 35$，$z_2' = 25$，$z_3 = 80$，$z_3' = 20$，$z_4 = 35$，$z_5 = 90$。齿轮 4 是正常齿制标准直齿，且 $d_{a4} = 74$mm。

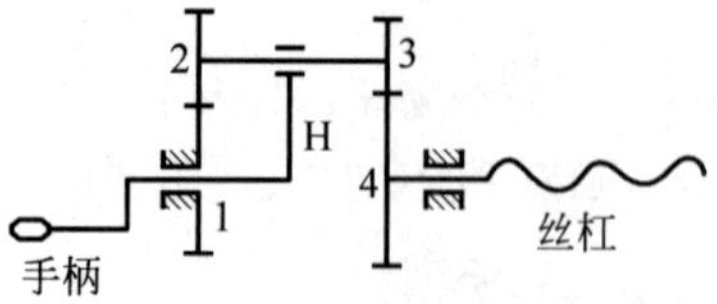

图 5-1

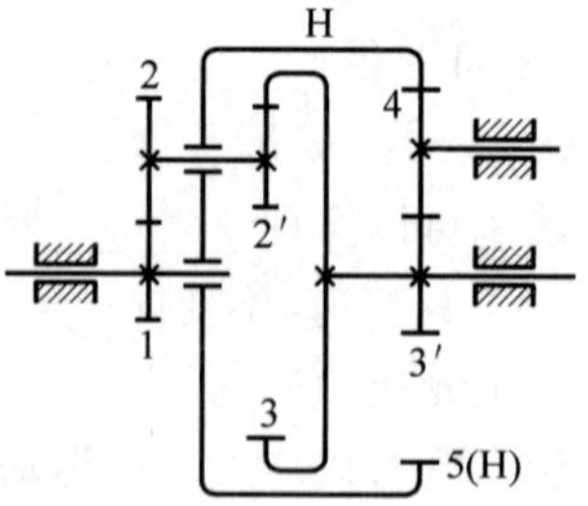

图 5-2

5-2-21 传动比 i_{15} 是_____。

    （A）42.4　　　　　（B）25.44　　　　（C）31.8　　　　　（D）12.72

5-2-22　转速 n_5 是_____。

(A) 15r/min　　(B) 20r/min　　(C) 25.5r/min　　(D) 50r/min

5-2-23　该轮系的低副数和高副数分别是_____。

(A) 6,3　　(B) 5,3　　(C) 5,4　　(D) 6,4

5-2-24　该轮系为_____。

(A) 定轴轮系　(B) 差动轮系　(C) 行星轮系　(D) 混合轮系

5-2-25　齿轮 4 的模数是_____。

(A) 2.11mm　(B) 2mm　　(C) 2.2mm　　(D) 2.5mm

题目 5-2-26～题目 5-2-29 出自如图 5-3 所示的圆锥齿轮组成的轮系,已知 $z_1 = z_3$, $\omega_1 = 30$rad/s,$\omega_H = 10$rad/s,H 的转向如图 5-3 所示。

5-2-26　该轮系的低副数和高副数分别是_____。

(A) 4,1　　(B) 5,1　　(C) 4,2　　(D) 5,2

5-2-27　该轮系为_____。

(A) 定轴轮系　(B) 差动轮系　(C) 行星轮系　(D) 混合轮系

5-2-28　如果 ω_1 和 ω_H 转向相同,则 ω_3 的大小及转向是_____

(A) -50rad/s,与 ω_H 转向相反　　(B) 50rad/s,与 ω_H 转向相同

(C) -10rad/s,与 ω_H 转向相反　　(D) 10rad/s,与 ω_H 转向相同

5-2-29　如果 ω_1 和 ω_H 转向相反,则 ω_3 的大小及转向是_____

(A) -50rad/s,与 ω_H 转向相反　　(B) 50rad/s,与 ω_H 转向相同

(C) -10rad/s,与 ω_H 转向相反　　(D) 10rad/s,与 ω_H 转向相同

题目 5-2-30～题目 5-2-35 出自如图 5-4 所示的轮系,已知 $z_1 = 22$,$z_2 = 26$,$z_{2'} = 22$, $z_3 = 80$,$z_4 = 40$,$z_{4'} = 20$,$z_5 = 40$,齿轮 1 的转向如图 5-4 所示。

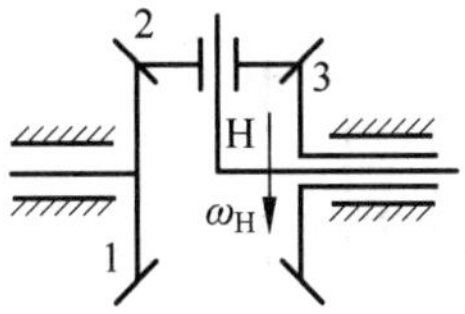

图 5-3 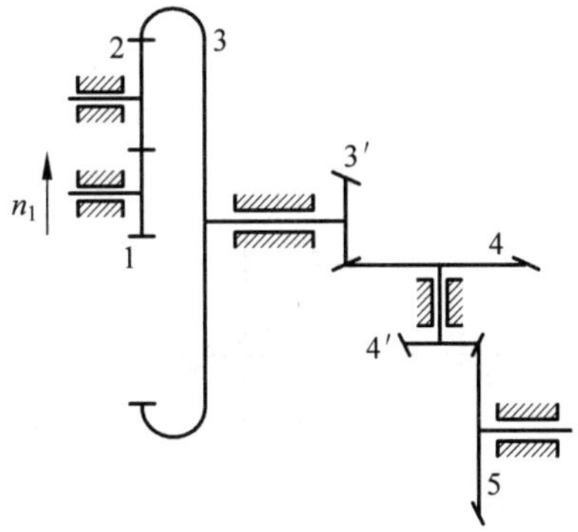　　　　　　　　　图 5-4

5-2-30　该轮系的自由度和形星轮的个数分别是_____。

(A) 2,1　　(B) 2,0　　(C) 1,1　　(D) 1,0

5-2-31　该轮系的低副数和高副数分别是_____。

(A) 4,4　　(B) 5,4　　(C) 4,3　　(D) 5,5

5-2-32　该轮系为_____。

(A) 定轴轮系　(B) 差动轮系　(C) 行星轮系　(D) 混合轮系

5-2-33　齿轮 3 和齿轮 4 的转向分别为_____。

(A) 向上、向左　　(B) 向下、向左　　(C) 向上、向右　　(D) 向下、向右

5-2-34　传动比 i_{51} 是_____。

(A) 13.2　　(B) −13.2　　(C) 0.076　　(D) −0.076

5-2-35　若测得标准直齿圆柱齿轮 1 的齿顶圆直径为 95.96mm,齿根圆直径为 78.02mm,则其模数为_____。

(A) 2.5mm　　(B) 3mm　　(C) 4mm　　(D) 4.5mm

题目 5-2-36～题目 5-2-41 出自如图 5-5 所示所示轮系,已知各轮齿数为 $z_1=100,z_2=z_{2'}=z_3=z_4=30,z_5=80$,正常齿制标准直齿,齿轮 1 的模数 $m=2.5$mm。

5-2-36　该轮系的活动构件数目为_____。

(A) 7　　(B) 6　　(C) 5　　(D) 4

5-2-37　该机构要有确定的运动,需要有_____原动件。

(A) 1 个　　(B) 2 个　　(C) 3 个　　(D) 4 个

5-2-38　i_{41} 约为_____。

(A) 0.5　　(B) 3　　(C) −0.93　　(D) −5.6

5-2-39　转臂(系杆)H 的转动半径 r 为_____。

(A) 130mm　　(B) 162.5mm　　(C) 150mm　　(D) 300mm

5-2-40　i_{1H} 约为_____。

(A) 3　　(B) 1.5　　(C) 1.8　　(D) 2.1

5-2-41　i_{4H} 约为_____。

(A) −1.67　　(B) 1.5　　(C) 1.8　　(D) −2

题目 5-2-42～题目 5-2-46 出自如图 5-6 所示的轮系,已知:$z_1=63,z_2=56,z_{2'}=55,z_3=62$。

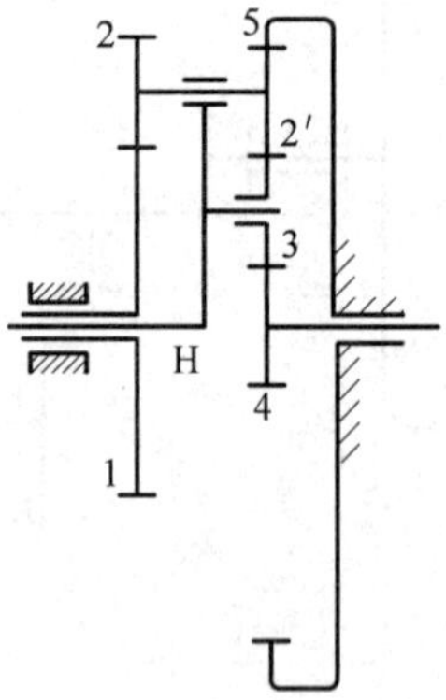

图 5-5 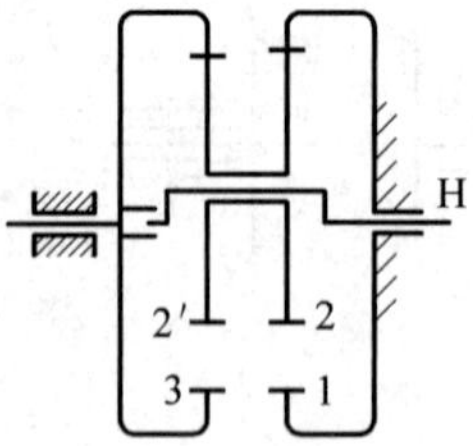　　　　　图 5-6

5-2-42　该轮系的自由度是_____。

(A) 0　　(B) 1　　(C) 2　　(D) 3

5-2-43　该轮系的低副数和高副数分别是_____。

(A) 3,2　　(B) 4,3　　(C) 3,3　　(D) 4,4

5-2-44　该轮系为_____。

（A）定轴轮系　　（B）差动轮系　　（C）行星轮系　　（D）混合轮系

5-2-45　i_{31}^{H} 约为_____。

（A）495/496　　（B）496/495　　（C）−495/496　　（D）−496/495

5-2-46　i_{H3} 约为_____。

（A）495　　（B）−496　　（C）−495　　（D）496

题目 5-2-47～题目 5-2-51 出自如图 5-7 所示的轮系，$z_1=20$，$z_2=24$，$z_{2'}=20$，$z_3=24$，$n_H=16.5 \text{r/min}$，$n_1=940 \text{r/min}$。

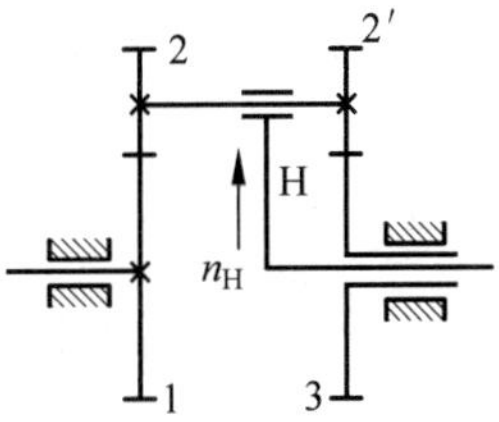

5-2-47　该轮系的自由度是_____。

（A）0　　　　　　（B）1

（C）2　　　　　　（D）3

5-2-48　该轮系的低副数和高副数分别是_____。

（A）3,2　　　　（B）4,3

（C）3,3　　　　（D）4,2

图 5-7

5-2-49　该轮系为_____。

（A）定轴轮系　　（B）差动轮系　　（C）行星轮系　　（D）混合轮系

5-2-50　i_{13} 约为_____。

（A）1.29　　（B）1.36　　（C）1.43　　（D）1.50

5-2-51　n_3 约为_____。

（A）592.04r/min　　　　（B）624.93r/min

（C）657.82r/min　　　　（D）690.71r/min

题目 5-2-52～题目 5-2-53 出自如图 5-7 所示的轮系，$z_1=20$，$z_2=24$，$z_{2'}=20$，$z_3=24$，$n_H=16.5 \text{r/min}$，$n_1=-940 \text{r/min}$。

5-2-52　i_{13} 约为_____。

（A）−1.45　　（B）1.36　　（C）1.45　　（D）−1.36

5-2-53　n_3 约为_____。

（A）647.74r/min　　　　（B）691.18r/min

（C）−647.74r/min　　　　（D）−691.18r/min

5-2-54　齿轮 3 的转向与齿轮 1 的转向_____。

（A）相同　　　　　　　　（B）相反

（C）不确定　　　　　　　（D）A,B,C 均不正确

5-2-55　i_{3H} 约为_____。

（A）39.26　　（B）41.89　　（C）−39.26　　（D）−41.89

5.3　填　空　题

5-3-1　由若干对齿轮组成的齿轮机构称为_____。

5-3-2　根据轮系中齿轮的几何轴线是否固定,可将轮系分为_____轮系、_____

轮系和_____轮系3种。

5-3-3 对平面定轴轮系,始末两齿轮的转向关系可用传动比计算公式中_____的符号来判定。

5-3-4 行星轮系由_____、_____和_____3种基本构件组成。

5-3-5 在定轴轮系中,每个齿轮的回转轴线都是_____的。

5-3-6 惰轮对_____并无影响,但它能改变从动轮的转动_____。

5-3-7 在齿轮传动中,如果其中一个齿轮和它的_____绕另一个_____旋转,则这个轮系就叫作周转轮系。

5-3-8 旋转齿轮的轴线均_____的轮系,称为定轴轮系。

5-3-9 轮系中_____两轮的_____之比,称为轮系的传动比。

5-3-10 加惰轮的轮系只能改变_____轮的旋转方向,不能改变轮系的_____。

5-3-11 一对齿轮的齿数为 z_1 和 z_2,若考虑两轮的旋转方向,其传动比可写成 $i = \dfrac{n_1}{n_2} =$ _____。

5-3-12 定轴轮系的传动比等于组成该轮系的所有_____轮齿数连乘积与所有_____轮齿数连乘积之比。

5-3-13 在周转轮系中,凡具有_____轴线的齿轮,均称为中心轮;凡具有_____轴线的齿轮,均称为行星轮;支承行星轮并和它一起绕固定轴线旋转的构件,称为_____。

5-3-14 在周转轮系中,只有1个_____时的轮系称为行星轮系。

5-3-15 轮系可获得较_____的传动比,并可做较_____距离的传动。

5-3-16 轮系可以实现_____要求和_____要求。

5-3-17 采用周转轮系可将2个独立运动_____为1个运动,或将1个独立的运动_____成2个独立的运动。

5-3-18 差动轮系的主要特点是具有_____自由度。

5-3-19 与定轴轮系相比,当传动比相同时,周转轮系具有结构尺寸_____、重量较_____的优点。

5-3-20 周转轮系较适合在_____的传动比和_____的传递功率场合下使用。

5-3-21 所谓定轴轮系是指_____的轴线均是_____的。

5.4 问 答 题

5-4-1 指出定轴轮系与周转轮系的区别。

5-4-2 传动比的符号表示什么意义?

5-4-3 如何确定轮系的转向关系?

5-4-4 何谓惰轮?它在轮系中有何作用?

5-4-5 行星轮系和差动轮系有何区别?

5-4-6 为什么要引入转化轮系?

5-4-7 如何把复合轮系分解为简单的轮系?

5-4-8 为什么要应用轮系? 试举出几个应用轮系的实例。

5-4-9 何谓定轴轮系? 何谓周转轮系? 行星轮系与差动轮系有何区别?

5-4-10 如何计算定轴轮系的传动比? 式中$(-1)^m$有什么意义?

5-4-11 怎样判别定轴轮系末端齿轮的转向?

5-4-12 如果轮系的末端轴是螺旋传动,应如何计算螺母的移动量?

5-4-13 简答计算混合轮系传动比的步骤。

5.5 计 算 题

5-5-1 在如图 5-8 所示的双级行星减速器中,已知高速级各轮齿数为 $z_1=14$, $z_2=34$, $z_3=85$;低速级各轮齿数为 $z_4=20$, $z_5=28$, $z_6=79$;高、低速级的行星齿轮数均为 3。试求此行星减速器的总传动比 $i_{I,II}$。

5-5-2 图 5-9 所示为 Y38 滚齿机差动机构简图,其中行星轮 2 空套在转臂(即轴Ⅱ)上,轴Ⅱ和轴Ⅲ的轴线重合。当铣斜齿圆柱齿轮时,分齿运动从轴Ⅰ输入,附加转动从轴Ⅱ输入,故轴Ⅲ的转速(传至工作台)是 2 个运动的合成。已知 $z_1=z_2=z_3$ 及输入转速 n_I、n_{II} 时,求输出转速 n_{III}。

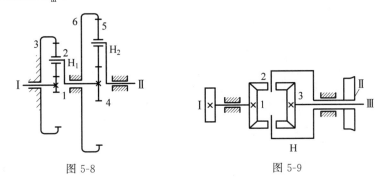

图 5-8   图 5-9

5-5-3 图 5-10 所示为某自动生产线中使用的行星减速器。已知各轮的齿数为 $z_1=16$, $z_2=44$, $z_{2'}=46$, $z_3=104$, $z_4=106$,求 i_{14}。

5-5-4 在图 5-11 所示的行星减速器中,已知各轮齿数 $z_1=15$, $z_2=33$, $z_3=81$, $z_{2'}=30$, $z_4=78$,求传动比 i_{14}。

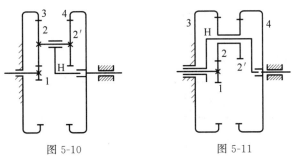

图 5-10   图 5-11

5-5-5   在图 5-12 所示的增速器中，若已知各轮齿数，试求传动比 i_{16}。

5-5-6   在图 5-13 所示的变速器中，已知 $z_1 = z_{1'} = z_6 = 28$，$z_3 = z_5 = z_{3'} = 80$，$z_2 = z_4 = z_7 = 26$。当鼓轮 A，B 及 C 分别被制动时，求传动比 $i_{I,II}$。

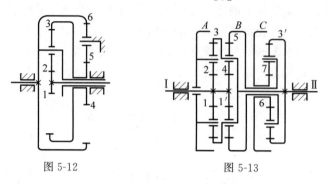

图 5-12   图 5-13

5-5-7   在图 5-14 所示的减速装置中，已知蜗杆 1 和蜗杆 5 的头数均为 1，且均为右旋螺纹，各轮的齿数为 $z_{1'} = 101$，$z_2 = 99$，$z_{4'} = 63$，$z_{2'} = z_4$，$z_{5'} = 100$，求传动比 i_{1H}。

5-5-8   在图 5-15 所示的减速装置中，已知各轮齿数为 $z_1 = z_2 = 20$，$z_3 = 60$，$z_4 = 90$，$z_5 = 210$，齿轮 1 连于电动机的轴上，电动机的转速为 1440r/min。求轴 A 的转速 n_A 及其回转方向。

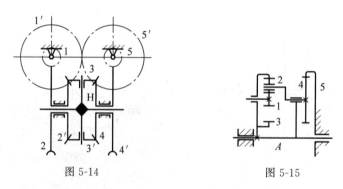

图 5-14   图 5-15

5-5-9   在图 5-16 所示的行星减速器中，已知传动比 $i_{1H} = 7.5$，行星齿轮数为 3，各齿轮为标准齿轮且模数相等。试确定各轮的齿数比。

5-5-10   图 5-17 所示为一滚齿机工作台传动机构，工作台与蜗轮 5 固连。若已知 $z_1 = z_{1'} = 15$，$z_2 = 35$，$z_{4'} = 1$（右旋），$z_5 = 40$，滚刀 $z_6 = 1$（左旋），$z_7 = 28$。现要切制一个齿数 $z_{5'} = 64$ 的齿轮，应如何选配挂轮组的齿数 $z_{2'}$，z_3 和 z_4？

5-5-11   图 5-18 所示为一装配有电动螺丝刀齿轮减速部分的传动简图。已知各轮齿数为 $z_1 = z_4 = 7$，$z_3 = z_6 = 39$。若 $n_1 = 3000$r/min，试求螺丝刀的转速。

5-5-12   图 5-19 所示为收音机短波调谐微动机构。已知齿数 $z_1 = 99$，$z_2 = 100$，试问当旋钮转动 1 圈时，齿轮 2 转过多大角度？（齿轮 3 为宽齿，同时与轮 1，2 相啮合）

5-5-13   在图 5-20 所示的复合轮系中，设已知 $n_1 = 3549$r/min，又各轮齿数为 $z_1 = 36$，$z_2 = 60$，$z_3 = 23$，$z_4 = 49$，$z_{4'} = 69$，$z_5 = 31$，$z_6 = 131$，$z_7 = 94$，$z_8 = 36$，$z_9 = 167$。试求行星架 H 的转速 n_H。

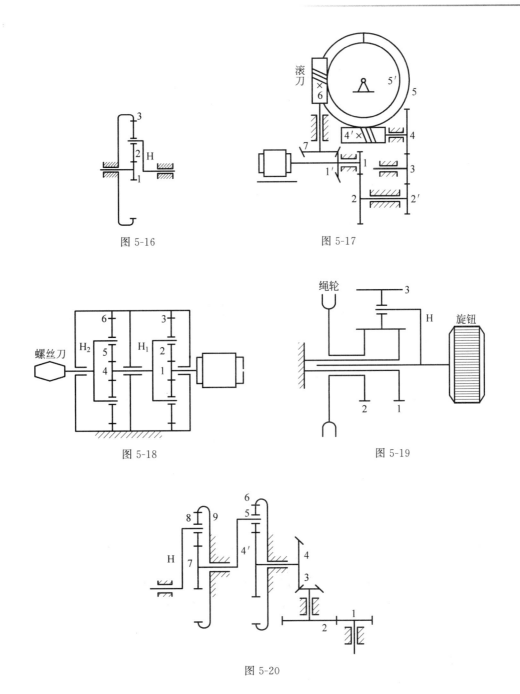

图 5-16 图 5-17

图 5-18 图 5-19

图 5-20

5-5-14 图 5-21 所示为 2 个不同结构的锥齿轮周转轮系,已知 $z_1=20$,$z_2=24$,$z_{2'}=30$,$z_3=40$,$n_1=200$r/min,$n_3=-100$r/min。试求行星架 H 的转速 n_H。

通过对本题的计算,请进一步思考下列问题:转化轮系传动比的"±"号确定错误会带来什么后果?在周转轮系中用画箭头的方法确定的是构件的什么转向?试计算 $n_1^H=n_1-n_H$,$n_3^H=n_3-n_H$ 的值,并进而说明题中 n_1 与 n_3 及 n_1^H 与 n_3^H 之间的转向关系。

*在解题前应先思考下列问题:图示轮系为何种轮系,其自由度 F 是多少?

5-5-15 在图 5-22 所示的电动三爪卡盘传动轮系中,设已知各轮齿数为:$z_1=6$,$z_2=$

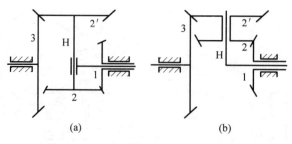

图 5-21

$z_{2'}=25$，$z_3=57$，$z_4=56$。试求传动比 i_{14}。

5-5-16 图 5-23 所示为手动起重葫芦，已知 $z_1=z_{2'}=10$，$z_2=20$，$z_3=40$，传动总效率 $\eta=0.9$。为提升重 $Q=10\text{kN}$ 的重物，求必须施加于链轮 A 上的圆周力 P。

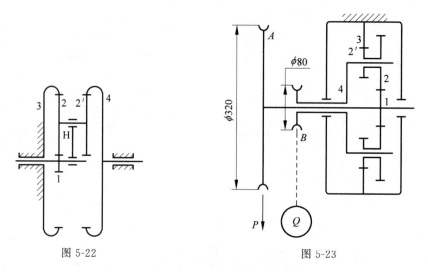

图 5-22   图 5-23

5-5-17 图 5-24 所示为粗纺机中的差动轮系。已知 $z_1=64$，$z_2=60$，$z_3=45$，$z_4=30$，$n_1=400\text{r/min}$，$n_H=40\sim140\text{r/min}$，求 n_4。

5-5-18 图 5-25 所示为纺织机中的差动轮系，设 $z_1=30$，$z_2=25$，$z_3=z_4=24$，$z_5=18$，$z_6=121$，$n_1=48\sim200\text{r/min}$，$n_H=316\text{r/min}$，求 n_6 的大小。

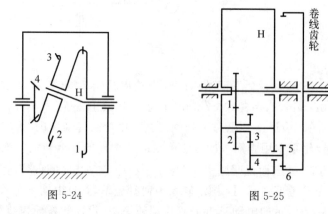

图 5-24   图 5-25

5-5-19 图 5-26 所示为建筑用绞车的行星齿轮减速器。已知 $z_1 = z_3 = 17$，$z_2 = z_4 = 39$，$z_5 = 18$，$z_7 = 152$，$n_1 = 1450\text{r/min}$，当制动器 B 制动，A 放松时，鼓轮 H 回转（当制动器 B 放松，A 制动时，鼓轮 H 静止，齿轮 7 空转），求 n_H。

5-5-20 在图 5-27 所示的行星轮系中，已知 $z_2 = z_3 = z_4 = 18$，$z_{2'} = z_{3'} = 40$，设各齿轮模数相同，并为标准齿轮传动。求轮 1 的齿数 z_1 及传动比 i_{1H}。

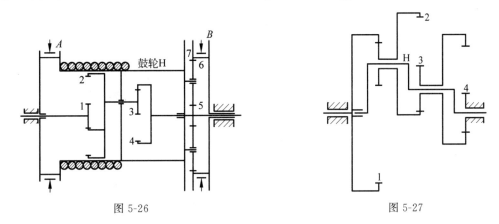

图 5-26   图 5-27

5-5-21 在图 5-28 所示的轮系中，设各轮的模数均相同，且为标准传动，若已知其齿数 $z_1 = z_{2'} = z_{3'} = z_{6'} = 20$，$z_2 = z_4 = z_6 = z_7 = 40$。试问：

(1) 当把齿轮 1 作为原动件时，该机构是否具有确定的运动？

(2) 齿轮 3,5 的齿数应如何确定？

(3) 当齿轮 1 的转速 $n_1 = 980\text{r/min}$ 时，齿轮 3 及齿轮 5 的运动情况如何？

5-5-22 图 5-29 所示为隧道掘进机的行星齿轮传动，已知各轮齿数 $z_1 = 30$，$z_2 = 85$，$z_3 = 32$，$z_4 = 21$，$z_5 = 38$，$z_6 = 97$，$z_7 = 147$，模数均为 10mm，且均为标准齿轮传动。已知 $n_1 = 1000\text{r/min}$，求在图示位置时，刀盘最外一点 A 的线速度。

提示：在解题时，先使整个轮系以角速度 $-\omega_H$ 绕轴线 OO 回转，注意观察此时的轮系变为何种轮系，从而找出解题途径。

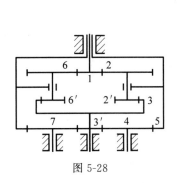

图 5-28

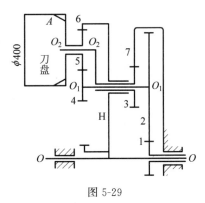

图 5-29

5-5-23 在图 5-30 所示的轮系中，若已知各轮齿数分别为 z_1，z_2，$z_{2'}$，z_3，z_4 和 z_6，试求传动比 i_{14}。

5-5-24 在图 5-31 所示的滚齿机工作台传动装置中，已知各轮的齿数，标于图中括号内。若被切齿轮为 64 齿，求传动比 i_{75}。

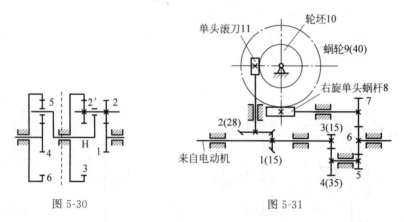

图 5-30   图 5-31

5-5-25 在图 5-32 所示轮系中，已知各轮齿数为 $z_1 = 100$，$z_2 = z_{2'} = z_3 = z_4 = 30$，$z_5 = 80$，均为正常齿制标准直齿，齿轮 1 的模数 $m = 2.5\text{mm}$，试求 i_{41}。

5-5-26 在图 5-33 所示的轮系中，已知 $n_3 = 200\text{r/min}$，$n_H = 12\text{r/min}$，$z_1 = 80$，$z_2 = 25$，$z_{2'} = 35$，$z_3 = 20$。n_3 和 n_H 的转向相反，均为正常齿制标准直齿，所有齿轮模数 $m = 2$，试求：

（1）i_{13}；

（2）齿轮 3 的齿根圆直径；

（3）转臂（系杆）H 的转动半径 r。

5-5-27 某大功率行星减速器，采用如图 5-34 所示的形式，其两太阳轮的齿数和 $z_1 + z_3 = 165$，行星轮个数 $k = 6$，因 $(z_1 + z_3)/k = 165/6 = 27.5$ 不为整数，故其不满足均布装配条件。试问能否在不改动所给数据的条件下，较圆满地解决此装配问题？

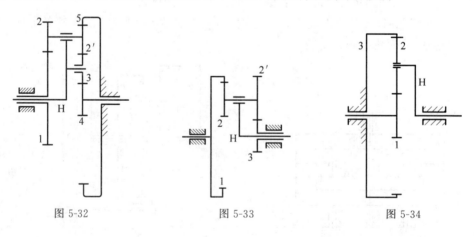

图 5-32   图 5-33   图 5-34

第 6 章

回转件调速与平衡

6.1 判 断 题

6-1-1 不论刚性转子上有多少个不平衡质量,也不论它们如何分布,只需在选定的 2 个平衡平面内分别适当地加一个平衡质量即可达到动平衡。 （ ）

6-1-2 经过平衡设计后制造出的刚性转子可以不进行平衡试验。 （ ）

6-1-3 刚性转子的许用不平衡量可用质径积或偏心距表示。 （ ）

6-1-4 对于机构惯性力的合力和合力偶,通常只能做到部分平衡。 （ ）

6-1-5 当驱动力矩下降,阻抗力矩上升时,机器的动能必然减小。 （ ）

6-1-6 经过动平衡的转子不需要再进行静平衡了。 （ ）

6-1-7 用飞轮调节周期性速度波动时,可将机械速度的波动调到零。 （ ）

6-1-8 动平衡的转子一定满足静平衡条件。 （ ）

6-1-9 对重要的转子,必须同时进行静平衡和动平衡条件实验,以保证其在运转时平稳。 （ ）

6-1-10 在用飞轮调速时,为了提高调速效果,飞轮应装在速度较低的轴上。 （ ）

6-1-11 要使一个动不平衡回转体实现动平衡,至少应选择 2 个平衡基面增减配重。 （ ）

6-1-12 要使回转体实现平衡,至少应选择 2 个平衡基面增减配重。 （ ）

6-1-13 对较薄的单盘转子一般仅需要进行静平衡条件就可以了。 （ ）

6-1-14 为了减轻飞轮的重量,最好将飞轮安装在转速较高的轴上。 （ ）

6-1-15 如图 6-1 所示,为了完全平衡四杆铰链机构的总惯性力,可以采用在 AB 杆和 CD 杆上各自加一定的平衡质量 m' 和 m'' 来实现。 （ ）

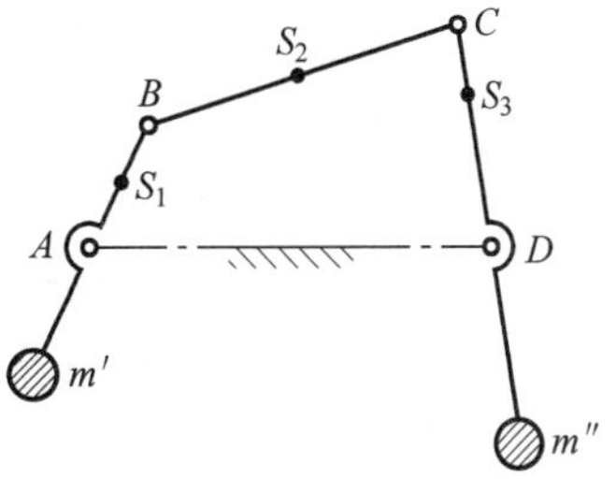

6-1-16 安装飞轮以后,机器的速度波动可以减少。 （ ）

6-1-17 静平衡的转子不一定是动平衡的,但动平衡的转子一定是静平衡的。 （ ）

6-1-18 用飞轮调速是因为它能消耗能量。 （ ）

图 6-1

6.2 选 择 题

6-2-1 在机械系统速度波动的一个周期中的某一时间间隔内,当系统出现_____时,系统的运动速度_____,此时飞轮将_____能量。

 (A) 亏功；减小；释放   (B) 亏功；加快；释放

 (C) 盈功；减小；储存   (D) 盈功；加快；释放

6-2-2 若不考虑其他因素,单从减轻飞轮的重量上看,飞轮应安装在_____。

 (A) 高速轴上   (B) 低速轴上   (C) 中间轴   (D) 任意轴上

6-2-3 机器安装飞轮后,原动机的功率可以比未安装飞轮时_____。

 (A) 一样   (B) 大

 (C) 小   (D) A,C 的可能性都存在

6-2-4 机器运转中出现周期性速度波动的原因是_____。

 (A) 机器中存在往复运动构件,惯性力难以平衡

 (B) 机器中各回转构件的质量分布不均匀

 (C) 在等效转动惯量为常数时,各瞬时驱动功率和阻抗功率不相等,但其平均值相等,且有公共周期

 (D) 机器中各运动副的位置布置不合理

6-2-5 有 3 个机械系统,它们主轴的 ω_{max} 和 ω_{min} 分别如下,其中运转最不均匀的是_____。

 (A) 1035rad/s,975rad/s   (B) 512.5rad/s,487.5rad/s

 (C) 525rad/s,475rad/s   (D) 812.5rad/s,797.5rad/s

6-2-6 为了降低机械运转中周期性速度波动的程度,应在机械中安装_____。

 (A) 调速器   (B) 飞轮   (C) 变速装置   (D) 制动器

6-2-7 在机械系统中安装飞轮后可使其周期性速度波动_____。

 (A) 消除   (B) 减少   (C) 增加   (D) 无效

6-2-8 平面机构的平衡问题,主要是讨论机构的惯性力和惯性矩对_____的平衡。

 (A) 曲柄   (B) 连杆   (C) 机座   (D) 从动件

6-2-9 机械平衡研究的内容是_____。

 (A) 驱动力与阻力间的平衡   (B) 各构件作用力间的平衡

 (C) 惯性力系中的平衡   (D) 输入功率与输出功率间的平衡

6-2-10 回转质量的静平衡是指消除_____。

 (A) 不平衡的惯性力   (B) 不平衡的惯性力矩

 (C) A 和 B 两者都包括   (D) 以上答案均不是

6-2-11 回转质量的动平衡是指消除_____。

 (A) 不平衡的惯性力   (B) 不平衡的惯性力及惯性力矩

 (C) A 和 B 两者都包括   (D) 以上答案均不是

6-2-12　机械在周期变速稳定运转阶段，一个循环内的驱动功 W_d _____ 阻抗功 W_r。

　　　　（A）大于　　　　（B）等于　　　　（C）小于　　　　（D）不一定

6-2-13　对于动不平衡回转构件，平衡重需加在与回转轴垂直的_____回转平面上。

　　　　（A）1 个　　　　（B）2 个　　　　（C）3 个　　　　（D）3 个以上

6-2-14　采用飞轮可调节机器运转过程中的_____速度波动。

　　　　（A）周期性　　　　　　　　　　（B）非周期性

　　　　（C）周期性和非周期性　　　　　（D）以上答案均不正确

6-2-15　刚性转子静平衡的实质是：_____而刚性转子动平衡需要采用 2 个平衡基面的原因是因为其力学条件需要满足_____。

　　　　（A）增加质量　　　　　　　　　（B）调整质心的位置

　　　　（C）惯性力系的主矢、主矩均为零　（D）惯性力系的主矢、主矩均不为零

6-2-16　飞轮是用于调节_____速度波动的，它具有很大的_____。

　　　　（A）周期性　　　（B）非周期性　　　（C）转动惯量　　　（D）质量

6-2-17　机器中安装飞轮后，可以_____。

　　　　（A）使驱动功与阻力功相等　　　（B）增大机器的转速

　　　　（C）调节周期性速度波动　　　　（D）调节非周期性速度波动

6-2-18　如果一转子能够实现动平衡，则_____校核静平衡。

　　　　（A）不需要再　　　　　　　　　（B）必须再

　　　　（C）有时还要再　　　　　　　　（D）$L/D > 0.2$ 时还要再

6.3　填　空　题

6-3-1　若不考虑其他因素，单从减轻飞轮的重量上看，飞轮应安装在_____轴上。

6-3-2　大多数机器的原动件存在运动速度波动的问题，其原因是驱动力所做的功与阻力所做的功_____每个时刻都保持相等。

6-3-3　若已知机械系统的盈亏功为 ΔW_{max}，等效构件的平均角速度为 ω_m，系统许用速度不均匀系数为 $[\delta]$，未加飞轮时，系统等效转动惯量的常量部分为 J_c，则飞轮的转动惯量_____。

6-3-4　机械平衡的方法包括平衡_____和平衡_____2 个阶段。

6-3-5　平衡设计的目的是为了从结构上保证其产生的惯性力（矩）_____。

6-3-6　平衡试验的目的是为了尽量_____平衡设计后生产出的转子所存在的不平衡量。

6-3-7　刚性转子的平衡设计可分为 2 类：一类是_____平衡设计，另一类是_____平衡设计。

6-3-8　静平衡设计的平衡条件是在同一回转平面内总惯性_____为零。

6-3-9　动平衡设计的平衡条件是在不同的 2 个或 2 个以上的平衡面内总惯性_____和总惯性_____为零。

6-3-10　静平衡的刚性转子_____是动平衡的，而动平衡的刚性转子_____是静

平衡的。

6-3-11 平面机构惯性力平衡的条件是总质心保持_____。

6-3-12 研究机械平衡的目的是部分或完全消除质量偏心造成在旋转运动时所产生的_____，它会引起_____，产生振动，并缩短机器的使用寿命。

6-3-13 对于绕固定轴回转的构件，可以采用_____平衡，使构件上的惯性力形成平衡力系，或采用_____平衡，使作用在机架上的总惯性载荷得到平衡。

6-3-14 动平衡的刚性回转构件_____进行静平衡。

6-3-15 机械安装飞轮的目的是调节速度的周期_____。

6-3-16 如图 6-2 所示，若 S 为总质心，图_____中的转子需静平衡，图_____中的转子需动平衡。

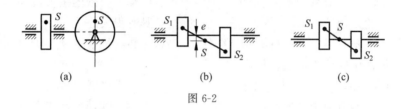

(a)   (b)   (c)

图 6-2

6-3-17 周期性速度波动调速的方法是在转动轴上安装一个质量较大的_____。

6-3-18 转子静平衡的目的是不产生_____。

6-3-19 转子动平衡的目的是不产生_____。

6-3-20 举出 2 种可以实现间歇运动的机构_____。

6-3-21 若以角速度 ω 绕质心做匀速转动的构件质量为 m，极惯性矩为 I_ρ，则其惯性力为_____，惯性力偶矩为_____。

6-3-22 若以角速度 ω 绕质心做变速转动的构件质量为 m，极惯性矩为 I_ρ，则其惯性力为_____，惯性力偶矩为_____。

6-3-23 回转体静平衡条件的公式为_____。

6-3-24 回转体的动平衡条件公式为_____和_____。

6-3-25 在动平衡机上，进行刚性转子动平衡实验时，一般应在_____平衡基面内进行。

6-3-26 已经动平衡的转子_____满足静平衡条件。

6-3-27 工作循环图是用以表明在机械的一个工作循环中各执行构件运动_____关系的图形。

6-3-28 为了调节非周期性速度波动，应在机器上安装_____。

6.4 问 答 题

6-4-1 周期性速度波动应如何调节？它能否调节为恒稳定运转？为什么？

6-4-2 为什么在机械中安装飞轮就可以调节周期性速度波动？通常将飞轮安装在高速轴上的原因是什么？

6-4-3　非周期性速度波动应如何调节? 为什么利用飞轮不能调节非周期性速度波动?

6-4-4　在什么条件下需要进行转动构件的静平衡? 使转动构件达到静平衡的条件是什么?

6-4-5　在什么条件下必须进行转动构件的动平衡? 使转动构件达到完全平衡的条件是什么?

6-4-6　机械的运转为什么会有速度波动? 为什么要调节机器的速度波动? 请列举几个因速度波动而产生不良影响的实例。

6-4-7　什么是周期性速度波动和非周期性速度波动? 这 2 种速度波动各用什么方法加以调节?

6-4-8　试观察牛头刨床的飞轮、冲床的飞轮、手扶拖拉机的飞轮、缝纫机的飞轮、录音机的飞轮在机器中各起着什么作用?

6-4-9　什么是平均速度和不均匀系数? 不均匀系数是否越小越好? 安装飞轮后是否可以实现绝对匀速转动?

6-4-10　欲减小速度波动,转动惯量相同的飞轮应装在高速轴上还是低速轴上?

6-4-11　飞轮的调速原理是什么? 为什么说飞轮在调速的同时还能起到节约能源的作用?

6-4-12　飞轮设计的基本原则是什么? 为什么飞轮应尽量装在机械系统的高速轴上?

6-4-13　什么是最大剩余功? 如何确定其值?

6-4-14　如何确定机械系统一个运动周期中最大角速度 ω_{max} 与最小角速度 ω_{min} 的所在位置?

6-4-15　离心调速器的工作原理是什么?

6-4-16　为什么要对回转件进行平衡?

6-4-17　何谓动平衡? 何谓静平衡? 它们各满足什么条件? 哪一类构件只需进行静平衡? 哪一类构件必须进行动平衡?

6-4-18　要求进行平衡的回转件,如果只进行静平衡是否一定能减轻不平衡质量造成的不良影响?

6-4-19　何谓质径积? 回转件平衡时为什么要用质径积来表示不平衡量的大小?

6-4-20　为什么说,经过静平衡的转子不一定是动平衡的,而经过动平衡的转子必定是静平衡的?

6-4-21　什么情况下使用静平衡?

6-4-22　造成机械不平衡的原因可能有哪些?

6-4-23　速度波动有哪几种? 各用什么办法来调节?

6-4-24　进行机械平衡的目的是什么?

6-4-25　机械安装飞轮后是否能得到绝对均匀的运转? 为什么?

6.5　计　算　题

6-5-1　设某机械选用交流异步电动机作为原动机。电动机的额定角速度 $\omega_n = 102.8\mathrm{rad/s}$,同步角速度 $\omega_0 = 104.6\mathrm{rad/s}$,额定转矩 $M_n = 465\mathrm{N\cdot m}$。已知等效阻力矩

$M_{er}=400\text{N}\cdot\text{m}$（以电动机轴为等效构件），试求该机械系统稳定运转时的角速度 ω_s。

6-5-2　已知某机械稳定运转时主轴的角速度 $\omega_s=100\text{rad/s}$，机械的等效转动惯量 $J_e=0.5\text{kg}\cdot\text{m}^2$，制动器的最大制动力矩 $M_r=20\text{N}\cdot\text{m}$（制动器与机械主轴直接相连，并取主轴为等效构件）。设要求制动时间不超过 3s，试检验该制动器是否能满足工作要求。

6-5-3　如图 6-3 所示，质量 $m_1=10\text{kg}$，$m_2=15\text{kg}$，$m_3=20\text{kg}$，m_1，m_2，m_3 位于同一轴向平面内。其质心到转动轴线的距离分别为：$r_1=r_3=100\text{mm}$，$r_2=80\text{mm}$。各转动平面到平衡平面 I 间的距离分别为：$L_1=200\text{mm}$，$L_2=300\text{mm}$，$L_3=400\text{mm}$。两平衡平面 I 和 II 间的距离 $L=600\text{mm}$。试求分布于平面 I 和 II 内的平衡质量 m_c' 及 m_c'' 的大小。（m_c' 及 m_c'' 的质心到转动轴线的距离分别为 $r'=r''=100\text{mm}$）。

6-5-4　图 6-4 所示为作用在多缸发动机曲柄上的驱动力和阻力矩的变化曲线。其阻力矩等于常数，驱动力矩曲线与阻力矩曲线围成的面积顺次为 $+580$，-320，$+390$，-520，$+190$，-390，$+260$，-190mm^2，该图的比例尺为 $\mu_M=100\text{N}\cdot\text{m/mm}$，$\mu_F=0.1\text{rad/mm}$。设曲柄平均转速为 120r/min，压力机的转速不得超过其平均速度的 $\pm3\%$。求装在该曲柄轴上的飞轮的转动惯量（在图 6-4 中，M_d 为驱动力矩，M_r 为阻力矩）。

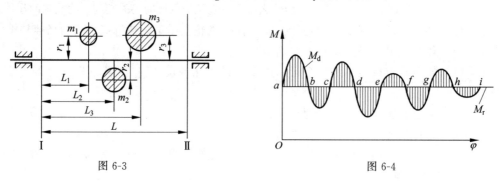

图 6-3　　　　　　　　　　　　　　图 6-4

6-5-5　图 6-5 所示为一机床工作台的传动系统。设已知各齿轮的齿数，齿轮 3 的分度圆半径 r_3，各齿轮的转动惯量 J_1，J_2，$J_{2'}$，J_3，齿轮 1 直接装在电动机轴上，故 J_1 中包含了电动机转子的转动惯量、工作台和被加工零件的重量之和 G。当取齿轮 1 为等效构件时，求该机械系统的等效转动惯量 J_e。（注：$w_1/w_2=z_2/z_1$）

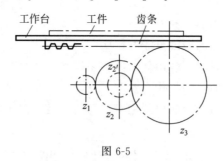

图 6-5

6-5-6　在图 6-6 所示的刨床机构中，已知空程和工作行程中消耗于克服阻抗力的恒功率分别为 $P_1=367.7\text{W}$ 和 $P_2=3677\text{W}$，曲柄的平均转速 $n=100\text{r/min}$，空程曲柄的转角为 $\varphi_1=120°$，当机构的运转不均匀系数 $\delta=0.05$ 时，试确定电动机所需的平均功率，并分别计算在以下两种情况下的飞轮转动惯量 J_F（略去各构件的重量和转动惯量）：

（1）飞轮装在曲柄轴上；

（2）飞轮装在电动机轴上。（电动机的额定转速 $n_n = 1440 \text{r/min}$，电动机通过减速器驱动曲柄。为简化计算，减速器的转动惯量忽略不计。）

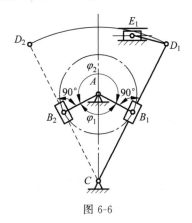

图 6-6

6-5-7　某内燃机的曲柄输出力矩 M_d 随曲柄转角 φ 的变化曲线如图 6-7 所示，其运动周期 $\varphi_T = \pi$，曲柄的平均转速 $n_m = 620 \text{r/min}$。当用该内燃机驱动一阻抗力为常数的机械时，如果要求其运转不均匀系数 $\delta = 0.01$。试求：

（1）曲轴最大转速 n_{max} 和相应的曲柄转角位置 φ_{max}；

（2）装在曲轴上的飞轮转动惯量 J_F（不计其余构件的转动惯量）。

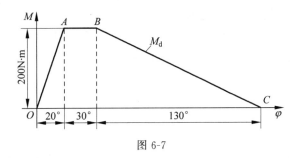

图 6-7

6-5-8　设有一由电动机驱动的机械系统，以主轴为等效构件时，作用于其上的等效驱动力矩 $M_{ed} = A - B\omega = 10\,000 - 100\omega \text{N} \cdot \text{m}$，等效阻抗力矩 $M_{er} = 8000 \text{N} \cdot \text{m}$，等效转动惯量 $J_e = 8 \text{kg} \cdot \text{m}^2$，主轴的初始角速度 $\omega_0 = 100 \text{rad/s}$。试确定运转过程中角速度 ω 与角加速度 α 随时间的变化关系。

第7章

齿轮与蜗杆传动

7.1 判 断 题

7-1-1 有一对传动齿轮,已知主动轮的转速 $n_1=960\text{r/min}$,齿数 $z_1=20$,从动齿轮的齿数 $z_2=50$,这对齿轮的传动比 $i_{12}=2.5$,那么从动轮的转速应当为 $n_2=2400\text{r/min}$。 （　）

7-1-2 渐开线上各点的曲率半径都是相等的。（　　）

7-1-3 渐开线的形状与基圆的大小无关。 （　）

7-1-4 渐开线上任意一点的法线不可能都与基圆相切。 （　）

7-1-5 渐开线上各点的压力角是不相等的,越远离基圆压力角越小,基圆上的压力角最大。 （　）

7-1-6 齿轮的标准压力角和标准模数都在分度圆上。 （　）

7-1-7 分度圆上压力角的变化对齿廓的形状有影响。 （　）

7-1-8 两齿轮间的距离叫作中心距。 （　）

7-1-9 在任意圆周上,相邻两轮齿同侧渐开线间的距离,称为该圆上的周节。 （　）

7-1-10 任一齿轮的齿顶圆在分度圆以外,齿根圆在分度圆以内。 （　）

7-1-11 $i_{12}=\dfrac{n_1}{n_2}=\dfrac{z_2}{z_1}$ 是各种啮合传动的通用速比公式。 （　）

7-1-12 标准斜齿圆柱齿轮的正确啮合条件是:两齿轮的端面模数和压力角相等,螺旋角相等,螺旋方向相反。 （　）

7-1-13 斜齿圆柱齿轮计算的基本参数是:模数、压力角、齿数和螺旋角。 （　）

7-1-14 标准直齿圆锥齿轮规定以小端的几何参数为标准值。 （　）

7-1-15 圆锥齿轮的正确啮合条件是:两齿轮的小端模数和压力角分别相等。 （　）

7-1-16 对标准直齿圆柱齿轮而言,正确啮合的条件是只要两齿轮模数相等即可。 （　）

7-1-17 计算标准直齿圆柱齿轮径向参数时只需要模数和齿数就可以了。 （　）

7-1-18 斜齿轮传动的平稳性比直齿轮高,参与啮合的齿数多,所以多用于高速传动。
（　）

7-1-19 在同样模数和同样的压力角下,不同齿数的两个齿轮,可以用同一把齿轮刀具进行加工。 （　）

7-1-20 齿轮加工中是否产生根切现象主要取决于齿轮齿数。 （　）

7-1-21 齿数越多越容易发生根切现象。 （　）

7-1-22 为了便于装配,通常取小齿轮的宽度比大齿轮的宽度宽 5～10mm。 （　）

7-1-23　用范成法加工标准齿轮时,为了不产生根切现象,规定最少齿数不得少于 17。

（　　）

7-1-24　齿轮传动不宜用于两轴间距离大的场合。（　　）

7-1-25　标准渐开线齿轮啮合时的啮合角等于节圆压力角。（　　）

7-1-26　因制造、安装误差导致中心距改变时,渐开线齿轮不能保证瞬时传动比不变。

（　　）

7-1-27　渐开线的形状只取决于基圆的大小。（　　）

7-1-28　节圆是一对齿轮相啮合时才存在的量。（　　）

7-1-29　分度圆是计量齿轮各部分尺寸的基准。（　　）

7-1-30　按齿面接触疲劳强度设计计算齿轮传动时,若两齿轮的许用接触应力 $[\sigma_{H1}] \neq [\sigma_{H2}]$,在计算公式中应代入大者进行计算。（　　）

7-1-31　材料为 20Cr 的齿轮要达到硬齿面,适当的热处理方式是调质。（　　）

7-1-32　一对标准直齿圆柱齿轮,若 $z_1 = 18$,$z_2 = 72$,则这对齿轮的弯曲应力 $\sigma_{F1} < \sigma_{F2}$。

（　　）

7-1-33　闭式软齿面齿轮传动设计中,小齿轮齿数的选择应以不根切为设计准则,选少些。（　　）

7-1-34　一对齿轮啮合时,其相互作用的轮齿上所受的接触应力大小相等。（　　）

7-1-35　直齿圆锥齿轮的标准模数是大端模数。（　　）

7-1-36　直齿的齿形系数与模数无关。（　　）

7-1-37　为减小减速器的结构尺寸,在设计齿轮传动时,应尽量采用硬齿面齿轮。

（　　）

7-1-38　直齿圆锥齿轮轮齿的弯曲强度计算应以小端面为准。（　　）

7-1-39　在开式齿轮传动中,齿面点蚀不常见。（　　）

7-1-40　采用鼓形齿是减小齿轮啮合振动产生的内部附加动载荷的重要措施。（　　）

7-1-41　经过热处理的齿面是硬齿面,未经过热处理的齿面是软齿面。（　　）

7-1-42　对于一个外齿轮,齿顶圆的压力角比分度圆的压力角大。（　　）

7-1-43　现有 A,B 两对闭式直齿圆柱齿轮传动。A 对齿轮的参数为：$m = 2$,$z_1 = 40$,$z_2 = 90$,$b = 60$；B 对齿轮的参数为：$m = 4$,$z_1 = 20$,$z_2 = 45$,$b = 60$。若其他条件均相同时,则 B 对齿轮的齿根弯曲疲劳强度比 A 对齿轮的大。（　　）

7-1-44　在斜齿轮传动中,当实际中心距不等于标准中心距时,可通过改变螺旋角来调整中心距。（　　）

7-1-45　在直齿圆柱齿轮传动中,节圆与分度圆永远相等。（　　）

7-1-46　斜齿轮的端面模数大于法面模数。（　　）

7-1-47　在直齿圆锥齿轮的强度计算中,通常近似地以齿宽中点分度圆处的当量圆柱齿轮来代替圆锥齿轮进行强度计算。（　　）

7-1-48　润滑良好的闭式软齿面齿轮,齿面点蚀失效不是设计中考虑的主要失效形式。

（　　）

7-1-49　若齿轮在轴上的布置方式和位置相同,则齿宽系数 ϕ_d 越大,齿向载荷分布越不均匀。（　　）

7-1-50　一对相互啮合的齿轮,如果两齿轮的材料和热处理情况均相同,则它们的工作接触应力和许用接触应力均相等。　　　　　　　　　　　　　　　　　（　　）

7-1-51　对于软齿面闭式齿轮传动,若弯曲强度校核不足,较好的解决办法是保持 d_1 和 b 不变,减少齿数,增大模数。　　　　　　　　　　　　　　　　　（　　）

7-1-52　钢制齿轮多用锻钢制造,只有在齿轮直径很大和形状复杂时才用铸钢制造。

（　　）

7-1-53　在高速重载情况下,且散热条件不好时,齿轮传动中齿轮的主要失效形式为齿面塑性变形。　　　　　　　　　　　　　　　　　　　　　　　　　（　　）

7-1-54　一对啮合锥齿轮轴线相互垂直时,主动轮和从动轮的轴向力大小相等、方向相反。　　　　　　　　　　　　　　　　　　　　　　　　　　　　　（　　）

7-1-55　动载系数是考虑主、从动齿轮啮合振动产生的内部附加动载荷对齿轮载荷的影响系数。为了减小内部附加动载荷,可采用修缘齿。　　　　　　　　　（　　）

7-1-56　对于单向转动的齿轮,由于齿轮的弯曲疲劳强度不够所产生的疲劳裂纹,一般位于受压侧的齿根部分。　　　　　　　　　　　　　　　　　　　（　　）

7-1-57　在开式齿轮传动中,应该根据齿轮的接触疲劳强度设计。　　　　（　　）

7-1-58　在计算齿轮的弯曲强度时,将齿轮简化为悬臂梁,并假定全部载荷作用在轮齿的节圆处,以此时的齿根弯曲应力作为计算强度的依据。　　　　　　　（　　）

7-1-59　为了减小齿轮传动的动载系数,可以采用鼓形齿。　　　　　　（　　）

7-1-60　在开式齿轮传动中由于齿面磨损造成的齿面点蚀失效不常发生。　（　　）

7-1-61　在齿轮传动中,主、从动齿轮齿面上产生塑性变形的方向是相同的。（　　）

7-1-62　标准渐开线齿轮的齿形系数大小与模数有关,与齿数无关。　　　（　　）

7-1-63　1对直齿圆柱齿轮传动,在齿顶到齿根各点接触时,作用在齿面上的法向力是相同的。　　　　　　　　　　　　　　　　　　　　　　　　　　（　　）

7-1-64　齿向载荷分布系数与齿轮的制造精度、装配误差,以及轴、轴承和机座等的变形有关。　　　　　　　　　　　　　　　　　　　　　　　　　　　（　　）

7-1-65　对于钢制圆柱齿轮,若齿根圆到键槽底部的距离 $x>2m_n$,应做成齿轮轴结构。

（　　）

7-1-66　渐开线外齿轮的齿根圆并非总是大于基圆。　　　　　　　　　（　　）

7-1-67　采用范成法加工齿轮时,齿数越多越易发生根切。　　　　　　（　　）

7-1-68　蜗杆机构的传动比不等于蜗轮蜗杆的直径比。　　　　　　　　（　　）

7-1-69　1对渐开线圆柱齿轮在安装时,中心距的改变不会改变其传动比。（　　）

7-1-70　只有当重合度大于或等于1时,两直齿圆柱齿轮才能正确啮合。　（　　）

7-1-71　渐开线直齿圆柱齿轮的分度圆与节圆相等。　　　　　　　　　（　　）

7-1-72　当两直齿圆柱齿轮的安装中心距大于标准中心距时,为保证无侧隙啮合,应采用正变位传动。　　　　　　　　　　　　　　　　　　　　　　　（　　）

7-1-73　斜齿圆柱齿轮的法面压力角大于端面压力角。　　　　　　　　（　　）

7-1-74　加工负变位齿轮时,齿条刀具的分度线应向远离轮坯的方向移动。（　　）

7-1-75　渐开线上任意一点的法线必切于基圆。　　　　　　　　　　　（　　）

7-1-76　锥齿轮的当量齿数为 $z_v=z\cos^3\delta$。　　　　　　　　　　（　　）

7-1-77　越远离基圆,渐开线上的压力角越大。　　　　　　　　　（　　）

7-1-78　蜗杆蜗轮正确啮合时,两者螺旋线的旋向必须相同。　　　（　　）

7-1-79　正变位齿轮与相应的标准齿轮相比,其分度圆、模数、压力角均不变。　（　　）

7-1-80　1 对外啮合的直齿圆柱标准齿轮,小轮的齿根厚度比大轮的齿根厚度大。

　　　　　　　　　　　　　　　　　　　　　　　　　　　　　（　　）

7-1-81　1 对渐开线标准直齿圆柱齿轮的正确啮合条件是：$p_{b1}=p_{b2}$。　（　　）

7-1-82　1 对能正确啮合传动的渐开线直齿圆柱齿轮的啮合角一定为 20°。　（　　）

7-1-83　1 对直齿圆柱齿轮啮合传动时,模数越大,重合度也越大。　（　　）

7-1-84　1 对相互啮合的直齿圆柱齿轮的安装中心距加大时,其分度圆压力角也随之加大。　　　　　　　　　　　　　　　　　　　　　　　　　　（　　）

7-1-85　标准直齿圆柱齿轮传动的实际中心距恒等于标准中心距。　（　　）

7-1-86　渐开线标准齿轮的齿根圆恒大于基圆。　　　　　　　　　（　　）

7-1-87　渐开线直齿圆柱齿轮同一基圆生成的 2 条同向渐开线为等距线。　（　　）

7-1-88　当渐开线圆柱外齿轮的基圆大于齿根圆时,基圆以内部分的齿廓曲线都不是渐开线。　　　　　　　　　　　　　　　　　　　　　　　　　　（　　）

7-1-89　对于单个齿轮来说,分度圆半径就等于节圆半径。　　　　（　　）

7-1-90　根据渐开线的性质,基圆之内没有渐开线,所以渐开线齿轮的齿根圆必须设计的比基圆大一些。　　　　　　　　　　　　　　　　　　　　　（　　）

7-1-91　渐开线齿轮的齿根圆一定小于齿顶圆。　　　　　　　　　（　　）

7-1-92　渐开线齿轮的分度圆一定大于齿根圆。　　　　　　　　　（　　）

7-1-93　直齿圆柱标准齿轮是分度圆上的压力角和模数均为标准值的齿轮。　（　　）

7-1-94　共轭齿廓就是一对能够满足齿廓啮合基本定律的齿廓。　（　　）

7-1-95　齿廓啮合基本定律是使齿廓能保持连续传动的定律。　　（　　）

7-1-96　渐开线齿廓上各点的曲率半径处处不等,在基圆处的曲率半径为 r_b。　（　　）

7-1-97　渐开线齿廓上某点的曲率半径就是该点的回转半径。　　（　　）

7-1-98　在渐开线齿轮传动中,齿轮与齿条传动的啮合角始终与分度圆上的压力角相等。　　　　　　　　　　　　　　　　　　　　　　　　　　　（　　）

7-1-99　用范成法切制渐开线直齿圆柱齿轮发生根切的原因是齿轮太小了,大的齿轮就不会发生根切。　　　　　　　　　　　　　　　　　　　　　　　（　　）

7-1-100　范成法切削渐开线齿轮时,模数为 m、压力角为 α 的刀具可以切削相同模数和压力角的任何齿数的齿轮。　　　　　　　　　　　　　　　　　（　　）

7-1-101　影响渐开线齿廓形状的参数有 z,α 等,但与模数无关。　（　　）

7-1-102　在直齿圆柱齿轮传动中,齿厚和齿槽宽等的圆一定是分度圆。　（　　）

7-1-103　满足正确啮合条件的大小两直齿圆柱齿轮的齿形相同。　（　　）

7-1-104　渐开线标准直齿圆柱齿轮 A,分别同时与齿轮 B,C 啮合传动,则齿轮 A 上的分度圆只有 1 个,但节圆可以有 2 个。　　　　　　　　　　　　　（　　）

7-1-105　标准齿轮就是模数、压力角及齿顶高系数均为标准值的齿轮。　（　　）

7-1-106　2 对标准安装的渐开线标准直齿圆柱齿轮,各轮齿数和压力角均对应相等,第 1 对齿轮的模数 $m=4\text{mm}$,第 2 对齿轮的模数 $m=5\text{mm}$,则第 2 对齿轮传动的重合度必定

大于第 1 对齿轮的重合度。 （　　）

7-1-107 因为渐开线齿轮传动具有可分性，所以实际中心距稍大于两轮分度圆的半径之和，仍可满足 1 对标准齿轮的无侧隙啮合传动。 （　　）

7-1-108 1 对渐开线直齿圆柱齿轮在节点处啮合时的相对滑动速度大于在其他点啮合时的相对滑动速度。 （　　）

7-1-109 重合度 $\varepsilon = 1.35$ 表示在转过一个基圆周节 p_b 的时间 T 内，35% 的时间为 1 对齿啮合，其余 65% 的时间为 2 对齿啮合。 （　　）

7-1-110 在所有渐开线直齿圆柱外啮合齿轮中，在齿顶圆与齿根圆间的齿廓上任一点 K 均满足关系式 $r_K = r_b / \cos\alpha_K$，其中 α_K 是 K 点的压力角 （　　）

7-1-111 压力角 $\alpha = 20°$，齿高系数 $h_a^* = 1$ 的一对渐开线标准圆柱直齿轮传动不可能有 3 对齿同时啮合。 （　　）

7-1-112 用齿轮滚刀加工一个渐开线直齿圆柱标准齿轮时，若不发生根切，则改用齿轮插刀加工该标准齿轮也必定不会发生根切。 （　　）

7-1-113 2 个渐开线直齿圆柱齿轮的齿数不同，但基圆直径相同，则它们一定可以用同一把齿轮铣刀加工。 （　　）

7-1-114 1 个渐开线标准直齿圆柱齿轮和 1 个变位直齿圆柱齿轮的模数和压力角分别相等，它们能够正确啮合，并且其顶隙也是标准的。 （　　）

7-1-115 1 个渐开线直齿圆柱齿轮同 1 个渐开线斜齿圆柱齿轮是无法配对啮合的。 （　　）

7-1-116 齿数、模数和压力角分别对应相同的 1 对渐开线直齿圆柱齿轮传动和 1 对斜齿圆柱齿轮传动，后者的重合度比前者要大。 （　　）

7-1-117 蜗杆传动的正确啮合条件之一是蜗杆的端面模数与蜗轮的端面模数相等。 （　　）

7-1-118 在蜗杆传动中，由于蜗轮的工作次数较少，因此采用强度较低的有色金属材料。 （　　）

7-1-119 在蜗杆传动中，若其他条件相同，只增加蜗杆头数，则齿面相对滑动速度增加。 （　　）

7-1-120 在蜗杆传动中，如果模数和蜗杆头数一定，增加蜗杆分度圆直径，则会使传动效率降低，但蜗杆刚度提高。 （　　）

7-1-121 采用铸铝青铜 ZCuAl10Fe3 作蜗轮材料时，其主要失效方式是胶合。 （　　）

7-1-122 设计蜗杆传动时，为了提高传动效率，可以增加蜗杆的头数。 （　　）

7-1-123 在蜗杆传动比 $i = z_2 / z_1$ 中，蜗杆头数 z_1 相当于齿数，因此其分度圆直径 $d_1 = z_1 m$。 （　　）

7-1-124 在变位蜗杆传动中，蜗杆节圆直径等于蜗杆分度圆直径 d_1。 （　　）

7-1-125 在蜗杆传动中，蜗轮法面模数和压力角是标准值。 （　　）

7-1-126 为提高蜗杆轴的刚度，可增大蜗杆的直径系数 q。 （　　）

7-1-127 为提高蜗杆的强度，应对蜗杆进行正变位。 （　　）

7-1-128 各种材料制造的闭式蜗轮都是按接触疲劳强度和弯曲疲劳强度 2 个公式进行计算。 （　　）

7-1-129　当不计摩擦力时,蜗轮的圆周力等于蜗杆的圆周力,即 $F_{t2}=F_{t1}$。　　　　（　　）

7-1-130　制造蜗轮的材料要求应具有足够的强度和表面硬度,以提高其寿命。（　　）

7-1-131　闭式蜗杆传动的主要失效形式是磨损。　　　　　　　　　　　　　　（　　）

7-1-132　在蜗杆传动设计中,需对蜗杆轮齿进行强度计算。　　　　　　　　　（　　）

7-1-133　斜齿轮的端面压力角 α_t 与法面压力角 α_n 相比较应是 $\alpha_t > \alpha_n$。　　（　　）

7-1-134　渐开线直齿轮发生根切是在齿数较少的场合。　　　　　　　　　　　（　　）

7-1-135　1 对渐开线齿轮啮合传动时,其节圆压力角等于啮合角。　　　　　　（　　）

7-1-136　直齿锥齿轮传动常用于相交轴间的运动传递。　　　　　　　　　　　（　　）

7-1-137　当齿轮的圆周速度 $v > 12m/s$ 时,应采用喷油润滑。　　　　　　　　（　　）

7-1-138　在齿轮传动的弯曲强度计算中,基本假定是将轮齿视为悬臂梁。　　（　　）

7-1-139　标准渐开线直齿圆锥齿轮的标准模数和压力角定义在大端。　　　　（　　）

7-1-140　渐开线在基圆上的压力角等于零。　　　　　　　　　　　　　　　　（　　）

7.2　选　择　题

7-2-1　45 钢齿轮经调质处理后其硬度值为_____。

(A) $45 \sim 50HRC$ 　　　　　　　　(B) $220 \sim 270HBS$

(C) $160 \sim 180HBS$ 　　　　　　　(D) $320 \sim 350HBS$

7-2-2　齿面硬度为 $56 \sim 62HRC$ 的合金钢齿轮的加工工艺过程为_____。

(A) 齿坯加工→淬火→磨齿→滚齿

(B) 齿坯加工→淬火→滚齿→磨齿

(C) 齿坯加工→滚齿→渗碳淬火→磨齿

(D) 齿坯加工→滚齿→磨齿→淬火

7-2-3　若齿轮采用渗碳淬火的热处理方法,则齿轮材料只可能是_____。

(A) 45 钢　　　　(B) ZG340-640　　　　(C) 20Cr　　　　(D) 20CrMnTi

7-2-4　在齿轮传动中,齿面的非扩展性点蚀一般出现在_____。

(A) 跑合阶段　　　　　　　　　　(B) 稳定性磨损阶段

(C) 剧烈磨损阶段　　　　　　　　(D) 齿面磨料磨损阶段

7-2-5　当高速重载齿轮传动润滑不良时,最可能出现的失效形式是：_____。

(A) 齿面胶合　　　　　　　　　　(B) 齿面疲劳点蚀

(C) 齿面磨损　　　　　　　　　　(D) 轮齿疲劳折断

7-2-6　对于开式齿轮传动,在工程设计中,一般_____。

(A) 按接触强度设计齿轮尺寸,再校核弯曲强度

(B) 按弯曲强度设计齿轮尺寸,再校核接触强度

(C) 只需按接触强度设计

(D) 只需按弯曲强度设计,适当增加模数

7-2-7　一对标准直齿圆柱齿轮,若 $z_1=18$, $z_2=72$,则这对齿轮的弯曲应力_____。

(A) $\sigma_{F1} > \sigma_{F2}$ 　　(B) $\sigma_{F1} < \sigma_{F2}$ 　　(C) $\sigma_{F1} = \sigma_{F2}$ 　　(D) $\sigma_{F1} \leqslant \sigma_{F2}$

7-2-8　对于齿面硬度≤350HBS的闭式钢制齿轮传动,其主要失效形式为_____。

(A) 轮齿疲劳折断　　　　　　　　(B) 齿面磨损

(C) 齿面疲劳点蚀　　　　　　　　(D) 齿面胶合

7-2-9　齿轮传动引起附加动载荷和冲击振动的根本原因是_____。

(A) 齿面误差　　　　　　　　　　(B) 节圆节距误差

(C) 基圆节距误差　　　　　　　　(D) 中心距误差

7-2-10　一减速齿轮传动,小齿轮1选用45钢调质,大齿轮选用45钢正火,它们的齿面接触应力_____。

(A) $\sigma_{H1} > \sigma_{H2}$　　(B) $\sigma_{H1} < \sigma_{H2}$　　(C) $\sigma_{H1} = \sigma_{H2}$　　(D) $\sigma_{H1} \leqslant \sigma_{H2}$

7-2-11　对于硬度低于350HBS的闭式齿轮传动,设计时一般_____。

(A) 先按接触强度计算　　　　　　(B) 先按弯曲强度计算

(C) 先按磨损条件计算　　　　　　(D) 先按胶合条件计算

7-2-12　设计一对减速软齿面齿轮传动时,从等强度要求出发,选择大、小齿轮的硬度时,应使_____。

(A) 两者硬度相等

(B) 小齿轮硬度高于大齿轮硬度

(C) 大齿轮硬度高于小齿轮硬度

(D) 小齿轮采用硬齿面,大齿轮采用软齿面

7-2-13　直齿圆锥齿轮强度计算的依据是_____。

(A) 大端当量圆柱齿轮　　　　　　(B) 平均分度圆柱齿轮

(C) 平均分度圆处的当量圆柱齿轮　(D) 小端当量圆柱齿轮

7-2-14　一对标准渐开线圆柱齿轮要正确啮合,它们的_____必须相等。

(A) 直径 d　　　　　　　　　　(B) 分度圆的模数 m 和压力角 α

(C) 齿宽 b　　　　　　　　　　(D) 齿数 z

7-2-15　某齿轮箱中的一对45钢调质齿轮经常发生齿面点蚀,修配更换时_____。

(A) 可用 40Cr 调质钢代替　　　　(B) 适当增大模数 m

(C) 仍可用 45 钢,改为齿面高频淬火　(D) 改用铸钢 ZG310-570

7-2-16　设计闭式软齿面直齿轮传动时,选择齿数 z_1 的原则是_____。

(A) z_1 越大越好

(B) z_1 越小越好

(C) $z_1 \geqslant 17$,不产生根切即可

(D) 在保证轮齿有足够的抗弯疲劳强度的前提下,齿数选多一些有利

7-2-17　在设计闭式硬齿面齿轮传动时,直径一定时应取较少的齿数,使模数增大以_____。

(A) 提高齿面的接触强度　　　　　(B) 提高轮齿的抗弯曲疲劳强度

(C) 减少加工切削量,提高生产率　(D) 提高抗塑性变形能力

7-2-18　在直齿圆柱齿轮设计中,若中心距保持不变,增大模数时,则可以_____。

(A) 提高齿面的接触强度　　　　　(B) 提高轮齿的弯曲强度

(C) 提高弯曲强度与接触强度　　　(D) 保持弯曲强度与接触强度均不变

7-2-19　对于轮齿的弯曲强度,当_____,齿根弯曲强度增大。

(A) 模数不变,增多齿数时　　　　(B) 模数不变,增大中心距时

(C) 模数不变,增大直径时　　　　(D) 齿数不变,增大模数时

7-2-20　为了提高齿轮传动的接触强度,可采取_____的方法。

(A) 闭式传动　　　　(B) 增大传动中心距

(C) 减少齿数　　　　(D) 增大模数

7-2-21　在圆柱齿轮传动中,当齿轮的直径一定时,减小齿轮的模数、增加齿轮的齿数,可以_____。

(A) 提高齿轮的弯曲强度　　　　(B) 提高齿面的接触强度

(C) 改善齿轮传动的平稳性　　　　(D) 减少齿轮的塑性变形

7-2-22　在标准直齿圆柱齿轮传动的弯曲疲劳强度计算中,齿形系数 Y_{Fa} 只取决于_____。

(A) 模数　　　(B) 齿数　　　(C) 分度圆直径　　　(D) 齿宽系数

7-2-23　通常把一对圆柱齿轮中的小齿轮的齿宽做得比大齿轮宽一些的主要原因是_____。

(A) 使传动平稳　　　　(B) 提高传动效率

(C) 提高齿面接触强度　　　　(D) 便于安装,保证接触线长度

7-2-24　齿轮在_____的情况下容易发生胶合失效。

(A) 高速、轻载　　　　(B) 低速、轻载

(C) 高速、重载　　　　(D) 低速、重载

7-2-25　在一对圆柱齿轮传动中,小齿轮分度圆直径 $d_1=50$mm、齿宽 $b_1=55$mm,大齿轮分度圆直径 $d_2=90$mm、齿宽 $b_2=50$mm,则齿宽系数为_____。

(A) 1.1　　　(B) 5/9　　　(C) 1　　　(D) 1.3

7-2-26　齿轮传动在以下几种工况中_____的齿宽系数 ψ_d 可取大一些。

(A) 悬臂布置　　　　(B) 不对称布置

(C) 对称布置　　　　(D) 同轴式减速器布置

7-2-27　设计一传递动力的闭式软齿面钢制齿轮,精度为 7 级,则在中心距 a 和传动比 i 不变的条件下,提高齿面接触强度的最有效的方法是_____。

(A) 增大模数(相应地减少齿数)　　　　(B) 提高主、从动轮的齿面硬度

(C) 提高加工精度　　　　(D) 增大齿根圆角半径

7-2-28　今有 2 个标准直齿圆柱齿轮,齿轮 1 的模数 $m_1=5$mm, $z_1=25$,齿轮 2 的模数 $m_2=3$mm, $z_2=40$,此时它们的齿形系数_____。

(A) $Y_{Fa1}<Y_{Fa2}$　　　　(B) $Y_{Fa1}>Y_{Fa2}$

(C) $Y_{Fa1}=Y_{Fa2}$　　　　(D) $Y_{Fa1}\leqslant Y_{Fa2}$

7-2-29　斜齿圆柱齿轮的动载荷系数 K 和相同尺寸精度的直齿圆柱齿轮相比较是_____的。

(A) 相等　　　　(B) 较小

(C) 较大　　　　(D) 可能大,也可能小

7-2-30 下列_____的措施，可以降低齿轮传动的齿面载荷分布系数 K_β。

(A) 降低齿面粗糙度   (B) 提高轴系刚度

(C) 增加齿轮宽度   (D) 增大端面重合度

7-2-31 在齿轮设计中，对齿面硬度≤350HBS 的齿轮传动，选取大、小齿轮的齿面硬度时，应使_____。

(A) $HBS_1 = HBS_2$ (B) $HBS_1 \leqslant HBS_2$

(C) $HBS_1 > HBS_2$ (D) $HBS_1 = HBS_2 + (30 \sim 50)$

7-2-32 斜齿圆柱齿轮的齿数 z 与模数 m_n 不变，若增大螺旋角 β，则分度圆直径 d_1 _____。

(A) 增大   (B) 减小   (C) 不变   (D) 不确定

7-2-33 对于齿面硬度低于 350HBS 的齿轮传动，当大、小齿轮均采用 45 钢时，一般采取的热处理方式为_____。

(A) 小齿轮淬火，大齿轮调质   (B) 小齿轮淬火，大齿轮正火

(C) 小齿轮调质，大齿轮正火   (D) 小齿轮正火，大齿轮调质

7-2-34 一对圆柱齿轮传动中，当齿面产生疲劳点蚀时，通常发生在_____。

(A) 靠近齿顶处   (B) 靠近齿根处

(C) 靠近节线的齿顶部分   (D) 靠近节线的齿根部分

7-2-35 1 对圆柱齿轮传动，当其他条件不变时，仅将齿轮传动所受的载荷增至原载荷的 4 倍，其齿面接触应力_____。

(A) 不变   (B) 增至原应力的 2 倍

(C) 增至原应力的 4 倍   (D) 增至原应力的 16 倍

7-2-36 2 个齿轮材料的热处理方式、齿宽、齿数均相同，但模数不同，$m_1 = 2mm$，$m_2 = 4mm$，它们的弯曲承载能力为_____。

(A) 相同   (B) m_2 的齿轮比 m_1 的齿轮大

(C) 与模数无关   (D) m_1 的齿轮比 m_2 的齿轮大

7-2-37 以下_____的做法不能提高齿轮传动的齿面接触承载能力。

(A) 增大分度圆直径以增大模数   (B) 改善材料

(C) 增大齿宽   (D) 增大齿数以增大分度圆直径

7-2-38 在按照标准中心距安装时，两齿轮的节圆分别与各自的_____重合。

(A) 基圆   (B) 齿顶圆   (C) 分度圆   (D) 齿根圆

7-2-39 计算直齿锥齿轮强度时，是以_____为计算依据的。

(A) 大端当量直齿锥齿轮   (B) 齿宽中点处的直齿圆柱齿轮

(C) 齿宽中点处的当量直齿圆柱齿轮   (D) 小端当量直齿锥齿轮

7-2-40 渐开线标准齿轮的根切现象发生在_____。

(A) 模数较大时   (B) 模数较小时

(C) 齿数较少时   (D) 齿数较多时

7-2-41 今有 4 个标准直齿圆柱齿轮，已知齿数 $z_1 = 20$，$z_2 = 40$，$z_3 = 60$，$z_4 = 80$，模数 $m_1 = 4mm$，$m_2 = 3mm$，$m_3 = 2mm$，$m_4 = 2mm$，则齿形系数最大的为_____。

(A) Y_{Fa1} (B) Y_{Fa2} (C) Y_{Fa3} (D) Y_{Fa4}

7-2-42 1 对减速齿轮传动中,若保持分度圆直径 d_1 不变,减少齿数和增大模数,则其齿面接触应力将_____。

（A）增大 　　　　 （B）减小 　　　　 （C）保持不变 　　　　 （D）略有减小

7-2-43 1 对直齿锥齿轮两齿轮的齿宽为 b_1，b_2，设计时应取_____。

（A）$b_1 > b_2$ 　　　　　　　　　　 （B）$b_1 = b_2$

（C）$b_1 < b_2$ 　　　　　　　　　　 （D）$b_1 = b_2 + (30 \sim 50)$ mm

7-2-44 设计齿轮传动时,若保持传动比 i 和齿数和 $z_\Sigma = z_1 + z_2$ 不变,增大模数 m,则齿轮的_____。

（A）弯曲强度提高,接触强度提高 　　　 （B）弯曲强度不变,接触强度提高

（C）弯曲强度与接触强度均不变 　　　　 （D）弯曲强度提高,接触强度不变

7-2-45 1 对标准圆柱齿轮传动,若大、小齿轮的材料和（或）热处理方法不同,则工作时两齿轮间的应力关系为_____。

（A）$\sigma_{H1} \neq \sigma_{H2}$，$\sigma_{F1} \neq \sigma_{F2}$，$\sigma_{HP1} = \sigma_{HP2}$，$\sigma_{FP1} = \sigma_{FP2}$

（B）$\sigma_{H1} = \sigma_{H2}$，$\sigma_{F1} \neq \sigma_{F2}$，$\sigma_{HP1} \neq \sigma_{HP2}$，$\sigma_{FP1} \neq \sigma_{FP2}$

（C）$\sigma_{H1} \neq \sigma_{H2}$，$\sigma_{F1} = \sigma_{F2}$，$\sigma_{HP1} \neq \sigma_{HP2}$，$\sigma_{FP1} \neq \sigma_{FP2}$

（D）$\sigma_{H1} = \sigma_{H2}$，$\sigma_{F1} = \sigma_{F2}$，$\sigma_{HP1} \neq \sigma_{HP2}$，$\sigma_{FP1} \neq \sigma_{FP2}$

7-2-46 标准齿轮齿形系数 Y_{Fa} 的大小主要取决于_____。

（A）齿轮的模数 　　　　　　　　　　 （B）齿轮的精度

（C）齿轮的宽度 　　　　　　　　　　 （D）齿轮的齿数

7-2-47 开式齿轮传动的主要失效形式是_____。

（A）齿面磨损引起轮齿折断 　　　　　 （B）齿面点蚀

（C）齿面胶合 　　　　　　　　　　　 （D）齿面塑性变形

7-2-48 设计闭式软齿面齿轮传动时,若保证小齿轮分度圆直径,则多取齿数、减小模数以_____。

（A）提高接触强度 　　　　　　　　　 （B）提高弯曲强度

（C）减少加工切削量 　　　　　　　　 （D）增加加工切削量

7-2-49 对于硬度小于 350HBS 的闭式齿轮传动,当采用同牌号的钢材制造时,一般采用的热处理方法是：_____。

（A）小齿轮淬火,大齿轮调质 　　　　 （B）小齿轮淬火,大齿轮正火

（C）小齿轮调质,大齿轮正火 　　　　 （D）小齿轮正火,大齿轮调质

7-2-50 润滑良好的闭式软齿面齿轮传动常见的失效形式为_____。

（A）齿面磨损 　　　　　　　　　　　 （B）齿面点蚀

（C）齿面胶合 　　　　　　　　　　　 （D）齿面塑性变形

7-2-51 1 对渐开线直齿圆柱齿轮制成后,两轮的中心距稍有变动时_____

（A）基圆直径发生变化 　　　　　　　 （B）传动比不变

（C）分度圆直径发生变化 　　　　　　 （D）节圆直径不变

7-2-52 在圆柱齿轮传动中,当齿轮直径不变,减小模数时,可以_____。

（A）提高轮齿的弯曲强度 　　　　　　 （B）提高轮齿的接触强度

（C）提高轮齿的静强度 　　　　　　　 （D）改善传递的平稳性

7-2-53　渐开线的形状取决于基圆的大小,当基圆的半径为无穷大时,其渐开线_____。

(A) 变大　　　　(B) 变小　　　　(C) 变为抛物线　　(D) 变为直线

7-2-54　以下几点中,_____不是齿轮传动的优点。

(A) 传动精度高　　　　　　　(B) 传动效率高

(C) 结构紧凑　　　　　　　　(D) 成本低

7-2-55　对于经常正反转的直齿圆柱齿轮传动,进行齿面接触疲劳强度计算时,若 $[\sigma_{H1}]>[\sigma_{H2}]$,则许用接触应力应取为_____。

(A) $[\sigma_{H1}]$　　　　　　　(B) $[\sigma_{H2}]$

(C) $([\sigma_{H1}]+[\sigma_{H2}])/2$　　(D) $0.7[\sigma_{H2}]$

7-2-56　开式齿轮传动,应保证齿根弯曲应力 $\sigma_F<[\sigma_F]$,主要是为了避免_____失效。

(A) 齿轮折断　　(B) 齿面磨损　　(C) 齿面胶合　　(D) 齿面点蚀

7-2-57　锥齿轮弯曲强度计算中的齿形系数是按_____确定的。

(A) 齿数 z　　(B) $z/\cos^2\delta$　　(C) $z/\cos\delta$　　(D) $z^2/\cos\delta$

7-2-58　已知某齿轮传递的转矩 $T=100\text{N}\cdot\text{m}$,分度圆直径 $d=200\text{mm}$,则其圆周力 $F_t=$_____。

(A) 500N　　　(B) 0.5N　　　(C) 1000N　　　(D) 1N

7-2-59　一对渐开线齿轮外啮合时,啮合点始终沿着_____移动。

(A) 分度圆　　(B) 节圆　　(C) 基圆外公切线　(D) 基圆内公切线

7-2-60　下列措施中_____对防止和减轻齿面胶合不利。

(A) 降低齿高　　　　　　　　(B) 在润滑油中加极压添加剂

(C) 降低齿面硬度　　　　　　(D) 改善散热条件

7-2-61　圆柱齿轮传动中,在齿轮材料、齿宽和齿数相同的情况下,当增大模数时,轮齿的弯曲强度_____。

(A) 提高　　　　　　　　　　(B) 降低

(C) 不变　　　　　　　　　　(D) 变化趋向不明确

7-2-62　圆锥齿轮的标准参数在_____。

(A) 法面　　　(B) 端面　　　(C) 大端　　　　(D) 主剖面

7-2-63　为了提高齿轮的抗点蚀能力,可以采取_____的方法。

(A) 闭式传动　　　　　　　　(B) 加大传动中心距

(C) 减少齿轮的齿数,增大齿轮的模数　(D) 提高大小齿轮齿面的硬度差

7-2-64　闭式软齿面齿轮设计中,小齿轮齿数的选择应_____。

(A) 以不根切为原则,选少一些

(B) 选多少都可以

(C) 在保证齿根弯曲强度的前提下,选多一些

(D) A,B,C 都可以

7-2-65　齿轮弯曲应力计算中的齿形系数反映了_____对轮齿抗弯强度的影响。

(A) 轮齿的形状　　　　　　　(B) 轮齿的大小

(C) 齿面硬度　　　　　　　　　　　　(D) 齿面粗糙度

7-2-66　航空上使用的齿轮要求质量小、传递功率大和可靠性高。因此,常用的材料是_____。

(A) 铸铁　　　　(B) 铸钢　　　　(C) 高性能合金钢　(D) 工程塑料

7-2-67　在圆柱齿轮传动中,在材料与齿宽系数、齿数比、工作情况等一定的条件下,轮齿的接触强度主要取决于_____,而弯曲强度主要取决于_____。

(A) 模数　　　　(B) 齿数　　　　(C) 中心距　　　　(D) 压力角

7-2-68　螺旋角 $\beta = 15°$,齿数 $z = 20$ 的标准渐开线斜齿圆柱齿轮的当量齿数 z_v 为_____。

(A) 19.3　　　　(B) 20.7　　　　(C) 22.2　　　　(D) 21.4

7-2-69　斜齿圆柱齿轮的螺旋角取得越大,则_____。

(A) 传动平稳性越好,轴向分力越小　(B) 传动平稳性越差,轴向分力越小
(C) 传动平稳性越好,轴向分力越大　(D) 传动平稳性越差,轴向分力越大

7-2-70　有 A,B,C 3 个标准直齿圆柱齿轮,已知:齿数 $z_A = 20, z_B = 40, z_C = 60$,模数 $m_A = 2mm, m_B = 3mm, m_C = 4mm$,则它们的齿形系数中以_____为最大。

(A) Y_{FA}　　　　(B) Y_{FB}　　　　(C) Y_{FC}　　　　(D) 不确定

7-2-71　1 对相啮合的圆柱齿轮 $z_2 > z_1, b_1 > b_2$,其接触应力的大小是_____。

(A) $\sigma_{H1} < \sigma_{H2}$　　　　　　　　　　(B) $\sigma_{H1} > \sigma_{H2}$
(C) $\sigma_{H1} = \sigma_{H2}$　　　　　　　　　　(D) 可能相等,也可能不相等

7-2-72　一减速装置由带传动、链传动和齿轮传动组成,其顺序安排以方案_____为好。

(A) 带传动→齿轮传动→链传动　　(B) 链传动→齿轮传动→带传动
(C) 带传动→链传动→齿轮传动　　(D) 链传动→带传动→齿轮传动

7-2-73　1 对标准圆柱齿轮传动,已知 $z_1 = 20, z_2 = 50$,它们的齿形系数的关系正确的是_____;

(A) $Y_{F1} < Y_{F2}$　(B) $Y_{F1} = Y_{F2}$　(C) $Y_{F1} > Y_{F2}$　(D) $Y_{F1} \leqslant Y_{F2}$

它们的齿根弯曲应力的关系正确的是_____;

(A) $\sigma_{F1} > \sigma_{F2}$　(B) $\sigma_{F1} = \sigma_{F2}$　(C) $\sigma_{F1} < \sigma_{F2}$　(D) $\sigma_{F1} \leqslant \sigma_{F2}$

它们的齿面接触应力的关系正确的是_____。

(A) $\sigma_{H1} > \sigma_{H2}$　(B) $\sigma_{H1} = \sigma_{H2}$　(C) $\sigma_{H1} < \sigma_{H2}$　(D) $\sigma_{H1} \leqslant \sigma_{H2}$

7-2-74　在确定计算齿轮的极限应力时,对于无限寿命,其寿命系数 K_{FN} 或 F_{HN} _____。

(A) 大于 1　　　　(B) 等于 1　　　　(C) 小于 1　　　　(D) 无法确定

7-2-75　在齿轮传动中,为了减小动载系数数 K_v,可以采取的措施是_____。

(A) 提高齿轮的制造精度　　　　(B) 减小齿轮平均单位载荷
(C) 减小外加载荷的变化幅度　　(D) 降低齿轮的圆周速度

7-2-76　软齿面闭式齿轮传动最常见的失效形式是_____,而开式齿轮传动最常见的失效形式是_____。

(A) 齿根折断　　(B) 齿面点蚀　　(C) 齿面磨损

(D) 齿面胶合　　(E) 塑性变形

7-2-77　按有限寿命设计一对齿轮，如大、小齿轮的材料相同，热处理后表面强度也相同，则接触疲劳破坏将发生在_____。

(A) 大齿轮　　　　　　　　　　(B) 小齿轮

(C) 大、小齿轮同时　　　　　　(D) 不确定

7-2-78　直齿圆柱齿轮与斜齿圆柱齿轮相比，其承载能力和传动平稳性_____。

(A) 直齿轮好　　(B) 斜齿轮好　　(C) 二者一样　　(D) 无法比较

7-2-79　两个圆柱体沿母线相压，载荷为 F 时，最大接触应力为 σ_H，若载荷增大到 $2F$ 时，最大接触应力变为_____。

(A) $1.26\sigma_H$　　(B) $1.41\sigma_H$　　(C) $1.59\sigma_H$　　(D) $2\sigma_H$

7-2-80　齿轮传动设计中，选择小轮齿数 z_1 的原则是_____。

(A) 在保证不根切的条件下，尽量选少齿

(B) 在保证不根切的条件下，尽量选多齿

(C) 在保证弯曲强度所需的条件下，尽量选少齿

(D) 在保证弯曲强度所需的条件下，尽量选多齿

7-2-81　1 对标准直齿圆柱齿轮传动，已知 $z_1=20, z_2=60$，其齿形系数的关系正确的是_____。

(A) $Y_{F1}>Y_{F2}$　　(B) $Y_{F1}=Y_{F2}$　　(C) $Y_{F2}<Y_{F2}$　　(D) $Y_{F1}\leqslant Y_{F2}$

7-2-82　齿宽系数 ψ_d 在_____情况下可取较小值。

(A) 齿轮在轴上为悬臂布置

(B) 齿轮在轴上非对称布置于两支承之间

(C) 齿轮对称布置于刚性轴的两支承之间

(D) 任意

7-2-83　直齿圆锥齿轮强度计算是以_____为计算依据的。

(A) 大端当量直齿圆柱齿轮

(B) 平均分度圆柱齿轮

(C) 平均分度圆处的当量直齿圆柱齿轮

(D) 小端当量直齿圆柱齿轮

7-2-84　对开式齿轮传动，强度计算主要针对的失效形式是_____。

(A) 磨粒磨损　　(B) 折断　　　　(C) 胶合　　　　(D) A，B，C 都不是

7-2-85　如果齿轮的模数、转速和传递的功率不变，增加齿轮的直径，则齿轮的_____。

(A) 接触强度减小　　　　　　　(B) 弯曲强度增加

(C) 接触强度增大　　　　　　　(D) A，B，C 都不是

7-2-86　对于圆柱齿轮传动，当保持齿轮的直径不变而减小模数时，可以_____。

(A) 改善传递的平稳性　　　　　(B) 提高轮齿的弯曲强度

(C) 提高轮齿的接触强度　　　　(D) 提高轮齿的静强度

7-2-87　对于闭式软齿面齿轮传动，在润滑良好的条件下，最常见的失效形式为_____。

(A) 齿面塑性变形　　　　　　　(B) 齿面磨损

(C) 齿面点蚀　　　　　　　　　　(D) 齿面胶合

7-2-88　在下列各方法中,_____不能增加齿轮轮齿的弯曲强度。

(A) 直径不变,模数增大　　　　　(B) 由调质改为淬火

(C) 齿轮负变位　　　　　　　　　(D) 适当增加齿宽

7-2-89　_____是开式齿轮传动最容易出现的失效形式之一。

(A) 齿面点蚀　(B) 塑性流动　(C) 胶合　　　　(D) 磨粒磨损

7-2-90　闭式软齿面齿轮传动的设计方法为_____。

(A) 按齿根弯曲疲劳强度设计,然后校核齿面接触疲劳强度

(B) 按齿面接触疲劳强度设计,然后校核齿根弯曲疲劳强度

(C) 按齿面磨损进行设计

(D) 按齿面胶合进行设计

7-2-91　下列措施中,_____不利于提高齿轮轮齿的抗疲劳折断能力。

(A) 减轻加工损伤　　　　　　　　(B) 减小齿面粗糙度

(C) 表面强化处理　　　　　　　　(D) 减小齿根过渡曲线半径

7-2-92　与同样的直齿轮传动的动载荷相比,斜齿轮传动的动载荷_____。

(A) 相等　　　　　　　　　　　　(B) 较小

(C) 较大　　　　　　　　　　　　(D) 视实际运转条件,可大可小

7-2-93　斜齿圆柱齿轮螺旋角 β 的取值范围一般为_____。

(A) $\beta=2°\sim10°$　　　　　　(B) $\beta=8°\sim25°$

(C) $\beta=15°\sim30°$　　　　　(D) $\beta=20°\sim40°$

7-2-94　2 个齿轮的材料、齿宽、齿数相同,模数 $m_1=2\text{mm}$,$m_2=4\text{mm}$,它们的弯曲强度承载能力_____。

(A) 相同

(B) $m_2=4\text{mm}$ 的弯曲强度承载能力较大

(C) $m_1=2\text{mm}$ 的弯曲强度承载能力较大

(D) 承载能力与模数无关

7-2-95　两对齿轮传动,齿面硬度和齿宽相同,其中 A 对齿轮对称布置,B 对齿轮悬臂布置,它们的齿向载荷分布系数 K_β 的关系是_____。

(A) $K_{\beta A}>K_{\beta B}$　　　　　(B) $K_{\beta A}<K_{\beta B}$

(C) $K_{\beta A}=K_{\beta N}$　　　　　(D) $K_{\beta A}\geqslant K_{\beta A}$

7-2-96　选择齿轮的结构形式和毛坯获得的方法与_____有关。

(A) 齿圈宽度　　　　　　　　　　(B) 齿轮直径

(C) 齿轮在轴上的位置　　　　　　(D) 齿轮的精度

7-2-97　标准直齿圆柱齿轮传动齿根弯曲强度计算中的齿形系数只取决于_____。

(A) 模数 m　(B) 齿数　(C) 齿宽系数　(D) 齿轮精度等级

7-2-98　同精度的齿轮传动,动载系数 K_v 与_____有关。

(A) 圆周速度

(B) 齿轮在轴上相对于轴承的位置

(C) 传动超载

（D）原动机及工作机器的性能和工作情况

7-2-99　若斜齿圆柱齿轮的齿数、模数不变,螺旋角加大,则分度圆直径_____。

（A）加大　　　（B）减小　　　（C）不变　　　（D）不确定

7-2-100　为减小齿轮的动载系数 K_v,可将_____。

（A）保持传动比不变,减少两轮的齿数

（B）两齿轮做成变位齿轮

（C）轮齿进行齿顶修缘

（D）增加齿宽

7-2-101　一对标准圆柱齿轮传动,已知齿数 $z_1=30,z_2=75$,它们的齿形系数关系是_____。

（A）$Y_{Fa1}<Y_{Fa2}$　　　　　　　（B）$Y_{Fa1}=Y_{Fa2}$

（C）$Y_{Fa1}>Y_{Fa2}$　　　　　　　（D）条件不足,无法判断

7-2-102　若斜齿圆柱齿轮的螺旋角取得大一些,则传动的平稳性将_____。

（A）降低　　　　　　　　　　（B）增高

（C）没有影响　　　　　　　　（D）没有确定的变化趋势

7-2-103　低速重载软齿面齿轮传动的主要失效形式是_____。

（A）轮齿折断　　　　　　　　（B）齿面塑性变形

（C）齿面磨损　　　　　　　　（D）齿面胶合

7-2-104　两等宽的圆柱体接触,其直径 $d_1=2d_2$,弹性模量 $E_1=2E_2$,则其接触应力值为_____

（A）$\sigma_{H1}=\sigma_{H2}$　　（B）$\sigma_{H1}=2\sigma_{H2}$　　（C）$\sigma_{H1}=4\sigma_{H2}$　　（D）$\sigma_{H1}=8\sigma_{H2}$

7-2-105　齿轮因齿数多而使其直径增加时,若其他条件相同,则它的弯曲承载能力_____。

（A）呈线性增加　　　　　　　（B）不呈线性增加

（C）呈线性减小　　　　　　　（D）不呈线性减小

7-2-106　双向运转的硬齿面闭式齿轮传动的主要失效形式是_____。

（A）轮齿疲劳折断　　　　　　（B）齿面点蚀

（C）齿面磨损　　　　　　　　（D）齿面胶合

7-2-107　设计一对齿轮传动时,若保持传动比和齿数不变而减小模数,则齿轮的_____。

（A）弯曲强度降低,接触强度降低　　（B）弯曲强度不变,接触强度降低

（C）弯曲强度不变,接触强度不变　　（D）弯曲强度降低,接触强度不变

7-2-108　一标准直齿圆柱齿轮传动,在传递的转矩、中心距和齿宽不变的情况下,若将齿轮的齿数增加1倍,则齿根的弯曲应力 σ_F' 与原来的 σ_F 比较,有_____的关系。

（A）$\sigma_F'=\dfrac{1}{2}\sigma_F$　　　　　　（B）$\sigma_F'\approx\dfrac{1}{2}\sigma_F$

（C）$\sigma_F'=2\sigma_F$　　　　　　　（D）$\sigma_F'\approx2\sigma_F$

7-2-109　蜗杆传动中蜗杆和蜗轮较为理想的材料是_____。

（A）钢和铸铁　　（B）钢和青铜　　（C）钢和铝合金　　（D）钢和钢

7-2-110　在标准蜗杆传动中,模数不变提高蜗杆直径系数,将使蜗杆的刚度_____。
　　(A) 提高　　　　　　　　　　　(B) 降低
　　(C) 不变　　　　　　　　　　　(D) 可能增加,也可能降低

7-2-111　蜗杆传动中,当其他条件相同时,增加蜗杆的头数,则传动效率_____。
　　(A) 降低　　　　　　　　　　　(B) 提高
　　(C) 不变　　　　　　　　　　　(D) 可能提高,也可能降低

7-2-112　为了提高蜗杆的刚度应_____。
　　(A) 增大蜗杆直径系数 q 值　　(B) 采用高强度合金钢作为蜗杆材料
　　(C) 增加蜗杆的硬度　　　　　　(D) 增加蜗杆的强度

7-2-113　在蜗杆传动中,齿面在节点处的相对滑动速度为_____。
　　(A) $v_1/\sin\gamma$　　(B) $v_1/\cos\gamma$　　(C) $v_1/\tan\gamma$　　(D) $v_1\tan\gamma$

7-2-114　选择蜗杆头数 z_1 时,从增大传动比来看,宜选择 z_1 _____些;从提高效率来看,宜选择 z_1 _____些;从制造来看,宜选择 z_1 _____些。
　　(A) 大　　　　(B) 小　　　　(C) 为 1,2 或 4　　　　(D) 无关

7-2-115　蜗杆传动的传动比 i 的计算式为_____。
　　(A) $i=\dfrac{n_1}{n_2}=\dfrac{d_2}{d_1}=\dfrac{z_2}{z_1}$　　　　(B) $i=\dfrac{n_1}{n_2}=\dfrac{d_2}{d_1}$
　　(C) $i=\dfrac{n_1}{n_2}=\dfrac{z_2}{z_1}$　　　　(D) $i=\dfrac{n_2}{n_1}=\dfrac{z_1}{z_2}$

7-2-116　对于一般传递动力的闭式蜗杆传动,其选择蜗轮材料的主要依据是_____。
　　(A) 齿面滑动速度 v_s　　　　　(B) 蜗杆传动效率 η
　　(C) 配对蜗杆的齿面硬度　　　　(D) 蜗杆传动的载荷大小

7-2-117　下列计算蜗杆传动比的公式错误的是_____。
　　(A) $i=\dfrac{\omega_1}{\omega_2}$　　(B) $i=\dfrac{n_1}{n_2}$　　(C) $i=\dfrac{d_2}{d_1}$　　(D) $i=\dfrac{z_2}{z_1}$

7-2-118　在蜗杆传动强度计算中,若蜗轮材料是铸铁或铝铁青铜,则其许用应力与_____有关。
　　(A) 蜗轮铸造方法　　　　　　　(B) 蜗轮是双向受载还是单向受载
　　(C) 应力循环次数 N　　　　　 (D) 齿面间的相对滑动速度

7-2-119　闭式蜗杆传动失效的主要形式是_____。
　　(A) 齿面塑性变形　　　　　　　(B) 磨损
　　(C) 胶合　　　　　　　　　　　(D) 点蚀

7-2-120　蜗杆常用的材料是_____。
　　(A) HT150　　(B) ZCuSn10P1　　(C) 45 钢　　(D) GCr15

7-2-121　对闭式蜗杆传动进行热平衡计算的主要目的是_____。
　　(A) 防止润滑油受热后外溢,造成环境污染
　　(B) 防止润滑油黏度过高使润滑条件恶化
　　(C) 防止蜗轮材料在高温下机械性能下降
　　(D) 防止蜗杆蜗轮发生热变形后正确啮合受到破坏

7-2-122　在蜗杆传动设计中,除规定模数标准化外,还规定蜗杆分度圆直径 D_1 取标准值,其目的是：_____。

(A) 限制加工蜗杆的刀具数量

(B) 限制加工蜗轮的刀具数量并便于刀具的标准化

(C) 装配方便

(D) 提高加工精度

7-2-123　对于普通圆柱蜗杆传动,下列说法错误的是_____。

(A) 传动比不等于蜗轮与蜗杆分度圆直径比

(B) 蜗杆直径系数 q 越小,蜗杆刚度越大

(C) 在蜗轮端面内,模数和压力角为标准值

(D) 蜗杆头数 z_1 多时,传动效率提高

7-2-124　在蜗杆传动中,轮齿承载能力计算主要是针对_____进行的。

(A) 蜗杆齿面接触强度和蜗轮齿根弯曲强度

(B) 蜗杆齿根弯曲强度和蜗轮齿面接触强度

(C) 蜗杆齿面接触强度和蜗杆齿根弯曲强度

(D) 蜗轮齿面接触强度和蜗轮齿根弯曲强度

7-2-125　蜗杆传动的材料配对为钢制蜗杆（表面淬火）与青铜蜗轮,因此在动力传动中应当由_____的强度来决定蜗杆传动的承载能力。

(A) 蜗杆　　　(B) 蜗轮　　　(C) 蜗杆或蜗轮　　　(D) 蜗杆和蜗轮

7-2-126　蜗杆所受的圆周力、轴向力分别与蜗轮所受的_____、_____大小相等,方向相反。

(A) 圆周力　　　(B) 轴向力　　　(C) 径向力　　　(D) 法向力

7-2-127　在蜗杆传动中,将蜗杆分度圆直径 d_1 定为标准值是为了_____。

(A) 使中心距也标准化

(B) 避免蜗杆刚度过小

(C) 提高加工效率

(D) 减少蜗轮滚刀的数目,便于刀具标准化

7-2-128　在润滑良好的情况下,耐磨性最好的蜗轮材料是_____。

(A) 铸铁　　　(B) 无锡青铜　　　(C) 锡青铜　　　(D) 黄铜

7-2-129　为了提高蜗杆的传动效率,在润滑良好条件下,最有效的措施是采用_____。

(A) 单头蜗杆　　　　　　　　(B) 多头蜗杆

(C) 大直径系数蜗杆　　　　　(D) 提高蜗杆转速

7-2-130　欲设计效率较高的蜗杆传动,_____是无用的。

(A) 增加蜗杆头数　　　　　　(B) 增大蜗杆直径系数

(C) 采用圆弧面蜗杆　　　　　(D) 增大蜗杆导程角

7-2-131　在标准蜗杆传动中,蜗杆头数 z_1 一定时,若增大蜗杆直径系数 q,将使传动效率_____。

(A) 降低　　　　　　　　　　(B) 提高

(C) 不变   (D) 可能提高,也可能降低

7-2-132 在多级传动设计中,为了提高啮合效率,通常将蜗杆传动布置在_____。

    (A) 高速级   (B) 中速级   (C) 低速级   (D) 哪一级都可以

7-2-133 为了防止渐开线直齿圆柱齿轮啮合时轮齿在工作时折断,应限制_____。

    (A) 轮齿的剪应力   (B) 齿数

    (C) 齿面接触应力   (D) 在齿根部位的弯曲应力

7-2-134 蜗轮-蜗杆传动通常须作热平衡计算的主要原因是_____。

    (A) 传动比较大   (B) 传力比较大

    (C) 蜗轮材料较软   (D) 传动效率较低

7-2-135 只有保证一对齿轮的_____相等,这对齿轮才能正常啮合。

    (A) 模数   (B) 齿数   (C) 宽度   (D) 基圆齿距

7-2-136 与齿轮传动相比,_____不能作为蜗杆传动的优点。

    (A) 传动平稳,噪声小   (B) 传动效率高

    (C) 可产生自锁   (D) 传动比大

7-2-137 阿基米德圆柱蜗杆与蜗轮传动的_____模数应符合标准值。

    (A) 法面   (B) 端面   (C) 中间平面   (D) 各个面

7-2-138 在蜗杆传动中,对于滑动速度 $v_1 \geqslant 3\text{m/s}$ 的重要传动,应采用_____材料做蜗轮齿圈。

    (A) ZCuSn10P1   (B) HT200

    (C) 45 钢调质   (D) 20CrMnTi 渗碳淬火

7-2-139 蜗杆直径系数的计算公式为_____。

    (A) $q = d_1/m$ (B) $q = d_1 m$

    (C) $q = a/d_1$ (D) $q = a/m$

7-2-140 在蜗杆传动中,当其他条件相同时,增加蜗杆头数 z_1,则滑动速度_____。

    (A) 增大   (B) 减小

    (C) 不变   (D) 可能增大,也可能减小

7-2-141 在蜗杆传动中,当其他条件相同时,减少蜗杆头数 z_1,则_____。

    (A) 有利于蜗杆加工   (B) 有利于提高蜗杆刚度

    (C) 有利于实现自锁   (D) 有利于提高传动效率

7-2-142 起吊重物用的手动蜗杆传动宜采用_____的蜗杆。

    (A) 单头、小导程角   (B) 单头、大导程角

    (C) 多头、小导程角   (D) 多头、大导程角

7-2-143 蜗杆分度圆直径 d_1 的标准化_____。

    (A) 有利于测量   (B) 有利于蜗杆加工

    (C) 有利于实现自锁   (D) 有利于蜗轮滚刀的标准化

7-2-144 蜗杆常用的材料是_____。

    (A) 40Cr   (B) GCr15   (C) ZCuSn10P1   (D) LY12

7-2-145 蜗轮常用的材料是_____。

    (A) 40Cr   (B) GCr15   (C) ZCuSn10P1   (D) LY12

7-2-146　采用变位蜗杆传动时_____。

(A) 仅对蜗杆进行变位　　　　　　(B) 仅对蜗轮进行变位

(C) 同时对蜗杆与蜗轮进行变位　　(D) (A),(B),(C)均不正确

7-2-147　采用变位前后中心距不变的蜗杆传动时,变位后可使传动比_____。

(A) 增大　　　　　　　　　　　　(B) 减小

(C) 可能增大,也可能减小　　　　(D) (A),(B),(C)均不正确

7-2-148　蜗杆传动的当量摩擦系数 f_v 随齿面相对滑动速度的增大而_____。

(A) 增大　　　　　　　　　　　　(B) 减小

(C) 不变　　　　　　　　　　　　(D) 可能增大,也可能减小

7-2-149　提高蜗杆传动效率最有效的方法是_____。

(A) 增大模数 m 　　　　　　　　(B) 增加蜗杆头数 z_1

(C) 增大直径系数 q 　　　　　　(D) 减小直径系数 q

7-2-150　闭式蜗杆传动的主要失效形式是_____。

(A) 蜗杆断裂　　　　　　　　　　(B) 蜗轮轮齿折断

(C) 磨粒磨损　　　　　　　　　　(D) 胶合、疲劳点蚀

7-2-151　渐开线齿轮传动的重合度随着齿轮_____的增大而增大,而与齿轮_____无关。

(A) 分度圆压力角　　　　　　　　(B) 齿数

(C) 模数　　　　　　　　　　　　(D) 直径

7-2-152　在蜗杆传动中,作用在蜗杆上的 3 个啮合分力通常以_____为最大。

(A) 圆周力 F_{t1} 　　　　　　　　(B) 径向力 F_{r1}

(C) 轴向力 F_{a1} 　　　　　　　　(D) 法向力 F_{n1}

7-2-153　下列蜗杆分度圆直径计算公式:

(a) $d_1 = mq$ 　(b) $d_1 = mz_1$ 　(c) $d_1 = d_2/I$ 　(d) $d_1 = mz_2/(i\tan\gamma)$

(e) $d_1 = 2a/(i+1)$ 。

其中有_____个是错误的。

(A) 1　　　　　　(B) 2　　　　　　(C) 3　　　　　　(D) 4

7-2-154　已知一标准渐开线圆柱斜齿轮与斜齿条传动,法面模数 $m_n = 8\text{mm}$,压力角 $\alpha_n = 20°$,斜齿轮齿数 $Z_1 = 20$,分度圆上的螺旋角 $\beta = 15°$,此齿轮的节圆直径等于_____。

(A) 169.27mm　　　　　　　　　(B) 170.27mm

(C) 171.27mm　　　　　　　　　(D) 165.64mm

7-2-155　渐开线齿轮的渐开线形状取决于齿轮的_____。

(A) 齿根圆　　(B) 分度圆　　(C) 基圆　　(D) 节圆

7-2-156　一对直齿圆柱变位齿轮传动,若变位系数 $x_1 = 0.05, x_2 = -0.2$,则实际中心距_____标准中心距。

(A) 大于　　(B) 小于　　(C) 等于　　(D) 不确定

7-2-157　圆锥齿轮的几何尺寸通常都以_____作为标准。

(A) 小端　　　　　　　　　　　　(B) 中端

(C) 大端　　　　　　　　　　　　(D) (A),(B),(C)都可以

7-2-158 设计齿轮时,若发现重合度小于1,则修改设计时应_____。

(A) 增加齿数   (B) 加大模数

(C) 加大中心距   (D) (A),(B),(C)都可以

7-2-159 一对负传动的变位齿轮的变位系数之和 x_1+x_2 _____。

(A) $=0$ (B) >0 (C) <0 (D) 不确定

7-2-160 一对渐开线齿轮啮合能够连续传动的条件是_____。

(A) 重合度小于1   (B) 重合度大于1

(C) 重合度大于或等于1   (D) 重合度小于或等于1

7-2-161 斜齿圆柱齿轮的模数、压力角、齿顶高系数均有端面和法面之分,一般均规定_____。

(A) 法面的参数为标准值

(B) 端面的参数为标准值

(C) 法面的参数为标准值,且与螺旋角旋向有关

(D) 端面的参数为标准值,且与螺旋角旋向有关

7-2-162 若标准齿轮与正变位齿轮的参数 m,z,α,h_a^* 均相同,则后者比前者的:齿根高_____,分度圆直径_____,分度圆齿厚_____,周节_____。

(A) 增大   (B) 减小   (C) 不变   (D) 无法确定

7-2-163 若忽略摩擦,一对渐开线齿廓啮合时,齿廓间作用力沿着_____方向。

(A) 齿廓公切线   (B) 节圆公切线

(C) 中心线   (D) 基圆内公切线

7-2-164 渐开线齿轮传动的中心距变大时,传动比将_____。

(A) 增大   (B) 减小   (C) 不变   (D) 无法确定

7-2-165 若忽略摩擦,一对渐开线齿轮啮合时,齿廓间作用力沿着_____方向。

(A) 齿廓公切线   (B) 节圆公切线

(C) 中心线   (D) 基圆内公切线

7-2-166 一对啮合的渐开线斜齿圆柱齿轮的端面模数_____,且_____法面模数。

(A) 相等   (B) 不相等   (C) 无关系   (D) 大于

(E) 小于   (F) 等于

7-2-167 杆传动正确啮合时必须保证蜗轮的螺旋角 β_2 与蜗杆的螺旋升角 λ _____。

(A) 相等   (B) 不相等   (C) 无关系   (D) 之和为90°

7-2-168 阿基米德蜗杆的标准模数与压力角规定在_____。

(A) 法面   (B) 端面

(C) 轴面   (D) (A),(B),(C)均可

7-2-169 斜齿圆柱齿轮的端面模数 m_t _____法面模数 m_n。

(A) 小于   (B) 大于   (C) 等于   (D) 不确定

7-2-170 斜齿圆柱齿轮的标准参数指的是_____上的参数。

(A) 端面   (B) 法面   (C) 平面   (D) 任意面

7-2-171　加工渐开线齿轮时,若刀具分度线与轮坯分度圆不相切,则加工出来的齿轮称为_____齿轮。

（A）标准　　　　（B）变位　　　　（C）斜　　　　（D）任何

7-2-172　两齿轮的实际中心距与设计中心距略有偏差,则两轮的传动比_____。

（A）变大　　　　（B）变小　　　　（C）不变　　　　（D）无法确定

7-2-173　斜齿轮的标准参数在_____。

（A）大端　　　　（B）端面　　　　（C）法面　　　　（D）主剖面

7-2-174　在按照标准中心距安装时,两齿轮的_____分别与各自的分度圆重合。

（A）基圆　　　　（B）节圆　　　　（C）齿顶圆　　　　（D）齿根圆

7-2-175　渐开线的形状取决于基圆的大小,基圆的半径越大,渐开线的曲率半径_____。

（A）越大　　　　（B）越小　　　　（C）变为直线　　　　（D）变为抛物线

7-2-176　斜齿轮的当量齿数为_____。

（A）$z_v = z/\cos^2\beta$　　　　　　（B）$z_v = z/\sin^3\beta$

（C）$z_v = z/\sin^2\beta$　　　　　　（D）$z_v = z/\cos^3\beta$

7-2-177　两渐开线标准直齿圆柱齿轮啮合中,当中心距增加时,两齿轮的分度圆半径会_____。

（A）增加　　　　（B）减小　　　　（C）不变　　　　（D）无法确定

7-2-178　外啮合渐开线标准斜齿圆柱齿轮的正确啮合条件是_____。

（A）$m_{t1} = m_{t2}, \alpha_1 = \alpha_2, \beta_1 = \beta_2$　　　　（B）$m_{t1} = m_{t2}, \alpha_{t1} = \alpha_{t2}, \beta_1 = \beta_2$

（C）$m_{n1} = m_{n2}, \alpha_{n1} = \alpha_{n2}, \beta_1 = -\beta_2$　　　　（D）$m_{n1} = m_{t2}, \alpha_1 = \alpha_2, -\beta_1 = \beta_2$

7-2-179　齿轮根切的现象易发生在_____的场合。

（A）模数较大　　（B）模数较小　　（C）齿数较少　　（D）齿数较多

7-2-180　在蜗杆传动中,蜗杆的标准面为_____。

（A）端面　　　　（B）法面　　　　（C）轴面　　　　（D）任意面

7-2-181　渐开线直齿圆柱齿轮齿廓根切发生在_____的场合。

（A）模数较大　　（B）模数较小　　（C）齿数较少　　（D）分度圆很小

7-2-182　一对渐开线斜齿圆柱齿轮的模数和压力角定义在_____。

（A）法面上　　　　　　　　　　　（B）轴剖面上

（C）端面上　　　　　　　　　　　（D）压力角20°的端面分度圆上

7-2-183　渐开线上某点的压力角是指该点所受压力的方向与该点_____方向线之间所夹的锐角。

（A）绝对速度　　（B）相对速度　　（C）滑动速度　　（D）牵连速度

7-2-184　渐开线在基圆上的压力角为_____。

（A）20°　　　　（B）0°　　　　（C）15°　　　　（D）25°

7-2-185　渐开线标准齿轮是指 m、α、h_a^*、c^* 均为标准值,且分度圆齿厚_____齿槽宽的齿轮。

（A）小于　　　　（B）大于　　　　（C）等于　　　　（D）小于且等于

7-2-186　一对渐开线标准直齿圆柱齿轮要正确啮合,它们的_____必须相等。
　　　　（A）直径　　　　（B）宽度　　　　（C）齿数　　　　（D）模数

7-2-187　齿数大于 42,压力角为 20°的正常齿渐开线标准直齿外齿轮,其齿轮根圆_____基圆。
　　　　（A）小于　　　　（B）大于　　　　（C）等于　　　　（D）小于且等于

7-2-188　渐开线直齿圆柱齿轮与齿条啮合时,其啮合角恒等于齿轮_____上的压力角。
　　　　（A）基圆　　　　（B）齿顶圆　　　　（C）分度圆　　　　（D）齿根圆

7-2-189　用标准齿条型刀具加工 $h_a^*=1,\alpha=20°$ 的渐开线标准直齿轮时,不发生根切的最少齿数为_____。
　　　　（A）14　　　　（B）15　　　　（C）16　　　　（D）17

7-2-190　斜齿圆柱齿轮的标准模数和标准压力角在_____上。
　　　　（A）端面　　　　（B）轴面　　　　（C）主平面　　　　（D）法面

7-2-191　已知一渐开线标准斜齿圆柱齿轮与斜齿条传动,法面模数 $m_n=8mm$,法面压力角 $\alpha_n=20°$,斜齿轮的齿数 $z=20$,分度圆上的螺旋角 $\beta=20°$,则斜齿轮上的节圆直径等于_____。
　　　　（A）170.27mm　　　　（B）169.27mm
　　　　（C）171.27mm　　　　（D）172.27mm

7-2-192　在两轴相互垂直的蜗杆蜗轮传动中,蜗杆与蜗轮的螺旋线旋向必须_____。
　　　　（A）相反　　　　（B）相异　　　　（C）相同　　　　（D）相对

7-2-193　渐开线直齿锥齿轮的当量齿数 z_v _____实际齿数 z。
　　　　（A）小于　　　　（B）小于且等于　　　　（C）等于　　　　（D）大于

7-2-194　在齿轮传动中,_____,重合度越大。
　　　　（A）模数越大　　（B）齿数越多　　（C）中心距越小　　（D）直径越小

7-2-195　以下有关齿轮传动的陈述中,正确的是_____。
　　　　（A）斜齿轮的当量齿数总是大于实际齿数
　　　　（B）若忽略齿面间的摩擦力,一对标准直齿轮传动时主动轮和从动轮的齿面接触应力相等
　　　　（C）渐开线圆柱齿轮齿廓曲线上各点的压力角相等,且等于 20°
　　　　（D）一对直齿圆锥齿轮传动时,轮齿上轴向力的方向是由小端指向大端

题目 7-2-196～题目 7-2-201 出自图 7-1 所示的蜗杆传动和斜齿轮传动组成的减速装置,动力由 I 轴输入,齿轮 4 的转向 n_4 如图中所示,中间轴 II 所受的轴向力可抵消一部分。在蜗杆传动中,已知 $z_1=2,z_2=40,m=2.5mm,q=11.2mm$。在正常标准斜齿轮传动中,已知 $z_3=25,z_4=140$,法向压力角 $\alpha_n=20°$,螺旋角 $\beta=15.22°$,中心距为 171mm。

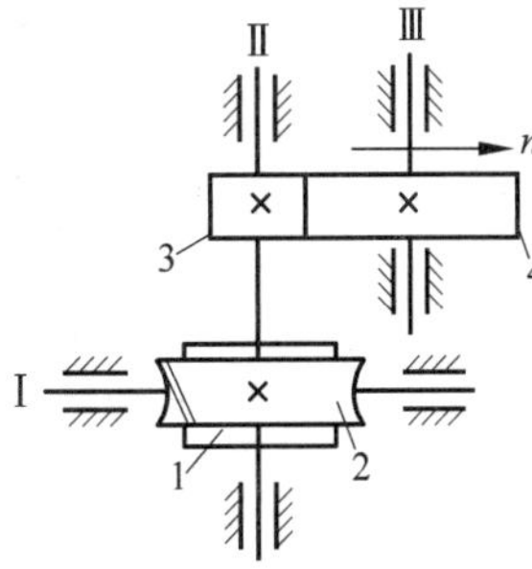

图 7-1

7-2-196　蜗杆 1 和齿轮 3 的转向分别为_____。
　　　　（A）↓,←　　　　（B）↓,→
　　　　（C）↑,←　　　　（D）↑,→

7-2-197　z_1, z_3 的轴向力 F_{a1}, F_{a3} 的方向分别为_____。

(A) ←，↑　　　　　　　　(B) ←，↓

(C) →，↑　　　　　　　　(D) →，↓

7-2-198　蜗轮 2 和齿轮 4 的螺旋线方向分别为_____。

(A) 左旋、左旋　　　　　　(B) 右旋、右旋

(C) 左旋、右旋　　　　　　(D) 右旋、左旋

7-2-199　蜗轮 2 和齿轮 3 的圆周力 F_{t2}, F_{t3} 的方向分别为_____。

(A) ←，⊗　　　(B) ←，⊙　　　(C) →，⊗　　　(D) →，⊙

7-2-200　蜗杆 1 的分度圆直径为_____。

(A) 11.2mm　　(B) 28mm　　(C) 40mm　　(D) 160mm

7-2-201　齿轮 4 的法向模数为_____。

(A) 2mm　　(B) 2.07mm　　(C) 2.15mm　　(D) 2.5mm

题目 7-2-202～题目 7-2-204 出自图 7-2 所示的减速器，已知 I 轴为输入轴。

7-2-202　如果齿轮 4 为右旋，则齿轮 2 和齿轮 3 所受轴向力的方向为_____。

(A) 向上、向上　　　　　　(B) 向上、向下

(C) 向下、向上　　　　　　(D) 向下、向下

7-2-203　若希望抵消部分轴 II 的轴向力，则齿轮 3 的旋向和轴向力的方向为_____。

(A) 左旋、向上　　　　　　(B) 左旋、向下

(C) 右旋、向上　　　　　　(D) 右旋、向下

7-2-204　轴 II 和轴 III 的转向为_____。

(A) 轴 II 向左，轴 III 向左　　　　(B) 轴 II 向左，轴 III 向右

(C) 轴 II 向右，轴 III 向左　　　　(D) 轴 II 向右，轴 III 向右

题目 7-2-205～题目 7-2-207 出自图 7-3 所示的由圆锥齿轮和斜齿圆柱齿轮组成的传动系统。已知 I 轴为输入轴，转向如图中所示。

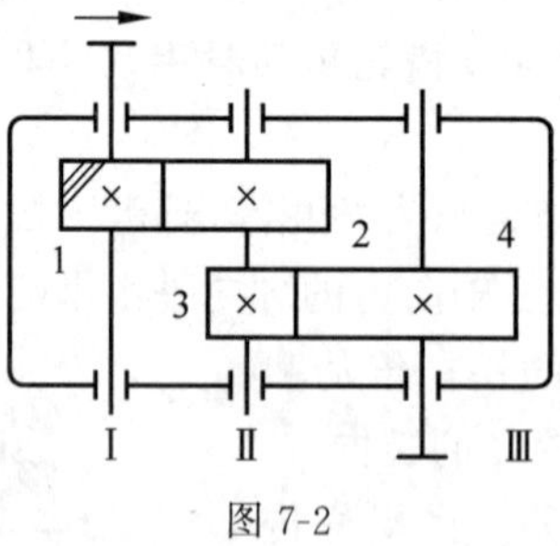

图 7-2 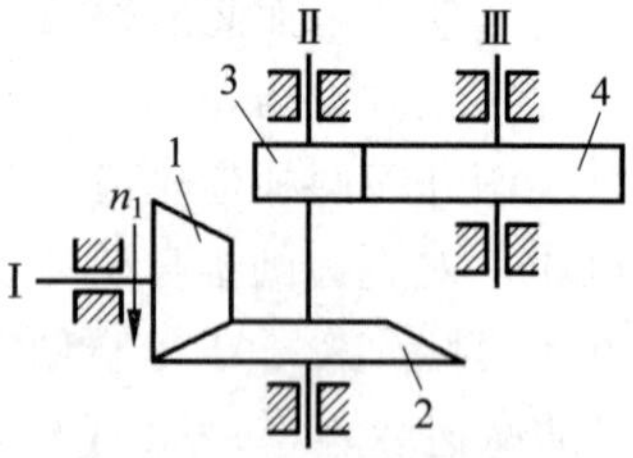　　　　　　　　图 7-3

7-2-205　齿轮 2 和齿轮 4 的转向分别为_____。

(A) 齿轮 2 向左，齿轮 4 向左　　(B) 齿轮 2 向左，齿轮 4 向右

(C) 齿轮 2 向右，齿轮 4 向左　　(D) 齿轮 2 向右，齿轮 4 向右

7-2-206　齿轮 3 和齿轮 4 的旋向分别为_____。

(A) 齿轮 3 左旋，齿轮 4 左旋　　(B) 齿轮 3 左旋，齿轮 4 右旋

(C) 齿轮 3 右旋,齿轮 4 左旋 (D) 齿轮 3 右旋,齿轮 4 右旋

7-2-207　齿轮 2 和齿轮 3 的轴向力分别是_____。

　　　　(A) 齿轮 2 向上,齿轮 3 向上　　(B) 齿轮 2 向上,齿轮 3 向下

　　　　(C) 齿轮 2 向下,齿轮 3 向上　　(D) 齿轮 2 向下,齿轮 3 向下

　　题目 7-2-208～题目 7-2-210 出自图 7-4 所示的蜗杆传动和圆锥齿轮传动的组合。蜗杆为主动轮,已知输出轴上的锥齿轮 z_4 的转向 n,现欲使中间轴上的轴向力能部分抵消,试确定:

7-2-208　蜗杆轴和中间中轴的转向分别为_____。

　　　　(A) 顺时针、向下　　　　　　(B) 顺时针、向上

　　　　(C) 逆时针、向下　　　　　　(D) 逆时针、向上

7-2-209　蜗轮轮齿的旋向和齿轮 3 的轴向力的方向分别为_____。

　　　　(A) 左旋、向左　　　　　　　(B) 左旋、向右

　　　　(C) 右旋、向左　　　　　　　(D) 右旋、向右

7-2-210　蜗杆的圆周力和轴向力的方向分别是_____。

　　　　(A) 指出纸面、向右　　　　　(B) 指出纸面、向左

　　　　(C) 指入纸面、向右　　　　　(D) 指入纸面、向左

　　题目 7-2-211～题目 7-2-213 出自图 7-5 所示的传动系统,其中 1 为蜗杆,2 为蜗轮,3 和 4 为斜齿圆柱齿轮,5 和 6 为直齿锥齿轮。若蜗杆主动,要求输出齿轮 6 的回转方向如图中所示。若要使Ⅱ、Ⅲ轴上所受轴向力互相抵消一部分,试确定:

7-2-211　蜗杆、齿轮 3 的螺旋线方向分别是_____。

　　　　(A) 左旋、左旋　　　　　　　(B) 左旋、右旋

　　　　(C) 右旋、左旋　　　　　　　(D) 右旋、右旋

7-2-212　蜗杆 1 的转向和轴向力方向分别是_____。

　　　　(A) 顺时针、指入　　　　　　(B) 顺时针、指出

　　　　(C) 逆时针、指入　　　　　　(D) 逆时针、指出

7-2-213　齿轮 4 的轴向力方向和转向分别是_____。

　　　　(A) 向左、向下　　　　　　　(B) 向右、向下

　　　　(C) 向左、向上　　　　　　　(D) 向右、向上

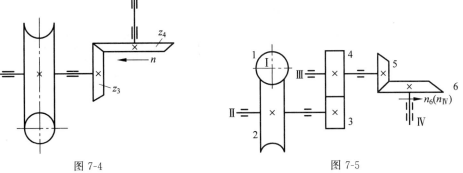

图 7-4　　　　　　　　　　　　　　　　图 7-5

　　题目 7-2-214～题目 7-2-219 出自以下内容:有一电动绞车,采用如图 7-6 所示的传动方案,其中齿轮 1 和齿轮 2 为闭式直齿圆柱齿轮传动,蜗杆 3 和蜗轮 4 为开式传动。采用 4

个联轴器将6根轴连接，把运动和动力传递到卷筒，以实现提升重力 W 的目的。

7-2-214 Ⅰ轴是_____。

(A) 转动心轴　　(B) 固定心轴　　(C) 转轴　　　　(D) 传动轴

7-2-215 Ⅲ轴 A—A 截面上_____。

(A) 只作用扭转剪应力　　　　　　(B) 既作用扭转剪应力，又作用弯曲应力
(C) 只作用弯曲应力　　　　　　　(D) 不确定

7-2-216 Ⅲ轴 B—B 截面上_____。

(A) 只作用扭转剪应力　　　　　　(B) 既作用扭转剪应力，又作用弯曲应力
(C) 只作用弯曲应力　　　　　　　(D) 不确定

7-2-217 图中使重力 W 上升时，在主视图中蜗杆的轴向力和圆周力方向分别是_____。

(A) 轴向力水平向右，圆周力指出纸面
(B) 轴向力水平向右，圆周力指入纸面
(C) 轴向力水平向左，圆周力指出纸面
(D) 轴向力水平向左，圆周力指入纸面

7-2-218 图中使重力 W 上升时，在主视图中电动机转向和蜗轮旋向分别是_____。

(A) 电动机转向向上，蜗轮左旋　　(B) 电动机转向向下，蜗轮右旋
(C) 电动机转向向上，蜗轮右旋　　(D) 电动机转向向下，蜗轮左旋

7-2-219 如果不用联轴器3，使轴Ⅲ和轴Ⅳ合并为同一根轴，当重力 W 上升时，为了使该轴受力合理，则齿轮1的旋向和齿轮2的轴向力方向分别为_____。

(A) 齿轮1右旋，齿轮2的轴向力水平向右
(B) 齿轮1右旋，齿轮2的轴向力水平向左
(C) 齿轮1左旋，齿轮2的轴向力水平向左
(D) 齿轮1左旋，齿轮2的轴向力水平向右

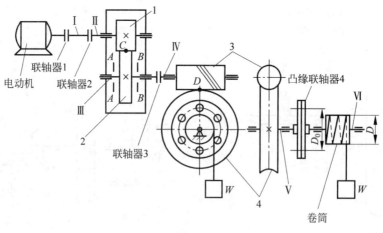

图 7-6

题目 7-2-220～题目 7-2-223 出自以下内容：如图 7-7 所示的建筑用电动机驱动的卷扬传动系统采用斜齿圆柱齿轮-蜗杆传动，欲使蜗杆轴和大齿轮轴的轴向力抵消一部分。当提

升重物时,试回答下列问题:

7-2-220 从箭头所指方向看,主动斜齿轮的轴向力和转向分别为_____。

(A) 指出纸面、逆时针 (B) 指入纸面、顺时针

(C) 指出纸面、顺时针 (D) 指入纸面、逆时针

7-2-221 从箭头所指方向看,蜗杆的转向、旋向分别为_____。

(A) 顺时针、左旋 (B) 顺时针、右旋

(C) 逆时针、左旋 (D) 逆时针、右旋

7-2-222 从箭头所指方向看,主动斜齿轮的旋向和从动斜齿轮的旋向分别为_____。

(A) 左旋、左旋 (B) 右旋、右旋

(C) 左旋、右旋 (D) 右旋、左旋

7-2-223 从箭头所指方向看,蜗杆和蜗轮的轴向力方向分别为_____。

(A) 指出纸面、水平向左 (B) 指入纸面、水平向左

(C) 指出纸面、水平向右 (D) 指入纸面、水平向右

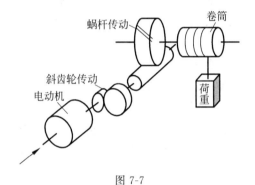

图 7-7

题目 7-2-224～题目 7-2-229 出自图 7-8 所示的二级斜齿圆柱齿轮减速器,已知高速级齿轮参数为 $m_n=2mm$,$\beta_1=13°$,$z_1=20$,$z_2=60$;低速级 $m_n'=2mm$,$\beta'=12°$,$z_3=20$,$z_4=68$;齿轮 4 为左旋转轴;轴 I 的转向如图中所示,$n_1=960r/min$,传递功率 $P_1=5kW$,不考虑摩擦损失。

7-2-224 齿轮 3 所受各力 F_{t3},F_{r3} 和 F_{a3} 大小分别为_____。

(A) 2000N,1000N,2000N

(B) 1000N,1000N,1000N

(C) 2000N,2000N,1000N

(D) 1000N,2000N,2000N

7-2-225 轴 II、轴 III 的转动方向分别为_____。

(A) 轴 II 向上、轴 III 向上

(B) 轴 II 向上、轴 III 向下

(C) 轴 II 向下、轴 III 向上

(D) 轴 II 向下、轴 III 向下

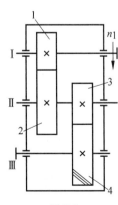

图 7-8

7-2-226 齿轮 2、3 所受圆周力 F_{t2} 和 F_{t3} 的方向分别为_____。

(A) 齿轮 2 指向纸外，齿轮 3 指向纸外

(B) 齿轮 2 指向纸外，齿轮 3 指向纸内

(C) 齿轮 2 指向纸内，齿轮 3 指向纸外

(D) 齿轮 2 指向纸内，齿轮 3 指向纸内

7-2-227 轴 I、轴 III 所受转矩大小分别为_____。

(A) 轴 I 为 100N·m，轴 III 为 200N·m

(B) 轴 I 为 100N·m，轴 III 为 150N·m

(C) 轴 I 为 50N·m，轴 III 为 200N·m

(D) 轴 I 为 50N·m，轴 III 为 150N·m

7-2-228 齿轮 2 所受轴向力 F_{a2} 的方向和齿轮 2 所受轴向力 F_{a3} 的方向与大小分别为_____。

(A) 齿轮 2 所受轴向力向右，齿轮 3 所受轴向力向左为 500N

(B) 齿轮 2 所受轴向力向右，齿轮 3 所受轴向力向左为 1000N

(C) 齿轮 2 所受轴向力向左，齿轮 3 所受轴向力向右为 500N

(D) 齿轮 2 所受轴向力向左，齿轮 3 所受轴向力向右为 1000N

7-2-229 齿轮 2 和齿轮 3 的螺旋线方向分别为_____。

(A) 齿轮 2 右旋，齿轮 3 右旋　　　(B) 齿轮 2 右旋，齿轮 3 左旋

(C) 齿轮 2 左旋，齿轮 3 右旋　　　(D) 齿轮 2 左旋，齿轮 3 左旋

题目 7-2-230～题目 7-2-234 出自图 7-9 所示的传动机构，其中 1,5 为蜗杆，2,6 为蜗轮，3,4 为斜齿圆齿轮，7,8 为直齿圆锥齿轮。已知蜗杆 1 为主动，锥齿轮 8 的转向如图中所示。要求所有中间轴上齿轮的轴向力相互抵消一部分。

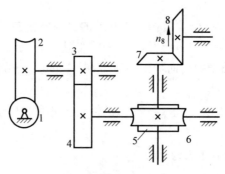

图 7-9

7-2-230 蜗杆 1 和蜗轮 2 所受的轴向力方向分别为_____。

(A) 向里、向左　　　　　　　(B) 向里、向右

(C) 向外、向左　　　　　　　(D) 向外、向右

7-2-231 蜗杆 1 和齿轮 4 的转动方向分别为_____。

(A) 顺时针、向上　　　　　　(B) 顺时针、向下

(C) 逆时针、向上　　　　　　(D) 逆时针、向下

7-2-232 蜗轮 2 和齿轮 4 的旋向分别为_____。

    （A）左旋、右旋   （B）左旋、左旋

    （C）右旋、右旋   （D）右旋、左旋

7-2-233 蜗杆 1 和蜗杆 5 的旋向分别为_____。

    （A）左旋、右旋   （B）左旋、左旋

    （C）右旋、右旋   （D）右旋、左旋

7-2-234 蜗杆 5 和蜗轮 6 所受的圆周力方向分别为_____。

    （A）向上、向左   （B）向上、向右

    （C）向下、向左   （D）向下、向右

题目 7-2-235～题目 7-2-239 出自图 7-10 所示的蜗杆减速装置，已知轴 Ⅰ 为输入端，蜗轮 2 的转向和旋向如图中所示。已知 $z_1=1，z_2=30，m=8\text{mm}，q=10$。

7-2-235 蜗杆传动的中心距为_____。

    （A）256mm   （B）128mm   （C）320mm   （D）160mm

7-2-236 蜗杆的旋向和转向分别为_____。

    （A）左旋、逆时针   （B）右旋、逆时针

    （C）左旋、顺时针   （D）右旋、顺时针

7-2-237 蜗轮 2 的轴向力方向为_____。

    （A）⊙   （B）⊗   （C）→   （D）←

7-2-238 蜗杆 1 的轴向力方向为_____。

    （A）⊙   （B）⊗   （C）→   （D）←

7-2-239 蜗杆 1 的圆周力和径向力的方向分别为_____。

    （A）→，↓   （B）→，↑   （C）←，↑   （D）←，↓

题目 7-2-240～题目 7-2-245 出自图 7-11 所示的蜗杆传动和斜齿轮传动组成的减速装置，动力由 Ⅰ 轴输入，齿轮 4 的转向 n_4 如图中所示，中间轴 Ⅱ 所受的轴向力可抵消一部分。在蜗杆传动中，已知 $z_1=2，z_2=50，m=4\text{mm}，q=10$。在正常标准斜齿轮传动中，已知 $z_3=30，z_4=166$，法向模数 $m_n=2\text{mm}$，法向压力角 $\alpha_n=20°$，螺旋角 $\beta=11.48°$。

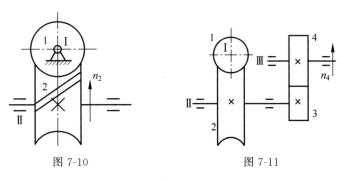

图 7-10   图 7-11

7-2-240 蜗杆的分度圆直径为_____。

    （A）8mm   （B）40mm   （C）80mm   （D）200mm

7-2-241 齿轮 4 的齿根圆直径为_____。

    （A）277mm   （B）333.78mm   （C）334.78mm   （D）278mm

7-2-242　z_2,z_4 的螺旋线方向分别为_____。

(A) 左旋、左旋　　　　　　　　　(B) 右旋、右旋

(C) 左旋、右旋　　　　　　　　　(D) 右旋、左旋

7-2-243　z_2,z_3 的圆周力 F_{t2},F_{t3} 的方向分别为_____。

(A) $\odot$,$\otimes$　　　　(B) $\otimes$,$\otimes$　　　　(C) $\odot$,$\odot$　　　　(D) $\otimes$,$\odot$

7-2-244　z_1,z_3 的轴向力 F_{a1},F_{a3} 的方向分别为_____。

(A) $\odot$,$\leftarrow$　　　　(B) $\odot$,$\rightarrow$　　　　(C) $\otimes$,$\leftarrow$　　　　(D) $\otimes$,$\rightarrow$

7-2-245　z_1,z_3 的转向分别为_____。

(A) 逆时针,$\downarrow$　　　　　　　　(B) 逆时针,$\uparrow$

(C) 顺时针,$\uparrow$　　　　　　　　(D) 顺时针,$\downarrow$

7.3　填　空　题

7-3-1　齿轮的齿形系数 Y_{Fa} 的大小与_____无关，主要取决于_____。

7-3-2　在齿轮传动强度设计中，σ_H 是_____应力，$[\sigma_H]$ 是_____应力，σ_F 是_____应力，$[\sigma_F]$是_____应力。

7-3-3　斜齿圆柱齿轮传动中，螺旋角 β 过小，会使得重合度_____，β 过大又会使得轴向力_____。在设计过程中，β 的值应为_____，_____可以通过调整 β 来圆整。

7-3-4　在二级圆柱齿轮减速器中，轮 1,2 为高速级小、大齿轮，轮 3,4 为低速级小、大齿轮，若 $z_1＝z_3$，$z_2＝z_4$，$z_1＜z_2$，4 个齿轮的模数、齿宽、材料、热处理均相同，在有限寿命内，接触强度最高的齿轮为_____，最低的为_____；弯曲强度最高的为_____，最低的为_____。

7-3-5　在齿轮传动中，齿面点蚀一般易出现在轮齿节线附近的_____处，轮齿折断易出现在轮齿的_____过渡圆角处。

7-3-6　一对直齿圆柱齿轮的传动比 $i＞1$，大小齿轮在啮合处的接触应力_____等；如果大、小齿轮的材料及热处理相同，则其许用接触应力_____等，两轮的接触疲劳强度_____等。

7-3-7　直齿圆柱齿轮作接触强度计算时，取_____处的接触应力为计算依据，其载荷由_____对轮齿承担。

7-3-8　设计一对减速软齿面齿轮时，从等强度要求出发，大、小齿轮的硬度选择应使_____齿轮的硬度高一些。

7-3-9　斜齿圆柱齿轮的法面模数与端面模数的关系为_____。（写出关系式）

7-3-10　对于闭式软齿面齿轮传动，主要按_____疲劳强度进行设计，而按_____疲劳强度进行校核，这时影响齿轮强度的最主要的几何参数是主动轮_____。

7-3-11　在齿轮传动强度计算中，对于齿形系数 Y_{Fa} 值，直齿圆柱齿轮按_____齿数选取，而斜齿圆柱齿轮按_____齿数选取。

7-3-12　在齿轮传动中，若一对齿轮采用软齿面，则小齿轮的材料硬度比大齿轮的硬度高_____HBS。

7-3-13 多级齿轮传动减速器中传递的功率是一定的,但由于低速级轴的转速_____而使得该轴传递的扭矩_____,所以低速级轴的直径要比高速级轴的直径粗得多。

7-3-14 设计软齿面圆柱齿轮传动时,应取小齿轮的齿面硬度_____大齿轮的齿面硬度,小齿轮的齿宽_____大齿轮的齿宽。

7-3-15 对于一般渐开线圆柱齿轮传动,其齿面接触疲劳强度的计算应以_____处的接触应力作为计算应力。

7-3-16 一软齿面的齿轮传动中,小齿轮的齿面硬度应比大齿轮的齿面硬度_____,原因是小齿轮的工作应力_____。

7-3-17 一对啮合齿轮,其齿形系数为 Y_{Fa1},Y_{Fa2},齿根应力集中系数为 Y_{Sa1},Y_{Sa2},许用弯曲应力为 $[\sigma_{F1}]$,$[\sigma_{F2}]$,这时 2 个齿轮的齿根弯曲强度相等的条件是_____。

7-3-18 减少齿轮动载荷的主要措施有提高齿轮_____和降低齿轮_____。

7-3-19 在斜齿圆柱齿轮设计中,应取_____模数为标准值;而在直齿圆锥齿轮设计中,应取_____模数为标准值。

7-3-20 在按照标准中心距安装时,两齿轮的节圆分别与各自的_____重合。

7-3-21 直齿锥齿轮传动常用于_____轴间的运动传递。

7-3-22 一对斜齿轮正确啮合的条件是_____、_____、_____。

7-3-23 计算直齿锥齿轮强度时,是以齿宽_____处的当量圆柱齿轮为计算依据。

7-3-24 圆柱齿轮设计计算中的齿宽系数是_____齿轮的齿宽与_____齿轮的分度圆直径之比。

7-3-25 当齿轮的圆周速度 $v>12\mathrm{m/s}$ 时,应采用_____润滑。

7-3-26 采用正角度变位齿轮传动可以使齿轮的接触强度_____,弯曲强度_____。

7-3-27 在直齿圆柱齿轮传动中,_____向力在各啮合点为一常量。

7-3-28 在齿轮轮齿弯曲强度计算中,若应力循环特性 $r=-1$,则许用弯曲应力_____。

7-3-29 在单向转动的齿轮上,由于齿轮的弯曲疲劳强度不够所产生的疲劳裂纹,一般容易发生在轮齿_____一侧的齿根部分。

7-3-30 对于齿面硬度小于 350HBS 的软齿面齿轮传动,当采用同种钢制造齿轮时,一般对小齿轮进行_____处理,对大齿轮进行_____处理。

7-3-31 一对标准圆柱齿轮传动中,两轮齿面接触强度相同的条件是_____。

7-3-32 斜齿圆柱齿轮传动的齿形系数与_____、_____和_____有关。

7-3-33 当设计圆柱齿轮传动时,在齿数、齿宽、材料不变的条件下,增大中心距可提高齿面_____疲劳强度。

7-3-34 在圆柱齿轮传动中,当齿轮直径不变而减小模数时,对轮齿弯曲强度、接触强度及传动的工作平稳性的影响分别为_____、_____、_____。

7-3-35 人字齿轮传动中产生的轴向力可以互相_____,故对支承轴承无影响。

7-3-36 一对齿根弯曲强度裕度较大的齿轮传动,如果中心距、齿宽、传动比保持不变,增大齿轮齿数将能改善传动的_____性,并能_____金属切削量,减少磨损和胶合的可能性,而其_____疲劳强度不会降低。

7-3-37　一对渐开线齿轮传动,若齿面出现塑性流动,判断主、从动齿轮时,其中齿面有棱脊的齿轮是_____动轮,而有凹沟的齿轮是_____动轮。

7-3-38　齿轮传动中,引起动载荷和冲击振动的根本原因是基节误差和_____。

7-3-39　蜗轮蜗杆传动中蜗杆所受的圆周力与蜗轮所受的_____大小相等,方向相反。

7-3-40　一般开式齿轮传动中的主要失效形式是_____磨损和_____弯曲疲劳折断。

7-3-41　一般闭式齿轮传动中的主要失效形式是齿面疲劳_____和轮齿弯曲疲劳_____。

7-3-42　开式齿轮的设计准则应满足_____。

7-3-43　虽然开式齿轮传动的主要失效形式是_____,但目前尚无成熟可靠的计算方法,故按_____强度计算,这时影响齿轮强度的主要几何参数是_____。

7-3-44　在闭式软齿面(硬度低于 350HBS)齿轮传动中,齿面疲劳点蚀通常出现在齿面节线附近的_____处,其原因是该处:单对齿啮合时 σ_H 大,相对滑动速度_____;不易形成_____;油挤入裂纹可使裂纹受力_____。

7-3-45　对于高速重载齿轮传动,当润滑不良时最可能出现的失效形式是齿面_____。

7-3-46　在齿轮传动中,齿面疲劳点蚀是由于_____接触应力的反复作用引起的,点蚀通常首先出现在齿面节线附近的_____处。

7-3-47　斜齿圆柱齿轮设计时,计算载荷系数 K 中包含的 K_A 是_____系数,它与原动机及工作机的工作_____有关;K_v 是_____系数,它与_____有关;K_β 是_____系数,它与_____有关。

7-3-48　在齿轮传动中,主动轮所受的圆周力 F_{t1} 与其回转方向_____,而从动轮所受的圆周力 F_{t2} 与其回转方向_____。

7-3-49　在闭式软齿面的齿轮传动中,通常首先出现_____破坏,故应按_____疲劳强度设计;但当齿面硬度大于 350HBS 时,易出现_____疲劳破坏,故应按_____疲劳强度进行设计。

7-3-50　一对 45 钢制直齿圆柱齿轮传动,已知 $z_1=20$、硬度为 $220\sim250$HBS,$z_2=60$、硬度为 $190\sim220$HBS,则这对齿轮的接触应力关系为_____,许用接触应力关系_____;弯曲应力关系_____,许用弯曲应力关系_____;齿形系数关系_____。

7-3-51　设计闭式硬齿面齿轮传动时,当直径 d_1 一定时,应取_____的齿数 z_1,使模数 m _____,以提高轮齿的弯曲强度。

7-3-52　在设计闭式硬齿面齿轮传动中,当直径 d_1 一定时,应选取较少的齿数,使模数 m 增大以_____齿轮的抗弯曲疲劳强度。

7-3-53　在圆柱齿轮传动中,当齿轮的直径 d_1 一定时,若减小齿轮模数与增大齿轮齿数,则可以_____齿轮传动的平稳性和_____振动与噪声。

7-3-54　在轮齿弯曲强度计算中的齿形系数 Y_{Fa} 与模数 m _____。

7-3-55　在 1 对圆柱齿轮中,通常把小齿轮的齿宽做得比大齿轮宽一些,其主要目的是便于安装,并保证齿轮的接触有足够的_____。

7-3-56　1 对圆柱齿轮传动,小齿轮分度圆直径 $d_1=50$mm、齿宽 $b_1=55$mm,大齿轮分度圆直径 $d_2=90$mm、齿宽 $b_2=50$mm,则齿宽系数 $\phi_d=$_____。

7-3-57　在圆柱齿轮传动中,当轮齿为对称布置时,其齿宽系数 ϕ_d 可以选得_____一些。

7-3-58　今有 2 个标准直齿圆柱齿轮,齿轮 1 的模数 $m_1=5$mm,$z_1=25$,齿轮 2 的模数 $m_2=3$mm,$z_2=40$,此时它们的齿形系数 Y_{Fa1} _____ Y_{Fa2}。

7-3-59　斜齿圆柱齿轮的动载荷系数 K_v 与相同尺寸精度的直齿圆柱齿轮相比_____。

7-3-60　蜗轮蜗杆传动中蜗杆所受的轴向力与蜗轮所受的_____大小相等,方向相反。

7-3-61　一对圆柱齿轮传动,当其他条件不变时,仅将齿轮传动所受的载荷增为原载荷的 4 倍,则其齿面接触应力将增为原应力的_____倍。

7-3-62　设计齿轮传动时,若保持传动比 i 与齿数和 $z_\Sigma=z_1+z_2$ 不变,而增大模数 m,则齿轮的弯曲强度_____,接触强度_____。

7-3-63　由于钢制齿轮渗碳淬火后热处理变形大,一般需经过_____加工,否则不能保证齿轮精度。

7-3-64　对于高速齿轮或齿面经硬化处理的齿轮,进行齿顶修形可以_____啮入与啮出冲击,_____动载荷。

7-3-65　对直齿锥齿轮进行接触强度计算时,可近似地按锥齿轮齿宽_____处的当量直齿圆柱齿轮进行计算,而其当量齿数 $z_v=$_____。

7-3-66　在齿轮传动设计中,影响齿面接触应力的主要几何参数是_____和_____;而影响极限接触应力 σ_{Hlim} 的主要因素是齿轮_____的种类和_____方式。

7-3-67　当一对齿轮的材料、热处理、传动比及齿宽系数 ϕ_d 一定时,由齿轮强度所决定的承载能力仅与齿轮的_____或_____有关。

7-3-68　齿轮传动中接触强度计算的基本假定是一对渐开线齿轮在节点啮合的情况可近似认为以_____接触。

7-3-69　在齿轮传动的弯曲强度计算中,基本假定是将轮齿视为_____梁。

7-3-70　对大批量生产、尺寸较大($D>50$mm)、形状复杂的齿轮,设计时应选择_____毛坯。

7-3-71　一对减速齿轮传动中,若保持两齿轮分度圆的直径不变,而减小齿数和增大模数时,其齿面接触应力将_____。

7-3-72　在齿轮传动时,大、小齿轮所受的接触应力_____等,而弯曲应力_____等。

7-3-73　圆柱齿轮设计时,齿宽系数 $\phi_d=b/d_1$,b 越宽,承载能力也越_____,载荷分布越_____。

7-3-74　选择 ϕ_d 的原则是:两齿轮均为硬齿面时,取偏_____值;精度高时,ϕ_d 取偏_____值;对称布置与悬臂布置时,取偏_____值。

7-3-75　一对齿轮传动中,若两齿轮材料、热处理及许用应力均相同,而齿数不同,则齿数多的齿轮弯曲强度_____;两齿轮的接触应力_____。

7-3-76　当其他条件不变,作用于齿轮上的载荷增加 1 倍时,其弯曲应力增加_____倍;接触应力增加_____倍。

7-3-77　正变位对一个齿轮接触强度的影响是使接触应力_____,接触强度_____。

7-3-78　正变位对一个齿轮弯曲强度的影响是轮齿变厚,使弯曲应力_____,弯曲强度_____。

7-3-79　在直齿圆柱齿轮的强度计算中,当齿面接触强度已足够,而齿根弯曲强度不足时,可采用下列措施来提高弯曲强度:①中心距不变,_____模数或_____齿数;②_____压力角;③采用_____变位。

7-3-80　两对直齿圆柱齿轮的材料、热处理完全相同,工作条件也相同($N > N_0$,其中 N 为应力循环次数,N_0 为应力循环基数)。有下述两种方案:①$z_1 = 20, z_2 = 40, m = 6\text{mm}, a = 180\text{mm}, b = 60\text{mm}, \alpha = 20°$;②$z_1 = 40, z_2 = 80, m = 3\text{mm}, a = 180\text{mm}, b = 60\text{mm}, \alpha = 20°$。方案_____的轮齿弯曲疲劳强度大;方案①与方案②的接触疲劳强度_____;方案_____的毛坯较重。

7-3-81　直齿锥齿轮的当量齿数 $z_v = $_____;标准模数和压力角按_____端选取;受力分析和强度计算以_____直径为准。

7-3-82　已知直齿锥齿轮主动小齿轮所受各分力分别为 $F_{t1} = 1628\text{N}, F_{a1} = 246\text{N}, F_{r1} = 539\text{N}$,若忽略摩擦力,则 $F_{t2} = $_____N,$F_{a2} = $_____N,$F_{r2} = $_____N。

7-3-83　齿轮设计中,在选择齿轮的齿数 z 时,对闭式软齿面齿轮传动,一般 z_1 选得_____一些;对开式齿轮传动,一般 z_1 选得_____一些。

7-3-84　设齿轮的齿数为 z,螺旋角为 β,分度圆锥角为 δ,在选取齿形系数 Y_{Fa} 时,标准直齿圆柱齿轮按_____查取;标准斜齿圆柱齿轮按_____查取;直齿锥齿轮按_____查取。(请写出具体符号或表达式)

7-3-85　一对外啮合斜齿圆柱齿轮的正确啮合条件是:①_____;②_____;③_____。

7-3-86　材料、热处理及几何参数均相同的 3 种齿轮(即直齿圆柱齿轮、斜齿圆柱齿轮和直齿锥齿轮)传动中,承载能力最高的是_____齿轮传动,承载能力最低的是_____齿轮传动。

7-3-87　在闭式软齿面齿轮传动时,通常首先发生_____破坏,故应按_____疲劳强度进行设计。但当齿面硬度齿轮传动时,则易出现_____破坏,应按_____疲劳强度进行设计。

7-3-88　设计圆柱齿轮传动时,应取小齿轮的齿面硬度 $\text{HBS}_1 = \text{HBS}_2$ _____;应取小齿轮的齿宽 $b_1 = b_2$ _____mm。

7-3-89　在一般情况下,齿轮强度计算中,大、小齿轮的弯曲应力 σ_{F1} 与 σ_{F2} _____等;许用弯曲应力 $[\sigma_{FP1}]$ 与 $[\sigma_{FP2}]$ _____等。其原因是大小齿轮的材料及热处理_____及工作循环次数_____。

7-3-90　对齿轮材料的基本要求是:齿面要_____,齿芯要_____,以抵抗各种齿面失效和齿根折断。

　　7-3-91　若标准直齿圆柱齿轮与正变位齿轮的参数 m,α,z,h_a^* 均相同,则正变位齿轮与标准齿轮比较,其分度圆齿厚_____,齿槽宽_____,齿顶高_____,齿根高_____。

　　7-3-92　蜗轮的螺旋角 β_2 与蜗杆的螺旋升角大小_____,旋向_____。

　　7-3-93　螺旋升角为 λ 的螺旋副,若接触表面间的摩擦系数为 f,则机构的自锁条件是:_____。

　　7-3-94　标准斜齿圆柱齿轮传动的中心距与_____、_____和_____有关。

　　7-3-95　直齿圆柱齿轮传动的正确啮合条件是:_____相等、_____相等。

　　7-3-96　轴线垂直相交的圆锥齿轮传动,其传动比分度圆锥角表示为:$i_{12}=$_____。

　　7-3-97　齿廓啮合基本定律是指:相互啮合的一对齿轮在任一瞬时的传动比都与其节点将连心线截开的两线段成_____。

　　7-3-98　蜗轮传动的主平面是指蜗杆的_____和蜗轮的_____,在主平面内,蜗杆蜗轮的啮合传动与_____啮合完全一样。

　　7-3-99　在斜齿和直齿标准圆柱齿轮传动中,斜齿轮比直齿轮的:重合度_____,不根切的最小齿数_____。

　　7-3-100　斜齿圆柱齿轮的标准参数在_____上,螺旋角的改变_____中心距的大小。

　　7-3-101　已知一斜齿圆柱齿轮的齿数 $z=20$,螺旋角 $\beta=15°$,则该齿轮的当量齿数 $z_v=$_____。

　　7-3-102　圆锥齿轮的当量齿数是指:_____圆柱齿轮的齿数。

　　7-3-103　标准渐开线直齿圆锥齿轮的标准模数和压力角定义在_____。

　　7-3-104　在某直齿圆柱齿轮机构中,已知 $m=2\text{mm}$,$z_1=18$,$z_2=31$,$h_a^*=1$,$\alpha=20°$,安装中心距 $a=50\text{mm}$ 时,啮合角为_____,顶隙为_____mm。

　　7-3-105　渐开线在基圆上的压力角等于_____。

　　7-3-106　一对齿数不同的非标准渐开线齿轮传动中,小齿轮通常采用_____变位。

　　7-3-107　渐开线齿廓上的最大压力角在_____圆上。

　　7-3-108　渐开线齿轮的齿廓形状主要与渐开线的_____有关。

　　7-3-109　直齿圆锥齿轮的当量齿数 $z_v=$_____。

　　7-3-110　一对标准渐开线直齿圆柱齿轮传动的中心距发生 0.82% 的相对变化时,啮合角的大小为_____。

　　7-3-111　在直齿圆柱齿轮传动中,重合度 $\varepsilon=1.55$,其单齿对工作区为_____;

　　7-3-112　直齿圆锥齿轮的标准参数在_____面上。

　　7-3-113　正变位是指一个齿轮的_____,正传动是指一对传动齿轮的_____。

　　7-3-114　用标准齿条刀具加工标准齿轮产生根切的原因是刀具的齿顶线超过了_____。

　　7-3-115　在斜齿圆柱齿轮传动中,除了用变位方法来凑中心距外,还可以用改变_____大小的方法来凑中心距。

　　7-3-116　圆锥齿轮传动的正确啮合条件是:两轮_____上的_____和_____分

别_____。

7-3-117　经过负变位的齿轮比标准齿轮的分度圆齿厚_____，齿顶厚_____，齿顶高_____。

7-3-118　在设计一对渐开线变位齿轮传动时，既希望保证标准顶隙，又希望无侧隙传动，故需将两轮齿顶降低_____。

7-3-119　圆锥齿轮的齿廓是_____渐开线。

7-3-120　斜齿轮在_____上具有渐开线齿形，在_____上具有标准模数和标准压力角。

7-3-121　所谓标准齿轮是指模数、压力角和齿高系数均为标准值，且在分度圆上_____等于_____的齿轮。

7-3-122　用范成法加工齿轮时，发生根切的根本原因是刀具的齿顶线_____啮合线与轮坯基圆的切点（即啮合极限点）。

7-3-123　蜗轮蜗杆传动中蜗杆所受的径向力与蜗轮所受的_____大小相等，方向相反。

7-3-124　用范成法切制渐开线齿轮时，为了使标准齿轮不发生根切，应满足的条件是齿数 z _____。

7-3-125　在润滑良好的情况下，减摩性好的蜗轮材料是_____，蜗杆选用_____，而蜗轮选用_____。

7-3-126　有一标准普通圆柱蜗杆传动，已知：$z_1=2$，$q=8$，$z_2=42$，中间平面上模数 $m=8\text{mm}$，压力角 $\alpha=20°$，蜗杆为左旋，则蜗杆分度圆直径 $d_1=$_____ mm，传动中心距 $a=$_____ mm。蜗杆分度圆柱上的螺旋线升角 $\gamma=$_____，蜗轮为_____旋，蜗轮分度圆柱上的螺旋角 $\beta=$_____。

7-3-127　限制蜗杆的直径系数 q 是为了_____蜗轮滚刀的数目，便于滚刀的标准化。

7-3-128　蜗杆传动中，蜗杆导程角为 γ，分度圆圆周速度为 v_1，则其滑动速度 v_s 为_____，它使蜗杆蜗轮的齿面更容易产生_____和_____。

7-3-129　有一普通圆柱蜗杆传动，已知蜗杆头数 $z_1=1$，蜗杆轮齿的螺旋线方向为右旋，其分度圆柱上导程角 $\gamma=5°42'38''$，蜗轮齿数 $z_2=45$，模数 $m=8\text{mm}$，压力角 $\alpha=20°$，传动中心距 $a=220\text{mm}$，则传动比 $i=$_____，蜗杆分度圆柱直径 $d_1=$_____ mm，蜗轮轮齿螺旋线的方向为_____，其分度圆螺旋角 $\beta_2=$_____。

7-3-130　减速蜗杆传动中主要的失效形式有_____、_____、_____和_____，常发生在_____上。

7-3-131　在圆柱蜗杆传动中，当蜗杆主动时，蜗杆的头数 z 越多，传动效率_____，其传动啮合效率为_____；蜗杆传动的蜗杆头数越小，越容易_____。

7-3-132　在圆柱蜗杆传动的参数中_____、_____和_____为标准值，_____和_____必须取整数。

7-3-133　蜗杆传动的主要失效形式为_____、_____和_____，提高蜗杆传动承载能力的措施有选用_____蜗轮材料和_____等。

7-3-134　在蜗杆传动中，蜗杆的螺旋线方向与蜗轮的螺旋线方向_____；蜗杆的

_____模数为标准模数,蜗轮的_____压力角为标准压力角;蜗杆的_____直径为标准直径。

7-3-135　增加蜗杆的升角,将_____蜗杆传动的效率。

7-3-136　在蜗杆传动中,_____的强度决定传动的承载能力。

7-3-137　当两轴线相_____时,可采用蜗杆传动。

7-3-138　在润滑良好的条件下,为提高蜗杆传动的效率,应采用_____蜗杆。

7-3-139　对于闭式蜗杆传动,通常是按蜗轮_____疲劳强度进行设计,而按蜗轮_____疲劳强度进行校核;对于开式蜗杆传动,通常只需按蜗轮_____疲劳强度进行设计。

7-3-140　阿基米德蜗杆和蜗轮在中间平面上相当于直齿条与_____齿轮的啮合。

7-3-141　在蜗杆传动中,蜗杆头数越少,传动效率越_____,自锁性越_____,一般蜗杆头数常取 $z_1 =$ _____。

7-3-142　在蜗杆传动中,已知作用在蜗杆上的轴向力 $F_{a1} = 1800N$,圆周力 $F_{t1} = 880N$,若不考虑摩擦的影响,则作用在蜗轮上的轴向力 $F_{a2} =$ _____ N,圆周力 $F_{t2} =$ _____ N。

7-3-143　蜗杆传动的滑动速度越大,所选润滑油的黏度值应越_____。

7-3-144　在蜗杆传动中,产生自锁的条件是_____。

7-3-145　蜗轮轮齿的失效形式有_____、_____、_____和_____。但因蜗杆传动在齿面间有_____的相对滑动速度,所以更容易产生_____和_____失效。

7-3-146　变位蜗杆传动仅改变_____的尺寸,而不改变_____的尺寸。

7-3-147　在蜗杆传动中,蜗轮螺旋线的方向与蜗杆螺旋线的旋向应该_____。

7-3-148　在蜗杆传动中,蜗杆所受的圆周力 F_{t1} 的方向总是与其旋转方向_____,而径向力 F_{r1} 的方向总是指向_____。

7-3-149　闭式蜗杆传动的功率损耗一般包括:_____功耗、_____功耗和_____功耗 3 部分。

7-3-150　阿基米德蜗杆和蜗轮在中间平面相当于_____与_____相啮合。因此蜗杆的_____模数应与蜗轮的_____模数相等。

7-3-151　在标准蜗杆传动中,当蜗杆主动时,若蜗杆头数 z_1 和模数 m 一定,增大直径系数 q,则蜗杆刚度_____;若增大导程角 γ,则传动效率_____。

7-3-152　蜗杆的分度圆直径 $d_1 =$ _____;蜗轮的分度圆直径 $d_2 =$ _____。

7-3-153　为了提高蜗杆传动的效率,应选用_____头蜗杆;为了满足自锁要求,应选 $z_1 =$ _____。

7-3-154　蜗杆传动发热计算的目的是防止_____,以防止齿面_____失效。发热计算的出发点是单位时间内产生的热量等于散发的热量,以保证_____。

7-3-155　为了保证蜗杆传动能自锁,应选用_____头蜗杆;为了提高蜗杆的刚度,应采用_____的直径系数 q。

7-3-156　蜗杆传动时,蜗杆的螺旋线方向应与蜗轮的螺旋线方向_____;蜗杆的分度圆柱导程角应等于蜗轮的分度圆_____。

7-3-157　蜗杆的标准模数是_____模数,其分度圆直径 $d_1 =$ _____;蜗轮的标准模数是_____模数,其分度圆直径 $d_2 = $ _____。

7-3-158 有一普通圆柱蜗杆传动,已知蜗杆头数 $z_1 = 2$,蜗杆直径系数 $q = 8$,蜗轮齿数 $z_2 = 37$,模数 $m = 8$mm,则蜗杆分度圆直径 $d_1 = $ _____ mm;蜗轮分度圆直径 $d_2 = $ _____ mm;传动中心距 $a = $ _____ mm;传动比 $i = $ _____;蜗轮分度圆上螺旋角 $\beta_2 = $ _____。

7-3-159 阿基米德蜗杆传动变位的主要目的是为了_____和_____。

7-3-160 在进行蜗杆传动设计时,通常蜗轮齿数 $z_2 > 26$ 是为了保证传动的_____; $z_2 < 80(100)$ 是为了防止蜗轮尺寸_____,造成相配蜗杆的跨距增大,_____蜗杆的弯曲刚度。

7-3-161 在蜗杆传动中,已知蜗杆分度圆直径 d_1,头数 z_1,蜗杆的直径系数 q,蜗轮齿数 z_2,模数 m,压力角 α,蜗杆螺旋线的方向为右旋,则传动比 $i = $ _____,蜗轮分度圆直径 $d_2 = $ _____,蜗杆导程角 $\gamma = $ _____,蜗轮螺旋角 $\beta = $ _____,蜗轮螺旋线方向为_____。

7-3-162 阿基米德圆柱蜗杆传动的中间平面是指通过蜗杆_____,且垂直于蜗轮_____的平面。

7-3-163 由于蜗杆传动的两齿面间产生较大的_____速度,因此在选择蜗杆和蜗轮材料时,应使相匹配的材料具有良好的_____和_____性能。

7-3-164 通常蜗杆材料选用_____或_____,蜗轮材料选用_____或_____,因而失效多发生在_____上。

7-3-165 蜗杆导程角的旋向和蜗轮螺旋线的旋向_____。

7-3-166 在蜗杆传动中,一般情况下_____的材料强度较弱,所以主要进行_____轮齿的强度计算。

7.4 改 错 题

7-4-1 渐开线上各点的曲率半径相等。

7-4-2 渐开线的形状取决于分度圆直径的大小。

7-4-3 在基圆的内部也能产生渐开线。

7-4-4 内齿轮的齿形轮廓线就是在基圆内产生的渐开线。

7-4-5 轮齿的形状与压力角的大小无关。

7-4-6 压力角的大小和轮齿的形状有关。

7-4-7 当模数一定时,齿数越少,齿轮的几何尺寸越大,齿形的渐开线曲率越小,齿廓曲线越趋于平直。

7-4-8 变位齿轮是标准齿轮。

7-4-9 高度变位齿轮传动的变位系数之和等于1。

7.5 问 答 题

7-5-1 齿轮传动的基本要求是什么？渐开线有哪些特性？为什么渐开线齿轮能满足齿廓啮合基本定律？

7-5-2 解释下列名词：分度圆、节圆、基圆、压力角、啮合角、啮合线、重合度。

7-5-3 在什么条件下分度圆与节圆重合？在什么条件下压力角与啮合角相等？

7-5-4 渐开线齿轮正确啮合与连续传动的条件是什么？

7-5-5 为什么要限制最少齿数？$\alpha = 20°$正常齿制的直齿圆柱齿轮和斜齿圆柱齿轮的z_{min}各等于多少？

7-5-6 齿轮传动的主要失效形式有哪些？开式、闭式齿轮传动的失效形式有什么不同？设计准则通常是按哪些失效形式制定的？

7-5-7 齿根弯曲疲劳裂纹首先发生在危险截面的哪一面？为什么？为提高轮齿抗弯曲疲劳折断能力，可采取哪些措施？

7-5-8 齿轮为什么会产生齿面点蚀与剥落？点蚀首先发生在什么部位？为什么？防止点蚀的措施有哪些？

7-5-9 齿轮在什么情况下发生胶合？采取哪些措施可以提高齿面的抗胶合能力？

7-5-10 为什么开式齿轮齿面会产生严重磨损，而一般不会出现齿面点蚀？对开式齿轮传动，如何减轻齿面磨损？

7-5-11 为什么一对软齿面齿轮的材料与热处理硬度不应完全相同？这时大、小齿轮的硬度差值为多少才合适？硬齿面是否也要求硬度差？

7-5-12 齿轮材料的选用原则是什么？其常用材料和热处理方法有哪些？

7-5-13 进行齿轮承载能力计算时，为什么不直接用名义工作载荷而要用计算载荷？

7-5-14 载荷系数K由哪几部分组成？各考虑什么因素的影响？

7-5-15 齿轮传动的失效形式有哪些？如何建立齿轮传动的计算准则？简述各种失效发生的部位、原因及防止失效的常用措施。

7-5-16 哪些因素会导致齿轮传动工作时产生附加动载荷？分别用什么参数来加以考虑？各参数如何确定？

7-5-17 解释下列名词：使用系数、动载系数、齿间载荷分配系数、齿向载荷分布系数。

7-5-18 如何建立齿面接触疲劳强度和齿根弯曲疲劳强度两种强度的公式？

7-5-19 如何合理选择影响齿轮传动工作能力的主要参数（模数、压力角、齿数、齿宽）？

7-5-20 常用的齿轮材料有哪些？各用于什么场合？

7-5-21 分析直齿圆柱齿轮传动、斜齿圆柱齿轮传动和直齿圆锥齿轮传动三种传动工作时受力的不同。

7-5-22 在齿轮设计中，为何引入动载系数K_v？简述减小动载荷的方法。

7-5-23 影响齿轮啮合时载荷分布不均匀的因素有哪些？采取什么措施可使载荷分布均匀？

7-5-24 简述直齿圆柱齿轮传动中，轮齿产生疲劳折断的部位、成因及发展过程。设计时,采取哪些措施可以防止轮齿过早发生疲劳折断?

7-5-25　直齿圆柱齿轮进行弯曲疲劳强度计算时,其危险截面是如何确定的?

7-5-26　齿形系数 Y_{Fa} 与模数有关吗?影响 Y_{Fa} 的大小的因素有哪些?

7-5-27　试述齿宽系数 ϕ_d 的定义。选择 ϕ_d 时应考虑哪些因素?

7-5-28　试说明齿形系数 Y_{Fa} 的物理意义。如果两个齿轮的齿数和变位系数相同,而模数不同,试问齿形系数 Y_{Fa} 是否有变化?

7-5-29　一对钢制标准直齿圆柱齿轮,其中 $z_1=19,z_2=88$,试问哪个齿轮所受的接触应力大?哪个齿轮所受的弯曲应力大?

7-5-30　一对钢制(45钢调质,硬度为280HBS)标准齿轮和一对铸铁齿轮(HT300,硬度为230HBS),两对齿轮的尺寸、参数及传递载荷相同。试问哪对齿轮所受的接触应力大?哪对齿轮的接触疲劳强度高?为什么?

7-5-31　为什么设计齿轮时所选齿宽系数 ϕ_d 既不能太大,也不能太小?

7-5-32　一对标准直齿圆柱齿轮,分度圆压力角为 α,模数为 m,齿数为 $z_1,z_2(z_1<z_2)$。另有一对标准斜齿圆柱齿轮,法向压力角为 α_n,模数为 m_n,齿数为 $z_3,z_4(z_3<z_4)$,且 $\alpha=\alpha_n,m=m_n,z_1=z_3,z_2=z_4$。在其他条件相同的情况下,试说明斜齿轮比直齿轮的抗疲劳点蚀能力强。

7-5-33　在设计闭式软齿面标准直齿圆柱齿轮传动时,若 σ_{HP} 与 ϕ_d 不变,主要应增大齿轮的哪个几何参数,才能提高齿轮的接触强度?简述其理由。

7-5-34　有一对渐开线圆柱直齿轮,若中心距、传动比和其他条件不变,仅改变齿轮的齿数,试问对接触强度和弯曲强度各有何影响?

7-5-35　一对齿轮传动,如何判断其大、小齿轮中哪个齿面不易出现疲劳点蚀?哪个轮齿不易出现弯曲疲劳折断?说明理由。

7-5-36　试说明齿轮传动中,基节误差引起内部附加动载荷的机理。如何减小内部附加动载荷?

7-5-37　一对圆柱齿轮的实际齿宽为什么做成不相等?哪个齿轮的齿宽大?在强度计算公式中,齿宽 b 应以哪个齿轮的齿宽代入?为什么?锥齿轮的齿宽是否也是这样?

7-5-38　在选择齿轮传动比时,为什么锥齿轮的传动比常比圆柱齿轮选得小一些?为什么斜齿圆柱齿轮的传动比又可比直齿圆柱齿轮选得大一些?

7-5-39　什么叫齿廓修形?正确的齿廓修形对载荷系数中哪个系数有较明显的影响?

7-5-40　一对直齿圆柱齿轮传动中,大、小齿轮抗弯曲疲劳强度相等的条件是什么?

7-5-41　一对直齿圆柱齿轮传动中,大、小齿轮抗接触疲劳强度相等的条件是什么?

7-5-42　有两对齿轮,模数 m 及中心距 a 不同,其余参数都相同。试问它们的接触疲劳强度是否相同?如果模数不同,而对应的节圆直径相同,又将怎样?

7-5-43　一对齿轮传动中,大、小齿轮的接触应力是否相等?如大、小齿轮的材料及热处理情况相同,它们的许用接触应力是否相等?如许用接触应力相等,则大、小齿轮的接触疲劳强度是否相等?

7-5-44　在二级圆柱齿轮传动中,其中一级为斜齿圆柱齿轮传动,另一级为直齿锥齿轮传动。试问斜齿轮传动应布置在高速级还是低速级?为什么?

7-5-45　在圆柱-锥齿轮减速器中,一般应将锥齿轮布置在高速级还是低速级?为什么?

7-5-46　要设计一个由直齿圆柱齿轮、斜齿圆柱齿轮和直齿锥齿轮组成的多级传动,它们之间的顺序应如何安排才合理? 为什么?

7-5-47　为什么在传动的轮齿之间要保持一定的侧隙? 侧隙选得过大或过小时,对齿轮传动有何影响?

7-5-48　在什么情况下要将齿轮与轴做成一体? 为什么往往齿轮与轴分开制造?

7-5-49　要求设计传动比 $i=3$ 的标准直齿圆柱齿轮,选择齿数 $z_1=12$,$z_2=36$,是否可行? 为什么?

7-5-50　现设计出一标准直齿圆柱齿轮(正常齿),其参数为 $m=3.8\mathrm{mm}$,$z_1=12$,$\alpha=23°$。试问:

(1) 设计是否合理? 为什么?

(2) 若设计不合理,请提出改正意见。

7-5-51　设计一对闭式齿轮传动,先按接触强度进行设计,校核时发现弯曲疲劳强度不够,请至少提出两条改进意见,并简述理由。

7-5-52　在齿轮设计中,选择齿数时应考虑哪些因素?

7-5-53　为什么锥齿轮的轴向力 F_a 的方向恒指向该轮的大端?

7-5-54　在闭式软齿面圆柱齿轮传动中,在保证弯曲强度的前提下,齿数 z_1 选多一些有利,试简述其理由。

7-5-55　在两级圆柱齿轮传动中,若有一级为斜齿另一级为直齿,试问斜齿圆柱齿轮应置于高速级还是低速级? 为什么? 若在直齿锥齿轮和圆柱齿轮所组成的两级传动中,锥齿轮应置于高速级还是低速级? 为什么?

7-5-56　试分析采用增大齿轮压力角(25°)的办法,可以提高直齿圆柱齿轮齿根弯曲疲劳强度和齿面接触疲劳强度的原因。

7-5-57　设计软齿面齿轮传动时,为什么要使小齿轮的齿面硬度比大齿轮齿面硬度高一些?

7-5-58　齿轮传动设计时,小齿轮齿数 z_1 的选择对传动质量有何影响? 在闭式传动的软齿面与硬齿面及开式传动中,z_1 的选择有何不同?

7-5-59　斜齿圆柱齿轮传动中螺旋角 β 的大小对传动有何影响? 其值通常限制在什么范围内?

7-5-60　如何判断齿轮传动大、小齿轮中哪个不易出现齿面点蚀? 哪个不易出现齿根弯曲疲劳折断?

7-5-61　在圆柱齿轮设计中,齿数和模数的选择原则是什么?

7-5-62　对于标准直齿圆柱齿轮传动,回答下列问题:

(1) 计算大、小齿轮弯曲强度时所用公式是否相同?

(2) 计算大、小齿轮弯曲强度时哪些参数取值不同?

(3) 两轮弯曲强度大小通过哪些参数比较可以看出来? 可得到什么结论?

注:$\sigma_F=\dfrac{KF_t}{bm}Y_{Fa}Y_{Sa}Y_\varepsilon\leqslant[\sigma_F]$。

7-5-63　设计一对软齿面的圆柱齿轮传动时,大、小齿轮的齿面硬度确定原则是什么?

为什么？

7-5-64 设计一对圆柱齿轮传动时，大、小齿轮齿宽的确定原则是什么？为什么？

7-5-65 齿轮传动有哪些设计理论？各针对的是哪些失效形式？

7-5-66 欲设计一对标准直齿圆柱齿轮传动，有两种方案，各参数如表 7-1 所示，试分析这两种方案对齿面接触疲劳强度、齿根弯曲疲劳强度、抗胶合能力和成本等方面的影响。

表 7-1

方案	m/mm	$\alpha/(°)$	z_1	z_2	b/mm
Ⅰ	4	20	20	40	80
Ⅱ	2	20	40	80	80

7-5-67 试述在齿轮传动中，减少齿向载荷分布系数的措施。

7-5-68 试说明斜齿圆柱齿轮的齿面接触疲劳强度和齿根弯曲疲劳强度比材料相同、几何尺寸相同的直齿圆柱齿轮高的原因。

7-5-69 将一对标准齿轮传动设计成高度变位齿轮传动，对轮齿的弯曲强度和接触强度有什么影响？为什么？

7-5-70 一对大、小圆柱齿轮传动，其转动比 $i=2$，其齿面啮合处的接触应力是否相等？为什么？当两轮的材料热处理硬度均相同，且小轮的应力循环次数 $N_1=10^6<N_0$ 时，它们的许用接触应力是否相等？为什么？

7-5-71 在使用轮齿弯曲强度设计公式 $m \geqslant \sqrt[3]{\dfrac{2KT_1}{\phi_d z_1^2} \cdot \dfrac{Y_{Fa}Y_{Sa}}{\sigma_{FP}}}$ 时，齿形系数 Y_{Fa}、应力修正系数 Y_{Sa} 和齿轮许用弯曲应力 $[\sigma_{Fp}]$ 应选取小齿轮的参数还是大齿轮的参数？为什么？

7-5-72 齿面点蚀是怎样产生的？出现在齿面的什么部位？为什么？

7-5-73 齿轮传动强度计算中引入的载荷系数考虑了哪几个方面的影响？试加以说明。

7-5-74 已知直齿圆柱齿轮的强度设计公式为：

$$d_1 \geqslant \sqrt[3]{\frac{2KT_1}{\phi_d} \cdot \frac{u \pm 1}{u} \cdot \left(\frac{Z_E Z_H Z_\varepsilon}{[\sigma_H]}\right)^2} \quad \text{和} \quad m \geqslant \sqrt[3]{\frac{2KT_1}{\phi_d z_1^2} \cdot \frac{Y_{Fa}Y_{Sa}}{\sigma_{FP}}}$$

试分析两公式各是针对哪种失效形式建立的强度计算公式？

7-5-75 变位齿轮在齿轮传动中所起的作用有哪些？

7-5-76 齿轮传动在什么情况下易发生胶合失效，试说出几种防止胶合的措施。

7-5-77 齿面接触疲劳强度计算的计算点位于何处？其计算的力学模型是什么？针对何种失效形式？

7-5-78 什么叫硬齿面齿轮和软齿面齿轮，分别适用于什么场合？

7-5-79 齿轮传动时轮齿啮合过程中的附加动载荷与哪些因素有关？对齿轮传动承载能力有何影响？应如何减轻或消除？

7-5-80 圆柱齿轮在什么情况下可采用齿轮轴结构？齿轮轴上齿轮的齿根圆直径是否可以小于轴的直径？

7-5-81 为什么在可能的情况下都将齿轮和轴分开制造？

7-5-82 在开式齿轮传动中，为什么很少出现点蚀失效？

7-5-83　试分析齿轮产生齿面磨损的主要原因。防止磨损失效的最有效办法是什么？

7-5-84　试述开式及闭式齿轮传动的设计准则。

7-5-85　在平行轴外啮合斜齿轮传动中，大、小斜齿轮的螺旋角方向是否相同？斜齿轮的受力方向与哪些因素有关？

7-5-86　在进行齿轮强度计算时，为什么不用平均载荷或名义载荷而用计算载荷？计算载荷中考虑了哪些方面的影响因素？

7-5-87　一对圆柱齿轮的实际齿宽为什么不相等？哪个齿轮的齿宽大？为什么要限制齿宽？

7-5-88　普通斜齿圆柱齿轮的螺旋角取值范围是多少？为什么人字齿轮的螺旋角允许取较大的数值？

7-5-89　对于圆柱齿轮传动，一般小齿轮齿宽 b_1 大于大齿轮齿宽 b_2，为什么？在进行强度计算时，齿宽系数 $\phi_d=b/d_1$ 中的齿宽 b 应代入哪一个？

7-5-90　硬齿面和软齿面齿轮在点蚀失效和轮齿折断失效方面有何不同？设计时应如何考虑？

7-5-91　对直齿圆柱齿轮传动，在传动比 i、中心距 a 及其他条件不变的情况下，如减小模数 m 并相应地增加齿数 z_1,z_2，试问：

（1）对其弯曲疲劳强度和接触强度各有何影响？

（2）在闭式传动中，若强度允许，这样减小模数 m 和增加齿数有何益处？

7-5-92　与直齿轮传动相比较，斜齿轮传动的主要优点是什么？

7-5-93　渐开线圆柱直齿轮上齿厚等于齿间距的圆称为分度圆吗？为什么？

7-5-94　为了实现定传动比传动，对齿轮轮廓曲线有什么要求？

7-5-95　何为节圆？单个齿轮有没有节圆？什么情况下节圆与分度圆重合？

7-5-96　何为啮合角？啮合角和分度圆压力角及节圆压力角有什么关系？

7-5-97　已知用标准齿条型刀具加工标准直齿圆柱齿轮不发生根切的最少齿数 $z_{min}=2h_a^*/\sin^2\alpha$，试问标准斜齿圆柱齿轮和直齿锥齿轮不发生根切的最少齿数。

7-5-98　渐开线的形状取决于什么？若两个齿轮的模数和压力角分别相等，但齿数不同，它们的齿廓形状是否相同？

7-5-99　螺旋角为 45° 的斜齿轮不发生根切的最少齿数是 17 吗？为什么？

7-5-100　渐开线直齿圆柱齿轮正确啮合的条件是什么？满足正确啮合条件的一对齿轮是否一定能连续传动？

7-5-101　一对渐开线圆柱直齿轮的啮合角为 20°，它们肯定是标准齿轮吗？

7-5-102　何为渐开线齿轮传动的可分性？如令一对标准齿轮的中心距稍大于标准中心距，能不能传动？有什么不良影响？

7-5-103　何为齿廓的根切现象？产生根切的原因是什么？如何避免根切？

7-5-104　蜗杆传动有哪些基本特点？

7-5-105　蜗杆传动以哪一个平面内的参数和尺寸为标准？这样做有什么好处？

7-5-106　蜗杆传动的传动比 $i=d_2/d_1$，对吗？为什么？

7-5-107　蜗杆传动具有哪些特点？它为什么要进行热平衡计算？若热平衡计算不合要求时怎么办？

7-5-108　如何恰当地选择蜗杆传动的传动比 i_{12}？

7-5-109　试述蜗杆传动的直径系数 q 为标准值的实际意义。

7-5-110　采用什么措施可以节约蜗轮所用的铜材？

7-5-111　如何选择蜗杆传动的主要参数？

7-5-112　蜗杆传动变位的主要目的是什么？

7-5-113　在蜗杆传动中，蜗杆所受的圆周力 F_{t1} 与蜗轮所受的圆周力 F_{t2} 是否相等？

7-5-114　在蜗杆传动中，蜗杆所受的轴向力 F_{a1} 与蜗轮所受的轴向力 F_{a2} 是否相等？

7-5-115　蜗杆传动与齿轮传动相比有何特点？常用于什么场合？

7-5-116　采用变位蜗杆传动的目的是什么？变位蜗杆传动中哪些尺寸发生了变化？

7-5-117　影响蜗杆传动效率的主要因素有哪些？为什么传递大功率时很少使用普通圆柱蜗杆传动？

7-5-118　对于蜗杆传动，下面三式有无错误？若有，请予以更正。

(1) $i = \omega_1/\omega_2 = n_1/n_2 = z_1/z_2 = d_1/d_2$；

(2) $a = (d_1 + d_2)/2 = m(z_1 + z_2)/2$；

(3) $F_{t2} = 2T_2/d_2 = 2T_1 i/d_2 = 2T_1/d_1 = F_{t1}$。

7-5-119　蜗杆传动中为何常用蜗杆作为主动件？蜗轮能否作为主动件？为什么？

7-5-120　与齿轮传动相比，蜗杆传动的失效形式有何特点？为什么？

7-5-121　如何选用蜗杆直径系数 q？它对蜗杆传动的强度、刚度及尺寸有何影响？

7-5-122　导程角 γ 的大小对蜗杆传动效率有何影响？

7-5-123　蜗杆传动的正确啮合条件是什么？自锁条件是什么？

7-5-124　在什么条件下蜗杆减速器的蜗杆应下置？在什么条件下其蜗杆应上置？

7-5-125　选择蜗杆的头数 z_1 和蜗轮的齿数 z_2 时应考虑哪些因素？

7-5-126　蜗杆的强度计算与齿轮传动的强度计算有何异同？

7-5-127　为了提高蜗杆减速器输出轴的转速，而采用双头蜗杆代替原来的单头蜗杆，试问原来的蜗轮是否可以继续使用？为什么？

7-5-128　蜗杆在进行承载能力计算时，为什么只考虑蜗轮？在什么情况下需要进行蜗杆的刚度计算？

7-5-129　在设计蜗杆传动减速器的过程中，发现已设计的蜗杆刚度不足，为了满足刚度的要求，决定将直径系数 q 从 8 增大至 10，问这时对蜗杆传动的效率有何影响？

7-5-130　为什么设计闭式蜗杆传动时，必须进行热平衡计算？如果热平衡计算不能满足要求时，可采取哪些措施？

7-5-131　设计蜗杆传动时，为提高其传动效率可以采取哪些措施？

7-5-132　为什么蜗轮常用锡青铜或铝铁青铜材料制造？

7-5-133　蜗杆传动有何特点？

7-5-134　在选择蜗杆副材料时，通常蜗杆与蜗轮采用什么材料？为什么？

7-5-135　试述蜗杆传动的失效形式。

7-5-136　在材料是铸铁或 $\sigma_b > 300\mathrm{MPa}$ 的蜗轮齿面接触强度计算中，为什么许用应力与齿面相对滑动速度有关？

7-5-137　蜗杆传动中为何常以蜗杆为主动件？蜗轮能否作为主动件？为什么？

7.6　计　算　题

7-6-1　为修配两个损坏的标准直齿圆柱齿轮,现测得:

齿轮 1 的参数为:$h=4.5\text{mm}$,$d_a=44\text{mm}$;

齿轮 2 的参数为:$p=6.28\text{mm}$,$d_a=162\text{mm}$。

试计算两齿轮的模数 m 和齿数 z。

7-6-2　若已知一对标准安装的直齿圆柱齿轮的中心距 $a=189\text{mm}$,传动比 $i=3.5$,小齿轮齿数 $z_1=21$,试求这对齿轮的 $m,d_1,d_2,d_{a2},d_{f2},p$。

7-6-3　已知一对外啮合正常齿标准斜齿圆柱齿轮传动的中心距 $a=200\text{mm}$,法面模数 $m_n=2\text{mm}$,法面压力角 $\alpha_n=20°$,齿数 $z_1=30,z_2=166$,试计算该对齿轮的端面模数 m_t,分度圆直径 d_1,d_2,齿根圆直径 d_{f1},d_{f2} 和螺旋角 β。

7-6-4　在一个中心距 $a=155\text{mm}$ 的旧减速器箱体内,配上一对齿数为 $z_1=23,z_2=76$,模数 $m_n=3\text{mm}$ 的斜齿圆柱齿轮,试问这对齿轮的螺旋角 β 应为多大?

7-6-5　斜齿圆柱齿轮的齿数 z 与其当量齿数 z_v 有什么关系? 在下列几种情况下应分别采用哪一种齿数?

(1) 计算斜齿圆柱齿轮传动的传动比;

(2) 用成形法加工斜齿轮时选盘形铣刀;

(3) 计算斜齿轮的分度圆直径;

(4) 进行弯曲强度计算时查取齿形系数 Y_F。

7-6-6　若一对齿轮的传动比和中心距保持不变而增大齿数,试问这对齿轮的接触强度和弯曲强度各有何影响?

7-6-7　有一直齿圆柱齿轮传动,原设计传递功率为 P,主动轴转速为 n_1,若其他条件不变,轮齿的工作应力也不变,当主动轴转速提高 1 倍,即 $n_1'=2n_1$ 时,该齿轮传动能传递的功率 P' 应为多少?

7-6-8　有一直齿轮传动,允许传递的功率为 P,欲通过热处理方法提高材料的力学性能,使大、小齿轮的许用接触应力$[\sigma_{H2}]$,$[\sigma_{H1}]$各提高 30%,试问此传动在不改变工作条件及其他设计参数的情况下,抗疲劳点蚀允许传递的扭矩和功率可提高多少?

7-6-9　图 7-12 所示为两级斜齿圆柱齿轮传动。已知:$z_1=12,z_2=30,z_3=12,z_4=45$,两对齿轮的模数分别为:$m_n=10$ 和 $m_n'=14$,第一对齿轮的螺旋角 $\beta_1=19°$。现若使轴 Ⅱ 所受的轴向力大小抵消,试确定第二对齿轮的螺旋角 β_2 及其旋向。

7-6-10　图 7-13 所示为行星齿轮减速器,已知行星轮个数 $k=3$,各轮齿数:$z_1=17$,$z_2=34,z_3=85$,模数 $m=3\text{mm}$,齿宽 $b_1=b_2=b_3=40\text{mm}$,各轮材料相同,弯曲疲劳强度极限$[\sigma_{Flim}]=460\text{N/mm}^2$,接触疲劳强度极限$[\sigma_{Hlim}]=350\text{N/mm}^2$,输入轴转速 $n_1=1500\text{r/min}$,要求减速器寿命 $L_h=10000\text{h}$,单向工作。试根据所给普通齿轮强度计算公式,仅考虑 1,2 齿轮强度,确定减速器的最大输出扭矩 T_H。

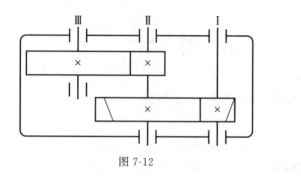 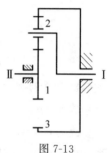

图 7-12　　　　　　　　　　　　　　　　图 7-13

7-6-11　如图 7-14 所示的直齿圆柱齿轮减速器处于长期工作状态。1 轮为主动轮，单向回转，2 轮和 3 轮的负载转矩 T_2 和 T_3 相等（不计摩擦损失）。各齿轮参数 $z_1=20$，$z_2=60$，$z_3=80$，$m=5\text{mm}$，$b_1=b_2=b_3=80\text{mm}$，材料均为 45 钢调质处理，$[\sigma_H]=580\text{MPa}$，载荷平稳，$K=1.3$。试按接触疲劳强度计算主动轴 I 允许输入的最大转矩 T_1。

7-6-12　图 7-15 所示为标准渐开线直齿圆轮传动，校核轴 II 上的键连接的强度。已知：动力由 I 轴输入，III 轴输出，输入功率 $P=2.5\text{kW}$，$n_1=1450\text{r/min}$；齿轮 2 的模数 $m=3\text{mm}$，$z_1=40$，$z_2=60$，$z_3=40$，宽度 $B=50\text{mm}$，齿轮、轴与键的材料均为 45 钢，与齿轮配合处的轴径 $d_I=40\text{mm}$；所用圆头平键的键长为 45mm，键宽 $b=12\text{mm}$，键高 $h=8\text{mm}$。设键连接的许用挤压应力为 125MPa，键的许用剪切应力为 120MPa。

（提示：建议先通过力分析或计算确定轴 II 的转矩 T_{II}，再来判别键的连接强度。）

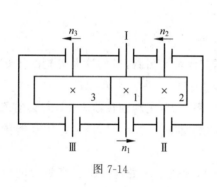 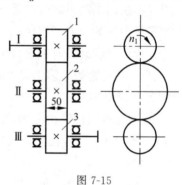

图 7-14　　　　　　　　　　　　　　　　图 7-15

7-6-13　设计某装置的单级斜齿圆柱齿轮减速器，已知输入功率 $P_1=5.5\text{kW}$，转速 $n_1=480\text{r/min}$，$n_2=150\text{r/min}$，初选参数：$z_1=28$，$z_2=120$，齿宽系数 $\phi_d=1.1$，按齿面接触疲劳强度计算得小齿轮分度圆直径 $d_1=70.13\text{mm}$。求：

（1）法面模数 m_n；[标准模数（第一系列），…，1.5，2，2.5，3，3.5，4，…]

（2）中心距 a（取整数）；

（3）螺旋角 β；

（4）小齿轮和大齿轮的齿宽 b_1 和 b_2。

7-6-14　试按中心距 $a=150\text{mm}$、齿数比 $i=3/2$，选择一对 $m=4$ 的标准直齿圆柱齿轮，组成单级减速箱的传动齿轮。

（1）确定齿轮的齿数 z_1，z_2；

（2）若传递的转矩 $T=4.5\times10^6\,\mathrm{N\cdot mm}$，求标准安装时啮合处的圆周力、径向力和法向力。

7-6-15　两对相啮合的标准直齿圆柱齿轮传动，已知齿轮的有关参数如下：

（1）$z_1=25,z_2=40,m=4\,\mathrm{mm}$，齿宽 $b_1=50\,\mathrm{mm},b_2=45\,\mathrm{mm},Y_{Fa1}=2.62,Y_{Fa2}=2.40,$ $Y_{Sa1}=1.59,Y_{Sa2}=1.67,[\sigma_{F1}]=470\,\mathrm{MPa},[\sigma_{F2}]=400\,\mathrm{MPa},[\sigma_{H1}]=600\,\mathrm{MPa},[\sigma_{H2}]=520\,\mathrm{MPa}$；

（2）$z_3=50,z_4=80,m=2\,\mathrm{mm}$，齿宽 $b_3=50\,\mathrm{mm},b_4=45\,\mathrm{mm},Y_{Fa3}=2.32,Y_{Fa4}=2.18,$ $Y_{Sa3}=1.70,Y_{Sa4}=1.79,[\sigma_{F3}]=550\,\mathrm{MPa},[\sigma_{F4}]=480\,\mathrm{MPa},[\sigma_{H3}]=590\,\mathrm{MPa},[\sigma_{H4}]=530\,\mathrm{MPa}$。

设传递的扭矩及其他工作条件相同，试比较各齿轮的齿面接触疲劳强度和齿根弯曲疲劳强度的情况如何？（由高到低排出顺序）

7-6-16　一对直齿圆锥齿轮传动，已知：$z_1=28,z_2=48,m=4\,\mathrm{mm},b=30\,\mathrm{mm},P=3\,\mathrm{kW}$，$n_1=960\,\mathrm{r/min}$。试计算小齿轮节圆锥角和各分力的大小。（忽略摩擦损失，压力角 $\alpha=20°$）

7-6-17　有一闭式软齿面直齿圆柱齿轮传动，传递的扭矩 $T_1=120\,000\,\mathrm{N\cdot mm}$，按其接触疲劳强度计算，小齿轮分度圆直径 $d_1=60\,\mathrm{mm}$，已知：载荷系数 $K=1.8$，重合度系数 $Y_\varepsilon=1$，齿宽系数 $\phi_d=1$，两轮许用弯曲应力 $[\sigma_{FP1}]=315,[\sigma_{FP2}]=300\,\mathrm{MPa}$，现有 3 组方案：

（1）$z_1=40,z_2=80,m=1.5\,\mathrm{mm},Y_{Fa1}\cdot Y_{Sa1}=4.07,Y_{Fa2}\cdot Y_{Sa2}=3.98$；

（2）$z_1=30,z_2=60,m=2\,\mathrm{mm},Y_{Fa1}\cdot Y_{Sa1}=4.15,Y_{Fa2}\cdot Y_{Sa2}=4.03$；

（3）$z_1=20,z_2=40,m=3\,\mathrm{mm},Y_{Fa1}\cdot Y_{Sa1}=4.37,Y_{Fa2}\cdot Y_{Sa2}=4.07$。

请选择一组最佳方案，并简要说明原因。

7-6-18　在圆柱齿轮传动中，若其他条件不变，试分析当齿轮的齿宽 b、模数 m 或齿数 z_1 分别提高 1 倍时对齿根弯曲应力 σ_F 的影响。

7-6-19　现有一对标准直齿圆柱齿轮传动，已知：$z_1=23,z_2=45$，小轮材料为 40Cr，大轮材料为 45 钢，齿形系数 $Y_{Fa1}=2.69,Y_{Fa2}=2.35$，应力修正系数 $Y_{sa1}=1.575,Y_{sa2}=1.68$，许用应力 $[\sigma_{H1}]=600\,\mathrm{MPa},[\sigma_{H2}]=500\,\mathrm{MPa},[\sigma_{F1}]=179\,\mathrm{MPa},[\sigma_{F2}]=144\,\mathrm{MPa}$。试分析：

（1）哪个齿轮接触强度小？

（2）哪个齿轮弯曲强度小？

7-6-20　一标准直齿圆柱齿轮减速传动，若所传递的功率、齿轮齿数、中心距不变，小齿轮的转速从 $800\,\mathrm{r/min}$ 降至 $600\,\mathrm{r/min}$，试分析需要改变哪个参数才能保证该传动具有原来的弯曲强度，并计算该参数改变之后的值与原值之间的比值。

7-6-21　现有一闭式直齿圆柱齿轮传动，已知：齿数 $z_1=20,z_2=60$，模数 $m=3\,\mathrm{mm}$，齿宽系数 $\phi_d=1$。设小齿轮的转速 $n_1=960\,\mathrm{r/min}$，主、从动齿轮的许用接触应力分别为 $[\sigma_{H1}]=700\,\mathrm{MPa},[\sigma_{H2}]=650\,\mathrm{MPa}$，载荷系数 $K=1.5$，节点区域系数 $Z_H=2.5$，弹性系数 $Z_E=189.8\,\mathrm{MPa}^{\frac{1}{2}}$，重合度系数 $Z_\varepsilon=0.90$，试按接触疲劳强度计算该齿轮传动所能传递的功率。

7-6-22　现有一单级普通圆柱蜗杆减速器，传递功率 $P=7.5\,\mathrm{kW}$，传动效率 $\eta=0.82$，散热面积 $A=1.2\,\mathrm{m}^2$，表面传热系数 $\alpha_s=8.15\,\mathrm{W/(m^2\cdot°C)}$，环境温度 $t_0=20°C$。问该减速器能否连续工作？

7-6-23　一普通闭式蜗杆传动，蜗杆主动，输入转矩 $T_1=113\,000\,\mathrm{N\cdot mm}$，蜗杆转速 $n_1=1460\,\mathrm{r/min},m=5\,\mathrm{mm},q=10,z_1=3,z_2=60$。蜗杆材料为 45 钢，表面淬火，HRC>45，

蜗轮材料用 ZCuSn10P1，离心铸造。已知 $\gamma = 18°26'6''$，$\rho_v = 1°20'$。试求：

（1）啮合效率和传动效率；

（2）啮合中各力的大小；

（3）功率损耗。

7.7 分 析 题

7-7-1 在图 7-16 所示的展开式二级斜齿圆柱齿轮传动中，已知 Ⅰ 轴为输入轴，齿轮 4 为右旋齿其转动方向如图中所示。为使中间轴 Ⅱ 所受的轴向力抵消一部分，试在图中标出：

（1）各轮的轮齿旋向；

（2）各轮轴向力 F_{a1}，F_{a2}，F_{a3}，F_{a4} 的方向。

7-7-2 在图 7-17 所示的直齿圆锥齿轮和斜齿圆柱齿轮组成的两级传动装置中，动力由轴 Ⅰ 输入，轴 Ⅲ 输出，轴 Ⅲ 的转向如图中所示，试完成下列问题：

（1）在图中画出各轮的转向；

（2）为使中间轴 Ⅱ 所受的轴向力可以抵消一部分，确定斜齿轮 3 和斜齿轮 4 的螺旋方向；

（3）画出圆锥齿轮 2 和斜齿轮 3 所受各分力的方向。

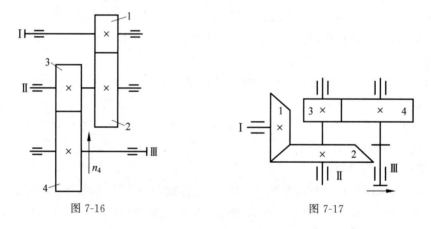

图 7-16　　　　　　　　　　　图 7-17

7-7-3 试分析图 7-18 所示的同轴式双级圆柱齿轮减速器的优、缺点。

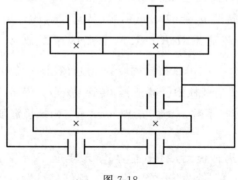

图 7-18

7-7-4　采用受力简图的平面图表示方法标出图 7-19 中各齿轮的受力,已知齿轮 1 为主动,其转向图中所示。

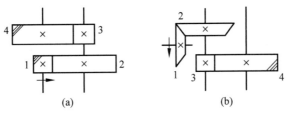

图 7-19

7-7-5　图 7-20 所示为二级斜齿圆柱齿轮减速器,已知:高速级齿轮参数为 $m_n=2$ mm,$\beta_1=13°,z_1=20,z_2=60$;低速级 $m'_n=2$ mm,$\beta'=12°,z_3=20,z_4=68$;齿轮 4 为左旋转轴;轴 Ⅰ 的转向如图中所示,$n_1=960$ r/min,传递功率 $P_1=5$ kW,忽略摩擦损失。试完成下列问题:

(1) 轴 Ⅱ,轴 Ⅲ 的转向(标于图上);

(2) 为使轴 Ⅱ 的轴承所承受的轴向力小,确定各齿轮的螺旋线方向(标于图上);

(3) 齿轮 2,3 所受各分力的方向(标于图上);

(4) 计算齿轮 4 所受各分力的大小。

7-7-6　图 7-21 所示为一标准蜗杆传动,蜗杆主动,转矩 $T_1=25\,000$ N·mm,模数 $m=4$ mm,压力角 $\alpha=20°$,头数 $z_1=2$,直径系数 $q=10$,蜗轮齿数 $z_2=54$,传动的啮合效率 $\eta=0.75$。试确定:

(1) 蜗轮的转向;

(2) 作用在蜗杆、蜗轮上各力的大小及方向。

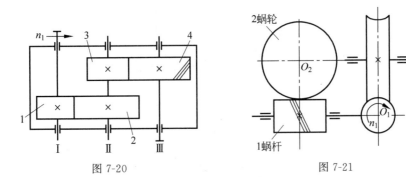

图 7-20　　　　　　　　图 7-21

7-7-7　如图 7-22 所示,蜗杆主动,$T_1=20$ N·m,$m=4$ mm,$z_1=2,d_1=50$ mm,蜗轮齿数 $z_2=50$,传动的啮合效率 $\eta=0.75$,试确定:(1)蜗轮的转向;(2)蜗杆与蜗轮上作用力的大小和方向。

7-7-8　图 7-23 所示为由电动机驱动的普通蜗杆传动。已知:模数 $m=8$ mm,$d_1=80$ mm,$z_1=1,z_2=40$,蜗轮输出转矩 $T'_2=1.61\times10^6$ N·mm,$n_1=960$ r/min,蜗杆材料为 45 钢,表面淬火 50HRC,蜗轮材料为 ZCuSn10P1,金属模铸造,传动润滑良好,每日双班制

工作，一对轴承的效率 $\eta_3 = 0.99$，搅油损耗的效率 $\eta_2 = 0.99$。试完成下列问题：

（1）在图上标出蜗杆的转向、蜗轮轮齿的旋向及作用于蜗杆、蜗轮上诸力的方向；

（2）计算诸力的大小；

（3）计算该传动的啮合效率及总效率；

（4）该传动装置 5 年功率损耗的费用（工业用电暂按每度 0.5 元计算）。

（提示：当量摩擦角 $\rho_v = 1°30'$。）

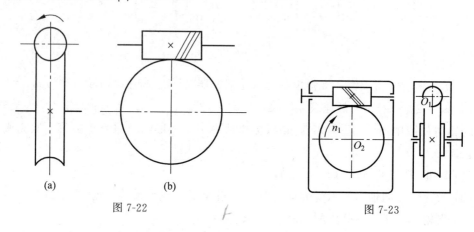

图 7-22   图 7-23

7-7-9   图 7-24 所示为一蜗杆与斜齿轮组合轮系，已知斜齿轮 A 的旋向与转向如图中所示。试完成下列问题：

（1）为使中间轴的轴向力相反，试确定蜗轮旋向及蜗杆转向；

（2）标出 a 点各受力的方向。

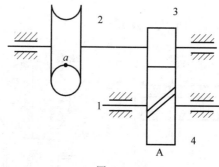

图 7-24

7-7-10   图 7-25 所示为蜗轮蜗杆与斜齿轮的组合传动。已知蜗杆 1 的转向 n_1 和蜗轮 2 的轮齿旋向，要求Ⅱ轴上两轮所受到轴向力能相互抵消一部分。请在图上啮合点处标出 F_{r1}，F_{t2}，F_{a3}，F_{a4} 的方向，并在图上标出齿轮 4 的转动方向及其轮齿旋向。

7-7-11   图 7-26 所示为某手动简单起重设备，按图示方向转动蜗杆，提升重物 G。试完成下列问题：

（1）蜗杆与蜗轮螺旋线的方向；

（2）在图上标出啮合点所受诸力的方向；

（3）若蜗杆自锁，反转手柄使重物下降，求蜗轮上作用力方向的变化。

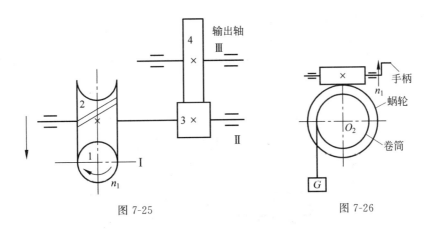

图 7-25　　　　　　　　　　　图 7-26

7-7-12　在图 7-27 中,标出未注明的蜗杆(或蜗轮)的螺旋线旋向及蜗杆或蜗轮的转向,并绘出蜗杆或蜗轮啮合点作用力的方向(用 3 个分力表示)。

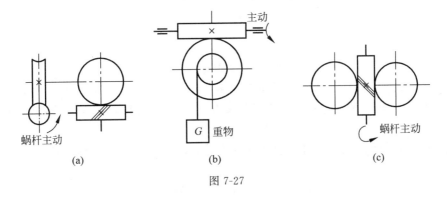

(a)　　　　　　　　　(b)　　　　　　　　　(c)

图 7-27

7-7-13　图 7-28 所示为两级蜗杆减速器,蜗轮 4 为右旋,逆时针方向转动(n_4),要求作用在轴 Ⅱ 上的蜗杆 3 与蜗轮 2 的轴向力方向相反。试完成下列问题:

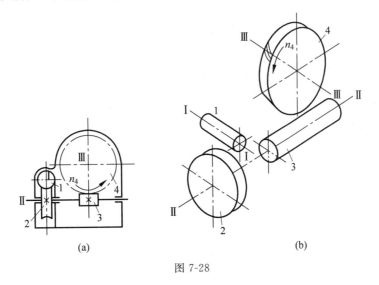

(a)　　　　　　　　　　　　(b)

图 7-28

（1）画出蜗杆 1 的螺旋线方向与转向；

（2）画出蜗轮 2 与蜗杆 3 所受 3 个分力的方向。

7-7-14 图 7-29 所示为阿基米德蜗杆传动，蜗轮的转向及轮齿的旋向如图中所示。试完成下列问题：

（1）确定主动蜗杆的转向及齿的旋向；

（2）标出作用于蜗轮上的圆周力 F_{r2}、轴向力 F_{a2}、径向力 F_{r2}；

（3）若蜗杆的头数 $z_1=2$，传动比 $i=20$，蜗杆的直径系数 $q=10$，中心距 $a=125\,\mathrm{mm}$，试确定该蜗杆与蜗轮的模数 m。

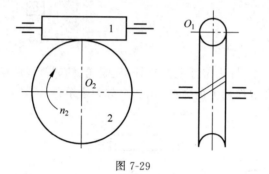

图 7-29

7-7-15 图 7-30 所示为蜗杆-斜齿轮传动装置。蜗杆由电动机带动，已知蜗杆螺旋线方向及转向如图中所示，试确定各轮的转向及受力方向、斜齿轮的螺旋线方向，尽量使 Ⅱ 轴上的轴向力抵消。

7-7-16 图 7-31 所示为蜗杆传动和圆锥齿轮传动的组合。已知输出轴上的锥齿轮 z_4 的转向 n_4。

（1）欲使中间轴上的轴向力部分抵消，试确定蜗杆传动的螺旋线方向和蜗杆的转向；

（2）在图中标出各轮轴向力的方向。

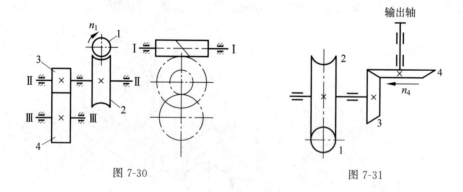

图 7-30   图 7-31

第 8 章

带 传 动

8.1 判 断 题

8-1-1 弹性滑动使带的传动比不准确,传动效率低,带磨损加快,因此在设计中应避免带出现弹性滑动。 （ ）

8-1-2 在传动系统中,皮带传动往往放在高速级是因为它可以传递较大的转矩。

（ ）

8-1-3 当带传动的载荷稳定不变时,其弹性滑动等于零。 （ ）

8-1-4 带传动中的弹性滑动不可避免的原因是瞬时传动比不稳定。 （ ）

8-1-5 V 带传动中其他条件相同时,小带轮包角越大,承载能力越大。 （ ）

8-1-6 带传动中,带的离心拉应力与带轮直径有关。 （ ）

8-1-7 弹性滑动对带传动性能的影响是:传动比不准确,主、从动轮的圆周速度不等,传动效率低,带的磨损加快,温度升高,因而是一种失效形式。 （ ）

8-1-8 带传动的弹性滑动是由于带的预紧力不够引起的。 （ ）

8-1-9 当带传动的传递功率过大而引起打滑时,松边拉力为零。 （ ）

8-1-10 V 带的公称长度是指它的内周长。 （ ）

8-1-11 一普通 V 带传动装置工作时有 300r/min 和 600r/min 两种转速,若传递的功率不变,则该带传动应按 300r/min 进行设计。 （ ）

8-1-12 若带传动的初拉力一定,增大摩擦系数和包角都可提高带传动的有效拉力。

（ ）

8-1-13 当传递功率一定时,带传动的速度低,会使有效拉力加大,则所需带的根数就多。 （ ）

8-1-14 带传动在工作时产生弹性滑动是由于传动过载导致的。 （ ）

8-1-15 为了避免打滑,可将带轮上与带接触的表面加工得粗糙些,以增大摩擦。

（ ）

8-1-16 V 带传动的效率比平带传动的效率高,所以 V 带应用更为广泛。 （ ）

8-1-17 在传动比不变的条件下,当 V 带传动的中心距较大时,小带轮的包角较大,因而承载能力也较高。 （ ）

8-1-18 V 带传动的小带轮包角越大,承载能力越小。 （ ）

8-1-19 V 带传动的传递功率最大时松边拉力为最小值。 （ ）

8-1-20 在带传动中,V 带中的应力是对称循环变应力。 （ ）

8-1-21　在 V 带传动中,若带轮直径、带的型号、带的材质、根数及转速均不变,则中心距越大,其承载能力也越大。　　　　　　　　　　　　　　　　　　　　　　　（　　）

8-1-22　带传动的弹性滑动是带传动的一种失效形式。　　　　　　　　　　（　　）

8-1-23　在机械传动中,V 带传动通常应放在传动的低速级。　　　　　　　（　　）

8-1-24　打滑是摩擦型带传动的一种失效形式。　　　　　　　　　　　　　（　　）

8.2　选　择　题

8-2-1　普通 V 带的楔角等于_____。

(A) 40°　　　　　　(B) 35°　　　　　　(C) 30°　　　　　　(D) 20°

8-2-2　普通 V 带带轮的轮槽角_____40°。

(A) 大于　　　　　(B) 等于　　　　　(C) 小于　　　　　(D) 小于或等于

8-2-3　带传动采用张紧轮的目的是_____。

(A) 减轻带的弹性滑动　　　　　　　　(B) 提高带的寿命

(C) 改变带的运动方向　　　　　　　　(D) 调节带的初拉力

8-2-4　与齿轮传动和链传动相比,带传动的主要优点是_____。

(A) 工作平稳,无噪声　　　　　　　　(B) 传动的重量轻

(C) 摩擦损失小,效率高　　　　　　　(D) 寿命较长

8-2-5　在 V 带的参数中,_____尚未标准化。

(A) 截面尺寸　　　　　　　　　　　　(B) 长度

(C) 楔角　　　　　　　　　　　　　　(D) 带厚度与小带轮直径的比值

8-2-6　在各种带传动中,_____应用最广泛。

(A) 平带传动　　　(B) V 带传动　　　(C) 多楔带传动　　(D) 圆带传动

8-2-7　当带的线速度 $v<30m/s$ 时,一般采用_____来制造带轮。

(A) 铸铁　　　　　(B) 优质铸铁　　　(C) 铸钢　　　　　(D) 铝合金

8-2-8　为使 V 带传动中各带受载均匀一些,带的根数 z 一般不宜超过_____根。

(A) 4　　　　　　(B) 6　　　　　　(C) 10　　　　　　(D) 15

8-2-9　用_____的方法提高带传动传递的功率是不合适的。

(A) 增大初拉力　　　　　　　　　　　(B) 增大中心距

(C) 增加带轮表面粗糙度　　　　　　　(D) 增大小带轮直径

8-2-10　在带传动中,两带轮与带的摩擦系数相同,直径不等,如有打滑则先发生在_____轮上。

(A) 大　　　　　　(B) 小　　　　　　(C) 两带　　　　　(D) 不确定哪个

8-2-11　采用张紧轮调节带传动中带的张紧力时,张紧轮应安装在_____。

(A) 紧边外侧,靠近小带轮处　　　　　(B) 紧边内侧,靠近小带轮处

(C) 松边外侧,靠近大带轮处　　　　　(D) 松边内侧,靠近大带轮处

8-2-12　带传动正常工作时,紧边拉力 F_1 和松边拉力 F_2 满足关系式是_____。

(A) $F_1=F_2$　　(B) $F_1-F_2=F_e$　(C) $F_1/F_2=e^{fa}$　(D) $F_1=F_2=F_0$

8-2-13　在带传动中,选择 V 带型号的依据是_____。

(A) 小带轮直径

(B) 转速

(C) 带传递的计算功率和小带轮的转速

(D) 传递功率

8-2-14　当要求单根 V 带所传递的功率不超过该单根 V 带允许传递的功率 P_0 时,带传动不会产生_____失效。

(A) 弹性滑动　　　　　　　　　(B) 打滑

(C) 疲劳破坏　　　　　　　　　(D) 打滑和疲劳破坏

8-2-15　带传动的主动轮直径 $D_1 = 180\text{mm}$,转速 $n = 940\text{r/min}$,从动轮直径 $D_2 = 710\text{mm}$,转速 $n_2 = 233\text{r/min}$,则传动的滑动率 $\varepsilon = $_____。

(A) 1.2%　　　(B) 1.5%　　　(C) 1.8%　　　(D) 2.2%

8-2-16　在进行 V 带传动设计计算时,若 v 过小,将使所需的有效拉力 F_e_____。

(A) 过小　　　(B) 过大　　　(C) 不变　　　(D) 不确定

8-2-17　在带传动中,弹性滑动的大小随着有效拉力的增大而_____。

(A) 增加　　　(B) 减少　　　(C) 不变　　　(D) 不确定

8-2-18　工作条件与型号一定的 V 带,其弯曲应力随小带轮直径的增大而_____。

(A) 降低　　　(B) 增大　　　(C) 无影响　　　(D) 不确定

8-2-19　在带传动中,用_____方法可以使小带轮包角 α_1 增大。

(A) 增大小带轮直径 d_1　　　　(B) 减小小带轮直径 d_1

(C) 增大大带轮直径 d_2　　　　(D) 减小中心距 a

8-2-20　带传动在工作时产生弹性滑动是由于_____。

(A) 包角 α_1 太小　　　　　　(B) 初拉力 F_0 太小

(C) 紧边与松边拉力不等　　　(D) 传动过载

8-2-21　V 带轮的最小直径 d_1 取决于_____。

(A) 带的型号　　　　　　　　　(B) 带的速度

(C) 主动轮速度　　　　　　　　(D) 带轮的结构尺寸

8-2-22　与平带传动相比,V 带传动的主要优点是_____。

(A) 在传递相同功率的条件下,传动尺寸小

(B) 传动效率高

(C) 带的寿命长

(D) 带的价格便宜

8-2-23　带传动的中心距与小带轮的直径一定时,若增大传动比,则小带轮上的包角_____。

(A) 减小　　　(B) 增大　　　(C) 不变　　　(D) 不确定

8-2-24　带传动的传动比与小带轮的直径一定时,若增大中心距,则小带轮上的包角_____。

(A) 减小　　　(B) 增大　　　(C) 不变　　　(D) 不确定

8-2-25　V 带传动的主要失效形式是_____。

(A) 松弛和弹性滑动　　　　　(B) 打滑和疲劳破坏

(C) 颤动和疲劳破坏　　　　　(D) 弹性滑动和疲劳破坏

8-2-26　在 V 带传动中,带在小带轮上的包角 α_1 一般不小于_____。

(A) 90°　　　　(B) 120°　　　　(C) 150°　　　　(D) 170°

8-2-27　带传动采用张紧轮的目的是_____。

(A) 减轻带的弹性滑动　　　　(B) 提高带的寿命

(C) 改变带的运动方向　　　　(D) 调节带的初拉力

8-2-28　若传动的几何参数保持不变,仅把带速提高到原来的 2 倍,则 V 带所能传递的功率将_____。

(A) 低于原来的 2 倍　　　　(B) 等于原来的 2 倍

(C) 大于原来的 2 倍　　　　(D) 不确定

8-2-29　设由疲劳强度决定的许用拉应力为$[\sigma_{a1}]$,并且 σ_0,σ_1,σ_2,σ_{b1},σ_{b2},σ_c 依次代表带内的初拉应力、紧边拉应力、松边拉应力、小带轮上的弯曲应力、大带轮上的弯曲应力和离心应力,则保证带的疲劳强度应满足_____。

(A) $\sigma_1 < [\sigma_{a1}] - \sigma_0 - \sigma_2 - \sigma_{b1} - \sigma_{b2} - \sigma_c$　　(B) $\sigma_1 < [\sigma_{a1}] - \sigma_0 - \sigma_{b1} - \sigma_{b2} - \sigma_c$

(C) $\sigma_1 < [\sigma_{a1}] - \sigma_0 - \sigma_2 - \sigma_{b1} - \sigma_c$　　(D) $\sigma_1 < [\sigma_{a1}] - \sigma_{b1} - \sigma_c$

8-2-30　带传动不能保证准确的传动比的原因是_____。

(A) 带容易变形和磨损　　　　(B) 带在带轮上打滑

(C) 带的弹性滑动　　　　　　(D) 带的材料不遵守胡克定律

8-2-31　同种型号材质的单根 V 带所能传递的功率主要取决于_____。

(A) 传动比　　　　　　　　　(B) 中心距 a 和带长 L_D

(C) 小轮包角 α_1　　　　　(D) 小轮直径 d_1 和带速 v

8-2-32　带传动的设计准则为_____。

(A) 保证带传动时,带不被拉断

(B) 保证带传动在不打滑的条件下,带不磨损

(C) 保证带在不打滑的条件下,具有足够的疲劳强度

(D) 不发生打滑

8-2-33　以打滑和疲劳拉断为主要失效形式的是_____传动。

(A) 齿轮　　　　(B) 链　　　　(C) 蜗杆　　　　(D) 带

8-2-34　带传动中的弹性滑动是_____。

(A) 允许出现的,但可以避免

(B) 不允许出现的,如出现应视为失效

(C) 必定出现的,但在设计中不必考虑

(D) 必定出现的,在设计中要考虑这一因素

8-2-35　普通 V 带传动是依靠_____来传递运动和功率的。

(A) 带与带轮接触面之间的正压力　(B) 带与带轮接触面之间的摩擦力

(C) 带的紧边拉力　　　　　　　　(D) 带的松边拉力

8-2-36 带张紧的目的是_____。

(A) 减轻带的弹性滑动   (B) 提高带的寿命

(C) 改变带的运动方向   (D) 使带具有一定的初拉力

8-2-37 已知带传动的功率 $P=10\text{kW}$,主动轮直径 $d_1=100\text{mm}$,转速 $n_1=1440\text{r/min}$,且紧边拉力 F_1 是松边拉力 F_2 的 2 倍,则 F_1 和 F_2 的值分别为_____。

(A) 1326N,663N   (B) 2880N,1440N

(C) 2652N,1326N   (D) 1440N,720N

8-2-38 同步带传动属于_____挠性传动。

(A) 啮合型   (B) 摩擦型

(C) 摩擦型或啮合型   (D) 都不对

8-2-39 V 带型号的选取主要取决于_____。

(A) 带传递的计算功率和小带轮的转速

(B) 带的线速度

(C) 带的紧边拉力

(D) 带的松边拉力

8-2-40 V 带传动的中心距与小带轮直径一定时,若增加带传动的传动比,则带在小带轮上的包角以及带在大带轮上的弯曲应力将分别_____。

(A) 增大,减小   (B) 减小,增大

(C) 减小,减小   (D) 增大,增大

8-2-41 中心距一定的带传动,小带轮上包角的大小主要由_____决定。

(A) 小带轮直径   (B) 大带轮直径

(C) 两带轮直径之和   (D) 两带轮直径之差

8-2-42 两带轮直径一定时,减小中心距将引起_____。

(A) 带的弹性滑动加剧   (B) 带传动效率降低

(C) 带工作噪声增大   (D) 小带轮上的包角减小

8-2-43 带传动的中心距过大会导致_____。

(A) 带的寿命缩短   (B) 带的弹性滑动加剧

(C) 带的工作噪声增大   (D) 带在工作时出现颤动

8-2-44 若忽略离心力影响,刚开始打滑前,带传动传递的极限有效拉力 F_{elim} 与初拉力 F_0 之间的关系为_____。

(A) $F_{\text{elim}}=2F_0\text{e}_v^{f\alpha}/(\text{e}_v^{f\alpha}-1)$ (B) $F_{\text{elim}}=2F_0(\text{e}_v^{f\alpha}+1)/(\text{e}_v^{f\alpha}-1)$

(C) $F_{\text{elim}}=2F_0(\text{e}_v^{f\alpha}-1)/(\text{e}_v^{f\alpha}+1)$ (D) $F_{\text{elim}}=2F_0(\text{e}_v^{f\alpha}+1)/\text{e}_v^{f\alpha}$

8-2-45 设计 V 带传动时,为防止_____,应限制小带轮的最小直径。

(A) 带内的弯曲应力过大   (B) 小带轮上的包角过小

(C) 带的离心力过大   (D) 带的长度过长

8-2-46 一定型号的 V 带内弯曲应力的大小与_____成反比关系。

(A) 带的线速度   (B) 带轮的直径

(C) 带轮上的包角   (D) 传动比

8-2-47　一定型号 V 带中的离心拉应力与带的线速度_____。

(A) 的二次方成正比　　　　　　　(B) 的二次方成反比

(C) 成正比　　　　　　　　　　　(D) 成反比

8-2-48　带传动在工作时，假定小带轮为主动轮，则带内应力的最大值发生在带_____。

(A) 进入大带轮处　　　　　　　　(B) 紧边进入小带轮处

(C) 离开大带轮处　　　　　　　　(D) 离开小带轮处

8-2-49　带传动在工作中产生弹性滑动的原因是_____。

(A) 带与带轮之间的摩擦系数较小

(B) 带绕过带轮产生了离心力

(C) 带的弹性与紧边和松边存在拉力差

(D) 带传递的中心距大

8-2-50　已知某 V 带传动传递的功率 $P=12\text{kW}$，带的速度 $v=10\text{m/s}$，紧边拉力 F_1 为 1800N，则其初拉力 $F_0=$_____。

(A) 800N　　　　(B) 1000N　　　　(C) 1200N　　　　(D) 1600N

8-2-51　一定型号的 V 带传动，当小带轮转速一定时，其所能传递的功率增量取决于_____。

(A) 小带轮上的包角　　　　　　　(B) 带的线速度

(C) 传动比　　　　　　　　　　　(D) 大带轮上的包角

8-2-52　与 V 带传动相比较，同步带传动的突出优点是_____。

(A) 传递功率大　　　　　　　　　(B) 传动比准确

(C) 传动效率高　　　　　　　　　(D) 带的制造成本低

8-2-53　带轮采用轮辐式、腹板式或实心式主要取决于_____。

(A) 带的横截面尺寸　　　　　　　(B) 传递的功率

(C) 带轮的线速度　　　　　　　　(D) 带轮的直径

8-2-54　当摩擦系数与初拉力一定时，带传动在打滑前所能传递的最大有效拉力随_____的增大而增大。

(A) 带轮的宽度　　　　　　　　　(B) 小带轮上的包角

(C) 大带轮上的包角　　　　　　　(D) 带的线速度

8-2-55　根据标准编号"带：A1000 GB/T 11544—2012"指出该零件的公称尺寸和结构是_____。

(A) 基准长度为 1000mm 的 A 型普通 V 带

(B) 基准长度为 1000mm 的 A 型窄 V 带

(C) 基准长度为 1000mm 的 A 型普通平带

(D) 基准长度为 1000mm 的 A 型多楔带

8-2-56　标记"A1200 GB/T 11544—2012"指的是_____。

(A) 普通平带　　　(B) 滚子链　　　(C) 窄 V 带　　　(D) 普通 V 带

8-2-57　标记"SPB 2240 GB/T 11544—2012"指的是_____。

(A) B 型普通 V 带　　　　　　　　(B) 滚子链

　　　　（C）窄 V 带　　　　　　　　　　（D）普通平带

8-2-58　影响带传动有效拉力的因素包括_____。

　　　　（A）预紧力　　　　　　　　　　（B）带轮基准直径

　　　　（C）包角　　　　　　　　　　　（D）摩擦系数

　　题目 8-2-59～题目 8-2-66 出自以下内容：设计某带式输送机中的 V 带传动。设已知电动机额定功率 $P=4\mathrm{kW}$，转速 $n_1=1440\mathrm{r/min}$，传动比 $i=3.5$，一天运转时间低于 10h。工况系数 $K_A=1.1$、主动轮基准直径 $D_1=80\mathrm{mm}$、选 A 型 V 带的基准长度 $L_d=1600\mathrm{mm}$。

　　可能用到的公式有：

　　（1）带长与中心距之间的公式：$L_d=2a_0+\dfrac{\pi}{2}(d_2+d_1)+\dfrac{(d_2-d_1)^2}{4a_0}$。提示：当只有 a_0 为未知量时，可将不同的 a_0 代入式中，使等式近似成立的 a_0 即为解（带长度精确到 1）。

　　（2）包角公式：$\alpha=180°-\dfrac{d_2-d_1}{a}\times60°$。

　　（3）带数计算公式：$z=\dfrac{P_{ca}}{(P_0+\Delta P_0)K_\alpha K_L}$，其中 P_{ca} 为计算功率、单根带功率 $P_0=1.02\mathrm{kW}$、功率增量 $\Delta P_0=0.17\mathrm{kW}$、$K_\alpha=0.98$、$K_L=0.99$。

　　（4）初拉力计算公式：$F_0=500\dfrac{P_{ca}}{vz}\left(\dfrac{2.5}{K_\alpha}-1\right)+qv^2$，其中 v 为带速（m/s），单位带长质量 $q=0.10\mathrm{kg/m}$。

8-2-59　初拉力 F_0 为_____。

　　　　（A）150N　　　　（B）170N　　　　（C）190N　　　　（D）210N

8-2-60　作用在轴上的压轴力 Q 为：_____。

　　　　（A）850N　　　　（B）1170N　　　　（C）1290N　　　　（D）1310N

8-2-61　计算 V 带的根数 z 为_____。

　　　　（A）4　　　　　　（B）5　　　　　　（C）6　　　　　　（D）7

8-2-62　从动轮基准直径 d_2 为_____。

　　　　（A）300mm　　　（B）350mm　　　（C）400mm　　　（D）500mm

8-2-63　实际中心距 a 为_____。

　　　　（A）400m　　　　（B）450m　　　　（C）500m　　　　（D）550m

8-2-64　计算功率 P_{ca} 为_____。

　　　　（A）3.5kW　　　（B）4kW　　　　（C）4.5kW　　　（D）4.5kW

8-2-65　主动轮上的包角 α_1 为_____。

　　　　（A）100°　　　　（B）120°　　　　（C）140°　　　　（D）160°

8-2-66　带的速度为_____。

　　　　（A）5m/s　　　　（B）10m/s　　　　（C）15m/s　　　　（D）20m/s

　　题目 8-2-67～题目 8-2-69 出自以下内容：单根 V 带能够传递的最大功率 $P_{max}=4.82\mathrm{kW}$，小带轮直径 $d_1=400\mathrm{mm}$，$n_1=1460\mathrm{r/m}$，小带轮包角为 152°，带和带轮间的当量摩擦系数 $f_v=0.25$。请回答以下问题：

8-2-67 该 V 带传动的预紧力 F_0 为_____。

(A) 247N　　　(B) 257N　　　(C) 266N　　　(D) 240N

8-2-68 该 V 带传动的紧边拉力 F_1 为_____。

(A) 325N　　　(B) 315N　　　(C) 303N　　　(D) 337N

8-2-69 该 V 带传动的最大有效拉力 F_{ec} 为_____。

(A) 158N　　　(B) 137N　　　(C) 163N　　　(D) 172N

8.3 填 空 题

8-3-1 在普通 V 带传动中,已知预紧力为 2500N,传递圆周力为 800N,若不计带的离心力,则工作时的紧边拉力为_____,松边拉力为_____。

8-3-2 当带有打滑趋势时,带传动的有效拉力达到_____,而带传动的最大有效拉力决定于_____、_____和_____ 3 个因素。

8-3-3 带传动的设计准则是保证带的_____强度,并具有一定的_____。

8-3-4 在同样条件下,带传动产生的摩擦力比平带传动大得多,原因是 V 带在接触面上所受的_____大于平带。

8-3-5 V 带传动的主要失效形式是疲劳_____和_____。

8-3-6 皮带传动中,带横截面内的最大应力发生在带的_____边进入_____带轮处,带传动的打滑总是发生在带与_____带轮之间。

8-3-7 在皮带传动中,预紧力过小,则带与带轮间的_____力减小,皮带传动易出现_____现象而导致传动失效。

8-3-8 在 V 带传动中,选取小带轮直径 $d_1 \geqslant d_{min}$ 的主要目的是防止带的_____应力过大。

8-3-9 在带传动中,打滑是指多发生在_____轮上。刚开始打滑时紧边拉力与松边拉力的关系为_____。

8-3-10 带传动中的弹性滑动是因带在_____边的弹性变形不同而产生的,可引起速度_____、传动效率_____、带与带轮间的_____等后果,它可以通过_____松紧边拉力差即有效拉力来减少。

8-3-11 在带传动设计中,应使小带轮直径 $d_1 \geqslant d_{min}$,因为直径_____,带的弯曲应力_____;设计时应使传动比 $i < 7$,这是因为中心距一定时传动比_____,小带轮包角_____,将_____带的传动性能。

8-3-12 在带传动中,带上受的 3 种应力是_____、_____和_____。最大应力等于_____,它将导致带的_____失效。

8-3-13 V 带传动应设置在机械传动系统的_____级,否则容易产生_____。

8-3-14 带传动工作时,带上应力由_____、_____、_____ 3 部分组成。

8-3-15 在机械传动中,V 带传动通常放在传动的_____级。

8-3-16 在带传动中,带中的最小应力发生在_____与进入_____带轮处。

8-3-17 在 V 带传动中,常见的张紧装置有_____张紧、_____张紧和_____张紧装置。

8-3-18　在传动比不变的条件下,V 带传动的中心距增大,则小轮的包角_____,因而承载能力_____。

8-3-19　带传动的最大有效拉力随预紧力的增大而_____,随包角的增大而_____,随摩擦系数的增大而_____,随带速的增加而_____。

8-3-20　带内产生的瞬时最大应力由紧边的_____应力和小轮处的_____应力组成。

8-3-21　带的离心应力取决于_____的带质量、带的_____和带的_____ 3 个因素。

8-3-22　正常情况下,弹性滑动只发生在带与主、从动轮接触的_____弧上。

8-3-23　在设计 V 带传动时,为了降低 V 带的弯曲应力,宜选取较_____的小带轮直径。

8-3-24　在正常带传动中,弹性滑动是_____避免的,打滑是_____的。

8-3-25　带传动工作时,带内应力是_____循环性质的变应力。

8-3-26　带传动工作时,若主动轮的圆周速度为 v_1,从动轮的圆周速度为 v_2,带的线速度为 v,则它们的关系为 v_1 _____ v,v_2 _____ v。

8-3-27　V 带传动是靠带与带轮接触面间的_____工作的。V 带的工作面是_____面。

8-3-28　在设计 V 带传动时,V 带的型号是根据带传递的_____功率和_____的转速选取的。

8-3-29　当中心距不能调节时,可采用张紧轮将带张紧,张紧轮一般应放在_____的内侧,这样可以使带只受_____弯曲。为避免过分影响_____带轮上的包角,张紧轮应尽量靠近_____带轮。

8-3-30　V 带传动比不恒定,主要是由于存在_____。

8-3-31　V 带传动限制带速不可过高的目的是为了避免离心力_____;限制带在小带轮上的包角 $\alpha_1 > 120°$ 的目的是为了提高带传动的_____。

8-3-32　为了使 V 带与带轮轮槽更好地接触,轮槽楔角应_____于带截面的楔角,随着带轮直径的减小,角度的差值越_____。

8-3-33　带传动限制小带轮直径不能太小,是为了防止_____应力过大。若小带轮直径太大,则导致整体结构尺寸_____。

8-3-34　在带传动中,带的离心拉力发生在_____带中。

8-3-35　在 V 带传动设计计算中,限制带的根数 $z \leqslant 10$ 是为了使带因制造与安装误差所造成的受力_____情况不至于太严重。

8.4　问　答　题

8-4-1　包角对传动有什么影响?为什么只考察小带轮包角 α_1?

8-4-2　什么是弹性滑动?什么是打滑?在工作中是否都能避免?为什么?

8-4-3　提高单根 V 带承载能力的途径有哪些？

8-4-4　带传动的失效形式和设计准则是什么？

8-4-5　试分析主要参数 d_1,a,i,a 对带传动有哪些影响？设计时应如何选取？

8-4-6　V 带剖面楔角 a 均为 $40°$，而带轮槽角 φ 却随着带轮直径的变化，一般制成 $32°$，$34°,36°,38°$，为什么？在什么情况下采用较小的槽形角？

8-4-7　为什么一般机械制造业中广泛采用 V 带传动？

8-4-8　带传动允许的最大有效拉力与哪些因素有关？

8-4-9　带在工作时受到哪些应力？如何分布？其应力分布情况说明了哪些问题？

8-4-10　带传动中弹性滑动与打滑有何区别？

8-4-11　带传动的主要失效形式是什么？单根 V 带所能传递的基本额定功率是根据哪些条件确定的？

8-4-12　如何判别带传动的紧边与松边？带传动的有效拉力 F 与紧力拉力 F_1、松边拉力 F_2 有什么关系？带传动的有效拉力 F 与传递功率 P、转矩 T、带速 v、带轮直径 d 之间有什么关系？

8-4-13　在 V 带传动中，为什么带的张紧力不能过大或过小？张紧轮一般布置在什么位置？

8-4-14　带传动的工作原理是什么？它有哪些优、缺点？

8-4-15　当与其他传动一起使用时，带传动一般应放在高速级还是低速级？为什么？

8-4-16　与平带传动相比，V 带传动有何优、缺点？

8-4-17　在相同的条件下，为什么 V 带比平带的传动能力大？

8-4-18　普通 V 带有哪几种型号？窄 V 带有哪几种型号？

8-4-19　带的紧边拉力和松边拉力之间有什么关系？其大小取决于哪些因素？

8-4-20　带传动在什么情况下才发生打滑？打滑一般发生在大轮上还是小轮上？为什么？刚开始打滑前，紧边拉力与松边拉力之间的关系是什么？

8-4-21　影响带传动工作能力的因素有哪些？

8-4-22　带传动工作时，最大应力发生在什么位置？由哪些应力组成？研究带内应力变化的目的是什么？

8-4-23　在设计带传动时，为什么要限制带的速度 v_{min} 和 v_{max}，以及带轮的最小基准直径 d_{1min}？

8-4-24　在设计带传动时，为什么要限制两轴中心距的最大值 a_{max} 和最小值 a_{min}？

8-4-25　在设计带传动时，为什么要限制小带轮上的包角 α_1？

8-4-26　对于水平或接近水平布置的开口带传动，为什么要将其紧边设计在下边？

8-4-27　带传动为什么要张紧？常用的张紧装置有哪几种？在什么情况下使用张紧轮？张紧轮应装在什么地方？

8-4-28　在带传动中，若其他参数不变，只是小带轮的转速有 2 种，且 2 种转速相差 3 倍，问 2 种转速下，单根带传递的功率是否也相差 3 倍？为什么？当传递功率不变时，为安全起见，应按哪一种转速设计该带的传动？为什么？

8-4-29　某一普通 V 带传动装置工作时有 2 种输入转速：300r/min 和 600r/min，若传递的功率不变，试问该带传动应按哪种转速设计？为什么？

8-4-30　带传动的弹性滑动是由从动带轮的圆周速度与主动带轮的圆周速度不同而产

生的。此种说法是否正确？为什么？

8-4-31　在 V 带传动中,带轮直径、带型号、根数、转速均不变。试分析改变带长时,带传动的承载能力及其寿命的变化。

8-4-32　带传动为什么要限制其最小中心距和最大传动比？

8-4-33　在 V 带传动设计中,中心距 a 过大或过小对 V 带传动有何影响？一般按什么原则初选中心距？

8-4-34　带传动中采用张紧轮的目的是什么？设置张紧轮有哪些基本原则？

8-4-35　带传动中为什么要限制小带轮的最小直径、最大传动比和带的根数？

8-4-36　带传动的设计准则是什么？

8-4-37　带传动的打滑经常发生在什么情况下？打滑多发生在大带轮上还是小带轮上？为什么？

8-4-38　试说明带传动中紧边带速 v_1 大于松边带速 v_2。

8-4-39　试简述"A1000 GB/T 11544—2012"的含义。

8-4-40　试简述"SPB 2240 GB/T 11544—2012"的含义。

8-4-41　试简述"340/40 R 100-3.15 GB/T 524—2007"的含义。

8-4-42　试简述"190/40 P 160 GB/T 524—2007"的含义。

8-4-43　试简述"240 H 100 GB/T 13487—2017"的含义。

8-4-44　试简述"DB 300 L 075 GB/T 13487—2017"的含义。

8.5　计　算　题

8-5-1　V 带传动的 $n_1 = 1450 \text{r/min}$,带与带轮的当量摩擦系数 $f_v = 0.51$,包角 $\alpha_1 = 180°$,预紧力 $F_0 = 360 \text{N}$。试问:

(1) 该传动所能传递的最大有效拉力为多少？

(2) 若 $d_1 = 100 \text{mm}$,其传递的最大转矩为多少？

(3) 若传动效率为 0.95,弹性滑动忽略不计,从动轮输出功率为多少？

8-5-2　V 带传动传递的功率 $P = 7.5 \text{kW}$,带速 $v = 10 \text{m/s}$,紧边拉力是松边拉力的 2 倍,即 $F_1 = 2F_2$,试求紧边拉力 F_1、有效拉力 F_e 和初拉力 F_0。

8-5-3　已知一窄 V 带传动的 $n_1 = 1450 \text{r/min}$,$n_2 = 400 \text{r/min}$,$d_1 = 180 \text{mm}$,中心距 $a_0 = 1600 \text{mm}$,窄 V 带为 SPA 型,根数 $z = 2$,工作时有振动,一天运转 16h(即两班制),试求带能传递的功率。

8-5-4　一普通 V 带传动,已知需要传递的功率为 3.3kW,带的型号为 A 型,两个 V 带轮的基准直径分别为 125mm 和 250mm,小带轮的转速为 1440r/min,初定中心距 $a_0 = 480 \text{mm}$,试设计此 V 带传动。

8-5-5　已知单根普通 V 带能传递的最大功率 $P = 6 \text{kW}$,主动带轮基准直径 $d_1 = 100 \text{mm}$,转速 $n_1 = 1460 \text{r/min}$,主动带轮上的包角 $\alpha_1 = 150°$,带与带轮之间的当量摩擦系数 $f_v = 0.51$。试求带的紧边拉力 F_1、松边拉力 F_2、初拉力 F_0 及最大有效圆周力 F_e(不考虑离心力)。

8-5-6　设计一减速机用普通 V 带传动。动力机为 Y 系列三相异步电动机,功率 $P =$

7kW,转速 $n_1 = 1420$r/min,减速机工作平稳,转速 $n_2 = 700$r/min,每天工作 8h,希望中心距大约为 600mm。（已知工作情况系数 $K_A = 1.0$,选用 A 型 V 带,取主动轮基准直径 $d_1 = 100$mm,单根 A 型 V 带的基本额定功率 $P_0 = 1.30$kW,功率增量 $\Delta P_0 = 0.17$kW,包角系数 $K_\alpha = 0.98$,长度系数 $K_L = 1.01$,带的每米质量 $q = 0.10$kg/m。）

8-5-7　已知 V 带传递的实际功率 $P = 7$kW,带速 $v = 10$m/s,紧边拉力是松边拉力的 2 倍。试求有效圆周力 F_e 和紧边拉力 F_1 的值。

8-5-8　V 带传动所传递的功率 $P = 7.5$kW,带速 $v = 10$m/s,现测得初拉力 $F_0 = 1125$N。试求紧边拉力 F_1 和松边拉力 F_2。

8-5-9　单根带传递的最大功率 $P = 4.7$kW,小带轮的直径 $d_1 = 200$mm,$n_1 = 1800$r/min,$\alpha_1 = 135°$,$f_v = 0.25$。求紧边拉力 F_1 和有效拉力 F_e（带与轮间的摩擦力已达到最大摩擦力）。

8-5-10　由双速电动机与 V 带传动组成的传动装置靠改变电动机转速输出轴可以得到 2 种转速 300r/min 和 600r/min。若输出轴功率不变,带传动应按哪种转速设计？为什么？

8-5-11　一带传动传递的最大功率 $P = 5$kW,主动轮转速 $n_1 = 350$r/min,直径 $d_1 = 450$mm,传动中心距 $a = 800$mm,从动轮直径 $d_2 = 650$mm,带与带轮的当量摩擦系数 $f_v = 0.2$,求带速、小带轮包角 α_1 及处于打滑临界状态时的紧边拉力 F_1 与松边拉力 F_2 的关系。

8-5-12　一 V 带传动传递的功率 $P = 10$kW,带的速度 $v = 12.5$m/s,预紧力 $F_0 = 1000$N。试求紧边拉力 F_1 及松边拉力 F_2。

8-5-13　单根 A 型普通 V 带即将打滑时能传递的功率 $P = 2.33$kW,主动带轮直径 $d_1 = 125$mm（d_1 为基准直径）,转速 $n = 3000$r/min,小带轮包角 $\alpha_1 = 150°$,带与带轮间当量摩擦系数 $f_v = 0.25$,已知 V 带截面面积 $A = 81$mm²,高度 $h = 8$mm,带每米质量 $q = 0.10$kg/m,V 带的弹性模量 $E = 300$N/mm²。试求带截面上各应力的大小,并计算各应力是紧边拉应力的百分之几。（摩擦损失功率不计）

8-5-14　有一 V 带传动,传动功率为 $P = 3.2$kW,带的速度 $v = 8.2$m/s,带的根数 $z = 4$。安装时测得预紧力 $F_0 = 120$N。试计算有效拉力 F_e、紧边拉力 F_1、松边拉力 F_2。

8-5-15　V 带传动的大小包角为 180°,带与带轮的当量摩擦系数 $f_v = 0.51$,若带的初拉力 $F_0 = 100$N,不考虑离心力的影响,传递有效拉力 $F_e = 130$N 时,带传动是否打滑？为什么？

8-5-16　某供作机械用转速 $n = 720$r/min 的电动机,通过一增速 V 带传动来驱动。采用 B 型带,主动轮直径 $d_1 = 250$mm,从动轮直径 $d_2 = 125$mm。在工作载荷不变的条件下,现需将工作机械的转速提高 10%,要求不更换电动机,说明应采取的措施及其理由。

8-5-17　在 V 带传动中,已知主动带轮基准直径 $d_1 = 180$mm,从动带轮基准直径 $d_2 = 180$mm,两轮的中心距 $a = 630$mm,主动带轮转速 $n_1 = 1450$r/min,能传递的最大功率 $P = 10$kW,B 型带。试计算 V 带中的各应力。

附：V 带的弹性模量 $E = 170$MPa,V 带每米质量 $q = 0.18$kg/m,带与带轮间的当量摩擦系数 $f_v = 0.51$,B 型带截面积 $A = 1.38$cm² $= 138$mm²,B 型带的高度 $h = 10.5$mm。

8-5-18　4 根 B 型 V 带,小带轮基准直径 $d_{a1} = 125$mm,大带轮基准直径 $d_{a2} = 450$mm,带速 $v = 6.3$m/s,中心距 $a_0 = 435.5$mm,带的基准长度 $L_d = 1800$mm,包角 $\alpha_1 = 137.20$,单根 V 带所能传递的功率 $(P_0 + \Delta P_0) = 1.44$kW。

（1）现将此带用于一减速器上,三班制工作（工作情况系数 $K_A = 1.1$）,要求传递功率

5.5kW,试验算该传动的承载能力是否足够?

（2）若承载能力不够,请提出两种效果较显著的改进措施（可不进行具体数值计算,但应作扼要分析）。

注：$z=\dfrac{K_{A}P}{(P_0+\Delta P_0)K_L K_\alpha}$,$\alpha=137.2°$,$K_\alpha=0.885$,$K_L=0.95$。

8-5-19 有一开口平带传动,已知两带轮直径 $d_1=125\text{mm}$,$d_2=315\text{mm}$,中心距 $a_0=600\text{mm}$,小带轮主动,转速 $n_1=1420\text{r/min}$。试求：①小带轮包角 α_1；②带的基准长度 L_d；③不考虑带传动的弹性滑动时大带轮的转速 n_2；④滑动率 $\varepsilon=0.015$ 时,大带轮的实际转速。

8-5-20 一普通 V 带传动,已知带的型号为 A 型,两个 V 带轮的基准直径为 100mm 和 250mm,初定中心距 $a_0=400\text{mm}$。试求带的基准长度 L_d 和实际中心距 a。

8.6 分 析 题

8-6-1 如图 8-1 所示,采用张紧轮将带张紧,小带轮为主动轮。在图 8-1(a)～图 8-1(h) 所示的 8 种张紧轮布置方式中,指出哪些是合理的? 哪些是不合理的? 为什么?（注：最小轮为张紧轮。）

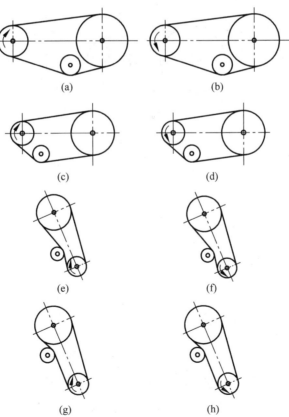

图 8-1

8-6-2　图 8-2 所示为 V 带在轮槽中的 3 种位置,试指出哪一种位置正确?

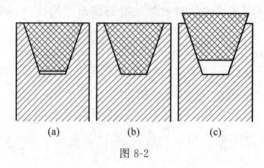

图 8-2

8-6-3　带式输送机拟采用电动机＋带＋两级齿轮减速方式驱动,包括:①电动机→带→两级齿轮减速→输送带;②电动机→两级齿轮减速→带→输送带。你认为哪种方案较合理? 试分析并说明原因。

8-6-4　如图 8-3 所示,图(a)为减速带传动,图(b)为增速带传动,中心距相同。设带轮直径 $d_1 = d_4$,$d_2 = d_3$,带轮 1 和带轮 3 为主动轮,它们的转速均为 n。在其他条件相同的情况下,试分析:

(1) 哪种传动装置传递的圆周力大? 为什么?

(2) 哪种传动装置传递的功率大? 为什么?

(3) 哪种传动装置的带寿命长? 为什么?

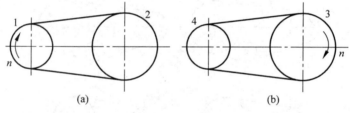

图 8-3

第 9 章

链 传 动

9.1 判 断 题

9-1-1 在链传动中,当一条链的链节数为偶数时需采用过渡链节。 （ ）

9-1-2 链传动的链轮转速不均匀性是造成瞬时传动比不恒定的原因。 （ ）

9-1-3 链传动的瞬时传动比是按一定规律变化的,链传动的平均传动比恒定不变。
（ ）

9-1-4 链传动设计时,链条的型号是根据抗拉强度计算公式确定的。 （ ）

9-1-5 旧自行车上的链条容易脱落的主要原因是链条磨损后链节增大造成的。
（ ）

9-1-6 在套筒滚子链中,当链节距一定时,小链轮齿数越多其多边形效应越严重。
（ ）

9-1-7 由于链传动是啮合传动,所以它产生的压轴力比带传动大得多。 （ ）

9-1-8 旧自行车的后链轮(小链轮)比前链轮(大链轮)容易脱链。 （ ）

9-1-9 链传动设计要解决的一个主要问题是消除其运动的不均匀性。 （ ）

9-1-10 链传动的链节数最好取偶数。 （ ）

9-1-11 在一定转速下,要减小链传动的运动不均匀性导致的动载荷,应减小链条节距和增加链轮齿数。 （ ）

9-1-12 一般情况下,链传动的多边形效应只能减小,不能消除。 （ ）

9-1-13 链传动张紧的目的是避免打滑。 （ ）

9-1-14 与齿轮传动相比较,链传动的优点是承载能力大。 （ ）

9-1-15 与带传动相比较,链传动的优点是承载能力大。 （ ）

9-1-16 链的节距是决定链的工作能力、链与链轮尺寸的主要参数。 （ ）

9-1-17 在滚子链传动的许用功率曲线中,必须根据小链轮的转速和额定功率来选择链条的型号和润滑方法。 （ ）

9-1-18 在低速链传动中($v < 0.6 \text{m/s}$),链的主要破坏形式是链条铰链磨损。 （ ）

9-1-19 标记"10A-1-100 GB/T 1243—2006"中,100 表示链长。 （ ）

9-1-20 链传动在工作时,链板所受的拉应力是对称循环变应力。 （ ）

9-1-21 若不计链传动中的动载荷,则链的松边受到力由离心拉力和悬垂拉力组成。
（ ）

9-1-22 链传动中大链轮的齿数越多,越容易发生跳齿或脱链。 （ ）

9-1-23 链传动通常放在传动系统的低速级。 （ ）

9-1-24 若不计链传动中的动载荷,则链的紧边受到的力由有效拉力、离心拉力和悬垂拉力 3 部分组成。 （ ）

9.2 选 择 题

9-2-1 在滚子链传动中,滚子的作用是_____。
(A) 缓冲吸振 (B) 减小套筒与轮齿间的磨损
(C) 提高链的承载能力 (D) 保证链条与轮齿间的良好啮合

9-2-2 在链传动中,链条数常采用偶数,这是为了使链传动_____。
(A) 工作平稳 (B) 链条与链轮轮齿磨损均匀
(C) 提高传动效率 (D) 避免采用过渡链节

9-2-3 链传动的瞬时传动比等于常数的充要条件是_____。
(A) 大链轮齿数 z_2 是小齿轮齿数 z_1 的整数倍
(B) $z_2 = z_1$
(C) $z_2 = z$,中心距 a 是节距 p 的整数倍
(D) $z_2 = z_1, a = 40p$

9-2-4 为了限制链传动的动载荷,在节距 p 和小链轮齿数 z_1 一定时,应该限制_____。
(A) 小链轮的转速 n_1 (B) 传动的功率 P
(C) 传递的圆周力 (D) 传递的额定功率

9-2-5 为了避免链条上某些链节和链轮上的某些齿重复啮合,_____,以保证链节磨损均匀。
(A) 链节数和链轮齿数均要取奇数 (B) 链节数和链轮齿数均要取偶数
(C) 链节数取奇数,链轮齿数取偶数 (D) 链节数取偶数,链轮齿数取奇数

9-2-6 在链传动中,传动比过大,则链在小链轮上的包角过小。包角过小的缺点是_____。
(A) 同时啮合的齿数少,链条和轮齿的磨损快,容易出现跳齿
(B) 链条易被拉断,承载能力低
(C) 传动运动的不均匀性和动载荷大
(D) 链条铰链易胶合

9-2-7 链传动的合理链长应取_____。
(A) 链节距的偶数倍 (B) 链节距的奇数倍
(C) 任意值 (D) 按链轮齿数来确定链长

9-2-8 链条铰链(或铰链销轴)的磨损使链节距伸长到一定程度时(或使链节距过度伸长时)会_____。
(A) 导致内外链板破坏
(B) 导致套筒破坏

　　（C）导致销轴破坏

　　（D）使链条铰链与轮齿的啮合情况变坏，从而出现"爬高"和"跳齿"现象

　　9-2-9　在套筒滚子链传动中，大链轮的齿数 z_2 不能过大，若 z_2 过大则会造成_____。

　　（A）链传动的动载荷增大　　　　　　（B）传递的功率减小

　　（C）"脱链"或"跳齿"现象　　　　　　（D）链条上应力的循环次数增加

　　9-2-10　应用标准套筒滚子链传动的许用功率曲线必须根据_____来选择链条的型号和润滑方法。

　　（A）链条的圆周力和传递功率　　　　（B）小链轮的转速和额定功率

　　（C）链条的圆周力和计算功率　　　　（D）链条的速度和计算功率

　　9-2-11　链条的节数宜采用_____。

　　（A）奇数　　　　（B）偶数　　　　（C）5 的倍数　　　（D）10 的倍数

　　9-2-12　在低速链传动中（$v<0.6\text{m/s}$），链的主要破坏形式是_____。

　　（A）冲击破坏　　　　　　　　　　　（B）链条铰链的磨损

　　（C）胶合　　　　　　　　　　　　　（D）过载拉断

　　9-2-13　链传动的大链轮齿数不宜过多是因为要_____。

　　（A）减少速度波动　　　　　　　　　（B）避免运动的不均匀性

　　（C）避免传动比过大　　　　　　　　（D）避免磨损导致过早掉链

　　9-2-14　设计链传动时，为了降低动载荷，一般采用_____。

　　（A）较多的链轮齿数 z 和较小的链节距 p

　　（B）较少的链轮齿数 z 和较小的链节距 p

　　（C）较多的链轮齿数 z 和较大的链节距 p

　　（D）较少的链轮齿数 z 和较大的链节距 p

　　9-2-15　为提高链传动的使用寿命，防止过早脱链，当节距 p 一定时，链轮齿数应_____。

　　（A）增大　　　　（B）减小　　　　（C）不变　　　　（D）不确定

　　9-2-16　链节距 p 的大小反映了链条和链轮齿各部分尺寸的大小。在一定条件下，链的节距越大，承载能力_____。

　　（A）越高　　　　（B）越低　　　　（C）不变　　　　（D）不确定

　　9-2-17　链传动中作用在轴上的压力要比带传动小，这主要是由于_____。

　　（A）这种传动只用来传递小功率　　（B）链的质量大，离心力也大

　　（C）啮合传动不需要很大的初拉力　　（D）在传递相同的功率时，圆周力小

　　9-2-18　链传动中限制链轮的最小齿数的目的是_____；限制链轮的最大齿数的目的是_____。

　　（A）保证链的强度　　　　　　　　　（B）保证链传动的平稳性

　　（C）限制传动比的选择　　　　　　　（D）防止"跳齿"

　　9-2-19　在链传动中，限制大链轮齿数不超过 120 是为了防止_____现象发生。

　　（A）"跳齿"或"脱链"　　　　　　　　（B）疲劳破坏

　　（C）磨损　　　　　　　　　　　　　（D）胶合

9-2-20　与带传动相比较,链传动的优点是_____。

(A) 工作平稳,无噪声　　　　　　　(B) 寿命长

(C) 制造费用低　　　　　　　　　　(D) 能保持准确的瞬时传动比

9-2-21　在链传动中,链节数取偶数,链轮齿数为奇数,最好互为质数的原因是_____。

(A) 磨损均匀　　　　　　　　　　　(B) 具有抗冲击能力

(C) 减少磨损与胶合　　　　　　　　(D) 瞬时传动比为定值

9-2-22　链传动作用在轴和轴承上的载荷比带传动要小,这主要是因为_____。

(A) 链传动只用来传递较小的功率

(B) 链速较高,在传递相同的功率时,圆周力小

(C) 链传动是啮合传动,无须大的张紧力

(D) 链的质量大,离心力大

9-2-23　与齿轮传动相比较,链传动的优点是_____。

(A) 传动效率高　　　　　　　　　　(B) 工作平稳,无噪声

(C) 承载能力大　　　　　　　　　　(D) 能传递的中心距大

9-2-24　为了限制链传动的动载荷,在链节距和小链轮齿数一定时,应限制_____。

(A) 小链轮的转速　　　　　　　　　(B) 传递的功率

(C) 传动比　　　　　　　　　　　　(D) 传递的圆周力

9-2-25　对标记"08A-1-88 GB/T 1243—2006"描述不正确的是_____。

(A) 链节数为 88　(B) 齿形链　　　(C) 链号为 08A　　(D) 滚子链

9-2-26　大链轮的齿数不能取得过多的原因是_____。

(A) 齿数越多,链条的磨损越大

(B) 齿数越多,链传动的动载荷与冲击越大

(C) 齿数越多,链传动的噪声越大

(D) 齿数越多,链条磨损后,越容易发生"脱链"现象

9-2-27　滚子链传动的设计计算是按_____来确定链条的型号规格的。

(A) 疲劳强度　　　　　　　　　　　(B) 额定功率曲线图

(C) 静强度法　　　　　　　　　　　(D) 动强度法

9-2-28　链传动中心距过小的缺点是_____。

(A) 链条工作时易颤动,运动不平稳

(B) 链条运动的不均匀性和冲击作用增强

(C) 小链轮上的包角小,链条磨损快

(D) 容易发生"脱链"现象

9-2-29　两轮轴线不在同一水平面的链传动,其链条的紧边应布置在上面,松边应布置在下面,这样可以使_____。

(A) 链条平稳工作,降低运行噪声

(B) 松边下垂量增大后不至于使链轮卡死

(C) 链条的磨损减小

(D) 链传动达到自动张紧的目的

9-2-30　链条由于静强度不够而被拉断的现象多发生在_____的情况下。

（A）低速重载　　　（B）高速重载　　　（C）高速轻载　　　（D）低速轻载

9-2-31　链传动张紧的目的是_____。

（A）使链条产生初拉力，以使链传动能传递运动和功率

（B）使链条与轮齿之间产生摩擦力，以使链传动能传递运动和功率

（C）避免链条垂度过大时产生啮合不良

（D）避免打滑

9-2-32　滚子链由内链板、外链板、销轴、套筒和滚子组成，以下说法正确的是_____。

（A）滚子与套筒采用过盈配合　　　（B）外链板和销轴采用间隙配合

（C）内链板和套筒采用过盈配合　　　（D）内链板和销轴采用间隙配合

9-2-33　根据链编号"08A-1-88 GB/T 1243—2006"，可以得到该零件的公称尺寸是_____。

（A）A 系列、节距 0.5in、单排、88 节的滚子链

（B）A 系列、节距 8mm、单排、88 节的滚子链

（C）A 系列、节距 0.8in、单排、88 节的滚子链

（D）A 系列、节距 16.8mm、单排、88 节的滚子链

9.3　填　空　题

9-3-1　在链传动中，当节距增大时，链的承载能力_____。

9-3-2　在链传动中，当节距增大时，多边形效应_____。

9-3-3　链传动的_____传动比是不变的，但_____传动比是变化的。

9-3-4　在链传动中，链节数常取_____，而链齿数常采用与链节数互为_____的_____。

9-3-5　链传动设计时，链条节数应优先选择为_____，这主要是为了避免采用_____链节，防止受到附加_____的作用降低其承载能力。

9-3-6　链传动设计时，为了防止发生"跳链"和"掉链"的现象，大链轮的齿数应不超过_____。

9-3-7　当转速一定时，要减少链传动的运动不均匀性和动载荷，可以采取的措施是：_____链条的节距和_____链轮的齿数。

9-3-8　链传动中大链轮的齿数_____，越容易发生_____或_____现象。

9-3-9　在链传动中，主动链轮的角速度为常数时，也只有当主从动轮的齿数_____，且中心距_____节距的_____时，从动链轮的角速度和传动比才能得到恒定值。

9-3-10　链传动在工作时，链板所受的拉应力是_____循环变应力。

9-3-11　低速链传动（$v < 0.6\text{m/s}$）的主要失效形式是链的_____，为此应进行_____强度计算。

9-3-12　链传动是具有中间挠性件的啮合传动，其失效形式主要有链板的_____、铰

链的_____、铰链的_____和过载_____。

9-3-13　链传动通常放在传动系统的_____。

9-3-14　对于高速重载的滚子链传动,应选用节距_____的_____排链；对于低速重载的滚子链传动,应选用节距_____的链传动。

9-3-15　与带传动相比较,链传动的承载能力_____,传动效率_____,作用在轴上的压力_____。

9-3-16　在滚子链的结构中,内链板与套筒之间、外链板与销轴之间采用_____配合,滚子与套筒之间、套筒与销轴之间采用_____配合。

9-3-17　链轮的转速越_____,节距越_____,齿数越_____,则链传动的动载荷越大。

9-3-18　若不计链传动中的动载荷,则链的紧边受到力由_____拉力、_____拉力和_____拉力 3 部分组成。

9-3-19　链传动算出的实际中心距,在安装时还需要缩短 2～5mm,这是为了保证链条松边有一个合适的安装_____。

9-3-20　链传动一般应布置在_____平面内,尽可能避免布置在_____平面或_____平面内。

9-3-21　在链传动中,当两链轮的轴线在同一平面时,应将_____边布置在上面,_____边布置在下面。

9.4　问　答　题

9-4-1　套筒滚子链由哪些零件组成？其相互关系怎样？为什么设计时应尽量避免奇数链节？

9-4-2　与带传动相比较,链传动有哪些优、缺点？

9-4-3　链传动的主要失效形式是什么？设计准则是什么？

9-4-4　为什么小链轮的齿数不能选择得过少,而大链轮的齿数又不能选择得过多？

9-4-5　在一般情况下,链传动的瞬时传动比为什么不等于常数？在什么情况下它才等于常数？

9-4-6　引起链传动速度不均匀的原因是什么？其主要影响因素有哪些？

9-4-7　链传动的多边形效应的含义是什么？小链轮齿数 z_1 不允许过少,大链轮齿数 z_2 不允许过多,这是为什么？链轮齿数 z、链节距 p 对其有何影响？

9-4-8　链传动的传动比写成 $i_{12}=\dfrac{z_2}{z_1}=\dfrac{n_1}{n_2}=\dfrac{d_2}{d_1}$ 是否正确？为什么？

9-4-9　链传动为什么会发生"脱链"现象？

9-4-10　低速链传动($v<0.6$ m/s)的主要失效形式是什么？设计准则是什么？

9-4-11　链速一定时,链轮齿数的大小与链节距的大小对链传动动载荷的大小有什么影响？

9-4-12　为避免采用过渡链节,链节数常取奇数还是偶数？相应的链轮齿数宜取奇数还是偶数？为什么？

9-4-13　在设计链传动时，为什么要限制两轴中心距的最大值 a_{max} 和最小值 a_{min}？

9-4-14　与滚子链相比，齿形链有哪些优、缺点？在什么情况下，宜选用齿形链？

9-4-15　电动机通过三套减速装置驱动运输带，即圆柱齿轮减速器、套筒滚子链和 V 带，其排列次序如何？为什么？

9-4-16　链传动为什么要张紧？常用的张紧方法有哪些？

9-4-17　链传动额定功率曲线的实验条件是什么？如实际使用条件与实验条件不符，应做哪些项目的修正？

9-4-18　为什么水平或接近水平布置的链传动的紧边应设计在上边？

9-4-19　为什么自行车采用链传动而不采用其他形式的传动？

9-4-20　链条节距的选用原则是什么？在什么情况下宜选用小节距的多排链？在什么情况下宜选用大节距的链条？

9-4-21　与带传动及齿轮传动相比，链传动的主要优、缺点是什么？

9-4-22　试述链传动参数的选择原则。

9-4-23　试分析链节距和链轮的转速 n，对链条和链轮轮齿间冲击的影响，设计中应如何考虑这些影响？

9-4-24　试分析说明套筒滚子链传动时瞬时传动比不稳定的原因，在什么特殊条件下可使瞬时传动比恒定不变？

9-4-25　简述链传动的合理布置方法和润滑方法。

9-4-26　试述链节距 p 的选择对链传动的工作特性的影响。

9-4-27　当传递功率较大时，可用单排大节距链条，也可以用多排小节距链条，此二者各有何特点？各适用于什么场合？

9-4-28　某套筒滚子链传动由于磨损导致链条节距增加，出现"跳齿"和"脱链"现象，试问可以采取哪些措施改善这种现象？

9-4-29　在设计链传动时，为什么要限制传动比？传动比过大有什么缺点？

9-4-30　链传动为什么要尽量避免采用过渡链节？

9-4-31　在链传动中，节距 p、小链轮齿数 z_1 和链速对传动有何影响？

9-4-32　有一 B 系列、节距 12.7mm、单排、105 节的滚子链，试给出该滚子链的正确标记。

9.5　计　算　题

9-5-1　设计一套筒滚子链传动。已知功率 $P_1 = 7kW$，小链轮转速 $n_1 = 200r/min$，大链轮转速 $n_2 = 102r/min$。载荷有中等冲击，三班制工作（已知小链轮齿数 $z_1 = 21$，大链轮齿数 $z_2 = 41$，工作情况系数 $K_A = 1.3$，小链轮齿数系数 $K_z = 1.114$，链长系数 $K_L = 1.03$）

9-5-2　有一双排滚子链传动，已知链节距 $p = 25.4mm$，单排链传递的额定功率 $P_0 = 16kW$，小链轮齿数 $z_1 = 19$，大链轮齿数 $z_2 = 65$，中心距约为 800mm，小链轮转速 $n_1 = 400r/min$，载荷平稳。小链轮齿数系数 $K_z = 1.11$，链长系数 $K_L = 1.02$，双排链系数 $K_p = $

1.7，工作情况系数 $K_A = 1.0$。计算：

（1）该链传动能传递的最大功率；

（2）链条的长度。

9-5-3　试设计一驱动运输机的链传动。已知：传递功率 $P = 20kW$，小链轮转速 $n_1 = 720r/min$，大链轮转速 $n_2 = 200r/min$，运输机载荷不够平稳。同时要求大链轮的分度圆直径最好不超过 700mm。

9-5-4　有一滚子链传动，已知主动链轮齿数 $z_1 = 19$，采用 10A 滚子链，中心距 $a = 500mm$，水平布置；传递功率 $P = 2.8kW$，主动轮转速 $n_1 = 110r/min$。设工作情况系数 $K_A = 1.2$，静力强度许用安全系数 $S = 6$，试验算此传动。

9-5-5　已知某 10A 滚子链的传递功率 $P = 5kW$，小链轮转速 $n_1 = 720r/min$，大链轮转速 $n_2 = 200r/min$，中心距 $a = 800mm$，大链轮的分度圆直径为 500mm，平稳载荷下由电动机驱动。试计算该链的工作拉力 F_e、离心拉力 F_c 和悬垂拉力 F_y，以及紧边拉力 F_1、松边拉力 F_2 和压轴力 F_Q。

9-5-6　在中等冲击载荷下工作的 12A 滚子链，若链速 $v < 0.6m/s$，试计算满足静强度安全强度时，单排链可承受的最大拉力。

9.6　分　析　题

9-6-1　一输送带欲采用由电动机→链传动→齿轮传动和由电动机→齿轮传动→V 带传动两种方式之一组成的减速装置传动。试指出它们存在的问题，分析原因，并提出改进措施。

9-6-2　图 9-1 所示为链传动的布置形式，小链轮为主动轮。在图 9-1(a)～图 9-1(f) 的六种布置方式中，指出哪些是合理的？哪些是不合理的？为什么？（注：最小轮为张紧轮。）

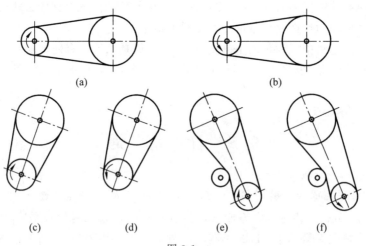

(a)　　　　　(b)

(c)　　(d)　　(e)　　(f)

图 9-1

第 10 章

轴

10.1 判 断 题

10-1-1 对所有的轴应当先用扭矩估算轴径,再按弯扭合成校核轴的危险截面。

（　）

10-1-2 按弯扭合成计算轴的应力时,要引入系数 α,α 是考虑正应力与切应力的循环特性不同的系数。 （　）

10-1-3 设计轴时,若计算发现安全系数 $S < [S]$,说明强度不够,须提高轴的强度。

（　）

10-1-4 轴的最大应力出现在轴段最大弯矩处的表面上。 （　）

10-1-5 设计轴时,应该先做结构设计,再进行强度校核。 （　）

10-1-6 受不变载荷作用的转动轴,其所受的弯曲应力为脉动循环。 （　）

10-1-7 因为细长轴的变形较大,因此有时需要校核其刚度。 （　）

10-1-8 轴的计算弯矩最大处为轴的危险截面,应按此截面进行强度计算。 （　）

10-1-9 承受弯矩的转轴容易发生疲劳断裂,是由于其最大弯曲应力超过了材料的强度极限。 （　）

10-1-10 实际的轴多做成阶梯形,主要是为了减轻轴的重量,降低制造费用。 （　）

10-1-11 按扭转强度条件计算轴受扭段的最小直径时,没有考虑弯矩的影响。 （　）

10-1-12 由汽车前桥到后桥的那根转动着的轴是一根转轴。 （　）

10-1-13 为提高某轴的刚度,一般采取的措施是以合金钢代替碳钢。 （　）

10-1-14 在轴的结构设计中,一般应尽量避免轴截面形状突然变化。宜采用较大的过渡圆角,也可以改用内圆角、凹凸圆角。 （　）

10-1-15 减速器输出轴的直径应大于输入轴的直径。 （　）

10-1-16 轴的计算弯矩最大处可能是危险截面,必须进行强度校核。 （　）

10-1-17 在轴的强度计算中,安全系数校核就是疲劳强度校核,即计入应力集中、表面状态和尺寸影响后的精确校核。 （　）

10-1-18 自行车的后轴是固定心轴。 （　）

10-1-19 可以采用加大直径的方法提高轴的刚度。 （　）

10-1-20 传动轴所受的载荷是弯矩。 （　）

10-1-21 自行车的前轴是固定心轴。 （　）

10-1-22 采用表面强化处理的方法可以提高轴的疲劳强度。 （　）

10-1-23　轴环可以起到使轴上零件获得周向定位的作用。　　　　　　　　（　　）

10-1-24　增大轴在剖面过渡处的圆角半径，可以降低应力集中，提高轴的疲劳强度。

（　　）

10-1-25　自行车的中轴是转轴。　　　　　　　　　　　　　　　　　　　（　　）

10-1-26　弹性挡圈作为轴向定位元件时只能承受较小的轴向力。　　　　　（　　）

10-1-27　对大直径轴的轴肩圆角处进行喷丸处理是为了降低材料对应力集中的敏
感性。　　　　　　　　　　　　　　　　　　　　　　　　　　　　　　　（　　）

10-1-28　紧定螺钉作为轴向定位元件时可以承受较大的轴向力。　　　　　（　　）

10-1-29　转轴弯曲应力的应力循环特性为 1。　　　　　　　　　　　　　（　　）

10-1-30　为提高轴的疲劳强度，应优先采用增加刚度的方法。　　　　　　（　　）

10.2　选　择　题

10-2-1　工作时只承受弯矩，不传递转矩的轴，称为_____。

(A) 心轴　　　　　　(B) 转轴　　　　　　(C) 传动轴　　　　　　(D) 曲轴

10-2-2　采用_____的措施不能有效地改善轴的刚度。

(A) 改用高强度合金钢　　　　　　　　(B) 改变轴的直径

(C) 改变轴的支承位置　　　　　　　　(D) 改变轴的结构

10-2-3　按弯扭合成计算轴的应力时，要引入系数 α，α 是考虑_____。

(A) 轴上键槽削弱轴的强度

(B) 合成正应力与切应力时的折算系数

(C) 正应力与切应力的循环特性不同的系数

(D) 正应力与切应力方向不同的系数

10-2-4　转动的轴受不变的载荷，其所受的弯曲应力的性质为_____。

(A) 脉动循环　　(B) 对称循环　　(C) 静应力　　(D) 非对称循环

10-2-5　对于受对称循环转矩的转轴，计算弯矩（或称当量弯矩）$M_{ca} = \sqrt{M^2 + (\alpha T)^2}$，
其中 α 取值为_____。

(A) $\alpha \approx 0.3$　　(B) $\alpha \approx 0.6$　　(C) $\alpha \approx 1$　　(D) $\alpha \approx 1.3$

10-2-6　根据轴的承载情况，_____的轴称为转轴。

(A) 既承受弯矩又承受转矩　　　　　(B) 只承受弯矩不承受转矩

(C) 不承受弯矩只承受转矩　　　　　(D) 承受较大轴向载荷

10-2-7　材料为优质碳素钢经调质处理的轴，验算刚度时发现不足，正确的改进方法
是_____。

(A) 加大直径　　　　　　　　　(B) 改用合金钢

(C) 改变热处理方法　　　　　　(D) 降低表面粗糙度值

10-2-8　对轴进行表面强化处理，可以提高轴的是_____。

(A) 静强度　　(B) 刚度　　(C) 疲劳强度　　(D) 耐冲击性能

10-2-9　在进行轴的疲劳强度计算时，若同一截面上有几个应力集中源，则应力集中系

数应取为_____。

　　(A) 其中的较大值　　　　　　　(B) 各应力集中系数

　　(C) 平均值　　　　　　　　　　(D) 其中的较小值

10-2-10　在轴的设计中,采用轴环的目的是_____。

　　(A) 作为轴加工时的定位面　　　(B) 提高轴的刚度

　　(C) 使轴上零件获得轴向定位　　(D) 提高轴的强度

10-2-11　为了提高轴的刚度,一般采用的措施是_____。

　　(A) 采用合金钢　　　　　　　　(B) 表面强化处理

　　(C) 增大轴的直径　　　　　　　(D) 降低应力集中

10-2-12　自行车的前、中、后轴_____。

　　(A) 都是转动心轴　　　　　　　(B) 都是转轴

　　(C) 分别是固定心轴、转轴和固定心轴　(D) 分别是转轴、转动心轴和固定心轴

10-2-13　轴环的用途是_____。

　　(A) 作为轴加工时的定位面　　　(B) 提高轴的强度

　　(C) 提高轴的刚度　　　　　　　(D) 使轴上的零件获得轴向定位

10-2-14　当轴上安装的零件要承受轴向力时,可采用_____进行轴向固定,则承受的轴向力较大。

　　(A) 圆螺母　　　(B) 紧定螺钉　　　(C) 弹性挡圈　　　(D) 锁紧挡圈

10-2-15　增大轴在截面变化处的过渡圆角半径,可以_____。

　　(A) 使零件的轴向定位比较可靠　(B) 降低应力集中,提高轴的疲劳强度

　　(C) 使轴的加工方便　　　　　　(D) 提高轴的刚度

10-2-16　轴上安装有过盈配合零件时,应力集中将发生在轴上_____。

　　(A) 轮毂中间部位　　　　　　　(B) 沿轮毂两端部位

　　(C) 距离轮毂端部位 1/3 轮毂长度处　(D) 距离轮毂端部位 2/3 轮毂长度处

10-2-17　在进行轴的结构设计时,按计算公式估算出来的直径是按轴_____来计算的,而在轴的强度校核当中,轴的计算应力是按轴_____计算的。

　　(A) 受弯　　　(B) 受扭　　　(C) 受拉　　　(D) 弯扭合成

10-2-18　按照承受的载荷划分,工作中既承受弯矩,又承受扭矩的轴称为_____,只承受弯矩不承受扭矩的轴称为_____。

　　(A) 心轴　　　(B) 转轴　　　(C) 传动轴　　　(D) 阶梯轴

10-2-19　在计算轴的弯矩时,常用当量弯矩 $M_e = \sqrt{M^2 + (\alpha T)^2}$,其中 α 在不变转矩作用下可近似为_____。

　　(A) 0　　　(B) 0.3　　　(C) 0.6　　　(D) 1

10-2-20　受不变载荷作用的心轴,轴表面某固定点的弯曲应力是_____。

　　(A) 静应力　　　　　　　　　　(B) 脉动循环变应力

　　(C) 对称脉动循环变应力　　　　(D) 非对称脉动循环变应力

10-2-21　验算时,若发现材料为 45 钢的轴刚度不够,应当采取的措施为_____。

　　(A) 改为合金钢轴　　　　　　　(B) 改为滚子轴承

　　(C) 增加轴的直径　　　　　　　(D) 对轴的表面进行强化处理

10-2-22 在轴的初步计算中,轴的直径是按_____初步确定的。

(A) 弯曲强度 　　　　　　　　　　(B) 扭转强度

(C) 轴段上的长度 　　　　　　　　(D) 轴段上零件的孔径

10-2-23 转轴弯曲应力的应力循环特性为_____。

(A) $r=-1$ 　　　(B) $r=0$ 　　　(C) $r=1$ 　　　(D) $-1<r<1$

10-2-24 增大轴在剖面过渡处的圆角半径的优点是_____。

(A) 使零件的轴向定位比较可靠 　　(B) 使轴加工方便

(C) 使零件的轴向固定比较可靠 　　(D) 降低应力集中,提高轴的疲劳强度

10-2-25 当轴受_____转矩时,其修正系数 $\alpha=0.6$。

(A) 平稳 　　　(B) 对称循环 　　　(C) 脉动循环 　　　(D) 非对称循环

10-2-26 已知某轴上的最大弯矩为 200N・m,扭矩为 150N・m,该轴为单向运转,频繁启动,则计算弯矩 M_{ca} 约为_____。

(A) 350N・m 　　(B) 219N・m 　　(C) 250N・m 　　(D) 205N・m

10-2-27 为提高轴的疲劳强度,应优先采用_____的方法。

(A) 选择好的材料 　　　　　　　　(B) 增大直径

(C) 减小应力集中 　　　　　　　　(D) 增加刚度

10-2-28 图 10-1 所示为减速器传动简图,中间轴 cd 的扭矩图是_____。

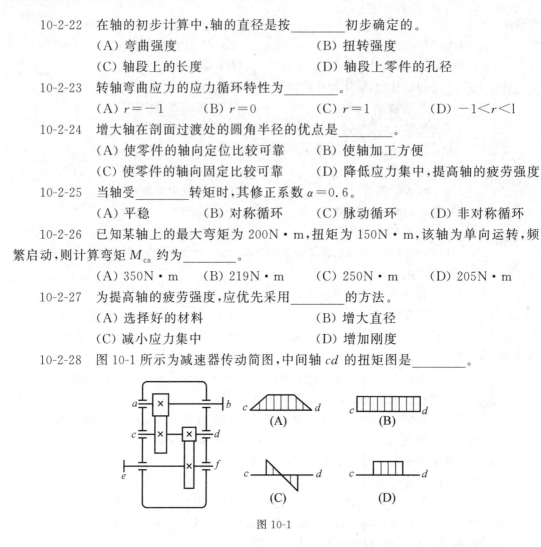

图 10-1

10-2-29 如图 10-2 所示,只能承受较小轴向力的结构是_____。

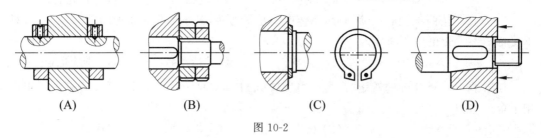

图 10-2

10-2-30 在图 10-3 所示的定轴轮系中,已知齿数 $z_1=25, z_2=20, z_3=18$,齿轮 1 的转速 $n_1=450$r/min,工作寿命 $L_h=2000$h。若齿轮 1 为主动且转向不变,则齿轮 2 的弯曲应力循环次数 N_2 是_____。

(A) 50×10^6 　　(B) 100×10^6 　　(C) 70×10^6 　　(D) 200×10^6

10-2-31 在图 10-4 所示的轴受力图中,D 处安装带轮,C 处安装斜齿轮,A 处和 B 处

安装滚动轴承,则该轴是_____。

　　　（A）转轴　　　　（B）传动轴　　　　（C）固定心轴　　　　（D）转动心轴

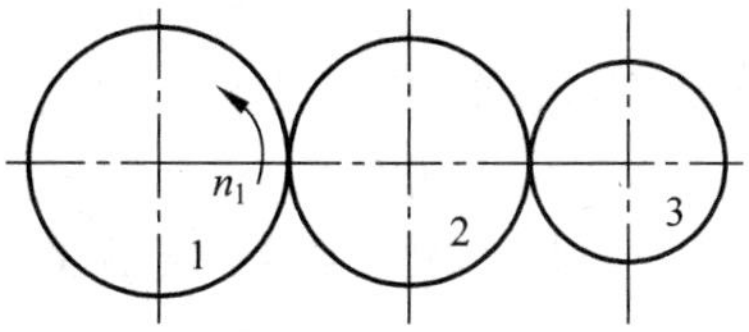

图 10-3

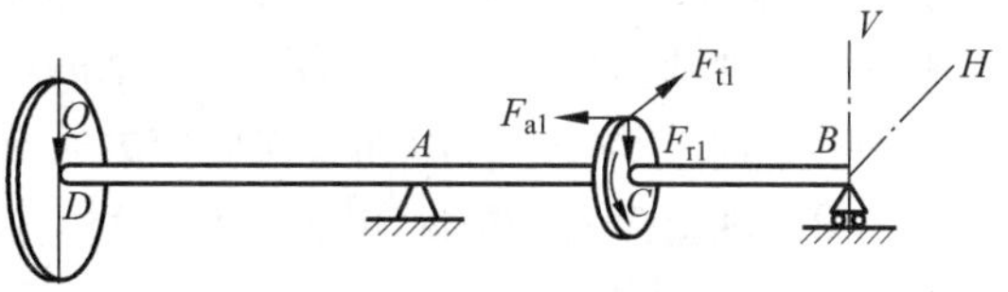

图 10-4

10-2-32　图 10-5 所示为轴受力图,A 处安装半联轴器,C 处安装斜齿轮,则既受到弯矩作用,又受到扭矩作用的是_____。

　　　（A）AB 段　　　　（B）BC 段　　　　（C）CD 段　　　　（D）BD 段

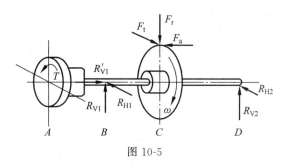

图 10-5

10.3　填　空　题

10-3-1　四驱汽车的前轮轴是_____轴,后轮轴是_____轴。

10-3-2　为了使轴上零件与轴肩紧密贴合,应保证轴的圆角半径_____轴上零件的圆角半径或倒角 C。

10-3-3　对大直径轴的轴肩圆角处进行喷丸处理是为了降低材料对_____的敏感性。

10-3-4　传动轴所受的载荷是_____。

10-3-5　一般单向回转的转轴考虑启动、停车及载荷不平稳的影响,其扭转剪应力的性质按_____处理。

10.4　问　答　题

10-4-1　按承受载荷的不同,轴可分为哪几类? 各有何特点? 请各举 2 个或 3 个实例。

10-4-2　轴的常用材料有哪些? 应如何选用?

10-4-3　在齿轮减速器中,为什么低速轴轴径要比高速轴轴径大很多?

10-4-4 转轴所受弯曲应力的性质如何？其所受扭转应力的性质又怎样考虑？

10-4-5 转轴设计时为什么不能先按弯扭合成强度计算，再进行结构设计，而是必须按初估直径、结构设计、弯扭合成强度验算3个步骤进行？

10-4-6 轴的结构设计任务是什么？轴的结构设计应满足哪些要求？

10-4-7 轴上零件的周向和轴向固定方式有哪些？各适用于什么场合？

10-4-8 轴受载荷的情况可分为哪三类？试分析自行车前轴、中轴、后轴的受载情况，判断它们各属于哪类轴？

10-4-9 为提高轴的刚度，把轴的材料由45钢改为合金钢是否可行？为什么？

10-4-10 轴的计算当量弯矩公式 $M_{ca} = \sqrt{M^2 + (\alpha T)^2}$，其中应力校正系数 α 的含义是什么？如何取值？

10-4-11 影响轴的疲劳强度的因素有哪些？在设计轴的过程中，当疲劳强度不够时，应采取哪些措施使其满足强度要求？

10-4-12 在轴的弯曲计算中，试比较将某一实际问题简化成为图10-6中不同的加载和支承方式所得的结果：集中加载和均布加载，简支约束和固定约束，则①按哪种方式算出的零件最大弯曲应力较小？②按哪种方式算出的零件最大弯曲变形较小？

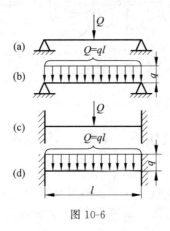

图 10-6

10.5 计 算 题

10-5-1 已知某传动轴传递的功率为40kW，转速 $n = 1000$ r/min，如果轴上的剪切应力不允许超过40MPa，求该轴的直径。

10-5-2 已知某传动轴直径 $d = 35$ mm，转速 $n = 1450$ r/min，如果轴上的剪切应力不允许超过55MPa，问该轴能传递多少功率？

10-5-3 已知一单级直齿圆柱齿轮减速器，用电动机直接拖动，电动机功率 $P = 22$ kW，转速 $n_1 = 1470$ r/min，齿轮的模数 $m = 4$ mm，齿数 $z_1 = 18$，$z_2 = 82$，若支承间跨距 $l = 180$ mm（齿轮位于跨距中央），轴的材料用45钢，调质处理，试计算输出轴危险截面处的直径 d。

10-5-4　一转轴直径 $d=60\text{mm}$,传递不变的转矩 $T=2300\text{N·m}$,$F=9000\text{N}$,$a=300\text{mm}$。若轴的许用弯曲应力 $[\sigma_{-1b}]=80\text{MPa}$,求 x。

10-5-5　一钢制等直径轴,只传递转矩,许用剪切应力 $[\tau]=50\text{MPa}$,长度为 1800mm,要求轴每米长的扭转角 φ 不超过 $0.5°$,试求该轴的直径。

10-5-6　已知某转轴在直径 $d=55\text{mm}$ 处受不变的转矩 $T=15\times10^{3}\text{N·m}$ 和弯矩 $M=7\times10^{3}\text{N·m}$,轴的材料为 45 钢,调质处理,问该轴能否满足强度要求?

10-5-7　如图 10-7 所示,一带式运输机由电动机通过斜齿圆柱减速器圆锥齿轮驱动。已知电动机功率 $P=5.5\text{kW}$,$n_1=960\text{r/min}$;圆柱齿轮的参数为:$z_1=23$,$z_2=125$,$m_n=2\text{mm}$,螺旋角 $\beta=9°22'$;圆锥齿轮参数为:$z_3=20$,$z_4=80$,$m=6\text{mm}$,$b/R=1/4$。轴的材料为 45 钢,正火处理。试设计减速器第 Ⅱ 轴。

10-5-8　图 10-8 所示为齿轮减速器,已知传动比 $i=8$,高速轴直径 $d_1=20\text{mm}$,低速轴直径 $d_2=60\text{mm}$,两轴材料相同,忽略摩擦,试分析用许用扭转剪应力计算时,哪一轴强度高,为什么?

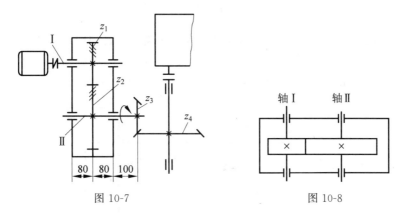

图 10-7　　　　　　　　　图 10-8

10-5-9　如图 10-9 所示的传动轴转速 $n=208\text{r/min}$,主动轮 2 的输入功率 $P_2=6\text{kW}$,两个从动轮 1,3 的输出功率分别为 $P_1=4\text{kW}$,$P_3=2\text{kW}$,已知轴的许用剪应力 $[\tau]=30\text{MPa}$,许用扭转角 $[\theta]=1°/\text{m}$,剪切弹性模量 $G=8\times10^{4}\text{MPa}$,试按强度条件和刚度条件设计轴的直径 d。

10-5-10　分析图 10-10 所示的卷扬机中各轴所受的载荷,并由此判定各轴的类型。(轴的自重、轴承中的摩擦均不计)

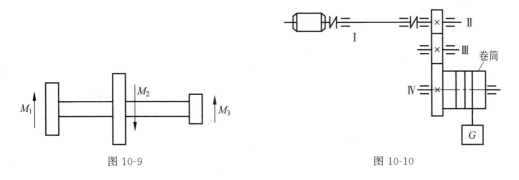

图 10-9　　　　　　　　　图 10-10

10-5-11 如图 10-11 所示的齿轮轴由 D 输出转矩。其中 AC 段的轴径 $d_1 = 70$mm，CD 段的轴径 $d_2 = 55$mm。作用在轴齿轮上的受力点距轴线 $a = 160$mm。转矩校正系数（折合系数）$\alpha = 0.6$。其他尺寸见图，单位 mm。另外，已知圆周力 $F_t = 5800$N、径向力 $F_r = 2100$N、轴向力 $F_a = 800$N，试求轴上最大应力点的位置和应力值。

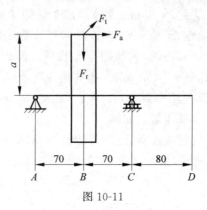

图 10-11

10-5-12 如图 10-12 所示为二级斜齿圆柱齿轮减速器。已知中间轴 Ⅱ 的输入功率 $P = 40$kW，转速 $n_2 = 200$r/min，齿轮 2 的分度圆直径 $d_2 = 688$mm、螺旋角 $\beta = 12°50'$，齿轮 3 的分度圆直径 $d_3 = 170$mm、螺旋角 $\beta = 10°20'$。试设计减速器中间轴 Ⅱ。

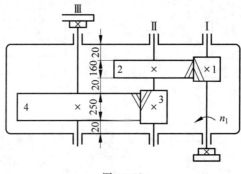

图 10-12

滑 动 轴 承

11.1 判 断 题

11-1-1 流体动压滑动轴承轴颈的转速越高,油膜承载能力越高。 （ ）

11-1-2 流体动压滑动轴承的 B/d 越大,其承载能力越大,温升也越高。 （ ）

11-1-3 液体动压滑动轴承的承载力与轴承孔直径间隙的二次方成正比。 （ ）

11-1-4 非液体摩擦滑动轴承的主要失效形式是点蚀。 （ ）

11-1-5 非液体摩擦滑动轴承设计中验算比压(压强)的目的是限制轴承发热量。
（ ）

11-1-6 非液体摩擦滑动轴承设计中验算比压(压强)的目的是限制轴承过度磨损。
（ ）

11-1-7 非液体摩擦滑动轴承设计中验算 pv 值的目的是防止发生胶合。 （ ）

11-1-8 欲提高液体动压滑动轴承的工作转速,应提高其润滑油的黏度。 （ ）

11-1-9 在滑动轴承设计中,适当选用较小的宽径比有利于轴承散热。 （ ）

11-1-10 在滑动轴承设计中,适当选用较大的宽径比可以提高承载能力。 （ ）

11-1-11 形成液体动压轴承动压的必要条件有 2 个：(1)有足够的润滑油；(2)轴颈与轴承间有足够的相对速度。 （ ）

11-1-12 滑动轴承轴瓦上的油沟应开在非承载区。 （ ）

11-1-13 滑动轴承轴瓦上开设油沟的目的是使润滑油流入润滑区前有较宽的油面。
（ ）

11-1-14 形成液体动压轴承动压的必要条件之一是：轴颈与轴承形成有收敛楔。
（ ）

11-1-15 轴承合金是用来做重要轴承轴瓦的首选材料。 （ ）

11-1-16 润滑油的动力黏度又称绝对黏度。 （ ）

11-1-17 巴氏合金通常用来制造滑动轴承的轴承衬。 （ ）

11-1-18 可倾瓦在径向滑动轴承中的主要作用是提高轴承的稳定性。 （ ）

11-1-19 采用多油楔滑动轴承的目的在于增加润滑油油量。 （ ）

11-1-20 ZCuSn10P1 是巴氏合金。 （ ）

11-1-21 滑动轴承的润滑作用是减少摩擦,提高传动效率。 （ ）

11-1-22 液体静压滑动轴承通过轴瓦和轴径的相对运动形成动压油膜。 （ ）

11-1-23 大型水轮机的主轴通常采用滑动轴承。 （ ）

11-1-24 流体的黏度,即流体抵抗变形的能力,它表征流体内部摩擦阻力的大小。

（　　）

11.2 选 择 题

11-2-1 设计动压向心滑动轴承时,若发现最小油膜厚度 h_{min} 不够大,下列改进措施中,有效的是_____。

(A) 减小轴承长径比 B/d　　　　　(B) 增加供油量 Q
(C) 减小相对间隙 ψ　　　　　(D) 换用黏度低的润滑油

11-2-2 设计动压向心滑动轴承时,若宽径比 B/d 取得较小,则_____。

(A) 轴承端泄量大,承载能力低,温升高
(B) 轴承端泄量大,承载能力低,温升低
(C) 轴承端泄量小,承载能力高,温升高
(D) 轴承端泄量小,承载能力高,温升低

11-2-3 非液体摩擦滑动轴承的主要失效形式是_____。

(A) 点蚀　　　(B) 胶合　　　(C) 磨损　　　(D) 塑性变形

11-2-4 通过直接求解雷诺方程,可以求出轴承间隙中润滑油的_____。

(A) 流量分布　　(B) 流速分布　　(C) 温度分布　　(D) 压力分布

11-2-5 在设计液体动压润滑的向心滑动轴承时,若相对间隙 ψ、轴颈转速 n、润滑油的黏度 η 和轴承的宽径比 B/d 均已取定,在保证得到动压润滑的前提下,偏心率 ε 取得越大,则轴承的_____。

(A) 承载能力越大　　　　　(B) 内动压油膜越厚
(C) 回转精度越高　　　　　(D) 摩擦损耗越大

11-2-6 动压向心滑动轴承的偏心距 e 随着_____而增大。

(A) 轴转速 n 的增大或载荷 F 的增大
(B) 轴转速 n 的增大或载荷 F 的减小
(C) 轴转速 n 的减小或载荷 F 的增大
(D) 轴转速 n 的减小或载荷 F 的减小

11-2-7 两板间充满一定黏度的液体,两板的相对运动方向如图 11-1 所示,则可能形成液体动压润滑的是_____。

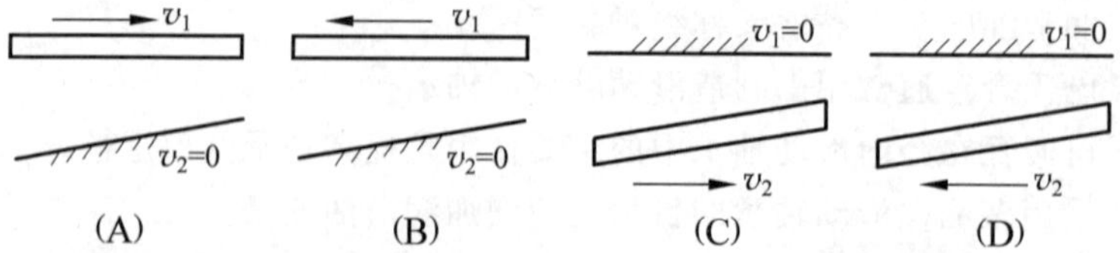

图 11-1

11-2-8 设计动压向心滑动轴承时,若通过热平衡计算发现轴承温升过高,则在下列改进设计的措施中,有效的是_____。

　　(A) 增大轴承的宽径比 B/d　　　　　(B) 减少供油量

　　(C) 增大相对间隙 ψ　　　　　(D) 换用黏度较高的油

11-2-9　非液体摩擦滑动轴承正常工作时,其工作面的摩擦状态是_____。

　　(A) 完全液体摩擦状态　　　　　(B) 干摩擦状态

　　(C) 边界摩擦或混合摩擦状态　　(D) 不确定

11-2-10　下述材料中是轴承合金(巴氏合金)的是_____。

　　(A) 20CrMnTi　　　　　　　　(B) 38CrMnMo

　　(C) ZSnSb11Cu6　　　　　　　(D) ZCuSn10Pb1

11-2-11　在动压滑动轴承能建立动压的条件中,不必要的条件是_____。

　　(A) 轴颈与轴瓦间构成楔形间隙

　　(B) 充分供应润滑油

　　(C) 润滑油温度不超过 50℃

　　(D) 轴颈与轴瓦表面之间有相对滑动,使润滑油从大口流向小口

11-2-12　由滑动轴承摩擦特性实验可以发现,随着转速的提高,摩擦系数_____。

　　(A) 不断增长

　　(B) 不断减小

　　(C) 开始减小,通过临界点进入液体摩擦区后有所增大

　　(D) 开始增大,通过临界点进入液体摩擦区后有所减小

11-2-13　验算滑动轴承最小油膜厚度 $h_{\min}$ 的目的是_____。

　　(A) 确定轴承是否能够获得液体润滑

　　(B) 控制轴承的发热量

　　(C) 计算轴承内部的摩擦阻力

　　(D) 控制轴承的压强 p

11-2-14　校核 pv 值的目的是限制滑动轴承的_____。

　　(A) 点蚀破坏　　(B) 疲劳破坏　　(C) 温升　　(D) 过度磨损

11-2-15　巴氏合金用来制造_____。

　　(A) 单层金属轴瓦　　　　　　(B) 双层或多层金属轴瓦

　　(C) 含油轴承的轴瓦　　　　　(D) 非金属轴瓦

11-2-16　在滑动轴承材料中,_____通常只用作双金属轴瓦的表层材料。

　　(A) 铸铁　　　　　　　　　　(B) 巴氏合金

　　(C) 铸造锡磷青铜　　　　　　(D) 铸造黄铜

11-2-17　液体润滑动压径向轴承的偏心距 e 随_____而减小。

　　(A) 轴颈转速 n 的增大或载荷 F 的增大

　　(B) 轴颈转速 n 的增大或载荷 F 的减小

　　(C) 轴颈转速 n 的减小或载荷 F 的减小

　　(D) 轴颈转速 n 的减小或载荷 F 的增大

11-2-18　不完全液体润滑滑动轴承验算 $pv \leqslant [pv]$ 是为了防止轴承_____。

　　(A) 过度磨损　　　　　　　　(B) 过热产生胶合

　　(C) 产生塑性变形　　　　　　(D) 发生疲劳点蚀

11-2-19 设计液体动力润滑径向滑动轴承时,若发现最小油膜厚度 h_{min} 不够大,则在下列改进设计的措施中,最有效的是_____。

（A）减小轴承的宽径比 B/d （B）增加供油量

（C）减小相对间隙 ψ （D）增大偏心率 ε

11-2-20 在_____情况下,滑动轴承润滑油的黏度不应选得较高。

（A）重载   （B）高速

（C）工作温度高   （D）承受变载荷或振动冲击载荷

11-2-21 温度升高时,润滑油的黏度_____。

（A）随之升高   （B）保持不变

（C）随之降低   （D）可能升高,也可能降低

11-2-22 运动黏度是动力黏度与同温度下润滑油_____的比值。

（A）质量   （B）密度   （C）比重   （D）流速

11-2-23 润滑油的_____又称绝对黏度。

（A）运动黏度   （B）动力黏度   （C）恩格尔黏度   （D）基本黏度

11-2-24 下列各种机械设备中,_____只宜采用滑动轴承。

（A）中、小型减速器齿轮轴   （B）磨床主轴

（C）铁道机车车辆轴   （D）大型水轮机主轴

11-2-25 两相对滑动的接触表面依靠吸附油膜进行润滑的摩擦状态称为_____。

（A）液体摩擦   （B）半液体摩擦

（C）混合摩擦   （D）边界摩擦

11-2-26 液体动力润滑径向滑动轴承最小油膜厚度的计算公式是_____。

（A）$h_{min} = \psi d(1-\varepsilon)$ （B）$h_{min} = \psi d(1+\varepsilon)$

（C）$h_{min} = \psi d(1-\varepsilon)/2$ （D）$h_{min} = \psi d(1+\varepsilon)/2$

11-2-27 在滑动轴承中,相对间隙 ψ 是一个重要参数,它是_____与公称直径之比。

（A）半径间隙 $\delta = R - r$ （B）直径间隙 $\Delta = D - d$

（C）最小油膜厚度 h_{min} （D）偏心率 ε

11-2-28 在径向滑动轴承中,采用可倾瓦的目的在于_____。

（A）便于装配   （B）使轴承具有自动调位能力

（C）提高轴承的稳定性   （D）增加润滑油流量,降低温升

11-2-29 采用三油楔或多油楔滑动轴承的目的在于_____。

（A）提高承载能力   （B）增加润滑油油量

（C）提高轴承的稳定性   （D）减少摩擦发热

11-2-30 与滚动轴承相比,下述说法中,_____不能作为滑动轴承的优点。

（A）径向尺寸小   （B）间隙小,旋转精度高

（C）运转平稳,噪声低   （D）可用于高速情况下

11-2-31 径向滑动轴承的直径增大 1 倍,长径比不变,载荷及转速不变,则轴承的 pv 值为原来的_____倍。

（A）2   （B）1/2   （C）4   （D）1/4

第 11 章　滑动轴承　159

11-2-32　当润滑油的黏度 η 及速度 v 足够大时,试判断图 11-2 所示的滑块建立动压油膜的可能性:_____。

　　　　(A) 可能　　　　　　　　　　　(B) 不可能

　　　　(C) 不一定　　　　　　　　　　(D) A,B,C 均不正确

11-2-33　下列滑动轴承材料中,不能单独用作轴瓦的是_____。

　　　　(A) 轴承合金　　　(B) 铜合金　　　(C) 粉末冶金　　　(D) 塑料

11-2-34　图 11-3 所示的润滑系统是_____。

　　　　(A) 动压润滑系统　　　　　　　(B) 滚动轴承润滑系统

　　　　(C) 齿轮传动润滑系统　　　　　(D) 静压润滑系统

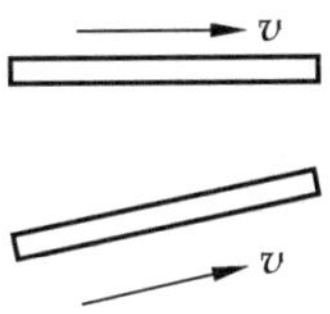

图 11-2 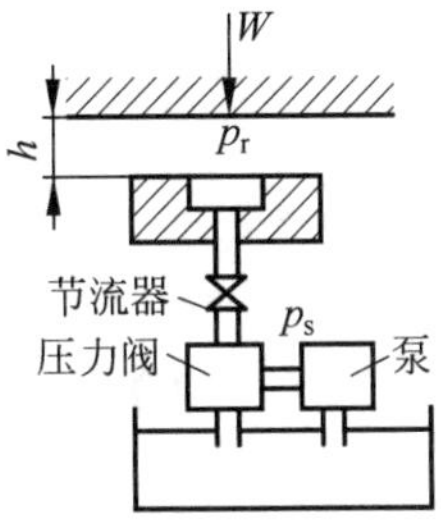　　　　　　　　　　　　　　图 11-3

11-2-35　图 11-4 所示的止推轴承可形成双向动压的是_____,只能形成单向动压的速度方向为_____。

　　　　(A) 图(b),向右　　　　　　　　(B) 图(a),向右

　　　　(C) 图(b),向左　　　　　　　　(D) 图(a),向右

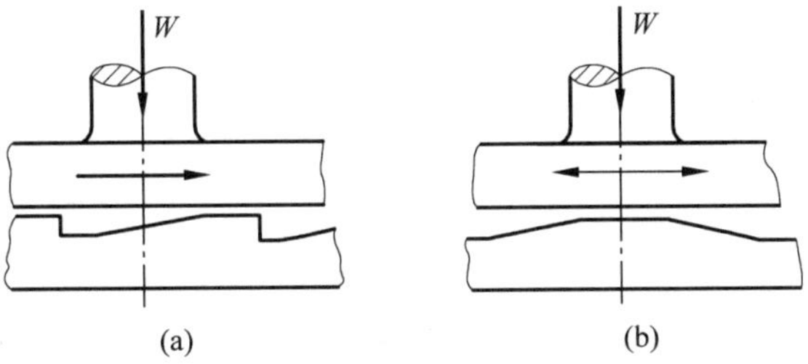

(a)　　　　　　　　　　　　　　(b)

图 11-4

11-2-36　图 11-5 所示的 4 种情况中,_____是流体动力润滑滑动轴承的平衡状态。

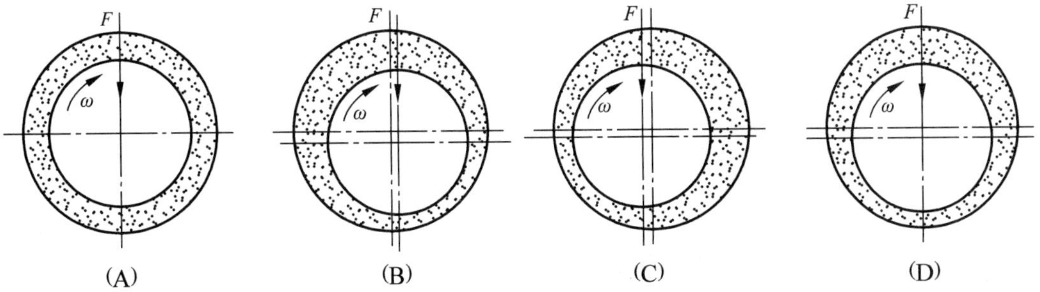

(A)　　　　　　　　(B)　　　　　　　　(C)　　　　　　　　(D)

图 11-5

11-2-37　如图 11-6 所示，向心滑动轴承动压油膜形成的过程为_____。

(A) (a)→(b)→(c)　　　　　　　(B) (b)→(c)→(a)

(C) (a)→(c)→(b)　　　　　　　(D) (b)→(a)→(c)

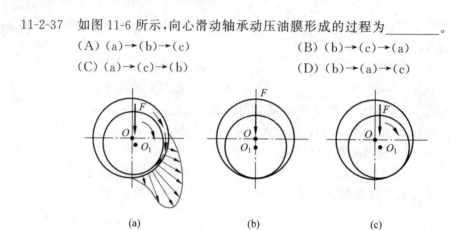

(a)　　　　　　　　(b)　　　　　　　　(c)

图 11-6

11.3　填　空　题

11-3-1　不完全液体润滑滑动轴承验算比压是为了避免_____，验算 pv 值是为了防止_____。

11-3-2　在设计动力润滑滑动轴承时，若减小相对间隙，则轴承的承载能力将_____，旋转精度将_____，发热量将_____。

11-3-3　流体的黏度，即流体抵抗变形的能力，它表征流体内部_____的大小。

11-3-4　润滑油的油性是指润滑油在金属表面的_____能力。

11-3-5　影响润滑油黏度的主要因素有_____和_____。

11-3-6　两摩擦表面间的典型摩擦状态是_____摩擦、_____摩擦和_____摩擦。

11-3-7　若润滑油的运动黏度为 ν，动力黏度为 η，密度为 ρ，则它们的关系式为_____。

11-3-8　滑动轴承的轴瓦多采用青铜材料，这主要是为了提高_____能力。

11-3-9　不完全液体润滑滑动轴承工作能力的校验公式是_____、_____和_____。

11-3-10　形成流体动压润滑的必要条件是：

(1) 两工作表面间必须_____；

(2) 两工作表面间必须_____；

(3) 两工作表面间必须_____。

11-3-11　不完全液体润滑滑动轴承的主要失效形式是_____和_____。

11-3-12　滑动轴承的润滑作用是减少_____和_____，提高传动_____，所以轴瓦的油槽应该开在_____。

11-3-13　为了避免因轴的挠曲而引起轴承"边缘接触"，造成轴承早期磨损，对宽径比较大的滑动轴承可以采用_____轴承。

11-3-14　滑动轴承的承载量系数将随着偏心率的增加而_____，相应的最小油膜厚度随着偏心率的增加而_____。

11-3-15　在一维雷诺润滑方程中，黏度是指润滑剂的_____黏度。

11-3-16　在选择滑动轴承所用的润滑油时，对液体润滑轴承主要考虑润滑油的_____，对不完全液体润滑轴承主要考虑润滑油的_____。

11-3-17　在液体动压滑动轴承设计中，要计算最小油膜厚度和轴承温升的原因分别是：确保最小油膜厚度_____表面综合粗糙度和防止温升过高使油的黏度_____过多，而导致承载能力不足。

11-3-18　液体动压润滑向心滑动轴承的偏心距随着轴颈转速的_____或载荷的_____而减小。

11-3-19　液体摩擦动压滑动轴承轴瓦上的油孔、油沟位置应开在_____。

11-3-20　常用滑动轴承的材料有：_____、_____、_____和_____。

11-3-21　液体滑动轴承从未启动到稳定运转过程中，轴颈的 4 种状态分别是：_____、_____、_____转动和_____转动。

11.4　问　答　题

11-4-1　设计液体动力润滑滑动轴承时，为保证轴承正常工作，应满足哪些条件？

11-4-2　滑动轴承的摩擦状况有哪几种？它们有何本质差别？

11-4-3　试述径向动压滑动轴承油膜的形成过程。

11-4-4　就液体动力润滑的一维雷诺方程 $\dfrac{\partial p}{\partial x} = 6\eta v \dfrac{h - h_0}{h^3}$，说明形成液体动力润滑的必要条件。

11-4-5　液体动力润滑滑动轴承的相对间隙 ψ 的大小，对滑动轴承的承载能力、温升和运转精度有何影响？

11-4-6　有一液体动力润滑单油楔滑动轴承，在 2 种外载荷下工作时，其偏心率分别为 $\varepsilon_1 = 0.6$，$\varepsilon_2 = 0.8$，试分析哪种情况下轴承承受的外载荷大？为提高该轴承的承载能力，有哪些措施可供考虑？（假定轴颈直径和转速不允许改变。）

11-4-7　不完全液体润滑滑动轴承须进行哪些验算？各有何含义？

11-4-8　为了保证滑动轴承获得较高的承载能力，油槽应做在什么位置？

11-4-9　何谓轴承承载系数 C_p？C_p 值大是否说明轴承所能承受的载荷也越大？

11-4-10　滑动轴承的摩擦状态有哪几种？它们的主要区别如何？

11-4-11　滑动轴承的主要失效形式有哪些？

11-4-12　常用的轴瓦材料有哪些？各适用于何处？

11-4-13　相对间隙 ψ 对轴承承载能力有何影响？在设计时，若算出的 h_{min} 过小或温升过高，应如何调整 ψ 值？

11-4-14　在设计液体动力润滑径向滑动轴承时，在其最小油膜厚度 h_{min} 不够可靠的情况下，如何调整参数进行设计？

11-4-15　非液体摩擦滑动轴承设计计算时,须限制轴承的平均压强 p、滑动速度 v 及 pv 值,试说明理由。

11-4-16　在液体润滑滑动轴承设计中,为什么需要进行热平衡计算?

11-4-17　液体摩擦动压滑动轴承的宽径比(B/d)和润滑油的黏度大小对滑动轴承的承载能力、温升有什么影响?

11-4-18　试分析动压滑动轴承与静压滑动轴承在形成压力油膜机理上的异同。

11-4-19　图 11-7 所示为旋转的滚筒或轴颈的 4 种情况,试画出它们之间可以形成的流体动压油膜的滚筒或轴颈的转动方向,以及对应的流体动压压力分布图。

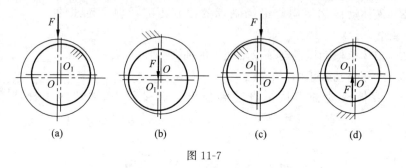

图 11-7

11-4-20　非液体摩擦滑动轴承的主要失效形式是什么? 设计准则是什么?

11-4-21　试述液体润滑滑动轴承热平衡计算的目的和原理。

11.5　计 算 题

11-5-1　一径向轴承的平均压力分别为(1)$p=3.5$MPa,(2)$p=14$MPa。若轴转速 $n=150$r/min,轴承宽 $B=0.05$m,轴径 $R=0.1$m,间隙 $C=0.2$mm,用 30 号机械油润滑,试采用无限短轴承理论计算两种情况下的最小油膜厚度。

由无限短轴承理论可知,ε-Δ 公式为:

$$\Delta = \frac{P}{\pi n \mu}\left(\frac{C}{R}\right)^2 = \left(\frac{B}{d}\right)^2 \frac{\pi \varepsilon}{(1-\varepsilon^2)^2}\sqrt{0.62\varepsilon^2+1}$$

11-5-2　已知某不完全液体润滑径向滑动轴承的轴颈直径 $d=200$mm,轴承宽度 $B=200$mm,轴颈转速 $n=300$r/min,轴瓦材料为 ZCuAl10Fe3,其中[p]$=15$MPa 和[pv]$=12$MPa,试问它可以承受的最大径向载荷是多少?

11-5-3　已知一起重机卷筒的滑动轴承所承受的载荷 $F=10^5$N,轴颈直径 $d=90$mm,轴的转速 $n=9$r/min,轴承材料为 ZCuSn10P1,其中[p]$=15$MPa,[v]$=10$m/s,[pv]$=15$MPa·m/s。试校核此轴承,并给出润滑方式。

11-5-4　校核铸件清理滚筒上的一对滑动轴承,并给出润滑方式。已知装载量加自重为 $F=18\times10^3$N,转速为 $n=40$r/min,轴颈的直径 $d=120$mm,轴承宽径比 $B/d=1$。轴瓦材料为锡青铜 ZCuSn10P1,其[p]$=15$MPa,[v]$=10$m/s,[pv]$=15$MPa·m/s。

11-5-5　验算一非液体摩擦的滑动轴承,并给出润滑方式。已知轴转速 $n=65$r/min,轴直径 $d=85$mm,轴承宽度 $B=85$mm,径向载荷 $R=70$kN,轴的材料为 45 钢,轴瓦材料为

ZCuSn10P1,其中$[p]=15\text{MPa}$,$[v]=10\text{m/s}$,$[pv]=15\text{MPa}\cdot\text{m/s}$。

11-5-6 试计算在保证液体摩擦情况下轴承可承受的最大载荷。已知$d=100\text{mm}$,$B=100\text{mm}$,$\Delta=0.2\text{mm}$,$n=1\times10^3\text{r/min}$,此时$\mu=0.02\text{Pa}\cdot\text{s}$,$Rz_1+Rz_2=10\mu\text{m}$,$\varepsilon\text{-}C_p$关系如图 11-8 所示。

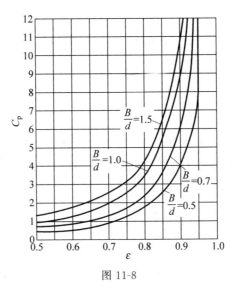

图 11-8

11-5-7 有一液体摩擦向心滑动轴承,其轴颈上的载荷$F=100\text{kN}$,转速$n=500\text{r/min}$,轴颈直径$d=200\text{mm}$,轴承宽径比$B/d=1$,轴及轴瓦表面的粗糙度$Rz_1=3.2\mu\text{m}$,$Rz_2=3.2\mu\text{m}$,设其直径间隙$\Delta=0.250\text{mm}$,润滑油的动力黏度$\mu=0.045\text{Pa}\cdot\text{s}$,$\varepsilon\text{-}C_p$关系如图 11-8 所示。试完成下列问题:

(1) 校核该轴承是否可形成动压液体润滑;

(2) 计算轴承正常工作时偏心距e。

11-5-8 某一径向滑动轴承轴颈和轴瓦的公称直径$d=80\text{mm}$,轴承宽径比$B/d=1$,轴承相对间隙$\psi=0.0015$,润滑油动力黏度$\mu=0.0198\text{Pa}\cdot\text{s}$,轴颈和轴瓦表面微观不平度的十点平均高度分别为$Rz_1=1.6\mu\text{m}$,$Rz_2=3.2\mu\text{m}$,在径向工作载荷$F=35\text{kN}$、轴颈速度$V=7.37\text{m/s}$的工作条件下,偏心率$\varepsilon=0.8$,能形成液体动力润滑吗? 若其他条件不变,试求:

(1) 当轴颈速度提高到$V'=1.7V$时,轴承的最小油膜厚度为多少?

(2) 当轴颈速度降低为$V'=0.7V$时,该轴承能否达到液体动力润滑状态?

注:(1)承载量系数计算公式$C_p=\dfrac{F\psi^2}{2\mu VB}$;(2)$\varepsilon\text{-}C_p$关系如图 11-8 所示。

11-5-9 有一滑动轴承,已知轴颈及轴瓦的公称直径$d=80\text{mm}$,直径间隙$\Delta=0.1\text{mm}$,轴承宽度$B=120\text{mm}$,径向载荷$F=50\,000\text{N}$,轴的转速$n=1000\text{r/min}$,轴颈及轴瓦孔表面微观不平度的十点平均高度分别为$Rz_1=1.6\mu\text{m}$,$Rz_2=3.2\mu\text{m}$。试完成下列问题:

(1) 该轴承达到液体动力润滑状态时,润滑油的动力黏度应为多少?

(2) 若将径向载荷及直径间隙都提高20%,其他条件不变,问此轴承能否达到液体动力润滑状态?

注：（1）承载系数公式 $C_p = \dfrac{F\psi^2}{2\mu vB}$；（2）$\varepsilon$-$C_p$ 关系如图 11-8 所示。

11-5-10 如图 11-9 所示，已知两平板的相对运动速度 $v_1 > v_2 > v_3 > v_4$，载荷 $F_4 > F_3 > F_2 > F_1$，平板间润滑油的黏度等于 μ。试分析：

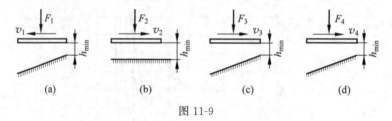

图 11-9

（1）哪些情况可以形成压力油膜？说明建立液体动力润滑油膜的充分必要条件。

（2）哪种情况的油膜厚度最大？哪种情况的油膜压力最大？

（3）在图 11-9(c)中，若降低 v_3，其他条件不变，则油膜压力和油膜厚度将发生什么变化？

（4）在图 11-9(c)中，若减小 F_3，其他条件不变，则油膜压力和油膜厚度将发生什么变化？

11-5-11 试分析图 11-10 所示的 4 种摩擦副，哪些摩擦副不能形成油膜压力？为什么？（v 为相对运动速度，润滑油有一定的黏度。）

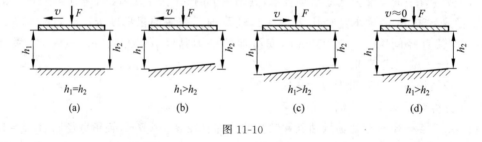

图 11-10

11-5-12 试在表 11-1 中填写液体动力润滑滑动轴承设计时有关参量的变化趋向。（可用代表符号：上升↑，下降↓，不定？）

表 **11-1**

参　量	最小油膜厚度 h_{min}/mm	偏心率 ε	径向载荷 F/N	供油量 $Q/(m^3 \cdot s^{-1})$	轴承温升 Δt/℃
宽径比 B/d↑时					
润滑油黏度 μ↑时					
相对间隙 ψ↑时					
轴颈速度 v↑时					

滚 动 轴 承

12.1 判 断 题

12-1-1 滚动轴承的公称接触角越大,承受轴向载荷的能力就越大。 （ ）

12-1-2 采用滚动轴承轴向预紧措施的主要目的是提高轴承的承载能力。 （ ）

12-1-3 滚动轴承的基本额定载荷是指一批相同的轴承的寿命平均值。 （ ）

12-1-4 滚动轴承的精度比滑动轴承的精度低。 （ ）

12-1-5 滚动轴承的失效形式有 3 种：磨粒磨损、过度塑性变形、疲劳点蚀,其中最常见的是磨粒磨损。 （ ）

12-1-6 型号为 7210 的滚动轴承,表示其类型为角接触球轴承。 （ ）

12-1-7 滚动轴承的基本额定寿命是指可靠度为 90% 的轴承寿命。 （ ）

12-1-8 深沟球轴承只能承受径向载荷。 （ ）

12-1-9 角接触球轴承的派生轴向力 S 是由其所支承的轴上的轴向载荷引起的。（ ）

12-1-10 采用滚动轴承轴向预紧措施的主要目的是提高支承刚度和旋转精度。（ ）

12-1-11 当轴上只作用有径向力时,角接触球轴承就不会受轴向力的作用。 （ ）

12-1-12 滚动轴承内座圈与轴颈的配合通常采用基轴制。 （ ）

12-1-13 滚动轴承 7318B 的公称接触角为 25° （ ）

12-1-14 滚动轴承 6303 的内径尺寸为 15mm。 （ ）

12-1-15 滚动轴承的内圈与轴颈的配合采用基孔制。 （ ）

12-1-16 滚动轴承外圈与座孔的配合应采用基轴制。 （ ）

12-1-17 滚动轴承 73/22B 的内径尺寸为 110mm。 （ ）

12-1-18 滚动轴承 7309B 的公差等级为 B 级。 （ ）

12-1-19 当轴上的轴承跨距较短,且温差较小时,支承部件应采用双支点单向固定形式。 （ ）

12-1-20 当轴上的轴承跨距较长,且温差较大时,支承部件应采用用单支点双向固定形式。 （ ）

12-1-21 滚动轴承预紧的目的在于增加轴承的强度,减少轴承的变形。 （ ）

12-1-22 滚动轴承的基本额定寿命为 10^6 转,其失效概率为 5%。 （ ）

12-1-23 转速极低或摆动的滚动轴承常发生塑性变形破坏。 （ ）

12-1-24 角接触球轴承承受轴向载荷的能力取决于它的接触角大小。 （ ）

12-1-25 滚动轴承的设计都是按可靠度 90% 进行计算的。 （ ）

12-1-26　滚动轴承预紧的目的是增大支承刚度、提高旋转精度和减小振动与噪声。

（　　）

12-1-27　圆锥滚子轴承必须成对使用。　　　　　　　　　　　　　　　（　　）

12-1-28　角接触球轴承 71911AC 的公称接触角为 25°。　　　　　　　（　　）

12-1-29　角接触球轴承承受轴向载荷的能力随接触角 α 的增大而减小。（　　）

12-1-30　对滚动轴承进行密封，可以起到降低运转噪声的作用。　　　（　　）

12-1-31　滚动轴承 N207 只能承受径向载荷。　　　　　　　　　　　　（　　）

12-1-32　滚动轴承工作时，滚动体与滚动间的接触应力通常是脉动循环应力。（　　）

12-1-33　滚动轴承 5215 只能承受径向载荷。　　　　　　　　　　　　（　　）

12-1-34　对于确定型号的滚动轴承，其基本额定动载荷的值是变化的。（　　）

12-1-35　对于载荷不大、多支点的支承，宜选用调心球轴承。　　　　（　　）

12-1-36　毛毡圈可以用作滚动轴承的接触式密封。　　　　　　　　　（　　）

12-1-37　圆锥滚子轴承不宜用来同时承受径向载荷和轴向载荷。　　（　　）

12-1-38　滚针轴承可以用作游动支点。　　　　　　　　　　　　　　　（　　）

12-1-39　滚动轴承的类型代号用数字或字母表示。　　　　　　　　　（　　）

12-1-40　滚动轴承的主要失效形式是疲劳点蚀。　　　　　　　　　　（　　）

12.2　选　择　题

12-2-1　若转轴在载荷作用下弯曲较大或轴承座孔不能保证良好的同轴度，宜选用类型代号为_____的轴承。

（A）1 或 2　　　　（B）3 或 7　　　　（C）N 或 NU　　　（D）6 或 NA

12-2-2　一根轴只用来传递转矩，因轴较长采用 3 个支点将其固定在水泥基础上，则各支点轴承应选用_____。

（A）深沟球轴承　（B）调心球轴承　（C）圆柱滚子轴承（D）调心滚子轴承

12-2-3　滚动轴承内圈与轴颈、外圈与座孔的配合为_____。

（A）均为基轴制　　　　　　　（B）前者基轴制，后者基孔制

（C）均为基孔制　　　　　　　（D）前者基孔制，后者基轴制

12-2-4　为保证轴承内圈与轴肩端面接触良好，轴承的圆角半径 r 与轴肩处的圆角半径 r_1 应满足_____的关系。

（A）$r=r_1$　　　　（B）$r>r_1$　　　　（C）$r<r_1$　　　　（D）$r \leqslant r_1$

12-2-5　_____不宜用来同时承受径向载荷和轴向载荷。

（A）圆锥滚子轴承　　　　　　（B）角接触球轴承

（C）深沟球轴承　　　　　　　（D）圆柱滚子轴承

12-2-6　_____只能承受轴向载荷。

（A）圆锥滚子轴承　　　　　　（B）推力球轴承

（C）滚针轴承　　　　　　　　（D）调心球轴承

12-2-7　_____通常应成对使用。

  (A) 深沟球轴承   (B) 圆锥滚子轴承

  (C) 推力球轴承   (D) 圆柱滚子轴承

12-2-8　跨距较大并承受较大径向载荷的起重机卷筒轴轴承应选用_____。

  (A) 深沟球轴承   (B) 圆锥滚子轴承

  (C) 调心滚子轴承   (D) 圆柱滚子轴承

12-2-9　_____不是滚动轴承预紧的目的。

  (A) 增大支承刚度   (B) 提高旋转精度

  (C) 减小振动噪声   (D) 降低摩擦阻力

12-2-10　滚动轴承的额定寿命是指同一批轴承中_____的轴承能达到的寿命。

  (A) 99%   (B) 90%   (C) 95%   (D) 50%

12-2-11　_____适用于多支点轴、弯曲刚度小的轴及难于精确对中的支承。

  (A) 深沟球轴承   (B) 圆锥滚子轴承

  (C) 角接触球轴承   (D) 调心轴承

12-2-12　某轮系的中间齿轮(惰轮)通过一滚动轴承固定在不转的心轴上,轴承内、外圈的配合应满足_____。

  (A) 内圈与心轴配合较紧,外圈与齿轮配合较松

  (B) 内圈与心轴配合较松,外圈与齿轮配合较紧

  (C) 内圈、外圈配合均较紧

  (D) 内圈、外圈配合均较松

12-2-13　滚动轴承的代号由前置代号、基本代号和后置代号组成,其中基本代号表示_____。

  (A) 轴承的类型、结构和尺寸

  (B) 轴承组件

  (C) 轴承的内部结构变化和轴承的公差等级

  (D) 轴承游隙和配置

12-2-14　滚动轴承的类型代号由_____表示。

  (A) 数字   (B) 数字或字母   (C) 字母   (D) 数字加字母

12-2-15　角接触球轴承承受轴向载荷的能力随接触角 α 的增大而_____。

  (A) 增大   (B) 减少

  (C) 不变   (D) 增大或减少依轴承型号而定

12-2-16　在滚动轴承中,能承受较大的径向和轴向载荷的轴承是_____,适于作轴向游动的轴承是_____。

  (A) 深沟球轴承   (B) 角接触轴承

  (C) 圆锥滚子轴承   (D) 圆柱滚子轴承

12-2-17　只能承受轴向载荷的滚动轴承的类型代号为_____。

  (A) "7"型   (B) "2"型   (C) "6"型   (D) "5"型

12-2-18　滚动轴承的寿命计算公式 $L_{10}=\left(\dfrac{C}{P}\right)^{\varepsilon}$,其中 ε 为寿命系数,对于球轴承,$\varepsilon=$

_____，对于滚子轴承 ε＝_____。

    （A）1   （B）3   （C）1/3   （D）10/3

12-2-19   在下列四种轴承中，_____必须成对出现。

    （A）深沟球轴承   （B）角接触球轴承

    （C）推力球轴承   （D）圆柱滚子轴承

12-2-20   对滚动轴承进行密封，不能起到_____作用。

    （A）防止外界灰尘侵入   （B）降低运转噪声的

    （C）阻止润滑剂外漏   （D）阻止箱体内的润滑油流入轴承

12-2-21   滚动轴承预紧的目的是_____。

    （A）增大支承刚度   （B）提高旋转精度

    （C）减小振动与噪声   （D）降低摩擦阻力

12-2-22   同一根轴的两端支承虽然承受的载荷不等，但常用一对相同型号的滚动轴承，其主要原因是_____。

    （A）采用同型号的一对轴承，采购方便

    （B）安装两轴承的轴孔直径相同，加工方便

    （C）安装轴承的两轴颈直径相同，加工方便

    （D）一次镗孔能保证两轴承中心线的同轴度，有利于轴承正常工作

12-2-23   在进行滚动轴承组合设计时，对支承跨距很长、工作温度变化很大的轴，为适应轴较大的伸缩变形，应考虑_____。

    （A）将一端轴承设计成游动支点   （B）采用内部间隙可调整的轴承

    （C）采用内部间隙不可调整的轴承   （D）轴颈与轴承内圈采用很松的配合

12-2-24   以下各滚动轴承中，轴承公差等级最高的是_____，承受径向载荷能力最高的是_____。

    （A）N207/P4   （B）6207/P2   （C）5207/P6   （D）7207

12-2-25   滚动轴承基本额定动载荷所对应的基本额定寿命是_____。

    （A）10^7 （B）25×10^7 （C）10^6 （D）5×10^6

12-2-26   在良好的润滑和密封条件下，滚动轴承的主要失效形式是_____。

    （A）塑性变形   （B）胶合   （C）磨损   （D）疲劳点蚀

12-2-27   轴承内孔与轴的配合采用_____，轴承外径与外壳孔的配合采用_____。

    （A）基孔制，基孔制   （B）基孔制，基轴制

    （C）基轴制，基轴制   （D）基轴制，基孔制

12-2-28   下面对代号为7212AC的滚动轴承的承载情况描述最准确的是_____。

    （A）只能承受径向载荷

    （B）单个轴承能承受双向轴向载荷

    （C）只能承受轴向载荷

    （D）能同时承受径向载荷和单向轴向载荷

12-2-29   下列4种型号的滚动轴承中，只能承受径向载荷的是_____。

    （A）6208   （B）N208   （C）3208   （D）51208

12-2-30　推力球轴承不适用高转速的轴,这是因为高速时_____,从而使轴承寿命严重下降。

　　　　(A) 冲击过大　　　　　　　　　(B) 滚动体离心力过大
　　　　(C) 圆周速度过大　　　　　　　(D) 滚动体阻力过大

12-2-31　滚动轴承工作时,滚动体的应力循环特征是_____。

　　　　(A) $r=-1$　　　　(B) $r=1$　　　　(C) $r=0$　　　　(D) $0<r<1$

12-2-32　对于载荷不大、多支点的支承,宜选用_____。

　　　　(A) 深沟球轴承　　(B) 调心球轴承　　(C) 角接触球轴承　(D) 圆锥滚子轴承

12-2-33　下列滚动轴承公差等级代号中,等级最高的是_____。

　　　　(A) /P0　　　　　　(B) /P2　　　　　(C) /P5　　　　　(D) /P6X

12-2-34　按基本额定动载荷选定的滚动轴承,在预定的使用期限内其破坏率最大为_____。

　　　　(A) 1%　　　　　　(B) 5%　　　　　(C) 10%　　　　　(D) 50%

12-2-35　滚动轴承的基本额定动载荷是指_____。

　　　　(A) 该轴承实际寿命为 10^6 转时所能承受的载荷
　　　　(B) 不发生点蚀时该轴承基本寿命为 10^6 转时所能承受的载荷
　　　　(C) 一批同型号轴承的平均寿命为 10^6 转时所能承受的载荷
　　　　(D) 可靠度为 90% 且轴承基本额定寿命为 10^6 转时所能承受的载荷

12-2-36　当滚动轴承同时承受较大的径向力和轴向力,转速较低而轴的刚度较大时,使用_____较为适宜。

　　　　(A) 深沟球轴承　　　　　　　　(B) 角接触球轴承
　　　　(C) 圆柱滚子轴承　　　　　　　(D) 圆锥滚子轴承

12-2-37　当滚动轴承主要承受径向力,轴向力很小,转速较高而轴的刚度较差时,可考虑选用_____。

　　　　(A) 深沟球轴承　　　　　　　　(B) 角接触球轴承
　　　　(C) 调心球轴承　　　　　　　　(D) 调心滚子轴承

12-2-38　图 12-1 所示的结构是_____。

　　　　(A) 动压润滑系统　　　　　　　(B) 滚动轴承的密封方式
　　　　(C) 齿轮传动的润滑系统　　　　(D) 静压润滑系统

12-2-39　图 12-2 所示的结构是滚动轴承的_____。

　　　　(A) 毛毡圈密封　　　　　　　　(B) 间隙密封
　　　　(C) 密封圈密封　　　　　　　　(D) 迷宫式密封

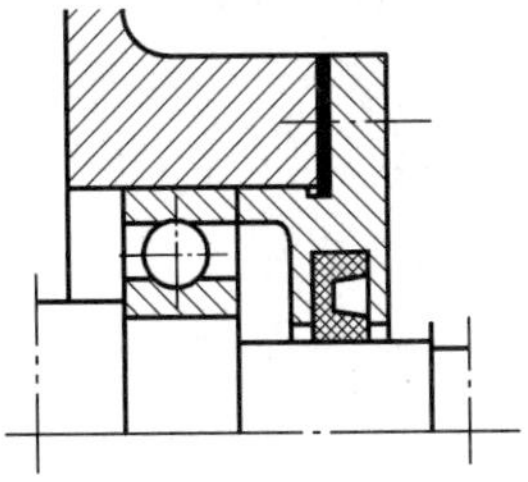

图 12-1 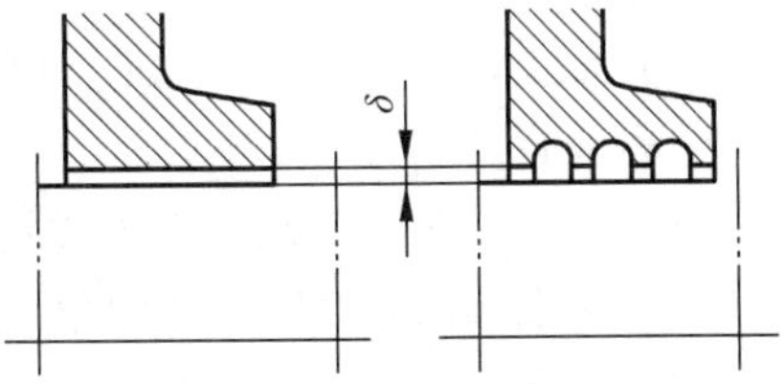　　　　　　　　　　　　　图 12-2

12-2-40   滚动轴承作为游动端支承且轴承的内圈和外圈可分离时,应采用_____型
滚动轴承。

(A) 30 000   (B) N0000   (C) 70 000   (D) 60 000

12-2-41   滚动轴承作为游动端支承且轴承的内圈和外圈不可分离时,应采用_____
型滚动轴承。

(A) 30 000   (B) N0000   (C) 70 000   (D) 60 000

12-2-42   轴承 6308/C3 相应的类型、尺寸系列、内径、公差等级和游隙组别
是_____。

(A) 内径 40mm,窄轻系列,3 级公差,0 组游隙的深沟球轴承
(B) 内径 40mm,窄中系列,3 级公差,0 组游隙的深沟球轴承
(C) 内径 40mm,窄轻系列,0 级公差,3 组游隙的深沟球轴承
(D) 内径 40mm,窄中系列,0 级公差,3 组游隙的深沟球轴承

12-2-43   轴承 7214B 相应的内径、尺寸系列、接触角、公差等级和游隙组别
是_____。

(A) 内径 70mm,02 尺寸系列,接触角为 0°,0 级公差,0 组游隙的角接触球轴承
(B) 内径 70mm,02 尺寸系列,接触角为 15°,0 级公差,0 组游隙的角接触球轴承
(C) 内径 70mm,02 尺寸系列,接触角为 25°,0 级公差,0 组游隙的角接触球轴承
(D) 内径 70mm,02 尺寸系列,接触角为 40°,0 级公差,0 组游隙的角接触球轴承

12-2-44   对轴承标记"7305/P3"描述正确的是_____。
(A) 角接触球轴承,3 组游隙   (B) 圆锥滚子轴承,3 级公差
(C) 角接触球轴承,3 级公差   (D) 圆锥滚子轴承,3 组游隙

12-2-45   按国家标准 GB/T 292—2007 规定,代号为 30318 的滚动轴承类型
为_____。
(A) 角接触球轴承   (B) 圆锥滚子轴承
(C) 深沟球轴承   (D) 单列推力球轴承

12-2-46   角接触球轴承 7404AC 的公称接触角是_____。
(A) 25°   (B) 15°   (C) 20°   (D) 40°

12-2-47   一角接触轴承,内径为 85mm,宽度系列为 O,直径系列为 3,接触角为 15°,公
差等级为 6 级,游隙 2 组,其代号为_____。
(A) 7317B/P62   (B) 7317AC/P6/C2
(C) 7317C/P6/C2   (D) 7317D/P62

12-2-48   一深沟球轴承,内径为 100mm,宽度系列为 O,直径系列为 2,公差等级为 O
级,游隙 O 组,其代号为_____。
(A) 60220   (B) 6220/PO   (C) 60220/PO   (D) 6220

12-2-49   代号 6312/P4 为_____。
(A) 内径 12mm,0 级公差的深沟球轴承
(B) 内径 60mm,0 级公差的角接触球轴承
(C) 内径 60mm,4 级公差的深沟球轴承
(D) 内径 12mm,4 级公差的角接触球轴

12-2-50　71911B 是接触角为_____的角接触球轴承。

　　(A) 15° 　　　　(B) 25° 　　　　(C) 35° 　　　　(D) 40°

12-2-51　判别下列轴承所能承受载荷的方向：6310 可承受_____，7310 可承受

_____，30310 可承受_____，5310 可承受_____，N310 可承受_____。

　　(A) 径向载荷　　　　　　　　　　(B) 轴向载荷

　　(C) 径向载荷与单向轴向载荷　　　　(D) 径向载荷与双向轴向载荷

　　题目 12-2-52～题目 12-2-58 出自以下内容：图 12-3 所示锥齿轮减速器中的小锥齿轮轴由面对面安装的两个圆锥滚子轴承支承。轴的转速 $n=1450\text{r/min}$，轴颈直径 $d=35\text{mm}$。已知轴承所受的径向负荷 $R_1=600\text{N}$，$R_2=2000\text{N}$，轴向外载荷 $F_A=250\text{N}$，要求使用寿命 $L_h=15\,000\text{h}$。选 30207，取 $C_r=51\,500$，$e=0.37$，$Y=1.6$，$f_p=1.5$。

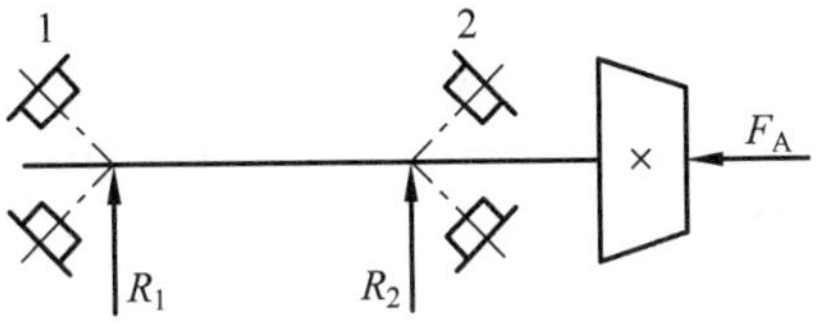

图 12-3

12-2-52　根据计算得到的当量动载荷，可知_____。

　　(A) $P_1<P_2$，两者相差约 300N　　(B) $P_1>P_2$，两者相差约 300N

　　(C) $P_1<P_2$，两者相差约 500N　　(D) $P_1>P_2$，两者相差约 500N

12-2-53　轴承 1 和轴承 2 内部轴向力的方向和大小是_____。

　　(A) 轴承 1 向左 300N，轴承 2 向右 500N

　　(B) 轴承 1 向左 100N，轴承 2 向右 700N

　　(C) 轴承 1 向右 200N，轴承 2 向左 600N

　　(D) 轴承 1 向右 350N，轴承 2 向左 450N

12-2-54　计算当量动载荷分别是_____。

　　(A) 2000N，2000N　　　　　　(B) 3000N，3000N

　　(C) 4000N，4000N　　　　　　(D) 5000N，5000N

12-2-55　轴承 1 和轴承 2 实际所受轴向力的大小是_____。

　　(A) 轴承 1 为 300N，轴承 2 为 500N　(B) 轴承 1 为 800N，轴承 2 为 700N

　　(C) 轴承 1 为 200N，轴承 2 为 600N　(D) 轴承 1 为 700N，轴承 2 为 450N

12-2-56　按较大当量动载荷计算，求得轴承额定动载荷 C 小于下列值，并判断其安全性：_____。

　　(A) $C<20\,000\text{N}<C_r$，安全　　(B) $C<40\,000\text{N}<C_r$，安全

　　(C) $C<60\,000\text{N}>C_r$，不安全　(D) $C<70\,000\text{N}>C_r$，不安全

12-2-57　根据轴向合力方向可知：_____。

　　(A) 轴承 1 被压紧，轴趋于向左　　(B) 轴承 2 被压紧，轴趋于向左

　　(C) 轴承 1 被压紧，轴趋于向右　　(D) 轴承 2 被压紧，轴趋于向右

12-2-58　判断轴承 A/R 与 e 的关系：_____。

　　(A) $A_1/R_1>e$，$A_2/R_2>e$　　(B) $A_1/R_1>e$，$A_2/R_2<e$

(C) $A_1/R_1 < e, A_2/R_2 > e$ (D) $A_1/R_1 < e, A_2/R_2 < e$

题目 12-2-59～题目 12-2-63 出自以下内容：图 12-4 所示的某两端固定轴采用一对深沟球轴承（6208），已知轴上的轴向外载荷 $F_a = 720$N，径向外载荷 $F_r = 2400$N（对称布置），$n = 1440$r/min，$f_F = 1.2$，$f_T = 1$，额定动载荷 $C = 29\ 500$N，额定静载荷 $C_0 = 18\ 000$N。

12-2-59　由最大当量载荷计算得到的轴承寿命为_____。

(A) 2000h   (B) 2300h   (C) 2600h   (D) 2900h

12-2-60　轴承 1 和轴承 2 所受轴向力分别为_____。

(A) 720N,0N   (B) 180N,540N

(C) 360N,360N   (D) 540N,180N

12-2-61　轴承 1 的当量载荷为_____。

(A) 1000 N   (B) 1500N   (C) 2000 N   (D) 2500N

12-2-62　轴承 1 和轴承 2 各自所受径向力为_____。

(A) 720N   (B) 1200N   (C) 2400N   (D) 3120N

12-2-63　轴承 2 的当量载荷为_____。

(A) 1000 N   (B) 1500N   (C) 2000N   (D) 2500N

题目 12-2-64～题目 12-2-69 出自以下内容：如图 12-5 所示采用一对 7302C 轴承，轴承上所受到的径向力 $R_1 = 3000$N，$R_2 = 2000$N，作用在轴上的外载荷 $F_A = 500$N，载荷系数 $f_p = 1$。（注：7302C 轴承的内部轴向力 $S = eR$，$e = 0.56$；当 $A/R > e$ 时，$X = 0.44$，$Y = 1.00$；当 $A/R \leqslant e$ 时，$X = 1$，$Y = 0$）

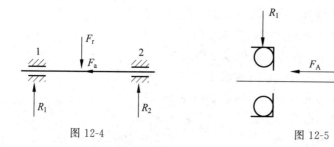

图 12-4   图 12-5

12-2-64　计算轴承寿命时，取_____。

(A) $P = P_2, \varepsilon = \dfrac{10}{3}$ (B) $P = P_1, \varepsilon = 3$

(C) $P = P_2, \varepsilon = 3$ (D) $P = P_1, \varepsilon = \dfrac{10}{3}$

12-2-65　轴承 1 和轴承 2 内部轴向力的大小和方向分别是_____。

(A) 1120N,向左；1680N,向右   (B) 1120N,向右；1680N,向左

(C) 1680N,向左；1120N,向右   (D) 1680N,向右；1120N,向左

12-2-66　轴承 7302C 的含义是_____。

(A) 角接触球轴承，$\alpha = 25°$，$d = 10$mm

(B) 圆锥滚子轴承，$\alpha = 25°$，$d = 10$mm

(C) 深沟球轴承，$\alpha = 15°$，$d = 15$mm

(D) 角接触球轴承，$\alpha = 15°$，$d = 15$mm

12-2-67 轴承 1 和轴承 2 的当量动载荷 P 分别是_____。

(A) 3000N,2060N （B) 2520N,3060N

(C) 3000N,2000N （D) 3000N,3060N

12-2-68 判断各轴承 A/R 与 e 的关系：_____。

(A) $A_1/R_1 \leqslant e, A_2/R_2 > e$ （B) $A_1/R_1 > e, A_2/R_2 \leqslant e$

(C) $A_1/R_1 \leqslant e, A_2/R_2 \leqslant e$ （D) $A_1/R_1 > e, A_2/R_2 > e$

12-2-69 轴承 1 和轴承 2 所受的轴向力 A 分别是_____。

(A) 1620N,1120N （B) 1680N,2180N

(C) 1680N,1120N （D) 1680N,1180N

题目 12-2-70～题目 12-2-75 出自以下内容：图 12-6 所示的轴上安装有一对 32309 轴承,$C_r=111\,800$N。已知轴承所受的径向负荷 $R_1=3000$N,$R_2=1500$N,轴向外载荷 $F_{a1}=100$N,$F_{a2}=400$N,轴的转速 $n=2000$r/min,载荷系数 $f_F=1.2$,温度系数 $f_T=1$。($e=0.35$；当 $A/R>e$ 时,$X=0.4,Y=1.6$；当 $A/R\leqslant e$ 时,$X=1,Y=0$；内部轴向力 $S=R/2Y$)。请回答以下问题：

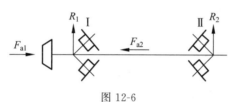

图 12-6

12-2-70 该轴承对的寿命约为_____。

(A) 300 000h （B) 450 000h （C) 550 000h （D) 750 000h

12-2-71 轴承 1 和轴承 2 的实际所受的轴向力 A_1 和 A_2 的大小分别约为_____。

(A) 1000N 和 1200N （B) 500N 和 1200N

(C) 800N 和 1400N （D) 600N 和 900N

12-2-72 轴承 1 和轴承 2 的当量动载荷 P_1 和 P_2 大约是_____。

(A) 2800N,2500N （B) 3000N,2600N

(C) 3600N,3000N （D) 2700N,2700N

12-2-73 图 12-6 所示的轴承安装方式和轴承 1 内部的轴向力方向是_____。

(A) 正装,水平向左 （B) 反装,水平向左

(C) 正装,水平向右 （D) 反装,水平向右

12-2-74 轴承 1 和轴承 2 内部轴向力的大小分别约为_____。

(A) 1000N,1000N （B) 1000N,500N

(C) 500N,1000N （D) 500N,1000N

12-2-75 32309 轴承的类型是_____。

(A) 圆锥滚子轴承 （B) 深沟球轴承

(C) 角接触球轴承 （D) 调心滚子轴承

题目 12-2-76～题目 12-2-80 出自以下内容：如图 12-7 所示的机械传动装置采用一对角接触球轴承支承,暂定轴承型号为 7309AC。已知轴承径向载荷 $F_{R\mathrm{I}}=1680$N,$F_{R\mathrm{II}}=$

2460N，$F_a=990$N，转速 $n=5000$r/min，运转中受中等冲击，预期寿命 $L_h=3000$h，请回答以下问题。（注：70000AC 型轴承的派生轴向力为 $0.68F_R$；对 70000AC 型轴承，$e=0.68$；当 $F_A/F_R>e$ 时，$X=0.41$，$Y=0.87$；当 $F_A/F_R\leqslant e$ 时，$X=1$，$Y=0$；$f_P=1.4$；7307AC 轴承的径向额定动载荷 $C=47\ 500$N。）

12-2-76　判断各轴承 F_A/F_R 与 e 的关系：_____。

(A) $F_{AI}/F_{RI}>e$，$F_{AII}/F_{RII}>e$

(B) $F_{AI}/F_{RI}>e$，$F_{AII}/F_{RII}\leqslant e$

(C) $F_{AI}/F_{RI}\leqslant e$，$F_{AII}/F_{RII}>e$

(D) $F_{AI}/F_{RI}\leqslant e$，$F_{AII}/F_{RII}\leqslant e$

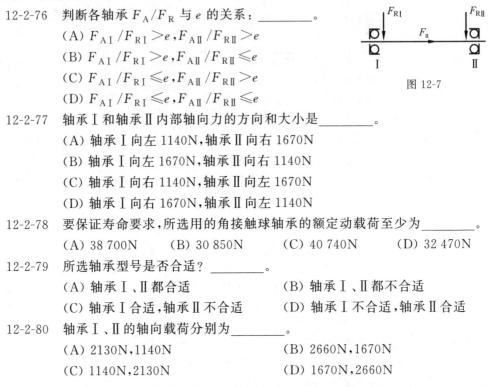

图 12-7

12-2-77　轴承Ⅰ和轴承Ⅱ内部轴向力的方向和大小是_____。

(A) 轴承Ⅰ向左 1140N，轴承Ⅱ向右 1670N

(B) 轴承Ⅰ向左 1670N，轴承Ⅱ向右 1140N

(C) 轴承Ⅰ向右 1140N，轴承Ⅱ向右 1670N

(D) 轴承Ⅰ向右 1670N，轴承Ⅱ向左 1140N

12-2-78　要保证寿命要求，所选用的角接触球轴承的额定动载荷至少为_____。

(A) 38 700N　　(B) 30 850N　　(C) 40 740N　　(D) 32 470N

12-2-79　所选轴承型号是否合适？_____。

(A) 轴承Ⅰ、Ⅱ都合适　　　　　　(B) 轴承Ⅰ、Ⅱ都不合适

(C) 轴承Ⅰ合适，轴承Ⅱ不合适　　(D) 轴承Ⅰ不合适，轴承Ⅱ合适

12-2-80　轴承Ⅰ、Ⅱ的轴向载荷分别为_____。

(A) 2130N，1140N　　　　　　　(B) 2660N，1670N

(C) 1140N，2130N　　　　　　　(D) 1670N，2660N

12.3　填　空　题

12-3-1　滚动轴承的主要失效形式是_____和_____。

12-3-2　按额定动载荷计算选用的滚动轴承，在预定使用期限内，其失效概率为_____。

12-3-3　对于中、高速转动的滚动轴承，一般常发生疲劳点蚀破坏，故轴承的尺寸主要按_____计算确定。

12-3-4　对于不转、转速极低或摆动的轴承，常发生塑性变形破坏，故轴承尺寸主要按_____计算确定。

12-3-5　滚动轴承轴系支点轴向固定的结构形式是：(1)_____；(2)_____；(3)_____。

12-3-6　在轴系支点轴向固定结构形式中，两端单向固定结构主要用于温度_____的_____轴。

12-3-7　其他条件不变，只把球轴承上的当量动载荷增加 1 倍，则该轴承的基本额定寿命是原来的_____。

12-3-8　其他条件不变,只把球轴承的基本额定动载荷增加 1 倍,则该轴承的基本额定寿命是原来的_____。

12-3-9　圆锥滚子轴承承受轴向载荷的能力取决于轴承的_____。

12-3-10　滚动轴承内、外圈轴线的夹角称为偏转角,各类轴承对允许的偏转角都有一定的限制,允许的偏转角越大,则轴承的_____性能越好。

12-3-11　滚动轴承预紧的目的在于增加轴承的_____,减少轴承的_____。

12-3-12　滚动轴承的内圈与轴颈的配合采用_____制,外圈与座孔的配合应采用_____制。

12-3-13　30207(7207)轴承的类型名称是_____轴承,内径是_____,它承受基本额定动载荷时的基本额定寿命是_____,这时的可靠度是_____。这种类型的轴承以承受_____力为主。

12-3-14　滚动轴承的基本额定动载荷 C、当量动载荷 P 和轴承寿命 L_h 三者的关系式为_____。

12-3-15　滚动轴承的基本额定动载荷是指使轴承的基本额定寿命恰好为_____时所能承受的载荷。

12-3-16　滚动轴承的选择主要取决于所受载荷的_____、_____和_____,转速的_____,调心性能,以及装拆方便及经济性等要求。

12-3-17　滚动轴承按其承受载荷的方向及公称接触角不同,可以分为_____轴承和_____轴承。

12-3-18　在滚动轴承轴系设计中,双支点单向固定方式常用在跨距_____或工作温度_____的情况下。

12-3-19　滚动轴承一端双向固定而另一端游动的方式常用在跨距_____或工作温度_____的情况下。

12-3-20　安装于某轴单支点上的代号为 7318B 的一对滚动轴承,其类型名称为_____轴承,内径尺寸 $d =$ _____,公称接触角 $\alpha =$ _____,直径系列为_____系列,精度等级为_____级。

12-3-21　安装于某轴单支点上的代号为 32310B/P4 的一对滚动轴承,其类型名称为_____轴承,内径尺寸 $d =$ _____,公差等级符合标准规定的_____级。

12-3-22　在基本额定动载荷作用下,滚动轴承可以工作_____而不发生点蚀,其可靠度为_____。

12-3-23　滑动轴承轴瓦常用的材料有_____等,内、外圈常用的材料为_____,保持架常用的材料为_____。

12-3-24　与滚动轴承 7118 相配合的轴径尺寸是_____。

12-3-25　当轴上轴承的跨距较短,且温差较小时,支承部件应用_____固定形式;当轴上轴承的跨距较长,且温差较大时,支承部件应用_____固定。

12-3-26　代号 6214 的滚动轴承类型是_____轴承,内径是_____。

12.4　问　答　题

12-4-1　滚动轴承的主要类型有哪几种？各有何特点？

12-4-2　机械设备中为何广泛采用滚动轴承？

12-4-3　向心角接触轴承为什么要成对使用、反向安装？

12-4-4　进行轴承组合设计时，两支点的受力不同，有时相差还较大，为何常选用尺寸相同的轴承？

12-4-5　为何调心轴承要成对使用，并安装在两个支点上？

12-4-6　推力球轴承为何不宜用于高速？

12-4-7　以径向接触轴承为例，说明轴承内、外圈采用松紧不同配合的原因。

12-4-8　为什么轴承采用润滑脂润滑时，润滑脂不能充满整个轴承空间？采用浸油润滑时，油面不能超过最低滚动体的中心？

12-4-9　轴承为什么要进行极限转速计算？计算条件是什么？

12-4-10　说明下列型号轴承的类型、尺寸、系列、结构特点及精度等级：32210E，52411/P5，61805，7312AC，NU2204E。

12-4-11　试分析正装和反装对简支梁与悬臂梁用圆锥滚子轴承支承的轴系刚度的影响。

12-4-12　试分析角接触球轴承和推力球轴承在承受径向载荷、轴向载荷和允许极限转速方面有何不同？

12-4-13　说出几种滚动轴承的外圈固定方式（至少 4 种）。

12-4-14　分析滚动轴承载荷增大 1 倍时，轴承寿命改变了多少？轴承转速增大 1 倍时，轴承的寿命改变了多少？

12-4-15　选择滚动轴承类型时应考虑哪些问题？

12-4-16　滚动轴承的主要失效形式是什么？应如何采用相应的设计准则？

12-4-17　试根据滚动轴承寿命计算公式分析：

(1) 转速一定的 7207C 轴承，其额定动载荷从 C 增至 $2C$ 时，寿命是否增加 1 倍？

(2) 转速一定的 7207C 轴承，其当量动载荷从 P 增至 $2P$ 时，寿命是否由 L_h 下降为 $L_h/2$？

(3) 当量动载荷一定的 7207C 轴承，当工作转速由 n 增至 $2n$ 时，其寿命有何变化？

12-4-18　试说明轴承代号 61212，33218，7038，52410/P6 的含义。

12-4-19　根据所给出的轴承编号，指出下列轴承相应的类型、尺寸系列、内径、结构、公差和游隙组别：6312/P4，71911B，23230/C3。

12-4-20　根据下面所给出的轴承代号，指出轴承相应的类型、尺寸系列、内径、公差等级和游隙组别：6308/C3，7214B，30213/P4。

12.5 计 算 题

12-5-1 某 6310 滚动轴承的工作条件为径向力 $F_r = 10\ 000\text{N}$,转速 $n = 300\text{r/min}$,轻度冲击($f_p = 1.35$),采用润滑脂润滑,预期寿命为 2000h。验算轴承强度。

12-5-2 某 6308 轴承的工作情况见表 12-1,设每天工作 8h,试问轴承能工作几年(每年按 300 天计算)?

表   12-1

工作时间 $b/\%$	径向载荷 F_r/N	转速 $n/(\text{r} \cdot \text{min}^{-1})$
30	2000	1000
15	4500	300
55	8900	100

注:有轻度冲击($f_p = 1.2$)。

12-5-3 对 60 个滚动轴承做寿命试验,按其基本额定动载荷加载,试验机主轴转速 $n = 2000\text{r/min}$。已知该批滚动轴承为正品,当试验时间进行到 10.5h 时,有几件滚动轴承已经失效?

12-5-4 已知某个深沟球轴承受径向载荷 $R = 8000\text{N}$,转速为 $n = 2000\text{r/min}$,工作时间为 4500h。试求它的基本额定动载荷 C。

12-5-5 某球轴承的转速 $n = 400\text{r/min}$,当量动载荷 $P = 5800\text{N}$,求得其基本额定寿命为 7000h。若把可靠度提高到 99%,则轴承寿命是多少?若轴承寿命分别取为 3700h、14 000h,则轴承可靠度是多少?

12-5-6 一矿山机械的转轴两端用 6313 深沟球轴承;每个轴承受径向载荷 $R = 5400\text{N}$,轴的轴向载荷 $A = 2650\text{N}$,轴的转速 $n = 1250\text{r/min}$,运转中有轻微冲击,预期寿命 $L_h = 5000\text{h}$,问是否适用?

12-5-7 1 对角接触球轴承反安装(背对背安装)。已知:径向力 $F_{r1} = 6750\text{N}$,$F_{r2} = 5700\text{N}$,外部轴向力 $F_A = 3000\text{N}$,方向如图 12-8 所示,试求两轴承的当量动载荷 P_{I},P_{II},并判断哪个轴承寿命短一些。(注:内部轴向力 $F_s = 0.68F_r$,$e = 0.68$,$X = 0.41$,$Y = 0.87$。)

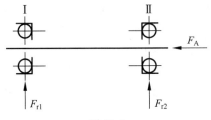

图 12-8

12-5-8 如图 12-9 所示为 1 对角接触球轴承支承的轴系,轴承正安装(面对面),已知 2 个轴承的径向载荷分别为 $F_{r1} = 2000\text{N}$,$F_{r2} = 4000\text{N}$,轴上作用的轴向外加载荷 $F_X = 1000\text{N}$,$f_p = 1.0$。(注:内部轴向力 $F_s = 0.68F_r$,$e = 0.68$,$X = 0.41$,$Y = 0.87$)试计算:

(1) 两个轴承的轴向载荷 F_{A1}，F_{A2}；

(2) 两个轴承的当量动载荷 P_1，P_2。

12-5-9 如图 12-10 所示，安装有 2 个斜齿圆柱齿轮的转轴由一对代号为 7210AC 的轴承支承。已知两齿轮上的轴向分力分别为 $F_{x1}=3000\text{N}$，$F_{x2}=5000\text{N}$，方向如图中所示。轴承所受径向载荷 $F_{r1}=8600\text{N}$，$F_{r2}=12\,500\text{N}$。求两轴承的轴向力 F_{a1}，F_{a2}。（7210AC 其内部轴向力 $F_s=0.68F_r$）

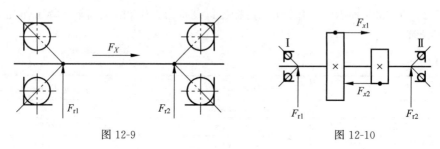

图 12-9 　　　　　　　　　　　图 12-10

12-5-10 图 12-11 所示为一对 7209C 轴承，承受径向负荷 $R_1=8\text{kN}$，$R_2=5\text{kN}$，试求当轴上作用的轴向负荷 $F_A=2\text{kN}$ 时，轴承所受的轴向负荷 A_1 与 A_2。

12-5-11 如图 12-12 所示的一对 30307 圆锥滚子轴承，已知轴承 1 和轴承 2 的径向载荷分别为 $R_1=584\text{N}$，$R_2=1776\text{N}$，轴上作用的轴向载荷 $F_A=146\text{N}$。轴承载荷有中等冲击，工作温度不高于 100℃，试求轴承 1 和轴承 2 的当量动载荷 P。

图 12-11 　　　　　　　　　　　图 12-12

12-5-12 某蜗杆轴转速 $n=1440\text{r/min}$，间歇工作，有轻微振动，$f_p=1.2$，常温工作。采用一端固定（一对 7209C 型轴承正安装）、一端游动（一个 6209 型轴承）支承。轴承的径向载荷 $F_{r1}=1000\text{N}$（固定端），$F_{r2}=450\text{N}$（游动端），轴上的轴向载荷 $F_x=3000\text{N}$，要求蜗杆轴承寿命 $L_h'\geqslant2500\text{h}$。试校核固定端轴承能否满足寿命要求。

12-5-13 某机器主轴采用深沟球轴承，主轴直径 $d=40\text{mm}$，转速 $n=3000\text{r/min}$，径向载荷 $R=2400\text{N}$，轴向载荷 $A=800\text{N}$，预期寿命 $L_h'=8000\text{h}$，请选择该轴承的型号。

12-5-14 某轴的一端原采用 6209 滚动轴承，如果该支点滚动轴承的工作可靠度要求提高到 99%，试问应该换成什么型号的滚动轴承？

12-5-15 根据工作条件，某机械传动装置中轴的两端各采用一深沟球轴承，轴颈直径 $d=35\text{mm}$，转速 $n=1460\text{r/min}$，每个轴承受径向负荷 $R=2500\text{N}$，常温下工作，负荷平稳，预期寿命 $L_h=8000\text{h}$，试选择轴承的型号。

12-5-16 一深沟球轴承 6304 承受径向力 $R=4\text{kN}$，载荷平稳；转速 $n=960\text{r/min}$，室温下工作，试求该轴承的额定寿命，并说明能达到或超过此寿命的概率。若载荷改为 $R=2\text{kN}$ 时，轴承的额定寿命是多少？

12-5-17 一双向推力球轴承 52310，受轴向负荷 $A=4800\text{N}$，轴的转速 $n=1450\text{r/min}$，

负荷有中等冲击,试计算其额定寿命。

12-5-18　某机械转轴两端各用一个径向轴承支持。已知轴颈 $d=40\text{mm}$,转速 $n=1000\text{r/min}$,每个轴承的径向载荷 $R=5880\text{N}$,载荷平稳,工作温度 $t=125℃$,预期寿命 $L_h=5000\text{h}$,试分别按深沟球轴承和圆柱滚子轴承选择型号,并比较之。

12-5-19　根据工作要求选用内径 $d=50\text{mm}$ 的圆柱滚子轴承。轴承的径向载荷 $R=39.2\text{kN}$,轴的转速 $n=85\text{r/min}$,运转条件正常,预期寿命 $L_h=1250\text{h}$,试选择轴承型号。

12-5-20　某轴两端装有 2 个 30207E 圆锥滚子轴承,如图 12-13 所示,已知轴承所受载荷:径向力 $R_1=3200\text{N}$,$R_2=1600\text{N}$。轴向外载荷 $F_{a1}=1000\text{N}$,$F_{a2}=200\text{N}$,载荷平稳($f_p=1$),问:

(1) 每个轴承的轴向载荷为多少?

(2) 每个轴承上的当量动载荷为多少?

(3) 哪个轴承的寿命较短?(注:$S=R/2Y$,$e=0.37$,$Y=1.6$,当 $A/R>e$ 时,$X=0.4$,$Y=1.6$;当 $A/R<e$ 时,$X=1$,$Y=0$)

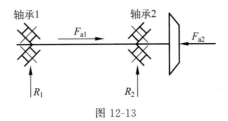

图 12-13

第 13 章

螺纹连接与螺旋传动

13.1 判 断 题

13-1-1 受横向载荷的普通螺栓连接主要是靠被连接件接合面之间的摩擦来承受横向载荷的。 （ ）

13-1-2 螺栓组受转矩作用时,螺栓的工作载荷同时受到剪切和拉伸。 （ ）

13-1-3 受轴向变载荷的普通螺栓紧连接结构中,在两个被连接件之间加入橡胶垫片,可以提高螺栓的疲劳强度。 （ ）

13-1-4 减小螺栓和螺母的螺距变化差可以改善螺纹牙间载荷分配的不均匀程度。

（ ）

13-1-5 当螺纹公称直径、牙型角、螺纹线数相同时,细牙螺纹的自锁性比粗牙螺纹的自锁性好。 （ ）

13-1-6 在螺纹连接中,采用加高螺母以增加旋合圈数的办法对提高螺栓的强度并没有多少作用。 （ ）

13-1-7 将受轴向载荷的普通螺栓连接适当预紧可以提高螺栓的抗疲劳强度。 （ ）

13-1-8 为了提高轴向变载荷螺栓连接的疲劳强度,可以增加螺栓刚度。 （ ）

13-1-9 只要螺纹副具有自锁性,即螺纹升角小于当量摩擦角,在任何情况下都无须考虑防松问题。 （ ）

13-1-10 在受翻转(倾覆)力矩作用的螺栓组连接中,设计螺栓的位置应尽量远离接合面的几何形心。 （ ）

13-1-11 一个双线螺纹副的螺距为 4mm,则螺杆相对螺母转过 1 圈时,它们沿轴向相对移动的距离应为 4mm。 （ ）

13-1-12 如图 13-1 所示,板 A 以 4 个铰制孔用螺栓固定在板 B 上,受力为 F,则 4 个螺栓所受载荷相等。 （ ）

13-1-13 如图 13-2 所示,螺纹副为右旋,螺杆只转动不移动,螺母只移动不转动,当螺杆按图示方向旋转时,螺母向左移动。 （ ）

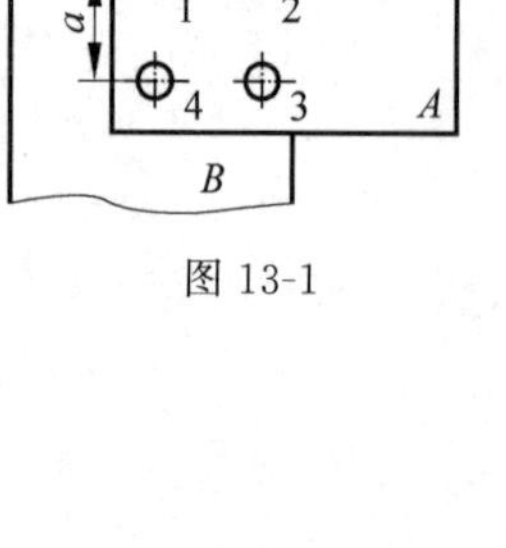

图 13-1

图 13-2

13-1-14 普通螺纹的牙型角是 60°。   （   ）

13-1-15 梯形螺纹主要用于连接螺纹。   （   ）

13-1-16 弹簧垫圈可以实现螺纹连接的机械防松。   （   ）

13-1-17 当铰制孔用螺栓连接承受横向载荷作用时,螺栓既可能受剪切作用,也可能
受挤压作用。   （   ）

13-1-18 在螺栓连接中,有时在一个螺栓上采用双螺母的目的是防松。   （   ）

13-1-19 若要提高受轴向载荷作用的紧螺栓的连接强度,可在螺母下面安装弹性
元件。   （   ）

13-1-20 普通螺栓组连接受转矩作用时,该螺栓组的螺栓同时受剪切和拉伸作用。

                                                              （   ）

13-1-21 螺纹连接预紧的目的在于增加连接的可靠性、紧密性和防松能力。 （   ）

13-1-22 螺钉连接用于需要经常装拆的场合。   （   ）

13-1-23 三角螺纹的自锁性能好。   （   ）

13-1-24 对顶螺母可以实现螺纹连接的摩擦防松。   （   ）

13-1-25 螺纹连接防松的根本问题在于防止螺纹副的相对转动。   （   ）

13-1-26 如图 13-1 所示,板 A 以 4 个铰制孔用螺栓固定在板 B 上,受力为 F,其中 2
和 3 两个螺栓受力最大。   （   ）

13.2 选 择 题

13-2-1 用于连接的螺纹牙型为三角形,这是因为三角形螺纹_____。

（A）牙根强度高,自锁性能好   （B）传动效率高

（C）防振性能好   （D）自锁性能差

13-2-2 对于连接用螺纹,主要要求连接可靠、自锁性能好,故常选用_____。

（A）升角小的单线三角形螺纹   （B）升角大的双线三角形螺纹

（C）升角小的单线梯形螺纹   （D）升角大的双线矩形螺纹

13-2-3 用于薄壁零件连接的螺纹,应采用_____。

（A）三角形细牙螺纹   （B）梯形螺纹

（C）锯齿形螺纹   （D）多线的三角形粗牙螺纹

13-2-4 当铰制孔用螺栓组连接承受横向载荷或旋转力矩时,该螺栓组中的螺
栓_____。

（A）必受剪切作用

（B）必受拉力作用

（C）同时受到剪切与拉伸作用

（D）既可能受剪切作用,也可能受挤压作用

13-2-5 计算紧螺栓连接的拉伸强度时,考虑到拉伸与扭转的复合作用,应将拉伸载荷
增加到原来的_____倍。

（A）1.1   （B）1.3   （C）1.25   （D）0.3

13-2-6 采用普通螺栓连接的凸缘联轴器，在传递转矩时，_____。

(A) 螺栓的横截面受剪切作用   (B) 螺栓与螺栓孔配合面受挤压作用

(C) 螺栓同时受剪切与挤压作用   (D) 螺栓受到拉伸与扭转作用

13-2-7 在下列 4 种具有相同公称直径和螺距，并采用相同配对材料的传动螺旋副中，传动效率最高的是_____。

(A) 单线矩形螺旋副   (B) 单线梯形螺旋副

(C) 双线矩形螺旋副   (D) 双线梯形螺旋副

13-2-8 在螺栓连接中，有时在一个螺栓上采用双螺母，其目的是_____。

(A) 提高强度   (B) 提高刚度

(C) 防松   (D) 减小每圈螺纹牙上的受力

13-2-9 在同一螺栓组中，螺栓的材料、直径和长度均应相同，这是为了_____。

(A) 受力均匀   (B) 便于装配

(C) 外形美观   (D) 降低成本

13-2-10 螺栓的材料性能等级标成 6.8 级，其中数字"6.8"代表_____。

(A) 对螺栓材料的强度要求   (B) 对螺栓的制造精度要求

(C) 对螺栓材料的刚度要求   (D) 对螺栓材料的耐腐蚀性要求

13-2-11 螺栓强度等级为 6.8 级，则螺栓材料的最小屈服极限近似为_____。

(A) 480MPa   (B) 6MPa   (C) 8MPa   (D) 0.8MPa

13-2-12 不控制预紧力时，螺栓的安全系数选择与其直径有关，是因为_____。

(A) 直径小，易过载   (B) 直径小，不易控制预紧力

(C) 直径大，材料缺陷多   (D) 直径大，安全

13-2-13 对工作时仅受预紧力 F' 作用的紧螺栓连接，其强度校核公式为 $\sigma_e \leqslant \dfrac{1.3F'}{\pi d_1^2/4} \leqslant [\sigma]$，式中的系数 1.3 是考虑_____。

(A) 可靠性系数

(B) 安全系数

(C) 螺栓在拧紧时，同时受拉伸与扭转组合作用的影响

(D) 过载系数

13-2-14 紧螺栓连接在按拉伸强度计算时，应将拉伸载荷增加到原来的 1.3 倍，这是考虑了_____的影响。

(A) 螺纹应力集中   (B) 扭转切应力作用

(C) 安全因素   (D) 载荷变化与冲击

13-2-15 预紧力为 F' 的单个紧螺栓连接受到轴向工作载荷 F 作用后，螺栓受到的总拉力 F_0 _____ $F' + F$。

(A) 大于   (B) 等于   (C) 小于   (D) 大于或等于

13-2-16 一紧螺栓连接的螺栓受到轴向变载荷作用，已知 $F_{min}=0$，$F_{max}=F$，螺栓的危险截面积为 A_c，螺栓的相对刚度为 K_c，则该螺栓的应力幅为_____。

(A) $\sigma_a = \dfrac{(1-K_c)F}{A_c}$ (B) $\sigma_a = \dfrac{K_c F}{A_c}$

$$(C) \ \sigma_a = \frac{K_c F}{2A_c} \qquad\qquad (D) \ \sigma_a = \frac{(1-K_c)F}{2A_c}$$

13-2-17　在受轴向变载荷作用的紧螺栓连接中,为提高螺栓的疲劳强度,可采取的措施是_____。

(A) 增大螺栓刚度 C_b,减小被连接件的刚度 C_m

(B) 减小 C_b,增大 C_m

(C) 增大 C_b 和 C_m

(D) 减小 C_b 和 C_m

13-2-18　若要提高受轴向变载荷作用的紧螺栓的疲劳强度,则可_____。

(A) 在被连接件间加橡胶垫片　　　(B) 增大螺栓长度

(C) 采用精制螺栓　　　　　　　　(D) 加防松装置

13-2-19　有一单个紧螺栓连接,要求被连接件接合面不分离,已知螺栓与被连接件的刚度相同,螺栓的预紧力为 F',当对连接施加轴向载荷,使螺栓的轴向工作载荷 F 与预紧力 F' 相等时,则_____。

(A) 被连接件发生分离,连接失效

(B) 被连接件将发生分离,连接不可靠

(C) 连接可靠,但不能继续加载

(D) 连接可靠,只要螺栓强度足够,可继续加载,直到轴向工作载荷 F 接近但小于预紧力 F' 的 2 倍

13-2-20　对于受轴向变载荷作用的紧螺栓连接,若轴向工作载荷 F 在 0～1000N 循环变化,则该连接螺栓所受拉应力的类型为_____。

(A) 非对称循环应力　　　　　　　(B) 脉动循环变压力

(C) 对称循环变应力　　　　　　　(D) 非稳定循环变应力

13-2-21　对于紧螺栓连接,当螺栓的总拉力 F_0 和残余预紧力 F'' 不变时,若将螺栓由实心变成空心,则螺栓的应力幅 σ_a 与预紧力 F' 会发生的变化是_____。

(A) σ_a 增大,F' 应适当减小　　　(B) σ_a 增大,F' 应适当增大

(C) σ_a 减小,F' 应适当减小　　　(D) σ_a 减小,F' 应适当增大

13-2-22　在螺栓连接设计中,若被连接件为铸件,则有时在螺栓孔处制作沉头座孔或凸台,其目的是_____。

(A) 避免螺栓受附加弯曲应力作用　(B) 便于安装

(C) 为安置防松装置　　　　　　　(D) 避免螺栓所受拉力过大

13-2-23　一螺栓受轴向变载荷:$F_{min}=0$,$F_{max}=F$,则螺栓的应力幅为_____。

(A) $\sigma_a=(1-K)F/A$　　　　　　(B) $\sigma_a=KF/A$

(C) $\sigma_a=KF/(2A)$　　　　　　(D) $\sigma_a=(1-K)F/(2A)$

式中,$K=C_1/(C_1+C_2)$,$A=\pi d_1^2/4$。

13-2-24　采用螺纹连接时,若被连接件总厚度较大,且材料较软,强度较低,在需要经常装拆的情况下一般宜采用_____。

(A) 螺栓连接　　　　　　　　　　(B) 双头螺柱连接

(C) 螺钉连接　　　　　　　　　　(D) 地脚螺栓连接

13-2-25　螺栓连接旋合螺纹牙间载荷分配不均是由于_____。
(A) 螺母太厚　　　　　　　　　　(B) 应力集中
(C) 螺母和螺栓的变形大小不一样　(D) 螺母和螺栓的变形性质不一样

13-2-26　螺纹副在摩擦系数一定时，螺纹的牙型角越大，则_____。
(A) 当量摩擦系数越小，自锁性能越好
(B) 当量摩擦系数越小，自锁性能越差
(C) 当量摩擦系数越大，自锁性能越差
(D) 当量摩擦系数越大，自锁性能越好

13-2-27　当轴上安装的零件要承受轴向力时，可采用_____来轴向定位，因为其所能承受的轴向力较大。
(A) 圆螺母　　(B) 紧定螺钉　　(C) 弹性挡圈　　(D) 弹性垫片

13-2-28　普通螺栓组连接受转矩作用时，该螺栓组的螺栓_____。
(A) 必受剪切作用
(B) 必受拉伸作用
(C) 同时受剪切和拉伸作用
(D) 既可能受剪切作用，又可能受拉伸作用

13-2-29　对于普通螺栓连接，在拧紧螺母时，螺栓所受的载荷是_____。
(A) 拉力　　(B) 扭矩　　(C) 压力　　(D) 拉力和扭矩

13-2-30　普通螺栓受横向工作载荷时，主要靠_____来承担横向载荷。
(A) 挤压力　　(B) 摩擦力　　(C) 剪切力　　(D) 离心力

13-2-31　螺纹连接防松的根本问题在于_____。
(A) 增加螺纹连接的轴向力　　(B) 增加螺纹连接的横向力
(C) 防止螺纹副的相对转动　　(D) 增加螺纹连接的刚度

13-2-32　为提高螺栓连接强度，应_____。
(A) 减小螺栓刚度，增大被连接件的刚度
(B) 同时减小螺栓与被连接件的刚度
(C) 增大螺栓的刚度
(D) 同时增大螺栓与被连接件的刚度

13-2-33　如图 13-3 所示，一螺栓连接拧紧后预紧力为 Q_p，工作时又受轴向工作拉力 F，被连接件上的残余预紧力为 $Q_{p'}$，其中，$C_1/(C_1+C_2)$ 为螺栓的连接相对刚度，则螺栓所受总拉力 Q 等于_____。
(A) Q_p+F　　　(B) $Q_p'+F$
(C) $Q_p'+Q_p$　　(D) $Q_p'+FC_1/(C_1+C_2)$

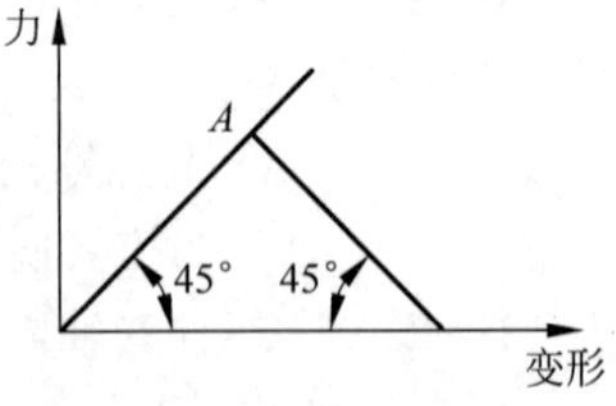

图 13-3

13-2-34　双头螺栓连接和螺钉连接均用于被连接件较厚而不宜钻通孔的场合，其中双头螺柱连接用于_____的场合，而螺钉连接用于_____的场合。
(A) 容易拆卸　　(B) 经常拆卸　　(C) 不容易拆卸　　(D) 不经常拆卸

13-2-35　为连接承受横向工作载荷的 2 块薄钢板，一般采用的螺纹连接类型应是_____。

(A) 螺栓连接　　　　　　　　　　(B) 双头螺柱连接

(C) 螺钉连接　　　　　　　　　　(D) 紧定螺钉连接

13-2-36　为保证受轴向载荷的紧螺栓连接件不出现缝隙,其_____。

(A) 残余预紧力 F'' 应小于 0　　　(B) 残余预紧力 F'' 应大于 0

(C) 残余预紧力 F'' 应等于 0　　　(D) 预紧力 F' 应大于 0

13-2-37　螺栓连接防松的根本在于防止_____的相对转动。

(A) 螺栓和螺母之间　　　　　　　(B) 螺栓和被连接件之间

(C) 螺母和被连接件之间　　　　　(D) 被连接件和被连接件之间

13-2-38　相同公称尺寸的三角形细牙螺纹和粗牙螺纹相比,因细牙螺纹的螺距小,小径大,故细牙螺纹的_____。

(A) 自锁性好,钉杆受拉强度低　　(B) 自锁性好,钉杆受拉强度高

(C) 自锁性差,钉杆受拉强度高　　(D) 自锁性差,钉杆受拉强度低

13-2-39　锯齿形螺纹的牙型角为_____。

(A) 45°　　(B) 30°　　(C) 33°　　(D) 60°

13-2-40　在防止螺纹连接松脱的各种措施中,当承受冲击或振动载荷时,_____是无效的。

(A) 采用具有增大摩擦力作用的防松装置,如螺母与被连接件之间安装弹簧垫圈

(B) 采用以机械方法防松的装置,如用六角槽形螺母与开口销

(C) 采用人为的方法(如胶或焊)使螺纹副不能转动

(D) 设计时使螺纹连接具有自锁性(即使螺纹升角小于当量摩擦角)

13-2-41　外载荷是轴向载荷的紧螺栓连接,螺栓的预紧力 F' 用公式_____进行计算的。在公式中:F 表示轴向外载荷;F' 表示剩余预紧力;x 表示螺栓的相对刚度,$x=\dfrac{C_1}{C_1+C_2}$;C_1 和 C_2 分别为螺栓与被连接件的刚度。

(A) $F'=F''+F$　　　　　　　　(B) $F'=F''+xF$

(C) $F'=F''+(1+x)F$　　　　　(D) $F'=F''+(1-x)F$

13-2-42　被连接件受横向外力作用时,如采用普通螺栓连接,则螺栓可能的失效形式为_____。

(A) 剪切或挤压破坏　　　　　　　(B) 拉断

(C) 拉、扭联合作用下的断裂　　　(D) 拉、扭联合作用下的塑性变形

13-2-43　螺纹副中一个零件相对于另一个转过 1 圈时,它们沿轴线方向相对移动的距离是_____。

(A) 线数×螺距　　(B) 一个螺距　　(C) 线数×导程　　(D) 导程/线数

13-2-44　设计紧连接螺栓时,其直径越小,则许用安全系数应取得越大,即许用应力取得越小。这是由于直径越小,_____。

(A) 螺纹部分的应力集中越严重　　(B) 加工螺纹时越容易产生缺陷

(C) 拧紧时越容易拧断　　　　　　(D) 材料的机械性能越不易保证

13-2-45　悬置螺母的主要作用是_____。

(A) 作为连接的防松装置　　　　　(B) 减少螺栓系统的刚度

(C) 使螺母中各圈螺纹受力均匀　　　(D) 防止螺栓受弯曲载荷

13-2-46   单线螺纹的大径 $d=10\text{mm}$，中径 $d_2=9.026\text{mm}$，小径 $d_1=8.376\text{mm}$，螺距 $p=1.5\text{mm}$，则螺纹升角 φ 为_____。

(A) $2.734°$　　　　(B) $3.028°$　　　　(C) $3.263°$　　　　(D) $6.039°$

13-2-47   将油缸端盖螺栓组连接的短螺栓改成长螺栓的主要目的是_____。

(A) 提高抗疲劳强度　　　　　　(B) 节省螺栓数量

(C) 安装方便　　　　　　　　　(D) 便于拆卸

13-2-48   如图 13-4 所示，受翻转（倾覆）力矩的四边形板由 4 个螺栓构成的螺栓组连接，螺栓的布置宜选择_____。

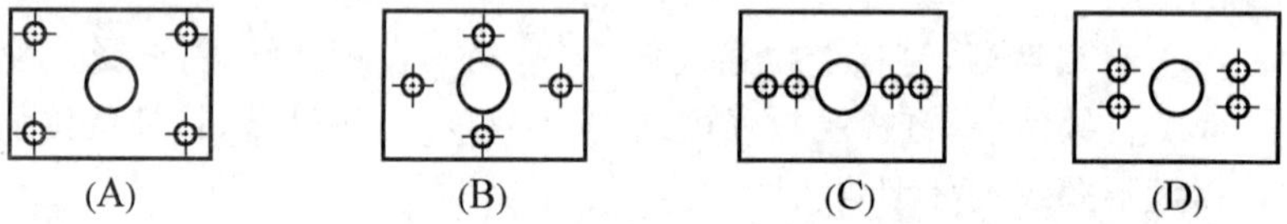

图 13-4

13-2-49   在图 13-5 所示的 4 种类型螺纹连接中，不适宜经常拆卸的是_____。

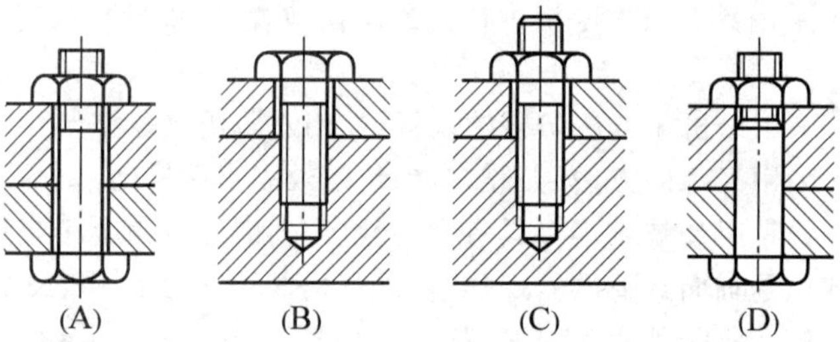

图 13-5

13-2-50   图 13-6 所示为一拉杆螺纹连接，已知拉杆所受载荷 $F_a=16\text{kN}$，螺栓许用应力 $[\sigma]=180\text{MPa}$，则螺栓允许的最小直径 d_1 约为_____。

(A) 10.64mm　　　　　　　　(B) 8.64mm

(C) 12.64mm　　　　　　　　(D) 14.64mm

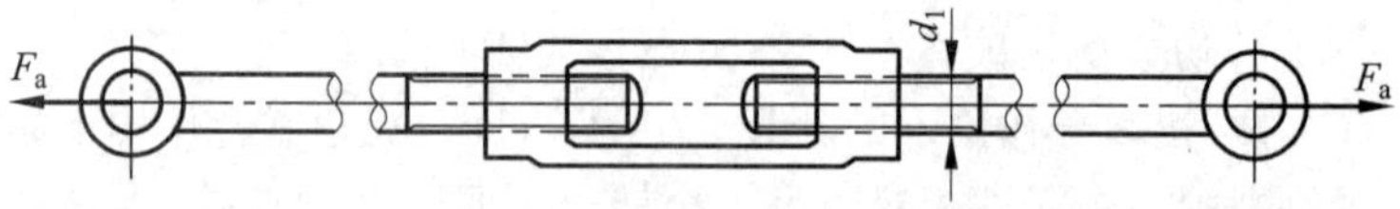

图 13-6

13-2-51   如图 13-7 所示，在吊钩的螺栓连接中 $Q=15\text{kN}$，螺栓材料的许用拉伸应力 $[\sigma]=120\text{MPa}$。依据螺栓强度条件进行计算，螺纹的小径至少应大于或等于_____。

(A) 12.37mm　　　　　　　　(B) 12.63mm

(C) 14.39mm　　　　　　　　(D) 15.78mm

13-2-52   公称直径为 16mm、长 60mm 的全螺纹六角头螺栓和与该螺栓配合使用的不经表面处理的普通粗牙六角螺母是_____。

　　(A) 螺栓 M16×60 GB/T 5781—2016,螺母 M16 GB/T 41—2016

　　(B) 螺栓 M16×60**Q** GB/T 5781—2016,螺母 M16 GB/T 41—2016

　　(C) 螺栓 M16×60 GB/T 5781—2016,螺母 M16**Q** GB/T 41—2016

　　(D) 螺栓 M16×60**Q** GB/T 5781—2016,螺母 M16**Q** GB/T 41—2016

13-2-53　公称直径为 16mm、长 60mm、按 m6 制造的铰制孔螺栓是_____。

　　(A) 螺栓 M12×m6×60 GB/T 27—2013

　　(B) 螺栓 M12×60×m6 GB/T 27—2013

　　(C) M12×60×m6 GB/T 27—2013

　　(D) M12×m6×60 GB/T 27—2013

13-2-54　在受轴向外载荷的紧螺栓连接中,若增加被连接件的刚度 C_m,而其他条件不变,则被连接件的残余预紧力将_____,螺栓的总拉力将_____,螺栓的静强度将_____,螺栓的疲劳强度_____。

　　(A) 降低　　　　(B) 增加　　　　(C) 不变　　　　(D) 不确定

　　题目 13-2-55～题目 13-2-58 出自以下内容:图 13-8 所示压力容器的容器盖与缸体用 6 个普通螺栓连接,缸内压强 $p=2×10^6$ Pa,缸径 $D=150$mm。根据连接的紧密性要求,每个螺栓的残余预紧力 $Q_p'=1.6F$,F 为单个螺栓的工作拉力,选用的螺栓材料为 35 钢,屈服极限 $\sigma_s=300$N/mm^2,安全系数 $S=2$。

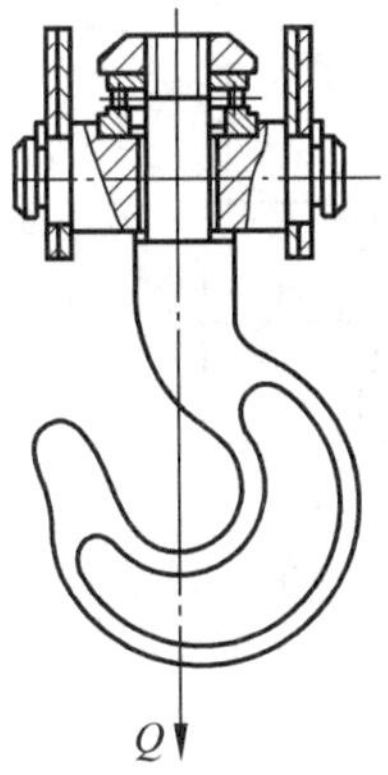

图 13-7 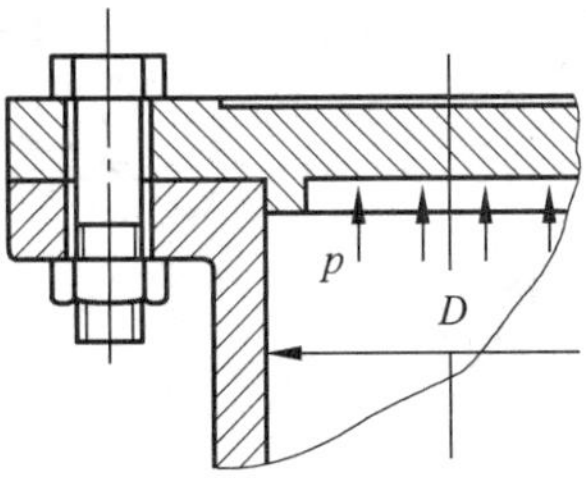　　　　　　　　　　　图 13-8

13-2-55　螺栓直径应大于_____。

　　(A) 11mm　　　(B) 13mm　　　(C) 15mm　　　(D) 17mm

13-2-56　螺栓的最大轴向工作载荷 $F=$_____。

　　(A) 5000N　　　(B) 5500N　　　(C) 6000N　　　(D) 6500N

13-2-57　螺栓的总拉力 $F_0=$_____。

　　(A) 10 000 N　　(B) 15 000N　　(C) 20 000N　　(D) 25 000N

13-2-58　分析螺栓连接的容器盖与缸体接合面处的缸体受力情况,下列说法正确的是_____。

　　(A) 缸体受的是总拉力　　　　　　(B) 缸体受的是残余预紧力

　　(C) 缸体受的是工作拉力　　　　　(D) 缸体受的是预紧力

题目 13-2-59～题目 13-2-61 出自以下内容：图 13-9 所示的升降机构承受载荷 $Q =$ 100kN，采用梯形螺纹，公称直径 $d = 70$mm，中径 $d_2 = 65$mm，螺距 $p = 10$mm，线数 $n = 4$。支承面采用推力球轴承，升降台上下移动处采用导向滚轮，它们之间的摩擦阻力忽略不计。

13-2-59　工作台稳定上升时加在螺杆上的力矩为_____。

(A) 800N・m　　(B) 1000N・m　　(C) 1200N・m　　(D) 1500N・m

13-2-60　若工作台以 800mm/min 的速度稳定上升，螺杆所需的转速和功率为_____。

(A) 10r/min,1kW　　　　　　　(B) 20r/min,2kW

(C) 30r/min,3kW　　　　　　　(D) 40r/min,4kW

13-2-61　若螺旋副间的摩擦系数为 0.1，则工作台稳定上升时的效率为_____。

(A) 60%　　(B) 65%　　(C) 70%　　(D) 75%

题目 13-2-62～题目 13-2-65 出自以下内容：图 13-10 所示的提升装置的卷筒用 4 个普通螺栓固连在蜗轮上（如图 13-10(a) 所示），提升载荷 $W = 4000$N，已知卷筒直径 $D = 150$mm，螺栓均布于直径 $D_0 = 180$mm 的圆周上（见图 13-10(b)），接合面间的摩擦系数 $f = 0.25$，可靠性系数 $K_f = 1.1$。螺栓材料的许用拉伸应力 $[\sigma] = 180$MPa。

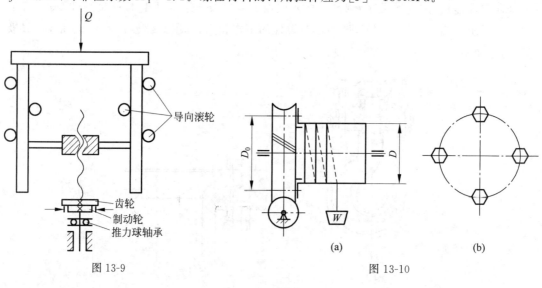

图 13-9

图 13-10

13-2-62　单个螺栓所需的最大预紧力为_____。

(A) 6000N　　(B) 7815.24N　　(C) 8066.65N　　(D) 9000N

13-2-63　为了满足强度条件，螺栓 d_1 须至少大于_____。

(A) 7.62mm　　(B) 8.63mm　　(C) 9.28mm　　(D) 10.18mm

13-2-64　单个螺栓所需的最大横向载荷为_____。

(A) 4333.33N　　(B) 2333.33N　　(C) 1833.33N　　(D) 1000N

13-2-65　下面的表述正确的是_____。

(A) 螺栓的总拉伸载荷等于工作载荷与残余预紧力之和

(C) 螺栓连接受到轴向工作载荷和横向工作载荷的共同作用

(C) 该螺栓连接为紧螺栓连接

(D) 不确定

题目 13-2-66～题目 13-2-69 出自以下内容：如图 13-11 所示，零件 A 和零件 B 用 4 个普通螺栓连接，绕螺栓组形心 O 的转矩为 4000kN·mm，螺栓材料的许用拉伸应力 $[\sigma]$ = 100MPa，被连接件接合面的 f = 0.12，可靠性系数 K_f = 1.2。

13-2-66　计算螺栓的小径至少应大于_____。

  (A) 30.2mm　　　　　(B) 34.5mm

  (C) 9.8mm　　　　　 (D) 11.02mm

13-2-67　单个螺栓所需的预紧力为_____。

  (A) 70kN　　　　　(B) 7kN

  (C) 28kN　　　　　(D) 280kN

13-2-68　单个螺栓所受横向载荷的最大值为_____。

  (A) 70kN　　　　　(B) 7kN

  (C) 28kN　　　　　(D) 280kN

13-2-69　单个螺栓所受的应力情况是_____。

  (A) 只受拉应力作用

  (B) 只受扭转切应力作用

  (C) 同时受拉应力和扭转切应力的作用

  (D) 不确定

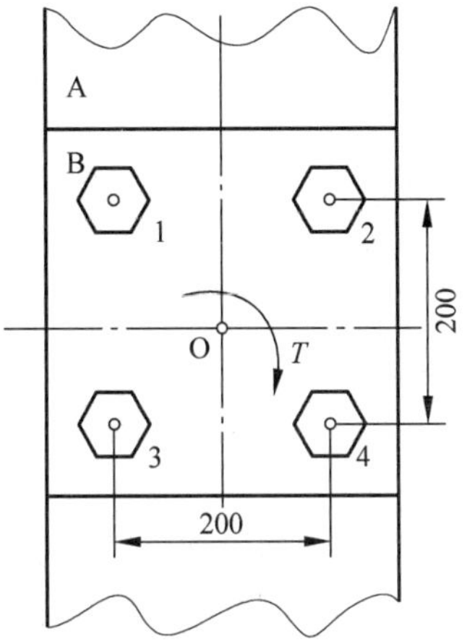

图 13-11

13.3　填　空　题

13-3-1　三角形螺纹的牙型角 α = _____，适用于_____，而梯形螺纹的牙型角 α = _____，适用于_____。

13-3-2　常用螺纹的类型主要有_____、_____、_____和_____。

13-3-3　传动用螺纹（如梯形螺纹）的牙型斜角比连接用螺纹（如三角形螺纹）的牙型斜角小，这主要是为了_____。

13-3-4　若螺纹的直径和螺旋副的摩擦系数一定，则拧紧螺母时的效率取决于螺纹的_____和_____。

13-3-5　螺纹连接的拧紧力矩等于_____的摩擦力矩和_____的摩擦力矩之和。

13-3-6　螺纹连接防松的实质是防止螺杆与螺母（或被连接件的螺纹孔）间发生_____。

13-3-7　普通螺栓连接受横向载荷作用，则螺栓中受_____应力和_____应力作用。

13-3-8　被连接件受横向载荷作用时，若采用普通螺栓连接，则螺栓受_____载荷作用，可能发生的失效形式为_____或_____。

13-3-9　有一单个普通螺栓连接，已知所受预紧力为 F'，轴向工作载荷为 F，螺栓的相对刚度为 $C_b/(C_b + C_m)$，则螺栓所受的总拉力 F_0 = _____，而残余预紧力 F'' = _____。若螺栓的螺纹小径为 d_1，螺栓材料的许用拉伸应力为 $[\sigma]$，则其危险剖面的拉伸强度条件式为_____。

13-3-10 在受轴向工作载荷 F 的普通螺栓连接中，螺栓所受的总拉力 F_0 等于_____和_____之和。

13-3-11 对受轴向工作载荷作用的普通螺栓连接，当预紧力 F' 和轴向工作载荷 F 一定时，为减小螺栓所受的总拉力 F_0，通常采用的方法是减小_____的刚度或增大_____的刚度。

13-3-12 采用凸台或沉头座孔作为螺栓头或螺母的支承面是为了_____和_____螺栓受附加弯曲应力的作用。

13-3-13 在螺纹连接中采用悬置螺母或环槽螺母的目的是_____各旋合圈螺纹牙上的载荷。

13-3-14 在螺栓连接中，当螺栓轴线与被连接件支承面不垂直时，螺栓中将产生附加_____应力。

13-3-15 螺纹连接防松按其原理可以分为_____防松、_____防松和_____防松。

13-3-16 普通螺纹连接承受横向外载荷时，依靠接合面间的_____承载，螺栓本身受_____作用，可能的失效形式为_____。

13-3-17 采用螺纹连接时，若被连接件总厚度较大，且材料较软，强度较低，则在需要经常装拆的情况下一般宜用_____连接；在不需要经常装拆的情况下，宜采用_____连接。

13-3-18 对承受轴向力载荷的普通螺栓连接，欲降低应力幅，提高疲劳强度的措施是_____螺栓刚度，同时_____被连接件的刚度。

13-3-19 标记为"螺栓 GB/T 5782—2016 M16×80"的六角头螺栓的螺纹是_____形，牙形角等于_____，线数等于_____，其中 16 代表_____，80 代表_____。

13-3-20 螺纹的公称直径是指螺纹的_____径，螺纹的升角是指螺纹_____径处的升角。螺旋的自锁条件为_____，拧紧螺母时的效率为_____。

13-3-21 螺纹连接常用的防松方法有_____防松、_____防松和_____防松。

13-3-22 在螺纹的防松装置中，双螺母属于_____防松，铆冲属于_____防松，冲点属于_____防松，开口销属于_____防松，铆死属于_____防松。

13-3-23 在压力容器的普通螺栓连接中，若螺栓的预紧力和容器的压强不变，仅将凸缘间的铜垫片换成橡胶垫片，则螺栓所受的总拉力_____，连接的紧密性_____。

13-3-24 双头螺柱的 2 个被连接件之一是_____孔，另一个是_____孔。

13-3-25 受轴向载荷的紧螺栓连接形式有_____连接和_____连接 2 种。

13-3-26 受轴向变载荷 $(0 \leftrightarrow F)$ 的普通螺栓连接，设 x 为螺栓的相对刚度，A 为螺栓的横截面面积，则螺栓承受的应力幅 σ_a 为_____。

13-3-27 设 d_2 为螺纹中径，φ 为螺纹升角，ρ_v 为当量摩擦角，对于连接螺纹，在预紧力 F' 时拧紧的螺母，螺纹副中的摩擦阻力矩为_____。

13-3-28 若三角形螺纹副之间的摩擦系数 $f = 0.2$，则其当量摩擦角的表达式 $\rho_v = $_____。

13-3-29 螺旋副的自锁条件是其当量摩擦角_____螺旋升角。

13-3-30　如图 13-12 所示,2 根钢梁由 2 块钢盖板以 8 个铰制孔用螺栓连接,钢梁所受拉力为 F,在进行强度计算时,螺栓的总剪切面数应取_____。

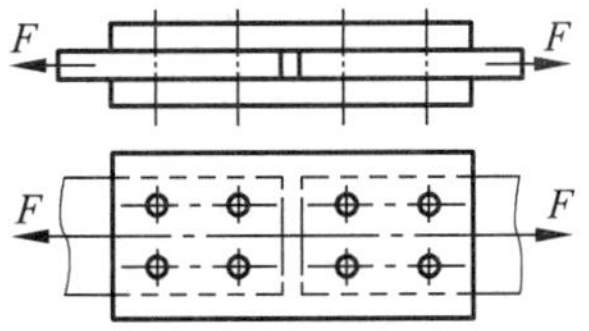

13-3-31　在图 13-12 中,若用 8 个普通螺栓连接,钢梁所受拉力为 F,则摩擦面数 m 应取_____,螺栓个数 z 取_____。

图 13-12

13-3-32　普通螺栓组连接所受载荷可分解为_____载荷、_____载荷、_____矩和_____矩 4 种基本载荷的组合。

13-3-33　对于受轴向工作载荷 F 作用的普通螺栓连接,若螺栓刚度增加或被连接件刚度减小时,螺栓所受总拉力 F _____。

13-3-34　用于连接的螺纹牙型为三角形是因为其当量摩擦系数_____、自锁性_____、牙根强度_____。

13-3-35　设摩擦系数为 f,梯形螺纹副的当量摩擦系数 $f_v =$ _____。

13.4　问　答　题

13-4-1　在摩擦系数一定的条件下,连接螺纹和传动螺纹的差别在什么地方?

13-4-2　常用螺纹按牙型分为哪几种? 各有何特点? 各适用于什么场合?

13-4-3　拧紧螺母与松螺母时的螺纹副效率如何计算? 哪些螺纹参数影响螺纹副的效率?

13-4-4　螺纹连接主要有哪些基本类型? 各有何特点? 各适用于什么场合?

13-4-5　螺纹的主要类型有哪几种? 如何合理选用?

13-4-6　螺栓、双头螺柱、螺钉、紧定螺钉在应用上有何不同?

13-4-7　普通螺栓连接和铰制孔用螺栓连接结构上各有何特点? 当这两种连接在承受横向载荷时,螺栓各受什么力作用?

13-4-8　何为松螺栓连接? 何为紧螺栓连接? 它们的强度计算有何区别?

13-4-9　为什么对重要的螺栓连接不宜使用直径小于 M12 的螺栓?

13-4-10　对承受横向载荷的紧螺栓连接采用普通螺栓时,强度计算公式中为什么要将预紧力提高 1.3 倍来计算? 若采用铰制孔用螺栓时是否也要这样做? 为什么?

13-4-11　在承受横向载荷的紧螺栓连接中,螺栓是否一定受剪切作用? 为什么?

13-4-12　为什么说螺栓的受力与被连接件承受的载荷既有联系又有区别?

13-4-13　为什么螺纹连接常需要防松? 按防松原理,螺纹连接的防松方法可分为哪几类? 试举例说明。

13-4-14　有一刚性凸缘联轴器,用材料为 Q235 的普通螺栓连接以传递转矩 T。现欲提高其传递的转矩,但限于结构不能增加螺栓的直径和数目,试提出 3 种能提高该联轴器传递转矩的方法。

13-4-15　提高螺栓连接强度的措施有哪些? 这些措施中哪些主要针对静强度? 哪些主要针对疲劳强度?

13-4-16　为了防止螺旋千斤顶失效，设计时应对螺杆和螺母进行哪些验算？

13-4-17　对于受轴向变载荷作用的螺栓，可以采取哪些措施来减小螺栓的应力幅 σ_a？

13-4-18　为什么对于重要的螺栓连接要控制螺栓的预紧力 F'？控制预紧力的方法有哪几种？

13-4-19　螺栓组连接受力分析的目的是什么？在进行受力分析时，通常要做哪些假设条件？

13-4-20　螺栓的光杆部分做得细一些为什么可以提高其疲劳强度？试用螺栓的受力-变形图加以说明。

13-4-21　画出铰制孔用螺栓（即受剪螺栓）的连接结构图。

13-4-22　当紧螺栓连接受到轴向工作载荷 F 后，螺栓伸长的增量 $\Delta\delta_L$ 和被连接件的压缩变形的减量 $\Delta\delta_F$ 是什么关系，为什么？

13-4-23　有一支架用 4 个普通螺栓固联于底座上，试述确定该螺栓组连接的预紧力 F' 时应考虑哪些因素？

13-4-24　说明普通螺栓连接受横向工作载荷时，螺栓中产生的应力情况。

13-4-25　设当量摩擦角为 ρ_v，螺旋线升角为 λ，根据三角形（60°）螺纹、梯形（30°）螺纹、锯齿形（一边 30°，一边 3°）螺纹和矩形（0°）螺纹的不同连接和传动特性，试分析它们适用的场合。

13-4-26　螺纹连接中常用的防松方法有哪几种？它们是如何防松的？

13-4-27　螺纹的主要参数有哪些？螺距和导程有什么区别？如何判断螺纹的线数和旋向？

13-4-28　螺纹连接防松的本质是什么？

13-4-29　受拉螺栓的松连接和紧连接有何区别？它们的设计计算公式是否相同？

13-4-30　什么情况下使用铰制孔用螺栓？

13-4-31　在受拉螺栓连接强度计算中，总载荷是否等于预紧力与拉伸工作载荷之和？为什么？

13-4-32　试述螺旋传动的主要特点及应用，比较滑动螺旋传动和滚动螺旋传动的优、缺点。

13-4-33　试比较螺旋传动和齿轮齿条传动的特点与应用。

13-4-34　规格 $d=$ M12、公称长度 $l=80\mathrm{mm}$、性能等级为 8.8 级、表面氧化、产品等级为 A 级的六角头螺栓，试给出螺栓的标准标记。

13-4-35　规格 $d=$ M12×1.5、公称长度 $l=80\mathrm{mm}$、性能等级为 8.8 级、表面氧化、细牙螺纹、产品等级为 A 级的六角头螺栓，试给出螺栓的标准标记。

13-4-36　规格 $d=$ M10、性能等级为 8 级、不经表面处理、产品等级为 A 级 1 型的六角螺母，试给出螺母的标准标记。

13-4-37　螺纹规格 $d=$ M12、公称长度 $l=80\mathrm{mm}$、性能等级为 8.8 级、表面氧化、按 m6 制造的 A 级六角头铰制孔用螺栓，试给出螺栓的标准标记。

13-4-38　螺纹规格 $d=$ M14、公称长度 $l=100\mathrm{mm}$、细牙螺距 1mm 的 A 型双头螺柱，试给出螺柱的标准标记。

13-4-39　公称直径为 16mm、材料为 65Mn、热处理硬度 HRC44～52、表面氧化的弹簧垫圈，试给出垫圈的标准标记。

13.5　计　算　题

13-5-1　2 块金属板用两个 M12 的普通螺栓连接,装配时不控制预紧力。若接合面的摩擦系数 $f = 0.3$,螺栓用性能等级为 4.8 的中碳钢制造,求此连接所能传递的横向载荷。

13-5-2　有一受预紧力 F' 和轴向工作载荷 $F = 1000$N 作用的紧螺栓连接,已知预紧力 $F' = 1000$N,螺栓的刚度 C_b 与被连接件的刚度 C_m 相等。试计算该螺栓所受的总拉力 F_0 和残余预紧力 F''。在预紧力 F' 不变的条件下,若要保证被连接件间不出现缝隙,则该螺栓的最大轴向工作载荷 F_{max} 为多少?

13-5-3　一刚性联轴器的结构尺寸如图 13-13 所示,用 6 个 M10 的铰制孔用螺栓连接。螺栓材料为 45 钢,强度级别为 6.8 级,联轴器材料为铸铁。试计算该连接允许传递的最大转矩。若传递的最大转矩不变,改用普通螺栓连接,两个半联轴器接合面间的摩擦系数 $f = 0.16$,装配时不控制预紧力,试求螺栓的直径。

13-5-4　如图 13-14 所示,起重卷筒与大齿轮用 8 个普通螺栓连接在一起。已知卷筒直径 $D = 400$mm,螺栓分布圆直径 $D_0 = 500$mm,接合面间的摩擦系数 $f = 0.12$,可靠性系数 $K_s = 1.2$,起重钢索拉力 $F_Q = 50\,000$N,螺栓材料的许用拉伸应力 $[\sigma] = 100$MPa,试计算螺栓直径。

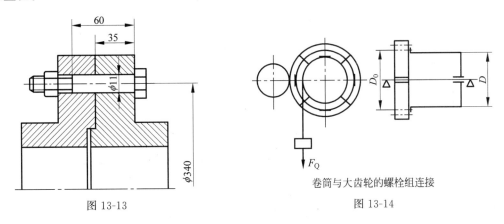

图 13-13　　　　　　　　　　卷筒与大齿轮的螺栓组连接

图 13-14

13-5-5　如图 13-15 所示,在气缸盖连接中,已知气压 $p = 3$MPa,气缸内径 $D = 160$mm,螺栓分布圆直径 $D_0 = 200$mm。为保证气密性要求,螺柱间距不得大于 100mm,装配时要控制预紧力。试确定螺柱的数目(取偶数)和直径。

13-5-6　如图 13-16 所示,液压油缸的缸体与缸盖用 8 个双头螺栓连接,油缸内径 $D = 260$mm,缸体内部的油压为 $p = 1.2$MPa,螺栓材料为 45 钢,采用石棉铜皮垫,试计算螺栓的直径。

13-5-7　如图 13-17 所示的矩形钢板,用 4 个 M16 的铰制孔用螺栓固定在高 250mm 的槽钢上,钢板悬臂端承受的外载荷为 16kN,试求:(1)作用在每个螺栓上的合成载荷;(2)螺栓的最大剪应力和挤压应力。

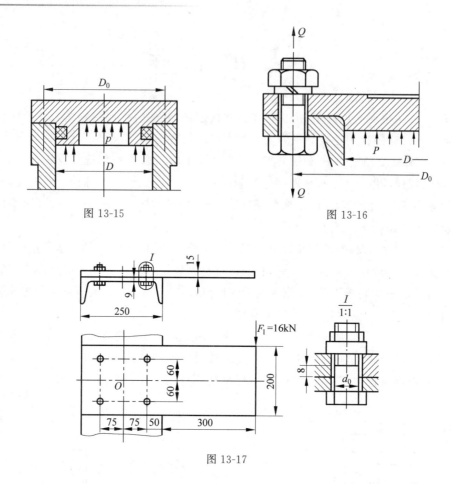

图 13-15

图 13-16

图 13-17

13-5-8 螺栓组连接的 3 种方案如图 13-18 所示，已知 $L=300\text{mm}$，$a=60\text{mm}$，试分别计算螺栓组 3 种方案中受力最大的螺栓的剪力各为多少？哪种方案较好？

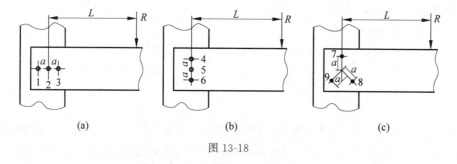

(a)   (b)   (c)

图 13-18

13-5-9 普通螺栓组连接的方案如图 13-19 所示，已知：载荷 $F_\Sigma=12\,000\text{N}$，尺寸 $l=400\text{mm}$，$a=100\text{mm}$。

（1）两种方案中受力最大的螺栓的横向力分别为多少？

（2）哪种螺栓布置方案更合理？

13-5-10 图 13-20 所示为一圆盘锯，锯片直径 $D=500\text{mm}$，用螺母将其夹紧在压板中间。已知锯片外圆上的工作阻力 $F_t=400\text{N}$，压板和锯片间的摩擦系数 $f=0.15$，压板的平均直径 $D_0=150\text{mm}$，可靠性系数 $K_s=1.2$，轴材料的许用拉伸应力 $[\sigma]=60\text{MPa}$。试计算轴端所需的

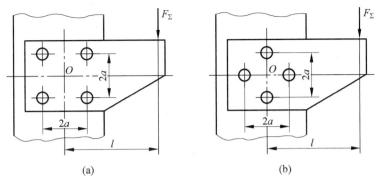

图 13-19

螺纹直径。(提示：此题中有两个接合面,压板的压紧力就是螺纹连接的预紧力。)

13-5-11　图 13-21 所示为一支架用 4 个普通螺栓与机座连接,所受外载荷分别为横向载荷 $F_R = 5000$N,轴向载荷 $F_Q = 16\,000$N。已知螺栓的相对刚度 $C_b/(C_b + C_m) = 0.25$,接合面间摩擦系数 $f = 0.15$,可靠性系数 $K_s = 1.2$,螺栓材料的机械性能级别为 8.8 级,最小屈服极限 $\sigma_{min} = 640$MPa,许用安全系数 $[S] = 2$,试计算该螺栓小径 d_1 的值。

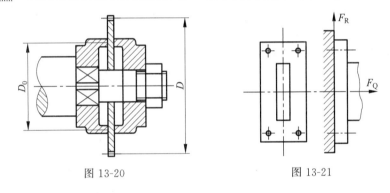

图 13-20　　　　　　　　　　　图 13-21

13-5-12　一牵引钩用 2 个 M10($d_1 = 8.376$mm) 的普通螺栓固定于机体上,如图 13-22 所示。已知接合面间的摩擦系数 $f = 0.15$,可靠性系数 $K_s = 1.2$,螺栓材料强度级别为 6.6 级,屈服极限 $\sigma_s = 360$MPa,许用安全系数 $[S] = 3$。试计算该螺栓组连接允许的最大牵引力 F_{Rmax}。

13-5-13　图 13-23 所示为带式运输机的凸缘联轴器,用 4 个普通螺栓连接,$D_0 = 120$mm,传递扭矩 $T = 180$N·m,接合面间的摩擦系数为 $f = 0.16$,试计算螺栓的直径。

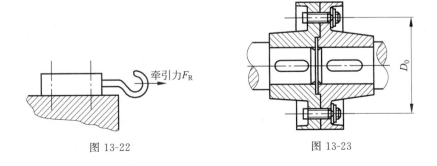

图 13-22　　　　　　　　　　　图 13-23

13-5-14 图 13-24 所示为一个托架的边板用 6 个铰制孔用螺栓与相邻机架连接的 3 种布置形式。托架受一大小为 60kN 的载荷 F_Q 作用,该载荷与边板螺栓组的对称轴线 yy 相平行,距离为 250mm。3 种布置形式的材料、板厚均相同,试问哪种布置形式所用的螺栓直径可以最小? 为什么?

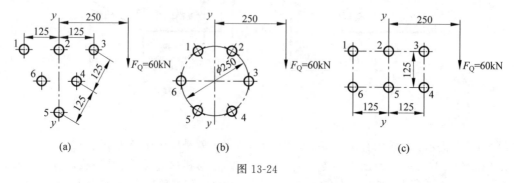

图 13-24

13-5-15 图 13-25 所示的油缸内径 $d_a = 110$mm,壁厚 $\delta = 12$mm,油缸两端的端盖用 6 个 M20 螺栓连接起来,螺栓与油缸均为钢制,设油缸两端的端盖可作为刚体,充油后螺栓连接的残余预紧力 F'' 为工作载荷 F 的 1.6 倍,钢的弹性模量 $E = 2 \times 10^5$MPa,若螺栓许用静应力 $[\sigma] = 80$MPa,许用应力幅 $[\sigma_a] = 12$MPa,则求:

(1) 螺栓和油缸的刚度 C_1,C_2;

(2) 每个螺栓允许的最大拉力 F_0(按螺纹小径 $d_1 = 17.294$mm 计算);

(3) 允许的最大油压 p。

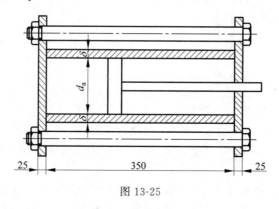

图 13-25

13-5-16 螺栓组连接的 2 种方案如图 13-26 所示,已知:外载荷 R,$L = 300$mm,$a = 60$mm。

(1) 求螺栓组在 2 种方案中受力最大的螺栓的剪力各为多少?(剪力以 R 的倍数表示,可用计算法或作图法求);

(2) 分析哪个方案较好,为什么?

13-5-17 在图 13-27 所示的螺栓连接中,采用 2 个 M16(小径 $d_1 = 13.835$mm,中径 $d_2 = 14.701$mm)的普通螺栓,螺栓材料为 45 钢,8.8 级,$\sigma_s = 640$MPa,连接时不严格控制预紧力(取安全系数 $[S_s] = 4$),被连接件接合面间的摩擦系数 $f = 0.2$。若考虑摩擦传力的可靠性系数(防滑系数)$K_f = 1.2$,试计算该连接允许传递的静载荷 F_R(取计算直径 $d_c = d_1$)。

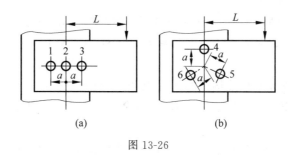

图 13-26

13-5-18　图 13-28 所示为一冷拔扁钢，用 3 个 M10（铰孔直径 $d_0 = 11\text{mm}$）、8.8 级的铰制孔用螺栓紧固在槽钢上，$\sigma_s = 640\text{MPa}$。若螺杆与孔壁的挤压强度及槽钢本身的强度均足够，取抗剪切安全系数 $[S_s] = 2.5$，试求作用在悬臂端的最大作用力 F_Q。

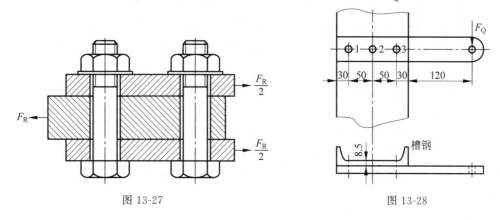

图 13-27　　　　　　　　　　图 13-28

13-5-19　设计如图 13-29 所示的普通螺栓连接的螺栓直径。防滑系数（可靠性系数）$K_f = 1.3$，被连接件间的摩擦系数 $f = 0.13$，螺栓许用拉伸应力 $[\sigma] = 120\text{MPa}$。（取计算直径 $d = d_1$）普通螺栓尺寸见表 13-1。

表 13-1　普通螺栓的尺寸　　　　　　　　　　　　mm

大径 d	10	12	14	16	18	20	22
中径 d_2	9.026	10.863	12.701	14.701	16.376	18.376	20.376
小径 d_1	8.376	10.106	11.835	13.835	15.294	17.294	19.294

13-5-20　图 13-30 所示为一差动螺旋传动，机架 1 与螺杆 2 在 A 处用右旋螺纹连接，导程 $S_A = 4\text{mm}$，螺母 3 相对机架 1 只能移动，不能转动；摇柄 4 沿箭头方向转动 5 圈时，螺母 3 向左移动 5mm，试计算螺旋副 B 的导程 S_B，并判断螺纹的旋向。

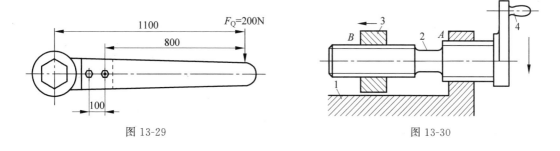

图 13-29　　　　　　　　　　图 13-30

13-5-21　有一受轴向力的紧螺栓连接，已知螺栓刚度 $C_1 = 0.4 \times 10^6$ N/mm，被连接件的刚度 $C_2 = 1.6 \times 10^6$ N/mm，螺栓所受预紧力 $F' = 8000$N，螺栓所受工作载荷 $F = 4000$N。试完成下列问题：

(1) 按比例画出螺栓与被连接件的受力-变形图（比例尺自定）；

(2) 在图上量出螺栓所受的总拉力 F_0 和剩余预紧力 F''，并用计算法求出此二值，互相校正；

(3) 若工作载荷在 $0 \sim 4000$N 变化，螺栓的危险截面面积为 96.6mm^2，求螺栓的应力幅 σ_a 和平均应力 σ_m。

13-5-22　已知一普通粗牙螺纹，大径 $d = 24$mm，中径 $d_2 = 22.051$mm，螺纹副间的摩擦系数 $f = 0.17$。试求：

(1) 螺纹升角 φ；

(2) 该螺纹副能否自锁？若用于起重，其效率为多少？

13-5-23　用绳索通过吊环螺钉起重，绳索所受最大拉力 $F_{max} = 10$kN，螺钉的刚度与被连接件的刚度之比 $C_1/C_2 = 1/3$，试求：

(1) 为使螺钉头与重物接触面不离缝，螺钉的最小预紧力为多少？

(2) 若预紧力为 10kN，工作螺钉的剩余预紧力为多少？

13-5-24　某螺栓连接的预紧力 $F = 100\,000$N，且承受变动的轴向工作载荷 $F = 0 \sim 8000$N 的作用。现测得在预紧力作用下该螺栓的伸长量 $\lambda_b = 0.2$mm，被连接件的缩短量 $\lambda_m = 0.05$mm。分别求在工作中螺栓及被连接件所受总载荷的最大值与最小值。

第 14 章

键与其他连接

14.1 判 断 题

14-1-1 平键连接的主要优点之一是轴与轮毂的对中性好。 （ ）

14-1-2 若采用 2 个按 180°对称布置的平键,强度应按 1.5 个平键计算。 （ ）

14-1-3 在平键连接中,平键的两侧面是工作面。 （ ）

14-1-4 花键连接通常用于要求轴与轮毂严格对中的场合。 （ ）

14-1-5 按标准选择的普通平键的主要失效形式是剪断。 （ ）

14-1-6 两端为圆形的平键槽用圆盘形铣刀加工。 （ ）

14-1-7 楔键连接一般应按剪切强度计算。 （ ）

14-1-8 普通平键工作时的主要失效形式是被压溃或剪断。 （ ）

14-1-9 普通平键的定心精度高于花键的定心精度。 （ ）

14-1-10 切向键是由 2 个斜度为 1∶100 的平头楔键组成。 （ ）

14-1-11 45°渐开线花键常应用于薄壁零件的轴毂连接。 （ ）

14-1-12 导向平键的失效形式主要是剪断。 （ ）

14-1-13 滑键的主要失效形式是键槽侧面被压溃。 （ ）

14-1-14 在一轴上开有双平键键槽(呈 180°布置)与轴直径相等的花键轴相比,后者对轴的削弱更严重一些。 （ ）

14-1-15 楔键因具有斜度所以能传递双向轴向力。 （ ）

14-1-16 楔键连接一般不用于高速转动的零件连接中。 （ ）

14-1-17 切向键适用于高速轻载的轴毂连接。 （ ）

14-1-18 平键连接中轴槽与键的配合分为松的和紧的 2 种,前者因工作面压强小,所以承载能力在相同条件下大一些。 （ ）

14-1-19 45°渐开线花键只按齿侧定心。 （ ）

14-1-20 楔键因带有斜度打入键槽的轴毂间,是靠轴和毂与键之间的摩擦传转递矩的。 （ ）

14-1-21 传递双向转矩时,应选用 2 个对称布置的切向键,即两键在轴上的位置相隔 180°。 （ ）

14-1-22 平键侧面分别置于轴槽和毂槽中,计算时认为键侧面上的压力是均匀分布的。 （ ）

14-1-23 普通平键是标准件。 （ ）

14-1-24　花键连接对动连接的主要失效形式是齿面磨损。　　　　　　　　（　　）

14-1-25　普通平键连接的主要用途是使轴与轮毂之间沿周向固定并传递转矩。

（　　）

14-1-26　标记"平键 20×12×100 GB/T 1096—2003"表示圆头平键。　　（　　）

14-1-27　导向平键连接的主要失效形式是齿面磨损。　　　　　　　　　　（　　）

14-1-28　标准平键的承载能力取决于键连接工作表面的挤压强度。　　　　（　　）

14-1-29　花键连接的主要缺点是成本高。　　　　　　　　　　　　　　　（　　）

14-1-30　半圆键的两侧面为工作面。　　　　　　　　　　　　　　　　　（　　）

14-1-31　花键连接的强度取决于齿侧挤压强度。　　　　　　　　　　　　（　　）

14-1-32　花键连接对静连接的主要失效形式是齿面被压溃。　　　　　　　（　　）

14-1-33　轮式零件通过圆锥销与轴连接,则轮式零件相对于轴既实现了轴向定位,又实现了周向定位。　　　　　　　　　　　　　　　　　　　　　　　　　　（　　）

14-1-34　如需在轴上安装一对半圆键,则应将它们布置在轴的同一母线上。　（　　）

14-1-35　B 型普通平键的键槽通常采用盘形铣刀加工。　　　　　　　　　（　　）

14-1-36　半圆键键槽多采用圆盘铣刀加工。　　　　　　　　　　　　　　（　　）

14.2　选　择　题

14-2-1　为了不过于严重削弱轴和轮毂的强度,2 个切向键最好布置成_____。

（A）在轴的同一母线上　　　　　　（B）180°

（C）120°～130°　　　　　　　　　（D）90°

14-2-2　在标记"平键 B20×12×80 GB/T 1096—2003"中,"20×12×80"表示_____。

（A）键宽×轴径×键长　　　　　　（B）键高×轴径×键长

（C）键宽×键长×轴径　　　　　　（D）键宽×键高×键长

14-2-3　能构成紧连接的 2 种键是_____。

（A）楔键和半圆键　　　　　　　　（B）半圆键和切向键

（C）楔键和切向键　　　　　　　　（D）平键和楔键

14-2-4　一般采用_____加工 B 型普通平键的键槽。

（A）指状铣刀　　　（B）盘形铣刀　　　（C）插刀　　　　　（D）车刀

14-2-5　设计键连接时,键的截面尺寸 $b×h$ 通常根据_____由标准中选择。

（A）传递转矩的大小　　　　　　　（B）传递功率的大小

（C）轴的直径　　　　　　　　　　（D）轴的长度

14-2-6　平键连接能传递的最大扭矩为 T,现要传递的扭矩为 $1.5T$,则应_____。

（A）安装一对平键　　　　　　　　（B）将键宽 b 增大到 1.5 倍

（C）将键长 L 增大到 1.5 倍　　　　（D）将键高 h 增大到 1.5 倍

14-2-7　如需在轴上安装一对半圆键,则应将它们布置在_____。

（A）相隔 90°位置　　　　　　　　（B）相隔 120°位置

(C) 轴的同一母线上   (D) 相隔 180°位置

14-2-8 花键连接的主要缺点是_____。

(A) 应力集中   (B) 成本高

(C) 对中性与导向性差   (D) 对轴有削弱作用

14-2-9 在下列轴的一级连接中,定心精度最高的是_____。

(A) 平键连接   (B) 半圆键连接   (C) 楔键连接   (D) 花键连接

14-2-10 平键的长度主要根据_____选择,然后按失效形式校核强度。

(A) 所传递转矩的大小   (B) 轴的直径

(C) 轮毂长度   (D) 所传递功率的大小

14-2-11 当圆键连接采用双键时,两键应_____布置。

(A) 在周向相隔 90°   (B) 在周向相隔 120°

(C) 在周向相隔 180°   (D) 在轴向沿同一直线

14-2-12 对于采用常见的组合和按标准选取尺寸的平键静连接,主要失效形式是_____,动连接的主要失效形式则是_____。

(A) 工作面压溃   (B) 工作面过度磨损

(C) 键被剪断   (D) 键被弯曲折断

14-2-13 一般情况下,平键连接的对中性精度_____花键连接。

(A) 等同于   (B) 低于   (C) 高于   (D) 无法确定

14-2-14 键 12×8×70 GB/T 1096—2003,该标记中键的工作长度是_____。

(A) 58mm   (B) 70mm   (C) 64mm   (D) 62mm

14-2-15 设计键连接的几项主要内容是:(1)按轮毂长度选择键的长度;(2)按使用要求选择键的类型;(3)按轴的直径查标准选择键的剖面尺寸;(4)对键进行必要的强度校核。具体设计时的一般顺序是_____。

(A) (2)→(1)→(3)→(4)   (B) (2)→(3)→(1)→(4)

(C) (1)→(3)→(2)→(4)   (D) (3)→(4)→(2)→(1)

14-2-16 为了楔键装拆方便,应在_____制出_____的斜度。

(A) 轴上的键槽底面   (B) 轮毂上的键槽底面

(C) 键的侧面   (D) 1∶100

(E) 1∶50   (F) 1∶10

14-2-17 半圆键连接的主要优点是工艺性好、键槽加工方便,其键槽多采用_____加工。

(A) 插刀   (B) 滚刀

(C) 指状铣刀(指形铣刀)   (D) 圆盘铣刀

14-2-18 两级圆柱齿轮减速器的中间轴上有 2 个转矩方向相反的齿轮,这 2 个齿轮宜装在_____。

(A) 位于同一母线上的 2 个键上   (B) 同一个键上

(C) 周向间隔 180°的 2 个键上   (D) 周向间隔 120°的 2 个键上

14-2-19 由相同的材料组合、轴径相同、毂长相同,在相同的工作条件下,下列的键或花键连接能传递的转矩最小的是_____。

　　　　　　　　（A）A 型平键　　　　　　　　　　　　（B）30°压力角渐开线花键
　　　　　　　　（C）B 型平键　　　　　　　　　　　　（D）45°压力角渐开线花键

14-2-20　下面不能用作轴向固定的连接是_____。

（A）平键连接　　　（B）销连接　　　（C）螺钉连接　　　（D）过盈连接

14-2-21　普通平键连接的主要用途是使轴与轮毂之间_____。

（A）沿轴向固定并传递轴向力

（B）沿轴向可做相对滑动并具有导向作用

（C）安装与拆卸方便

（D）沿周向固定并传递转矩

14-2-22　普通平键的承载能力取决于_____。

　　　　　　　　（A）键的剪切强度　　　　　　　　　　（B）键的弯曲强度
　　　　　　　　（C）键连接工作表面的挤压强度　　　　（D）轮毂的挤压强度

14-2-23　花键连接的强度取决于_____强度。

（A）齿根弯曲　　　（B）齿根剪切　　　（C）齿侧挤压　　　（D）齿侧接触

14-2-24　平键连接中键（毂）的最大长度 $l_{\max} \leqslant (1.6 \sim 1.8)d$，式中 d 是轴径，这是因为_____。

（A）轮毂长，太笨重

（B）随着 $l_{\max}$ 的增加，键侧应力分布不均匀现象严重

（C）轴上开键槽不方便

（D）长键安装困难

14-2-25　当轴做单向回转时，平键的工作面在_____，楔键的工作面在键的_____。

　　　　　　　　（A）上、下两面　　　　　　　　　　　（B）上表面或下表面
　　　　　　　　（C）一侧面　　　　　　　　　　　　　（D）两侧面

14-2-26　标记"平键 B20×12×80 GB/T 1096—2003"表示_____平键。

（A）圆头　　　　　（B）单圆头　　　（C）方头　　　　　（D）导向

14-2-27　采用 2 个平键连接时，一般两键相隔_____；采用 2 个切向键连接时，两键应相隔_____。

（A）0°　　　　　　（B）90°　　　　（C）120°　　　　（D）180°

14-2-28　设计键连接的主要程序是_____。（a）按轮毂长度选择键的长度；（b）按轴的直径选择键的剖面尺寸；（c）按使用要求选择键的类型；（d）进行必要的强度校核。

　　　　　　　　（A）(a)→(b)→(c)→(d)　　　　　　　　（B）(b)→(a)→(c)→(d)
　　　　　　　　（C）(c)→(b)→(a)→(d)　　　　　　　　（D）(a)→(c)→(b)→(d)

14-2-29　矩形花键连接常采用的定心方式是_____。

　　　　　　　　（A）按大径定心　　　　　　　　　　　（B）按侧面（齿宽）定心
　　　　　　　　（C）按小径定心　　　　　　　　　　　（D）按大径和小径共同定心

14-2-30　切向键连接的斜度是做在_____上。

　　　　　　　　（A）轮毂键槽底面　　　　　　　　　　（B）轴的键槽底面
　　　　　　　　（C）一对键的接触面　　　　　　　　　（D）键的侧面

14-2-31　在矩形花键中,加工方便且定心精度高的是_____。

(A) 齿侧定心　　(B) 内径定心　　(C) 外径定心　　(D) 齿形定心

14-2-32　键 C 12×8×70 GB/T 1096—2003,该标记中键的工作长度是_____。

(A) 64mm　　(B) 70mm　　(C) 58mm　　(D) 62mm

14-2-33　标记"键 8×7×12 GB/T 1096—2003"中键高是_____。

(A) 12　　(B) 8　　(C) 7　　(D) 10

14-2-34　钢制铆钉钉杆直径_____时,宜采用热铆。

(A) 小于 5mm　　　　　　　(B) 小于 12mm

(C) 大于 12mm　　　　　　(D) 大于 5mm

14-2-35　沿受载方向、铆钉数目不宜太多,这是因为_____。

(A) 被铆件被削弱　　　　　(B) 铆钉强度降低

(C) 铆钉受力不均　　　　　(D) 加工不便

14-2-36　若将单搭板对接改为双搭板对接,当铆钉直径、数目相同,且搭板厚度相同时,铆钉的最大剪应力_____。

(A) 增加 4 倍　　(B) 减为一半　　(C) 增加 2 倍　　(D) 不变

14-2-37　手工焊对接焊缝时,如果被焊件特别厚,宜采用_____坡口。

(A) V 形　　(B) U 形　　(C) X 形　　(D) 双 U 形

14-2-38　两个被焊接件的厚度分别为 $\delta_1=10$mm,$\delta_2=8$mm,采用填角焊缝时,焊脚 K 取_____最合适。

(A) 10mm　　(B) 8mm　　(C) 6mm　　(D) 3mm

14-2-39　搭接焊缝计算中,将焊脚 K 乘以 0.7 是考虑_____。

(A) 按剪应力计算　　　　　(B) 按正应力计算

(C) 以 45°斜面作计算截面　(D) 提高焊缝计算的可靠性

14-2-40　_____焊缝的长度应小于焊脚 K 的 50 倍。

(A) 正对接　　(B) 正搭接　　(C) 侧搭接　　(D) 斜对接

14-2-41　黏接胶层适于承受_____载荷。

(A) 弯曲　　(B) 扭转　　(C) 剪切　　(D) 冲击剥离

14-2-42　与铆接、焊接相比,黏接的主要优点是_____。

(A) 可靠性高　　　　　　　(B) 重量轻

(C) 适于高温下工作　　　　(D) 技术要求低

14-2-43　如图 14-1 所示,_____是导向平键。

14-2-44　机床刀架手轮轮毂与丝杠轴端之间宜用_____,锥轴端与小带轮连接宜选用_____,间歇工作的滑移齿轮与轴连接宜选用_____,汽车的高速、中载传动轴宜选用_____。

(A) 渐开线花键连接　　　　(B) 导向键连接

(C) 半圆键连接　　　　　　(D) 钩头楔键连接

14-2-45　在键连接中,以下表述正确的是_____。

(A) 普通平键连接是依靠键上、下两平面间的摩擦力来传递扭矩的

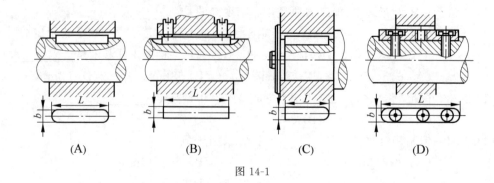

图 14-1

(B) 轴上的零件可沿着导向平键做轴向移动

(C) 楔键连接是依靠键上、下两平面间的摩擦力来传递扭矩的

(D) 花键可用于静连接和动连接

14-2-46 轮式零件通过圆锥销与轴连接,则轮式零件相对于轴_____。

(A) 只实现了轴向定位

(B) 只实现了周向定位

(C) 既实现了轴向定位,又实现了周向定位

(D) 无法定位

14-2-47 对于以下两零件宽为 18mm、高为 11mm、长为 100mm 圆头普通平键;直径为 10mm,长为 100mm,直径允差为 d4,材料为 35 钢,热处理硬度为 HRC28～38,不经表面处理的圆柱销。下列标准标记正确是_____。

(A) 键 18×11×100 GB/T 1096—2003,销 10×100 GB/T 119.1—2000

(B) 键 18×100 GB/T 1096—2003,销 10×100 GB/T 119.1—2000

(C) 键 18×100×11 GB/T 1096—2003,销 10×100 GB/T 119.1—2000

(D) 键 18×11×100 GB/T 1096—2003,销 10×100(d4)GB/T 119.1—2000

14-2-48 标记"INT/EXT 24z×2.5m×30R×5H/5h GB/T 3478.1—2008"指的是_____。

(A) 矩形花键副　　(B) 导向平键　　(C) 渐开线花键副　(D) 钩头楔键

14-2-49 标记"键 16×10×32 GB/T 1096—2003"指的是_____。

(A) 方头普通平键,键长 32　　　　　(B) 半圆头普通平键,键高 10

(C) 圆头普通平键,键宽 16　　　　　(D) 方头导向平键,键宽 16

题目 14-2-50～题目 14-2-51 出自以下内容:一齿轮装在轴上,采用 A 型普通平键连接。齿轮、轴、键均用 45 钢,轴径 $d=80$mm,键的宽度 $b=22$mm,高度 $h=14$mm,轮毂长度 $L=105$mm,传递转矩 $T=2000$N·m,工作中有轻微冲击,键、轴、轮毂的材料都是钢,需要的挤压应力 $[\sigma_p]=100$MPa。

14-2-50 按挤压强度校核计算,挤压应力约为_____。

(A) 60MPa　　(B) 90MPa　　(C) 110MPa　　(D) 130MPa

14-2-51 键验算连接的强度安全系数为_____。

(A) 1.2　　　(B) 1.4　　　(C) 1.6　　　(D) 1.8

14.3　填　空　题

14-3-1　在平键连接中,静连接应校核_____强度,动连接应校核_____强度。

14-3-2　平键连接工作时是靠键和键槽_____的挤压传递转矩的。

14-3-3　花键连接的主要失效形式对静连接是齿面_____,对动连接是齿面_____。

14-3-4　_____键连接,既可以传递转矩,又可以承受单向轴向载荷,但容易破坏轴与轮毂的对中性。

14-3-5　通常对静、动平键连接只进行_____强度或_____计算。

14-3-6　半圆键的工作面为_____,当需要用 2 个半圆键时,一般布置在轴的_____母线上。

14-3-7　平键连接的主要失效形式是:工作面被压溃和工作面磨损,但在个别情况下会出现键被_____的现象。

14-3-8　普通平键的剖面尺寸 $b \times h$ 是根据_____由标准中选取的。

14-3-9　平键连接中的_____平键和_____键用于动连接。

14-3-10　导向平键和滑键轴的主要失效形式为工作面的_____。

14-3-11　花键按齿形分为_____、_____和_____3 种形式。

14-3-12　_____花键,有外径、内径、齿侧 3 种定心方式。

14-3-13　当轴上零件滑动距离较短,且传递转矩不大时,应用_____连接;若传递转矩较大,且对中性要求高时,应用_____连接。

14-3-14　在普通平键标记"键 16×100 GB/T 1096—2003"中,"16"代表_____,"100"代表_____,它的型号是_____型,常用作轴毂连接的_____向固定。

14-3-15　平键的长度通常由轮毂_____确定,横截面尺寸通常由_____确定。

14-3-16　半圆键常用于_____,但对轴的强度_____。

14-3-17　当采用 2 个平键时,应布置在周向相隔_____的位置,在强度校核时只按_____个键计算。

14-3-18　按键头部形状不同,普通平键分为_____、_____和_____3 种;它们的型号分别为_____、_____和_____。

14-3-19　半圆键只能用于_____连接,楔键只能用于_____连接。

14-3-20　_____切向键能传递单方向转矩。

14-3-21　要传递双向转矩应选用_____切向键。

14-3-22　采用双平键时,两键在周向应相隔_____布置;采用双楔键时,两键在周向应相隔_____布置;采用双半圆键时则应布置在_____。

14-3-23　锥形薄壁零件的轴毂静连接宜选_____渐开线花键。

14-3-24　传递双向转矩时应选择_____切向键,_____安装在相隔_____的周向上。

14-3-25　C 型平键的端部形状是_____,只适于在_____处使用。

14.4 问 答 题

14-4-1 如何选取普通平键的尺寸 $b \times h \times L$？

14-4-2 花键连接具有哪些特点？

14-4-3 键连接的主要用途是什么？楔键连接和平键连接有什么区别？

14-4-4 普通平键的工作面是哪个面？普通平键连接的失效形式有哪些？平键的剖面尺寸 $b \times h$ 如何确定？

14-4-5 试述普通平键的类型、特点和应用。

14-4-6 花键连接的类型有哪几种？各有何定心方式？

14-4-7 为什么采用 2 个平键时，一般布置在沿周向相隔 180°的位置，采用 2 个楔键时相隔 90°～120°，而采用 2 个半圆键时，应该在轴上的同一母线上？

14-4-8 试按顺序叙述设计键连接的主要步骤。

14-4-9 单键连接时如果强度不够应采取什么措施？若采用双键，对平键和楔键而言，应该如何布置？

14-4-10 试述销的分类及特点。

14-4-11 铆接、焊接和胶接各有什么特点？

14-4-12 什么是过盈连接？

14-4-13 试写出圆头普通平键，$b=18\text{mm}$，$h=11\text{mm}$，$L=80\text{mm}$ 的国标表达式。

14-4-14 试写出方头普通平键，$b=20\text{mm}$，$h=12\text{mm}$，$L=120\text{mm}$ 的国标表达式。

14-4-15 试写出圆头导向平键，$b=24\text{mm}$，$h=14\text{mm}$，$L=100\text{mm}$ 的国标表达式。

14-4-16 试写出 A 型半圆键，$b=5\text{mm}$，$h=11\text{mm}$，$d=28\text{mm}$，$L=216\text{mm}$ 的国标表达式。

14-4-17 试写出圆头楔键，$b=20\text{mm}$，$h=12\text{mm}$，$L=100\text{mm}$ 的国标表达式。

14-4-18 试写出方头楔键，$b=16\text{mm}$，$h=11\text{mm}$，$L=80\text{mm}$ 的国标表达式。

14-4-19 试写出钩头楔键，$b=10\text{mm}$，$h=8\text{mm}$，$L=50\text{mm}$ 的国标表达式。

14-4-20 试写出花键副，齿数 28，模数 3，30°圆齿根，公差等级 5 级，配合类别 H5/h5 的国标表达式。

14-4-21 试写出直径为 12mm，长为 120mm，直径允差为 d4，材料为 35 钢，热处理硬度 HRC28～38，不经表面处理的圆柱销的国标表达式。

14-4-22 试写出直径为 10mm，长为 80mm，材料为 35 钢，热处理硬度 HRC28～38，不经表面处理的圆锥销的国标表达式。

14-4-23 试写出公称直径为 4mm，长为 30mm，材料为低碳钢，不经表面处理的开口销的国标表达式。

14.5 计 算 题

14-5-1 一齿轮装在轴上，采用 A 型普通平键连接。齿轮、轴、键均用 45 钢，轴径 $d=80\text{mm}$，轮毂长度 $L=150\text{mm}$，传递转矩 $T=2000\text{N}\cdot\text{m}$，工作中有轻微冲击。试确定平键尺寸和标记,并验算连接的强度。

14-5-2　有一公称尺寸 $N \times d \times D \times B = 8 \times 36 \times 40 \times 7$ 的 45 钢矩形花键,齿长 $L = 80\text{mm}$,经调质处理后硬度为 235HBS,使用条件中等,能否用来传递 $T = 1600\text{N} \cdot \text{m}$ 的转矩?

14-5-3　已知轴端伸出的长度为 75mm,直径 $d = 40\text{mm}$,拟采用 A 型普通平键连接,试确定该键的尺寸。

14-5-4　试校核 A 型普通平键连接铸铁轮毂的挤压强度。已知键宽 $b = 18\text{mm}$,键高 $h = 11\text{mm}$,键(毂)长 $L = 80\text{mm}$,传递的转矩 $T = 840\text{N} \cdot \text{m}$,轴径 $d = 60\text{mm}$,铸铁轮毂的许用挤压应力 $[\sigma_{\text{p}}] = 80\text{MPa}$。

14-5-5　在图 14-2 所示的转轴上直齿圆柱齿轮及锥齿轮两处分别采用平键连接和半圆键连接。已知传递功率 $P = 5.5\text{kW}$,转速 $n = 200\text{r/min}$,连接处轴及轮毂的尺寸如图中所示,工作时有轻微振动,齿轮用锻钢制造并经热处理。试分别确定两处键连接的尺寸,并校核其连接强度。(减速箱中的键经热处理后工作于中等使用情况时,$[\sigma_{\text{p}}] = 80\text{MPa}$,其中 $[\sigma_{\text{p}}]$ 表示许用挤压应力;$[\tau] = 90\text{MPa}$,$[\tau]$ 表示许用切应力。)

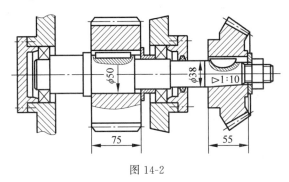

图 14-2

14-5-6　已知某齿轮用一个 A 型平键(键尺寸 $b \times h \times l = 16 \times 10 \times 80$)与轴相连接,轴的直径 $d = 50\text{mm}$,轴、键和轮毂材料的许用挤压应力 σ_{p} 分别为 120MPa,100MPa,80MPa。试求此键连接所能传递的最大转矩 $T(\text{N} \cdot \text{m})$。若需传递转矩为 900N · m,此连接应作如何改进?

14-5-7　设计套筒联轴器与轴连接用的平键。已知轴径 $d = 36\text{mm}$,联轴器为铸铁材料,承受静载荷,套筒外径 $D = 100\text{mm}$。计算连接所能传递的最大转矩。

14-5-8　已知轴和带轮的材料分别为钢和铸铁,带轮与轴配合的直径 $d = 40\text{mm}$,轮毂长度 $l = 80\text{mm}$,传递的功率为 $p = 10\text{kW}$,转速 $n = 1000\text{r/min}$,载荷性质为轻微冲击。①试选择带轮与轴连接用的 A 型普通平键;②按 1:1 比例绘制连接剖视图,并注出键的规格和键槽尺寸。

14-5-9　已知用一键连接某直齿圆柱齿轮与轴,齿轮和轴的材料都是锻钢。齿轮的精度为 7 级,装齿轮处的轴径 $d = 105\text{mm}$,齿轮轮毂宽度为 140mm,需传递的转矩 $T = 3000\text{N} \cdot \text{m}$,载荷有冲击,试按静强度设计此键。

14-5-10　设计套筒联轴器与轴连接用的平键。已知轴径 $d = 36\text{mm}$,联轴器为铸铁材料,承受静载荷,套筒长度 $B = 100\text{mm}$。试计算连接传递的转矩。

14-5-11　一齿轮装在轴上,采用 A 型普通平键连接。齿轮、轴、键均用 45 钢,轴径 $d =$

80mm，键的宽度 $b=22$mm，高度 $h=14$mm，轮毂长度 $L=105$mm，传递转矩 $T=2000$N·m，工作中有轻微冲击，键、轴、轮毂的材料都是钢，需要挤压应力 $[\sigma_p]=100$MPa，试键验算连接的强度。

14-5-12 图14-3所示为杆1和杆2用销钉3相连接。拉力 $F=25$kN，杆用 Q275 钢、销用45钢制造。杆的许用应力：拉伸许用应力 $[\sigma]=90$MPa，挤压许用应力 $[\sigma_p]=140$MPa，剪切许用应力 $[\tau]=60$MPa；销钉的许用应力：弯曲许用应力 $[\sigma_b]=120$MPa，剪切许用应力 $[\tau]=70$MPa。试按等强度设计原则确定结构的各部分尺寸。

14-5-13 图14-4所示为切向键连接，说明该切向键传递运动和动力的方向。

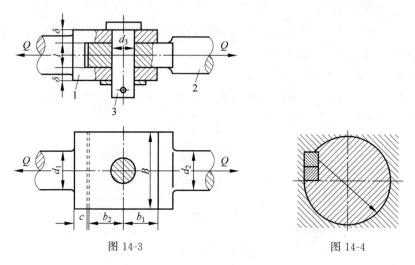

图14-3   图14-4

14-5-14 某减速器输出轴上装有联轴器，用 A 型平键连接。已知输出轴直径为 60mm，输出转矩为 1200N·m，键的许用挤压应力为 150MPa，试校核键的强度。

第 15 章

弹　簧

15.1　判　断　题

15-1-1　为使压缩弹簧在压缩后,仍能保持一定的弹性,设计时应考虑在最大工作载荷作用下各圈之间必须保留一定的间距。　　　　　　　　　　　　　　　　　　（　　）

15-1-2　弹簧指数 C 越小,其刚度越大。　　　　　　　　　　　　　　　　　　（　　）

15-1-3　圆柱螺旋拉伸弹簧有 2 种:有初应力的和无初应力的。有初应力的弹簧在拉力达到一定值时,弹簧才开始被拉长。　　　　　　　　　　　　　　　　　　（　　）

15-1-4　圆柱螺旋弹簧受拉力时,其弹簧丝截面上受拉应力。　　　　　　　　（　　）

15-1-5　圆柱螺旋压缩弹簧在轴向载荷作用下,弹簧外侧的簧丝截面上所受应力最大。

　　　　　　　　　　　　　　　　　　　　　　　　　　　　　　　　　　　（　　）

15-1-6　螺旋弹簧的卷制分为冷卷与热卷 2 种,因此,任何螺旋弹簧都是既可冷卷,又可热卷。　　　　　　　　　　　　　　　　　　　　　　　　　　　　　　　　　（　　）

15-1-7　常用的弹簧材料是普通碳素钢和优质碳素钢。　　　　　　　　　　　（　　）

15-1-8　弹簧材料是按载荷分为Ⅰ类、Ⅱ类和Ⅲ类的。　　　　　　　　　　　（　　）

15-1-9　弹簧采用喷丸处理是为提高其疲劳强度。　　　　　　　　　　　　　（　　）

15-1-10　热卷后的弹簧应做先淬火后回火热处理。　　　　　　　　　　　　（　　）

15-1-11　弹簧指数 C 值选得过大的缺点是弹簧刚度过小。　　　　　　　　（　　）

15-1-12　自行车后座弹簧的作用是缓冲吸振。　　　　　　　　　　　　　　（　　）

15-1-13　圆柱形螺旋拉伸弹簧可按曲梁所受扭转方式进行强度计算。　　　　（　　）

15-1-14　弹簧在工作时常受变载荷或冲击载荷作用。　　　　　　　　　　　（　　）

15-1-15　弹簧的材料应具有足够的弹性极限、疲劳极限、冲击韧性和良好的热处理性能。　　　　　　　　　　　　　　　　　　　　　　　　　　　　　　　　　　（　　）

15-1-16　按照所承受的载荷不同,弹簧可分为拉伸弹簧、压缩弹簧、扭转弹簧和弯曲弹簧 4 种。　　　　　　　　　　　　　　　　　　　　　　　　　　　　　　　　　（　　）

15-1-17　扭簧受载后簧丝剖面上受到的主要作用是剪应力。　　　　　　　　（　　）

15-1-18　设计圆柱形压缩(拉伸)螺旋弹簧时,若增加弹簧的工作圈数 n,则弹簧的刚度增加。　　　　　　　　　　　　　　　　　　　　　　　　　　　　　　　　　（　　）

15.2 选 择 题

15-2-1 圆柱螺旋弹簧指数 C 是_____的比值。

(A) 弹簧丝直径 d 与中径 D (B) 中径 D 与弹簧丝直径 d

(C) 自由高度 H_0 与弹簧丝直径 d (D) 弹簧丝直径 d 与自由高度 H_0

15-2-2 若弹簧指数 C 选得过小,则弹簧_____。

(A) 刚度过小,易颤动   (B) 绕卷困难,且工作时内侧应力大

(C) 易产生失稳现象   (D) 尺寸过大,结构不紧凑

15-2-3 圆柱形螺旋弹簧的弹簧簧丝直径可按弹簧的_____要求计算得到。

(A) 强度   (B) 稳定性   (C) 刚度   (D) 结构尺寸

15-2-4 圆柱形螺旋拉伸弹簧可按曲梁所受_____方式进行强度计算。

(A) 拉伸   (B) 压缩   (C) 弯曲   (D) 扭转

15-2-5 弹簧材料、弹簧丝直径 D 及有效圈数 n 一定时,弹簧指数 C 越大,则_____。

(A) 弹簧刚度越大   (B) 刚度越小

(C) 刚度不变   (D) 弹力越大

15-2-6 圆柱形螺旋拉伸弹簧的最大应力发生在弹簧丝法向剖面的_____。

(A) 内侧   (B) 外侧   (C) 中心   (D) 不确定

15-2-7 圆柱形螺旋压缩弹簧支承圈的圈数取决于_____。

(A) 载荷大小   (B) 载荷性质   (C) 刚度要求   (D) 端部形式

15-2-8 采用冷卷法制成的弹簧的热处理方式为_____。

(A) 淬火   (B) 回火   (C) 淬火后回火   (D) 渗碳淬火

15-2-9 弹簧采用喷丸处理是为了提高其_____。

(A) 静载荷   (B) 疲劳强度   (C) 刚度   (D) 高温性能

15-2-10 圆柱形拉-压螺旋弹簧的工作圈数 n 是按弹簧的_____要求通过计算确定的。

(A) 强度   (B) 安装空间和结构

(C) 稳定性   (D) 刚度

15-2-11 用碳素弹簧钢丝作为弹簧材料的主要优点是_____。

(A) 强度高   (B) 价格便宜   (C) 承载能力大   (D) 淬透性好

15-2-12 弹簧指数 C 值选得过大的缺点是_____。

(A) 刚度过小   (B) 难以卷制

(C) 内侧剪应力大   (D) 无法使用

15-2-13 圆柱拉伸、压缩螺旋弹簧在外载荷沿其轴心线作用下,弹簧丝截面上的最大剪应力发生在_____。

(A) 弹簧丝截面中心处   (B) 靠近弹簧轴心线的一侧

(C) 远离弹簧轴心线的一侧   (D) 任意处

15-2-14　螺旋弹簧制造时的工艺过程包括：(a)卷绕；(b)镀层；(c)热处理；(d)工艺试验或强压处理；(e)制作端部挂钩或加工端面支承圈。上述各项工艺进行的顺序为_____。

　　(A) (a)→(b)→(c)→(d)→(e)　　　　(B) (a)→(e)→(c)→(d)→(b)

　　(C) (a)→(c)→(e)→(b)→(d)　　　　(D) (a)→(e)→(b)→(d)→(c)

15-2-15　弹簧指数 $C = D_2/d$，若 C 值大则表示弹簧刚度_____。

　　(A) 大　　　　　(B) 小　　　　　(C) 不一定　　　　　(D) 无关

15-2-16　压缩螺旋弹簧受载后，簧丝剖面上的应力主要是_____。

　　(A) 弯曲应力　　　(B) 剪应力　　　(C) 拉应力　　　(D) 压应力

15-2-17　热卷后的弹簧应做_____热处理。

　　(A) 淬火　　　　　　　　　　(B) 回火

　　(C) 先淬火后回火　　　　　　(D) 渗碳淬火

15-2-18　自行车后座弹簧的作用是_____。

　　(A) 缓冲吸振　　　(B) 储存能量　　　(C) 测量　　　(D) 控制运动

15-2-19　计算圆柱形螺旋弹簧丝截面的应力时，引进补偿系数是考虑_____。

　　(A) 弹簧螺旋升角和簧丝曲率对弹簧丝中应力的影响

　　(B) 弹簧丝表面可能存在缺陷

　　(C) 卷绕弹簧时所产生的内应力

　　(D) 弹簧丝靠近轴线一侧的应力集中

15.3　填　空　题

15-3-1　圆柱形螺旋拉压弹簧受载后，簧丝剖面上主要作用有_____，而扭簧受载后簧丝剖面上受到的主要作用是_____。

15-3-2　圆柱形压缩(拉伸)螺旋弹簧设计时，若增大弹簧指数 C（弹簧材料、弹簧丝直径 d 不变），则弹簧的刚度_____；若增加弹簧的工作圈数 n，则弹簧的刚度_____。

15-3-3　弹簧指数是影响弹簧性能的重要参数，在圆柱拉伸、压缩弹簧的_____与_____设计计算中，一般取 $C = 4 \sim 16$，常用范围为 $5 \sim 10$。

15-3-4　弹簧材料的Ⅰ、Ⅱ、Ⅲ类是按_____来划分的，同一材料的Ⅱ类弹簧的许用剪应力值高于_____类弹簧的许用剪应力值。

15-3-5　按照所承受的载荷不同，弹簧可以分为_____、_____、_____和_____弹簧4种。

15-3-6　按照形状不同，弹簧可以分为_____、_____、_____和_____ 5种。

15-3-7　弹簧指数 C 越小，弹簧的刚度越_____。当 C 值过大时，弹簧易产生轴向_____。

15-3-8　有一圆柱形螺旋压缩弹簧，已知簧丝直径 $d = 6\text{mm}$，中径 $D_2 = 34\text{mm}$，有效圈数 $n = 10$，用Ⅱ组碳素弹簧钢丝制造，当载荷 $P = 900\text{N}$ 时，弹簧变形量等于_____。

15-3-9 设计圆柱形拉、压螺旋弹簧时，若发现弹簧较软，则应增加簧丝_____、减少弹簧_____和弹簧_____等，以增加弹簧的刚度。

15.4 问 答 题

15-4-1 常用弹簧的类型有哪些？分别用于什么场合？

15-4-2 对制造弹簧的材料有哪些主要要求？常用的材料有哪些？

15-4-3 自行车坐垫下的弹簧属于何种弹簧？

15-4-4 何谓弹簧指数？

15-4-5 如果工作级载荷 F 为定值时，可采用哪些方法来增大变形量（λ）？

15-4-6 设计弹簧时，为什么通常取弹簧指数 C 为 4～16？弹簧指数 C 的含义是什么？

15-4-7 弹簧刚度的物理意义是什么？弹簧刚度与哪些因素有关？

15-4-8 什么是弹簧的特性曲线？它与弹簧刚度有什么关系？

15-4-9 圆柱形螺旋拉、压弹簧受载后，弹簧丝剖面上受到哪些载荷作用？分别产生什么应力？

15-4-10 现有 A、B 2 个弹簧，弹簧丝材料、直径 d 及有效圈数 n 均相同，弹簧中径 $D_{2A} > D_{2B}$。试分析：

（1）当载荷 P 以同样大小的增量不断增大时，哪个弹簧先坏？

（2）当载荷 P 相同时，哪个弹簧的变形量大？

15-4-11 设计弹簧中遇刚度不足时，改变哪些参数可以得到刚度较大的弹簧？

15-4-12 试说明弹簧的簧丝直径 d、弹簧中径 D_2 和弹簧的工作圈数 n 对弹簧强度、刚度有什么影响？

15-4-13 螺旋弹簧的卷制方法有哪几种？各用于何种簧丝？

15-4-14 什么情况下要进行压缩弹簧的稳定性计算？为保证弹簧的稳定性可采取哪些措施？

第 16 章

联轴器、离合器与制动器

16.1 判　断　题

16-1-1　齿轮联轴器属于可移式刚性联轴器。　　　　　　　　　　　　　　　（　　）

16-1-2　在矿山机械和重型机械中,低速、重载、不易对中处常用的联轴器是凸缘联轴器。　　　　　　　　　　　　　　　　　　　　　　　　　　　　　　（　　）

16-1-3　多片式摩擦离合器的摩擦片数越多,接合越不牢靠,因而传递的扭矩也越小。　　　　　　　　　　　　　　　　　　　　　　　　　　　　　　（　　）

16-1-4　挠性联轴器可以分为无弹性元件的、有弹性元件的。　　　　　　　（　　）

16-1-5　联轴器和离合器都是使两轴既能连接又能分离的部件。　　　　　（　　）

16-1-6　固定式刚性联轴器适用于两轴对中要求高的场合。　　　　　　　（　　）

16-1-7　圆盘摩擦离合器通过主、从动摩擦盘的接触表面间产生的摩擦力矩来传递转矩。　　　　　　　　　　　　　　　　　　　　　　　　　　　　　　　（　　）

16-1-8　离心离合器的工作原理是:控制转速,利用离心力的作用使主、从动轴接合或分离。　　　　　　　　　　　　　　　　　　　　　　　　　　　　　　（　　）

16-1-9　摩擦安全离合器和摩擦离合器相比较,主要的不同点在于摩擦安全离合器工作时更为可靠。　　　　　　　　　　　　　　　　　　　　　　　　　　　（　　）

16-1-10　联轴器主要用于将两轴连接在一起,机器运转时不能将两轴分离,只有在机器停车并将连接拆开后,两轴才能分离。　　　　　　　　　　　　　　　（　　）

16-1-11　联轴器和离合器主要用来连接两轴,用离合器时要经拆卸才能把两轴分开,用联轴器时则无须拆卸就能使两轴分离或接合。　　　　　　　　　　　（　　）

16-1-12　刚性联轴器在安装时要求两轴严格对中,而挠性联轴器在安装时则不必考虑对中问题。　　　　　　　　　　　　　　　　　　　　　　　　　　　（　　）

16-1-13　自行车飞轮内采用的是摩擦离合器。　　　　　　　　　　　　　（　　）

16-1-14　十字轴式万向联轴器允许两轴间的最大夹角 α 达 $60°$。　　　　　　（　　）

16-1-15　多盘摩擦离合器的内摩擦盘有时做成碟形,这是为了使离合器迅速分离。　　　　　　　　　　　　　　　　　　　　　　　　　　　　　　　　　（　　）

16-1-16　牙嵌离合器接合最不稳定。　　　　　　　　　　　　　　　　　（　　）

16-1-17　单个万向联轴器的主要缺点是能传递的转矩很小。　　　　　　　（　　）

16-1-18　在有较大冲击和振动载荷的场合,应优先选用凸缘联轴器。　　　（　　）

16-1-19　在机器工作时,用离合器连接的两轴可随时合或分离。　　　　　（　　）

16-1-20 按工作原理,离合器主要分为啮合式和摩擦式2类。 （ ）

16-1-21 对低速、刚性小的长轴,应选用弹性联轴器。 （ ）

16-1-22 两轴线不易对中、有相对位移的长轴宜选凸缘联轴器。 （ ）

16-1-23 联轴器为标准件,其形式可根据轴的直径和结构形式选用。 （ ）

16.2 选 择 题

16-2-1 两根被连接的轴之间存在较大的径向偏移时,可采用_____联轴器。

(A) 齿轮 (B) 凸缘 (C) 套筒 (D) 万向

16-2-2 离合器与联轴器的不同点是_____。

(A) 过载保护

(B) 可以将两轴的运动和载荷随时分离和接合

(C) 补偿两轴间的位移

(D) 传递转矩

16-2-3 选择或计算联轴器时,应依据计算扭矩 T_c,即 T_c 大于所传递的名义扭矩 T,这是因为考虑到_____。

(A) 旋转时产生的离心载荷

(B) 机器不稳定运转时的动载荷和过载

(C) 制造联轴器的材料,其机械性能有偏差

(D) 两轴对中性不好时,产生的附加载荷

16-2-4 自行车飞轮内采用的是_____离合器,因而可蹬车,可滑行,还可回链。

(A) 牙嵌 (B) 摩擦 (C) 超越 (D) 安全

16-2-5 下列联轴器属于弹性联轴器的是_____。

(A) 万向联轴器 (B) 齿轮联轴器

(C) 轮胎联轴器 (D) 凸缘联轴器

16-2-6 十字轴式万向联轴器允许两轴间最大夹角 α 可达_____。

(A) 45° (B) 10° (C) 60° (D) 70°

16-2-7 在有较大冲击和振动载荷的场合,应优先选用_____。

(A) 夹壳联轴器 (B) 凸缘联轴器

(C) 套筒联轴器 (D) 弹性柱销联轴器

16-2-8 齿轮联轴器适用于_____。

(A) 转矩小、转速高处 (B) 转矩大、转速低处

(C) 转矩小、转速低处 (D) 转矩大、转速高处

16-2-9 弹性套柱销联轴器的刚度特征只属于_____。

(A) 定刚度 (B) 变刚度

(C) 既可以是定刚度,也可以是变刚度 (D) (A),(B),(C)都不正确

16-2-10　齿式联轴器属于_____。

(A) 刚性联轴器　　　　　　　　(B) 无弹性元件的挠性联轴器

(C) 有弹性元件的挠性联轴器　　(D) (A),(B),(C)都正确

16-2-11　_____联轴器是弹性联轴器的一种。

(A) 凸缘　　　　(B) 齿轮　　　　(C) 万向　　　　(D) 尼龙柱销

16-2-12　下列 4 种联轴器中,能补偿两轴相对位移,且可缓和冲击、吸收振动的是_____。

(A) 凸缘联轴器　　　　　　　　(B) 齿式联轴器

(C) 万向联轴器　　　　　　　　(D) 弹性套柱销联轴器

16-2-13　单个万向联轴器的主要缺点是_____。

(A) 结构复杂　　　　　　　　　(B) 能传递的转矩很小

(C) 从动轴角速度有周期性变化　(D) (A),(B),(C)都不正确

16-2-14　多盘摩擦离合器的内摩擦盘有时做成碟形,这是为了_____。

(A) 减轻盘的磨损　　　　　　　(B) 提高盘的刚性

(C) 使离合器分离迅速　　　　　(D) 增大当量摩擦系数

16-2-15　在载荷具有冲击、振动且轴的转速较高、刚度较小时,一般选用_____。

(A) 刚性固定式联轴器　　　　　(B) 刚性可移式联轴器

(C) 弹性联轴器　　　　　　　　(D) 安全联轴器

16-2-16　使用_____时,只能在低速或停车后离合,否则会产生强烈冲击,甚至损坏离合器。

(A) 摩擦离合器　　　　　　　　(B) 牙嵌离合器

(C) 安全离合器　　　　　　　　(D) 超越(定向)离合器

16-2-17　_____离合器接合最不稳定。

(A) 牙嵌　　　　(B) 摩擦　　　　(C) 安全　　　　(D) 离心

16-2-18　在牙嵌离合器中,常用的基本牙型有_____。

(A) 三角形　　　(B) 梯形　　　　(C) 矩形　　　　(D) 锯齿形

16-2-19　在牙型为矩形的牙嵌离合器中使用较少,主要原因是_____。

(A) 传递转矩小　　　　　　　　(B) 牙齿强度不高

(C) 不便接合与分离　　　　　　(D) 只能传递单向转矩

16-2-20　_____在过载引起离合器分离以后,必须更换零件才能恢复连接。

(A) 摩擦式安全离合器　　　　　(B) 销钉式安全离合器

(C) 牙嵌式安全离合器　　　　　(D) (A),(B),(C)都不正确

16-2-21　对低速、刚性大的短轴,常选用的联轴器为_____。

(A) 刚性固定式联轴器　　　　　(B) 刚性可移式联轴器

(C) 弹性联轴器　　　　　　　　(D) 安全联轴器

16-2-22　在载荷具有冲击、振动,且轴的转速较高、刚度较小时,一般选用_____。

(A) 刚性固定式联轴器　　　　　(B) 刚性可移式联轴器

(C) 弹性联轴器　　　　　　　　(D) 安全联轴器

16-2-23 联轴器与离合器的主要作用是_____。

(A) 缓冲、减振 (B) 传递运动和转矩

(C) 防止机器发生过载 (D) 补偿两轴的不同心或热膨胀

16-2-24 挠性联轴器中的弹性元件都具有_____的功能。

(A) 对中 (B) 减磨 (C) 缓冲和减振 (D) 装配很方便

16-2-25 金属弹性元件挠性联轴器中的弹性元件都具有的功能是_____。

(A) 对中 (B) 减磨 (C) 缓冲和减振 (D) 缓冲

16-2-26 标记"LT10 $\dfrac{ZC75\times142}{JB70\times107}$ GB/T 4323—2017"中，主动端轴孔的直径是_____。

(A) 107mm (B) 70mm (C) 75mm (D) 142mm

16-2-27 标记"LX4 联轴器 $\dfrac{ZC40\times84}{JB63\times112}$ GB/T 5014—2017"中，从动端轴孔直径是_____。

(A) 112mm (B) 40mm (C) 63mm (D) 84mm

16.3 填 空 题

16-3-1 当受载较大，两轴较难对中时，应选用_____联轴器来连接。

16-3-2 当原动机的转速高且发出的动力较不稳定时，其输出轴与传动轴之间应选用_____联轴器来连接。

16-3-3 在确定联轴器类型的基础上，主要根据传递的_____和轴的_____确定联轴器的型号。

16-3-4 按工作原理，离合器主要分为_____和_____2 类。

16-3-5 联轴器和离合器是用来连接_____轴，并传递_____和_____的轴系部件；制动器是用来降低机械_____，迫使机械_____运转的装置。

16-3-6 用联轴器连接的两轴只有在运动_____后才能_____或_____。

16-3-7 在机器工作时，用离合器连接的两轴可_____接合或分离。

16-3-8 可移式联轴器可分为_____元件的可移式联轴器和_____元件的可移式联轴器两大类。

16-3-9 两轴线易对中、无相对位移的轴宜选_____联轴器。

16-3-10 两轴线不易对中、有相对位移的长轴宜选_____联轴器。

16-3-11 启动频繁、正反转多变、使用寿命要求长的大功率重型机械宜选_____联轴器。

16-3-12 启动频繁、经常正反转、承受较大冲击载荷的高速轴宜选_____联轴器。

16-3-13 牙嵌离合器只能在两轴转速_____或_____时进行接合。

16-3-14 摩擦离合器靠工作面的_____来传递扭矩，两轴可在_____时实现接合或分离。

16-3-15 联轴器为标准件，其形式可根据轴的_____和_____形式选用。

16-3-16　联轴器中能补偿两轴相对位移及可以缓和冲击、吸收振动的是_____联轴器。

16-3-17　传递两相交轴间运动而又要求轴间夹角经常变化时,可以采用_____联轴器。

16-3-18　刚性联轴器的主要缺点是:不具有两轴轴线相对偏移的_____能力,且无_____和_____功能。

16-3-19　齿轮联轴器和十字滑块联轴器都具有_____位移补偿功能。

16-3-20　选择联轴器类型时,一般对低速、刚性大的短轴,可选用_____联轴器。

16-3-21　对低速、刚性小的长轴,应选用_____联轴器。

16.4　问　答　题

16-4-1　联轴器与离合器的工作原理有何相同点和不同点?

16-4-2　试说明齿式联轴器为什么能够补偿两轴间轴线的综合偏移量?

16-4-3　联轴器所连两轴轴线的位移形式有哪些?

16-4-4　万向联轴器有何特点? 成对安装时应注意什么问题?

16-4-5　凸缘式联轴器有哪几种对中方法? 各种对中方法的特点是什么?

16-4-6　弹性套柱销联轴器与弹性柱销联轴器在结构和性能方面有何异同?

16-4-7　试说明多盘摩擦离合器为什么要限制摩擦盘的数目?

16-4-8　联轴器、离合器和制动器的功用有何异同?

16-4-9　为什么有的联轴器要求严格对中,而有的联轴器则可以允许有较大的综合位移?

16-4-10　刚性可移式联轴器和弹性联轴器有何差别?

16-4-11　万向联轴器有何特点? 如何使轴线间有较大偏斜角 α 的两轴保持瞬时角速度不变?

16-4-12　选择联轴器的类型时要考虑哪些因素? 确定联轴器的型号应根据什么原则?

16-4-13　试比较牙嵌离合器和摩擦离合器的特点。

16-4-14　带式制动器与块式制动器有何不同? 各适用于什么场合?

16-4-15　在选择联轴器、离合器时,引入工作情况系数的目的是什么?

16-4-16　联轴器所连接两轴的偏移形式有哪些? 综合位移指何种位移形式?

16-4-17　固定式联轴器、可移式联轴器和弹性联轴器的区别是什么?

16-4-18　制动器应满足哪些基本要求?

16-4-19　牙嵌离合器的主要失效形式是什么?

16-4-20　试写出主动端为 J 型轴孔,A 型键槽,$d=25\mathrm{mm}$,$L=44\mathrm{mm}$;从动端为 $\mathrm{J_1}$ 型轴孔,B 型键槽,$d=20\mathrm{mm}$,$L=38\mathrm{mm}$ 的凸缘联轴器的国标表达式。

16-4-21　试写出主动端为 Z 型轴孔,C 型键槽,$d=60\mathrm{mm}$,$L=107\mathrm{mm}$;从动端为 J 型轴孔,B 型键槽,$d=56\mathrm{mm}$,$L=107\mathrm{mm}$ 的弹性柱销联轴器的国标表达式。

16.5   计 算 题

16-5-1   电动机与油泵间用联轴器相连。已知电动机的功率 $P = 10\text{kW}$，转速 $n = 1460\text{r/min}$，电动机伸出轴端的直径 $d_1 = 32\text{mm}$，油泵轴的直径 $d_2 = 38\text{mm}$，请选择联轴器的型号。

16-5-2   有一卷扬机，它的电动机前后输出轴需要分别安装联轴器与制动器，电动机型号为 Y132M-4，其额定功率 $P = 7.5\text{kW}$，转速 $n = 1440\text{r/min}$，电动机输出的直径为 $\phi38\text{mm}$，工作类型 JC$= 25\%$，试选择此联轴器及制动器。

16-5-3   由交流电动机直接带动直流发电机供应直流电。若已知所需最大功率为 20kW，转速为 3000r/min，外伸轴径 $d = 45\text{mm}$。

（1）试为电动机与发电机之间选择一只恰当类型的联轴器，并陈述理由；

（2）根据已知条件，定出型号。

16-5-4   在发电厂中，由高温高压蒸汽驱动汽轮机旋转，并带动发电机供电，试问在汽轮机与发电机之间用什么类型的联轴器为宜？试为 300kW 的汽轮发电机机组选择联轴器的具体型号，设轴颈 $d = 50\text{mm}$，转速为 3000r/min。

16-5-5   试选择一电动机输出轴用联轴器，已知：电机功率 $P = 11\text{kW}$，转速 $n = 1460\text{r/min}$，轴径 $d = 42\text{mm}$，载荷有中等冲击。试确定联轴器的轴孔与键槽结构形式、代号及尺寸，写出联轴器的标记。

16-5-6   某离心水泵与电动机之间选用弹性柱销联轴器连接，电机功率 $P = 22\text{kW}$，转速 $n = 970\text{r/min}$，两轴轴径均为 $d = 55\text{mm}$，试选择联轴器的型号并绘制出其装配简图。

16-5-7   某机床主传动机构中使用多盘摩擦离合器，已知：传递功率 $P = 5\text{kW}$，转速 $n = 1200\text{r/min}$，摩擦盘材料均为淬火钢，主动盘数为 4，从动盘数为 5，接合面内径 $D_1 = 60\text{mm}$，外径 $D_2 = 100\text{mm}$，试求所需的操纵轴向力 F_Q。

第 17 章

结 构 设 计

17.1 选 择 题

17-1-1 在图 17-1 所示各图中,属于机械防松的是_____。

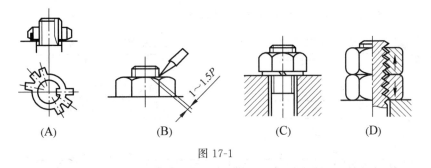

图 17-1

17-1-2 在图 17-2 所示各图中,既能实现轴向定位,又能实现周向定位的是_____。

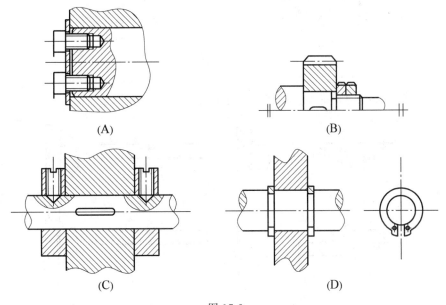

图 17-2

17-1-3 在图 17-3 所示各图中，结构正确的是_____。

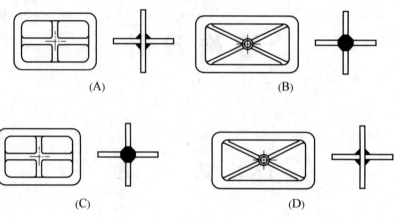

图 17-3

17-1-4 在图 17-4 所示各图中，结构合理的是_____。

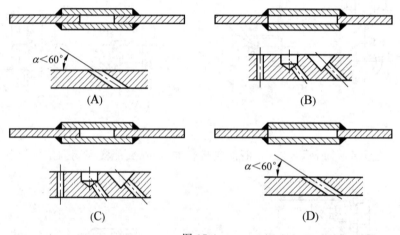

图 17-4

17-1-5 在图 17-5 所示各图中，结构合理的是_____。

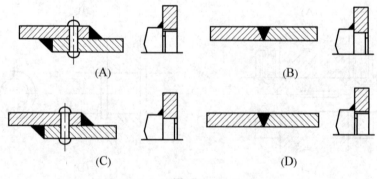

图 17-5

17-1-6   在图 17-6 所示各图中,结构合理的是_____。

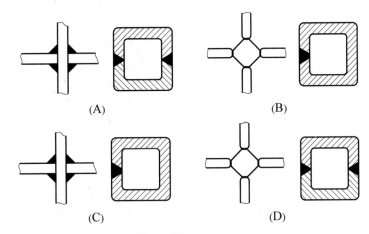

图 17-6

17-1-7   在图 17-7 所示各图中,结构合理的是_____。

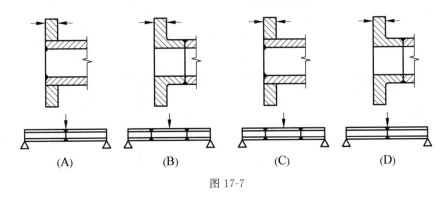

图 17-7

17-1-8   如图 17-8 所示,从铸造工艺的角度看结构合理的是_____。

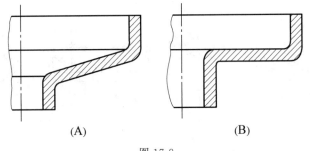

图 17-8

17-1-9   如图 17-9 所示,从安装的角度看结构合理的是_____。

17-1-10   如图 17-10 所示,从安装的角度看结构合理的是_____。

17-1-11   如图 17-11 所示,从受力的角度看结构合理的是_____。

17-1-12   在图 17-12 所示各图中,结构合理的是_____。

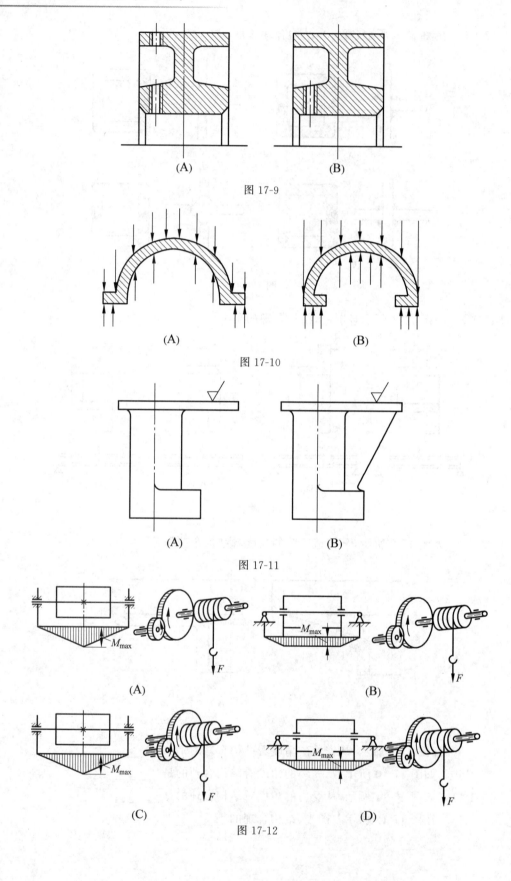

图 17-9

图 17-10

图 17-11

图 17-12

17-1-13　如图 17-13 所示,从受力的角度看铸铁结构合理的是_____。

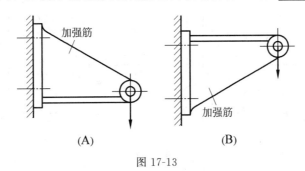

图 17-13

17-1-14　如图 17-14 所示,从装拆的角度看结构合理的是_____。

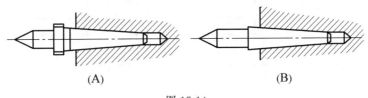

图 17-14

17-1-15　如图 17-15 所示,从安装的角度看结构合理的是_____。

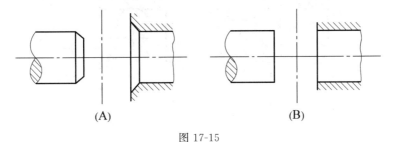

图 17-15

17-1-16　如图 17-16 所示,从加工工艺的角度看结构合理的是_____。

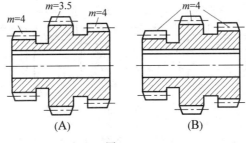

图 17-16

17-1-17　如图 17-17 所示,从铸造的角度看结构合理的是_____。

17-1-18　如图 17-18 所示,从定位的角度看结构合理的是_____。

17-1-19　如图 17-19 所示,从装拆的角度看结构合理的是_____。

17-1-20　如图 17-20 所示,从加工和装拆的角度看结构合理的是_____。

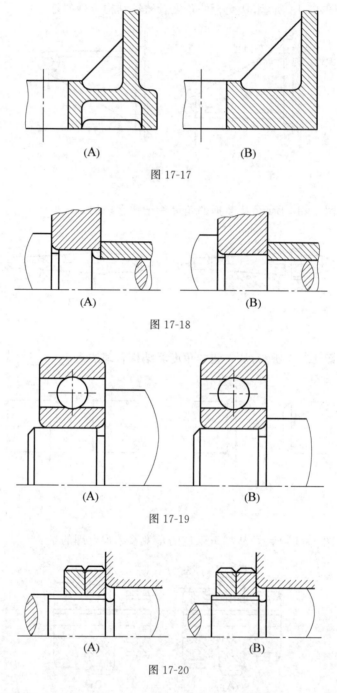

图 17-17

图 17-18

图 17-19

图 17-20

17-1-21　如图 17-21 所示，从加工的角度看结构不合理的是＿＿＿＿＿。

17-1-22　如图 17-22 所示，从装拆的角度看结构合理的是＿＿＿＿＿。

17-1-23　如图 17-23 所示，从安全的角度看结构合理的是＿＿＿＿＿。

17-1-24　如图 17-24 所示，从加工和受力的角度看结构合理的是＿＿＿＿＿。

17-1-25　在图 17-25 所示各图中，结构合理的是＿＿＿＿＿。

17-1-26　如图 17-26 所示，从加工工艺的角度看结构合理的是＿＿＿＿＿。

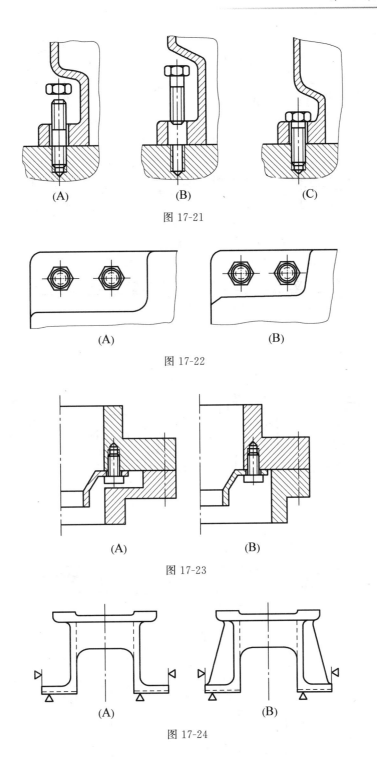

图 17-21

图 17-22

图 17-23

图 17-24

17-1-27　在图 17-27 所示的结构中,属于摩擦防松的是_____。

17-1-28　如图 17-28 所示,从加工工艺的角度看结构不合理的是_____。

17-1-29　如图 17-29 所示,从加工工艺的角度看结构合理的是_____。

17-1-30　如图 17-30 所示,从加工工艺的角度看结构合理的是_____。

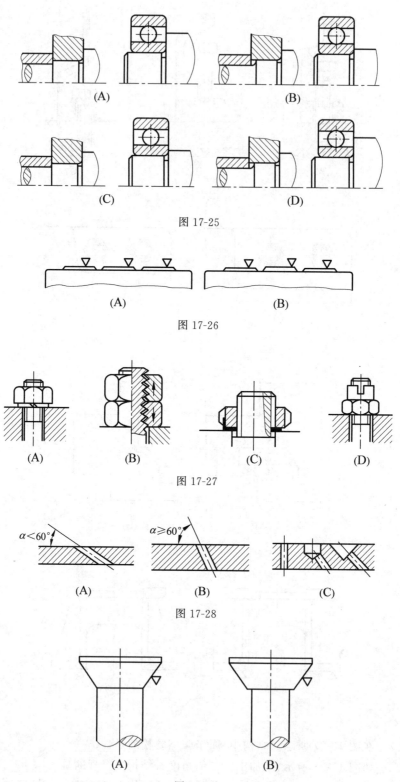

图 17-25

图 17-26

图 17-27

图 17-28

图 17-29

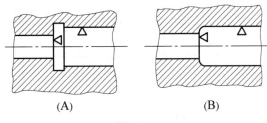

图 17-30

17-1-31　如图 17-31 所示,从加工工艺的角度看结构合理的是_____。

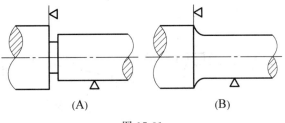

图 17-31

17-1-32　如图 17-32 所示,从加工工艺的角度看结构合理的是_____。

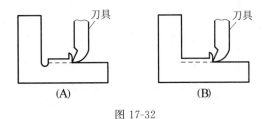

图 17-32

17-1-33　如图 17-33 所示,从加工工艺的角度看结构合理的是_____。

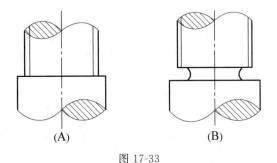

图 17-33

17-1-34　如图 17-34 所示,从加工工艺的角度看窥视盖的结构合理的是_____。
17-1-35　如图 17-35 所示,从铸造工艺的角度看结构合理的是_____。
17-1-36　如图 17-36 所示,从铸造工艺的角度看结构合理的是_____。
17-1-37　如图 17-37 所示,从铸造工艺的角度看结构合理的是_____。
17-1-38　如图 17-38 所示,从铸造工艺的角度看结构合理的是_____。

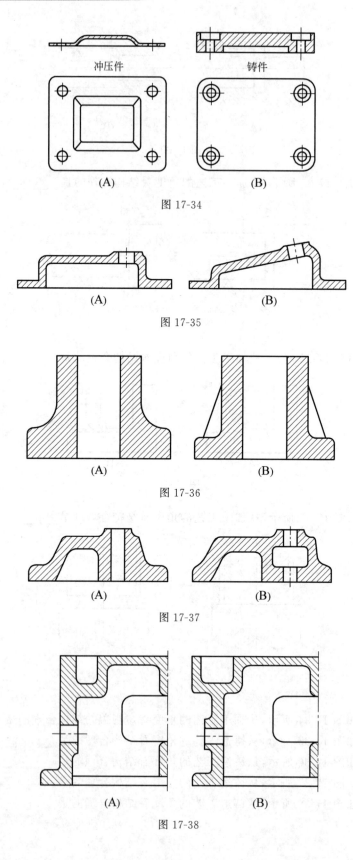

冲压件　　　　　　　铸件

(A)　　　　　　　　　(B)

图 17-34

(A)　　　　　　　　　(B)

图 17-35

(A)　　　　　　　　　(B)

图 17-36

(A)　　　　　　　　　(B)

图 17-37

(A)　　　　　　　　　(B)

图 17-38

17-1-39　如图 17-39 所示,从挺杆受力的角度看结构合理的是_____。

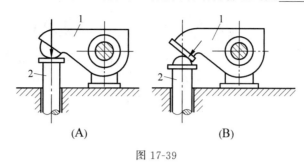

图 17-39

17-1-40　如图 17-40 所示,从受力的角度看铸铁件结构合理的是_____。

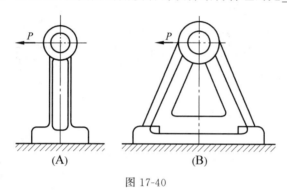

图 17-40

17-1-41　如图 17-41 所示,从用材较少的角度看结构合理的是_____。

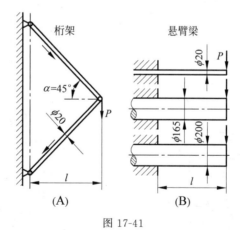

图 17-41

17-1-42　如图 17-42 所示,从接触应力较小的角度看结构合理的是_____。

17-1-43　如图 17-43 所示,从接触应力较小的角度看结构合理的是_____。

17-1-44　如图 17-44 所示,从受应力较小的角度看结构合理的是_____。

17-1-45　如图 17-45 所示,从受弯矩力的角度看结构合理的是_____。

17-1-46　如图 17-46 所示,受倾覆力矩的螺栓组结构合理的是_____。

17-1-47　如图 17-47 所示,从力流顺畅的角度看结构不合理是_____。

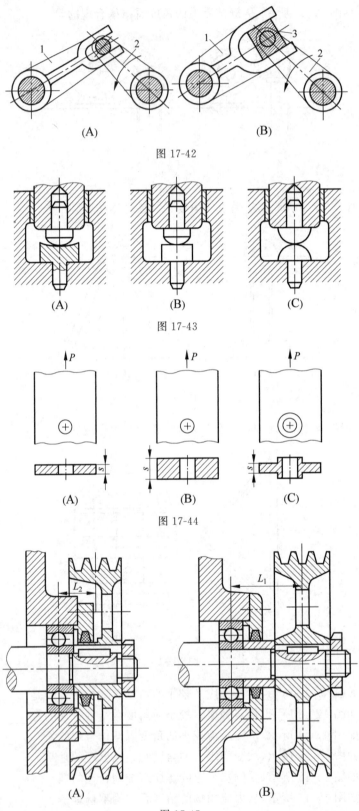

(A)　　　　　(B)

图 17-42

(A)　　　　(B)　　　　(C)

图 17-43

(A)　　　　(B)　　　　(C)

图 17-44

(A)　　　　(B)

图 17-45

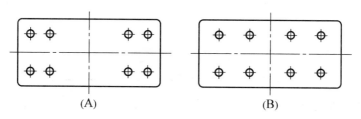

图 17-46

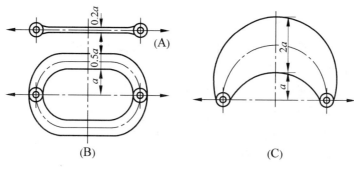

图 17-47

17-1-48　如图 17-48 所示,从受力均匀的角度看结构合理的是_____。

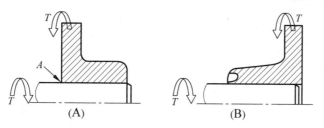

图 17-48

17-1-49　图 17-49 所示的结构中存在的错误个数是_____。

（A）2　　　　　（B）4　　　　　（C）6　　　　　（D）8

17-1-50　在图 17-50 所示的结构中存在的错误个数是_____。

（A）5　　　　　（B）8　　　　　（C）11　　　　　（D）13

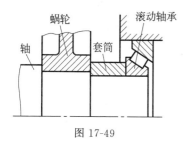

图 17-49

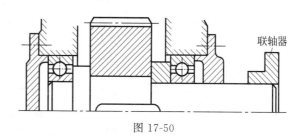

图 17-50

题目 17-1-51～题目 17-1-55 出自图 17-51,试回答以下问题:

17-1-51　在编号 3 处,以下表述正确的是_____。

（A）与齿轮配合的轴长比齿轮轮毂宽度短 2～3mm

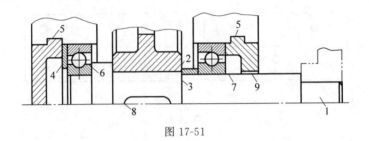

图 17-51

(B) 不应该有阶梯轴

(C) 与齿轮配合的轴长比齿轮轮毂宽度长 2～3mm

(D) 结构设计合理

17-1-52　在编号 6 处,以下表述正确的是_____。

(A) 轴承采用反装方式

(B) 轴肩低于轴承外圈,不利于轴承装拆

(C) 轴承支点改为双向固定

(D) 轴肩高于轴承内圈,不利于轴承装拆

17-1-53　在编号 7 处,以下表述错误的是_____。

(A) 轴承与轴的配合为过盈配合

(B) 与轴承配合的轴右端应设计为阶梯轴

(C) 轴承与轴的配合为间隙配合

(D) 精加工面过长,不利于轴承装拆

17-1-54　在编号 9 处,以下表述正确的是_____。

(A) 轴承盖与轴间无间隙　　　　　(B) 轴承盖与轴的配合为过盈配合

(C) 轴承盖中无密封圈　　　　　　(D) 结构设计合理

17-1-55　在_____处结构合理。

(A) 编号 1　　　　(B) 编号 4　　　　(C) 编号 5　　　　(D) 编号 8

17-1-56　如图 17-52 所示,普通平键配合的结构正确的是_____。

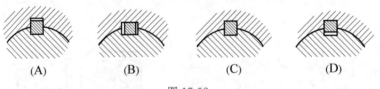

(A)　　　　　　(B)　　　　　　(C)　　　　　　(D)

图 17-52

17-1-57　如图 17-53 所示,从加工工艺的角度看结构合理的是_____。

17-1-58　图 17-54 所示的轴承预紧中,正确的是_____。

17-1-59　在图 17-55 所示各图中,结构正确的是_____。

17-1-60　如图 17-56 所示的圆锥滚子轴承用于支承短轴,结构正确的是_____。

17-1-61　如图 17-57 所示的角接触球轴承用于支承短轴,结构正确的是_____。

17-1-62　如图 17-58 所示的角接触球轴承用于支承短轴,结构正确的是_____。

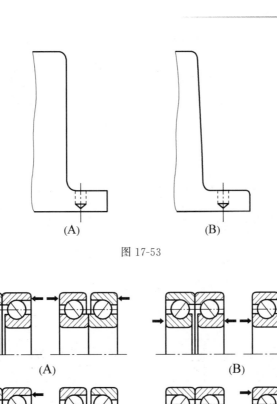

图 17-53

图 17-54

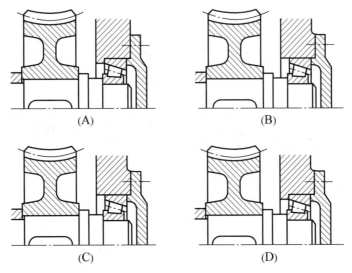

图 17-55

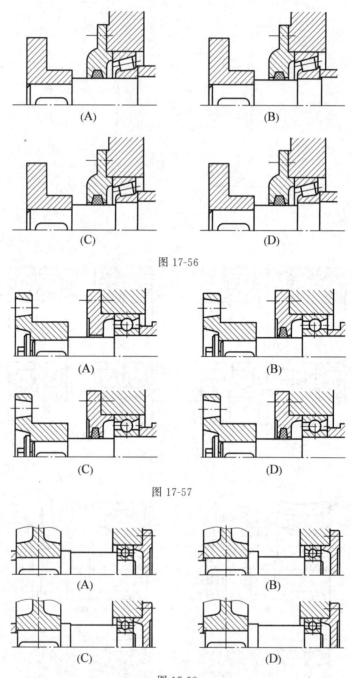

图 17-56

图 17-57

图 17-58

17.2 分 析 题

17-2-1 如图 17-59 所示,试分析:

(1) 如果图中结构为楔键连接,指出结构中的错误并提出改正措施;

（2）如果图中结构为普通平键连接,指出结构中的错误并提出改正措施。

17-2-2　如图 17-60 所示,试画出轴的转动方向(轴主动)。

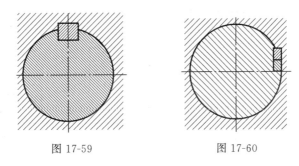

图 17-59　　　　　　　　　图 17-60

17-2-3　图 17-61 所示为滑键连接,图中有哪些错误?

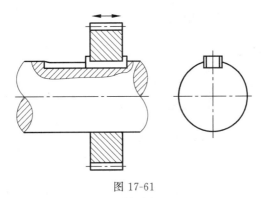

图 17-61

17-2-4　如图 17-62 所示的 2 种键槽结构哪个合理? 为什么?

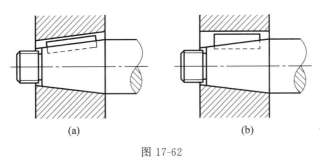

(a)　　　　　　　　　　　　(b)

图 17-62

17-2-5　如图 17-63 所示,分别用箭头指出工作面,并在图下方标出键的名称。

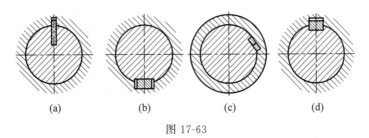

(a)　　　　(b)　　　　(c)　　　　(d)

图 17-63

17-2-6　如图 17-64 所示，说明并改正下图中的错误之处。

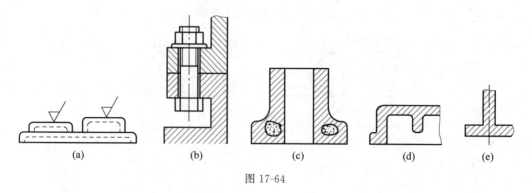

图 17-64

17-2-7　如图 17-65 所示，轴承部件采用两端固定式支承，轴承采用润滑脂润滑，试指出轴系零部件结构中的错误，并说明错误的原因。

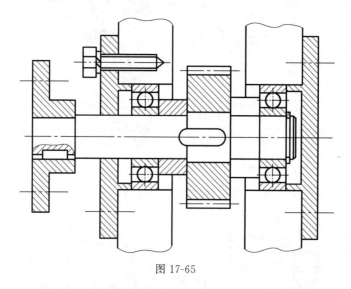

图 17-65

17-2-8　图 17-66 所示为下置式蜗杆减速器中蜗轮与轴及轴承的组合结构，蜗轮用润滑油润滑，轴承用润滑脂润滑。试改正该图中的错误，并画出正确的结构图。

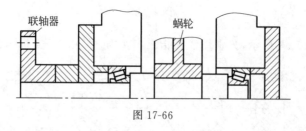

图 17-66

17-2-9　图 17-67 所示为斜齿轮、轴、轴承组合结构图，斜齿轮用润滑油润滑，轴承用润滑脂润滑。试改正图中的错误，并画出正确的结构图。

17-2-10　试改正图 17-68 所示结构设计的错误和不合理之处（不涉及强度）。

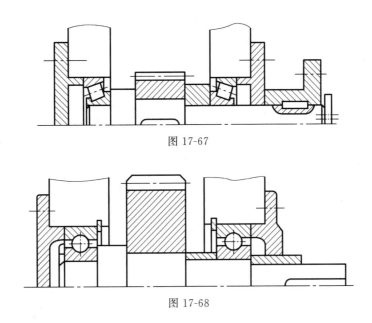

图 17-67

图 17-68

17-2-11 试指出图 17-69 所示轴系结构中的错误或不合理之处,并简要说明理由,并改正。(齿轮箱内齿轮为润滑油润滑,轴承为润滑脂润滑)

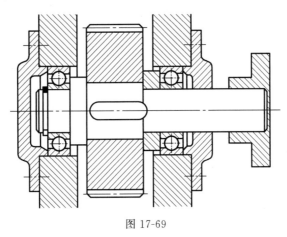

图 17-69

17-2-12 试分析图 17-70 所示轴系结构中的错误,说明错误原因,并画出正确的结构图。

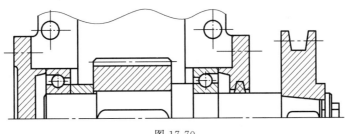

图 17-70

17-2-13　图 17-71 所示为斜齿轮、轴、轴承组合结构图，齿轮用润滑油润滑，轴承用润滑脂润滑，指出该结构设计中的错误之处。

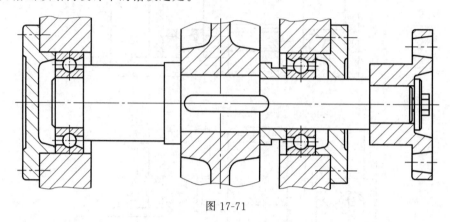

图 17-71

变　速　器

18-1-1　说明并改正图 18-1 中的错误之处。

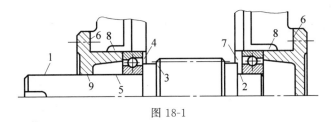

图 18-1

18-1-2　说明并改正图 18-2 中的错误之处。

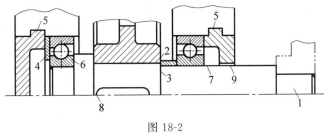

图 18-2

18-1-3　说明并改正图 18-3 中的错误之处。

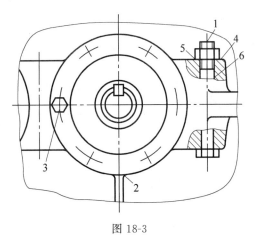

图 18-3

18-1-4　说明并改正图 18-4 中的错误之处。

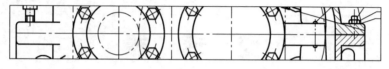

图 18-4

18-1-5　说明并改正图 18-5 中的错误之处。
18-1-6　说明并改正图 18-6 中的错误之处。
18-1-7　说明并改正图 18-7 中的错误之处。
18-1-8　说明并改正图 18-8 中的错误之处。
18-1-9　说明并改正图 18-9 中的错误之处。
18-1-10　说明并改正图 18-10 中的错误之处。

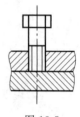

图 18-5

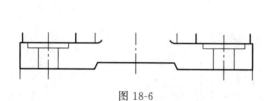

图 18-6

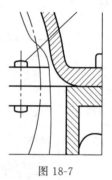

图 18-7

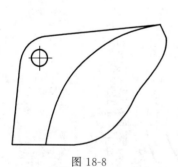

图 18-8

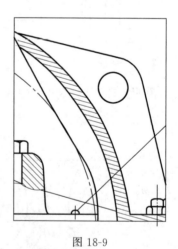

图 18-9

18-1-11　说明并改正图 18-11 中的错误之处。
18-1-12　说明并改正图 18-12 中的错误之处。
18-1-13　说明并改正图 18-13 中的错误之处。
18-1-14　说明并改正图 18-14 中的错误之处。
18-1-15　说明并改正图 18-15 中的错误之处。

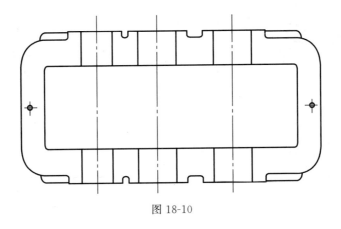

图 18-10

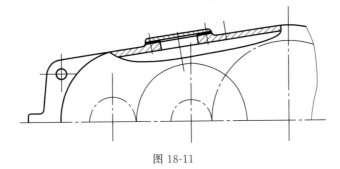

图 18-11

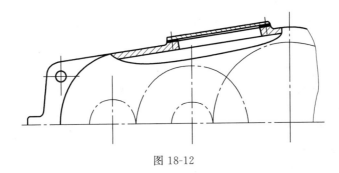

图 18-12

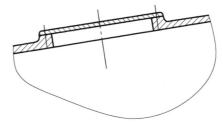

图 18-13

18-1-16　说明并改正图 18-16 中的错误之处。

18-1-17　说明并改正图 18-17 中的错误之处。

18-1-18　说明并改正图 18-18 中的错误之处。

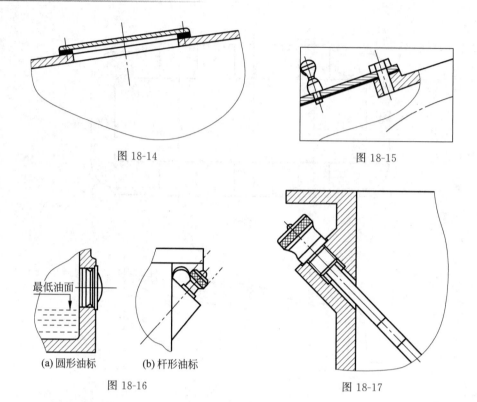

图 18-14

图 18-15

最低油面

(a) 圆形油标　　　(b) 杆形油标

图 18-16

图 18-17

18-1-19　说明并改正图 18-19 中的错误之处。

18-1-20　说明并改正图 18-20 中的错误之处。

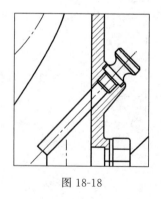

图 18-18

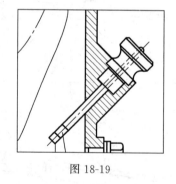

图 18-19

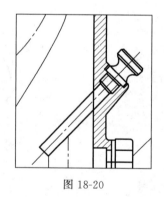

图 18-20

18-1-21　说明并改正图 18-21 中的错误之处。

18-1-22　说明并改正图 18-22 中的错误之处。

18-1-23　说明并改正图 18-23 中的错误之处。

18-1-24　说明并改正图 18-24 中的错误之处。

18-1-25　说明并改正图 18-25 中的错误之处。

18-1-26　说明并改正图 18-26 中的错误之处。

18-1-27　说明并改正图 18-27 中的错误之处。

18-1-28　说明并改正图 18-28 中的错误之处。

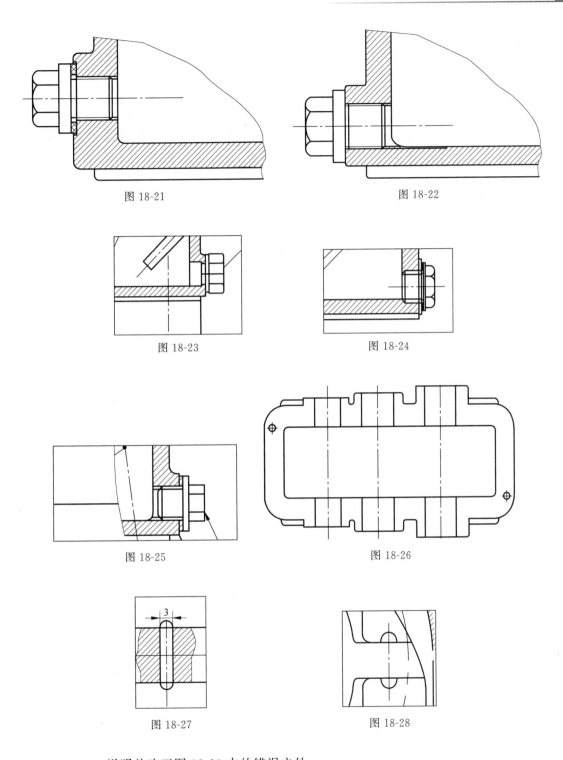

图 18-21

图 18-22

图 18-23

图 18-24

图 18-25

图 18-26

图 18-27

图 18-28

18-1-29　说明并改正图 18-29 中的错误之处。

18-1-30　说明并改正图 18-30 中的错误之处。

18-1-31　说明并改正图 18-31 中的错误之处。

18-1-32　说明并改正图 18-32 中的错误之处。

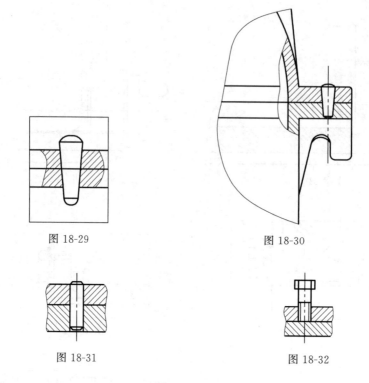

图 18-29 图 18-30

图 18-31 图 18-32

18-1-33　说明并改正图 18-33 中的错误之处。

18-1-34　说明并改正图 18-34 中的错误之处。

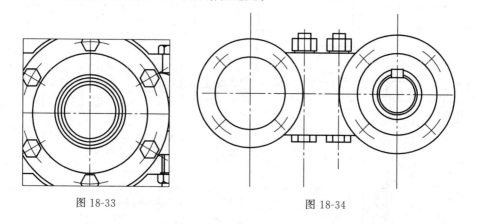

图 18-33 图 18-34

18-1-35　说明并改正图 18-35 中的错误之处。

18-1-36　说明并改正图 18-36 中的错误之处。

18-1-37　说明并改正图 18-37 中的错误之处。

18-1-38　说明并改正图 18-38 中的错误之处。

18-1-39　说明并改正图 18-39 中的错误之处。

18-1-40　说明并改正图 18-40 中的错误之处。

18-1-41　说明并改正图 18-41 中的错误之处。

18-1-42　说明并改正图 18-42 中的错误之处。

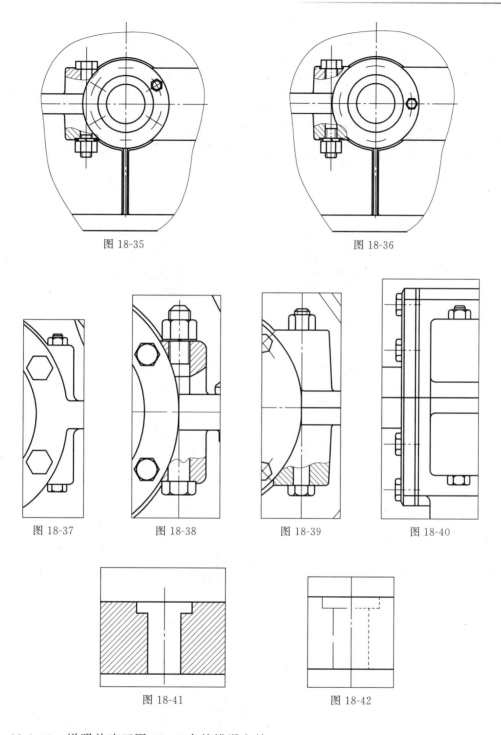

图 18-35　　　　　　　　　　　　图 18-36

图 18-37　　　　图 18-38　　　　图 18-39　　　　图 18-40

图 18-41　　　　　　　　　图 18-42

18-1-43　说明并改正图 18-43 中的错误之处。

18-1-44　说明并改正图 18-44 中的错误之处。

18-1-45　说明并改正图 18-45 中的错误之处。

18-1-46　说明并改正图 18-46 中的错误之处。

18-1-47　说明并改正图 18-47 中的错误之处。

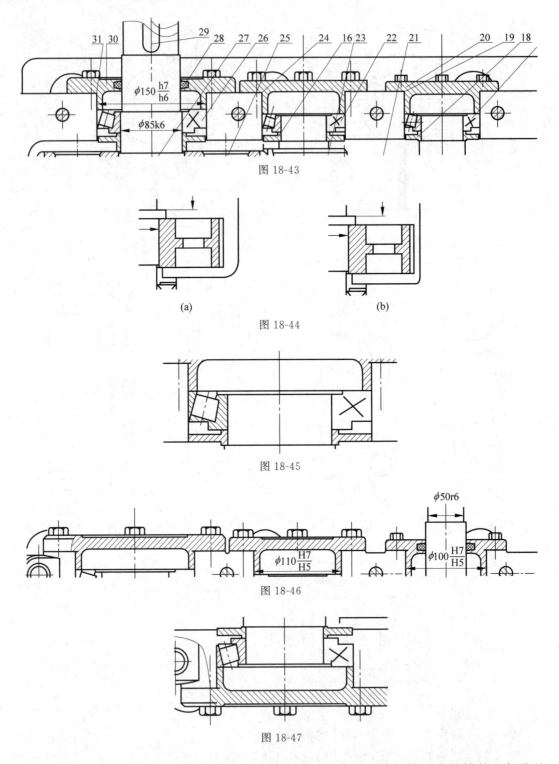

图 18-43

(a)   (b)

图 18-44

图 18-45

图 18-46

图 18-47

18-1-48　试分析减速器中回转零件采用普通平键连接时轴键槽和孔键槽的几何公差要求和表面粗糙度轮廓要求，并分别给出键槽和孔键槽的标注示例。

18-1-49　说明并改正图 18-48 中的错误之处。

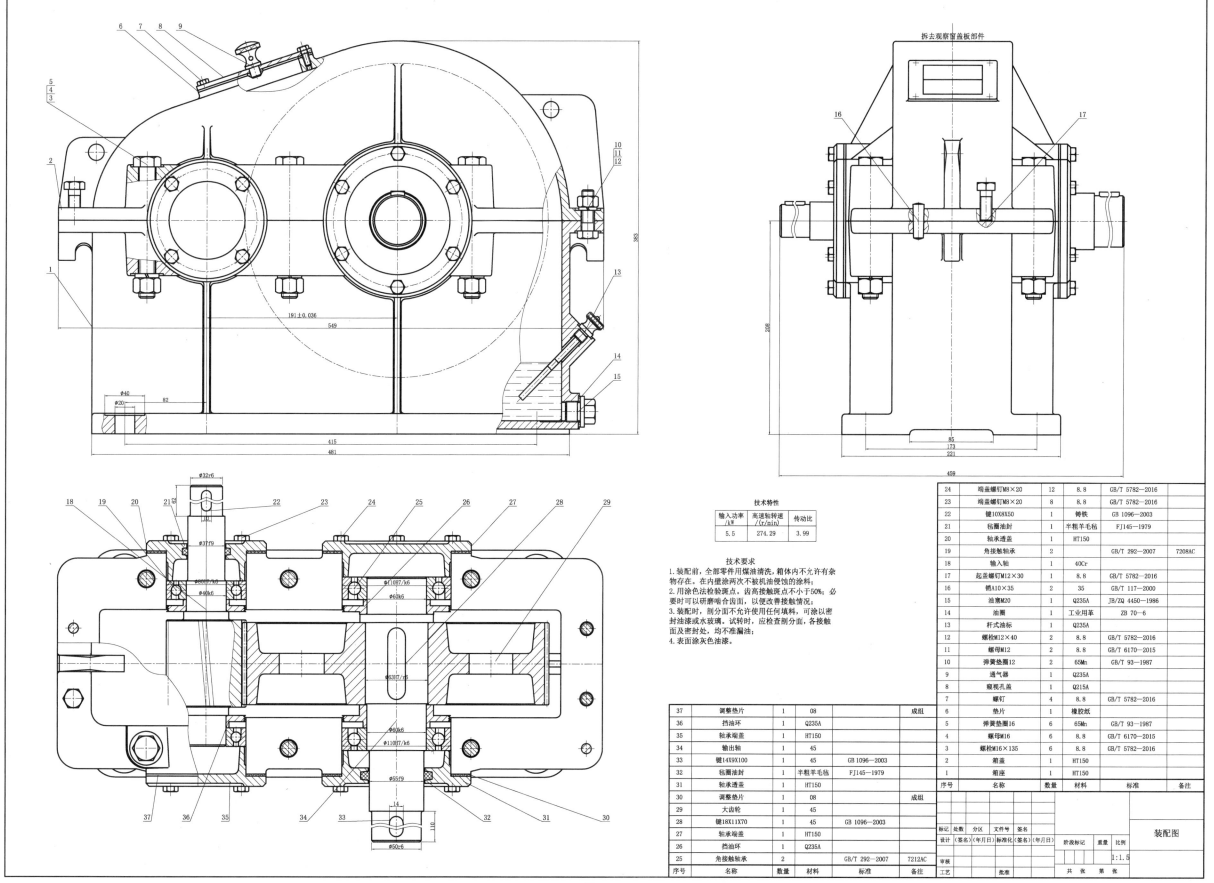

拆去观察窗盖板部件

技术特性

输入功率 /kW	高速轴转速 /(r/min)	传动比
5.5	274.29	3.99

技术要求

1. 装配前，全部零件用煤油清洗，箱体内不允许有杂物存在。在内壁涂两次不被机油侵蚀的涂料；
2. 用涂色法检验斑点。齿高接触斑点不小于50%；必要时可以研磨啮合齿面，以便改善接触情况；
3. 装配时，剖分面不允许使用任何填料，可涂以密封油漆或水玻璃。试转时，应检查剖分面，各接触面及密封处，均不准漏油；
4. 表面涂灰色油漆。

24	端盖螺钉M8×20	12	8.8	GB/T 5782—2016	
23	端盖螺钉M8×20	8	8.8	GB/T 5782—2016	
22	键10X8X50	1	铸铁	GB 1096—2003	
21	毡圈油封	1	半粗羊毛毡	FJ145—1979	
20	轴承透盖	1	HT150		
19	角接触轴承	2		GB/T 292—2007	7208AC
18	输入轴	1	40Cr		
17	起盖螺钉M12×30	1	8.8	GB/T 5782—2016	
16	销A10×35	2	35	GB/T 117—2000	
15	油塞M20	1	Q235A	JB/ZQ 4450—1986	
14	油圈	1	工业用革	ZB 70—6	
13	杆式油标	1	Q235A		
12	螺栓M12×40	2	8.8	GB/T 5782—2016	
11	螺母M12	2	8.8	GB/T 6170—2015	
10	弹簧垫圈12	2	65Mn	GB/T 93—1987	
9	通气器	1	Q235A		
8	窥视孔盖	1	Q215A		
7	螺钉	4	8.8	GB/T 5782—2016	
6	垫片	1	橡胶纸		
5	弹簧垫圈16	6	65Mn	GB/T 93—1987	
4	螺母M16	6	8.8	GB/T 6170—2015	
3	螺栓M16×135	6	8.8	GB/T 5782—2016	
2	箱盖	1	HT150		
1	箱座	1	HT150		
序号	名称	数量	材料	标准	备注

37	调整垫片	1	08		成组
36	挡油环	1	Q235A		
35	轴承端盖	1	HT150		
34	输出轴	1	45		
33	键14X9X100	1	45	GB 1096—2003	
32	毡圈油封	1	半粗羊毛毡	FJ145—1979	
31	轴承透盖	1	HT150		
30	调整垫片	1	08		成组
29	大齿轮	1	45		
28	键18X11X70	1	45	GB 1096—2003	
27	轴承端盖	1	HT150		
26	挡油环	1	Q235A		
25	角接触轴承	2		GB/T 292—2007	7212AC
序号	名称	数量	材料	标准	备注

标记	处数	分区	文件号	签名			装配图		
设计	(签名)	(年月日)	标准化	(签名)	(年月日)	阶段标记	重量	比例	
审核								1:1.5	
工艺			批准			共 张 第 张			

图 18-48

参 考 答 案

第1章　绪　　论

1.1　判断题

题号	1-1-1	1-1-2	1-1-3	1-1-4	1-1-5	1-1-6	1-1-7	1-1-8	1-1-9	1-1-10	1-1-11	1-1-12
答案	F	F	F	F	T	T	T	T	F	T	T	F
题号	1-1-13	1-1-14	1-1-15	1-1-16	1-1-17	1-1-18	1-1-19	1-1-20	1-1-21	1-1-22	1-1-23	1-1-24
答案	T	T	T	T	F	F	T	T	T	T	F	F
题号	1-1-25	1-1-26	1-1-27	1-1-28	1-1-29	1-1-30	1-1-31					
答案	F	F	T	F	T	T	T					

1.2　选择题

题号	1-2-1	1-2-2	1-2-3	1-2-4	1-2-5	1-2-6	1-2-7	1-2-8	1-2-9	1-2-10	1-2-11	1-2-12
答案	B	D	A	C	C	B	D	B	D	D	B	C
题号	1-2-13	1-2-14	1-2-15	1-2-16	1-2-17	1-2-18	1-2-19	1-2-20	1-2-21	1-2-22	1-2-23	1-2-24
答案	D	B	C	C	C	D	B	B	A	C	D	A
题号	1-2-25	1-2-26	1-2-27	1-2-28	1-2-29	1-2-30						
答案	B	A	C	B	C	C						

1.3　填空题

　　1-3-1　重载

　　1-3-2　高

　　1-3-3　传递,转换

　　1-3-4　共振

　　1-3-5　确定,构件

1.4　改错题

1-4-1　可以→必须

1-4-2　预定的工作→预定的动作

1-4-3　运动→动力

1-4-4　就是→可以

1-4-5　几何形状→结构形式

1-4-6　一定→确定

1.5　问答题

1-5-1　答：(1)安全-寿命设计。其计算准则为在规定的工作期间内,不允许零件出现疲劳裂纹,一旦出现,即认为失效。(2)破损-安全计算。其计算准则为允许零件存在裂纹并缓慢扩展,但须保证在规定的工作周期内,仍能安全可靠地工作。

1-5-2　答：一台机器,不论结构多么复杂,都是由2个或2个以上互相联系、互相配合、运动确定的机构或构件组成的。它可以实现能量的转化(如将电能、热能、光能、化学能等转化为机械能),使自身运转,实现某一预期的动作。机构是由2个或2个以上互相联系、互相配合、运动确定的构件组成,它无能量的转化,只是实现机械能的传递。构件则是由多个零件组成。因此,机械是机器和机构的总称。

1-5-3 **答**:机器是由各种金属和非金属部件组装成的装置,消耗能源,可以运转、做功。它可用来代替人的劳动、进行能量变换、信息处理及产生有用功。

一台完整的机器通常由原动机、执行部分和传动部分 3 个基本部分组成。原动机是驱动整台机器以完成预定功能的动力源;执行部分用来完成机器的预定功能;传动部分是将原动机的运动形式、运动及动力参数转变为执行部分所需的运动形式、运动及动力参数。

1-5-4 **答**:机器是由零件组成的执行机械运动的装置,用来完成所赋予的功能,如变换或传递能量、变换和传递运动和力及传递物料与信息。机构是由 2 个或 2 个以上构件通过活动连接形成的构件系统。

可以看出机器同时产生运动和能的转换,目的是利用或转换机械能以代替人的劳动或降低人的劳动强度;机构只产生运动的转换,目的是传递或变换运动。

1-5-5 **答**:机械零件的主要失效形式有:静强度失效、疲劳强度失效、摩擦学失效、其他形式的失效等。

螺栓受拉后被拉断,键或销在工作中被剪断或被压溃等均属于静强度失效。

轴受载后由于疲劳裂纹扩展而导致断裂、齿根的疲劳断裂和点蚀及链条的疲劳断裂等都是典型的疲劳强度失效。

带传动的打滑和螺纹的微动磨损是摩擦学失效的例子。

其他形式的失效包括轮齿折断、磨损,齿面疲劳点蚀、胶合或塑性变形等。

1-5-6 **答**:设计机器时应满足使用功能要求、经济性要求、劳动保护要求、可靠性要求及其他专用要求。

1-5-7 **答**:(1)载荷、曲率半径、弹性模量、泊松比;(2)相等。

1-5-8 **答**:机械零件常用的材料有钢、铸铁、有色金属、非金属材料和复合材料。

1-5-9 **答**:零件在不发生失效的条件下所能安全工作的限度,称为工作能力。通常此限度是对载荷而言的,所以习惯上又称为承载能力。

1-5-10 **答**:设计机械零件应满足避免在预定寿命期内失效的要求、结构工艺性要求、经济性要求、质量小的要求和可靠性要求。

1-5-11 **答**:机械零件的失效是指机械零件在设计预定的期间内,并在规定条件下,不能完成正常的功能;失效并不意味着破坏,破坏只是失效的形式之一。疲劳破坏是一种常见的破坏形式。疲劳破坏是指在远低于材料抗拉强度极限的交变应力作用下工程材料发生的破坏。疲劳破坏的特点:(1)在循环变应力多次反复作用下发生;(2)没有明显的塑性变形;(3)所受应力远小于材料的静强度极限;(4)对材料组成,零件形状、尺寸、表面状态,使用条件和工作环境敏感;(5)具有突发性、高局部性和对缺陷的敏感性。

1-5-12 **答**:条件性计算是指以工况和其他具体使用参数为条件对零件进行设计计算;在实际工作中,机械零件还应当考虑到原动机及工作机的不平稳等因素对零件的影响,以及零件制造和安装误差等造成的影响。

1-5-13 **答**:机械零件的设计准则主要有静强度、疲劳强度和耐磨性等。

静强度是保证机械零件在静载荷工况条件下能正常工作的基本要求。

疲劳强度是保证机械零件在变载荷工况条件下,能在规定的时间内正常工作而不被破坏的基本要求。

耐磨性是指做相对运动的零件工作表面抵抗磨损的能力。机械零件磨损后,尺寸与形状将发生改变,从而会降低机械的工作精度,削弱其强度。

1-5-14 **答**:传统设计方法以经验、试凑、静态、定性分析、手工劳动为特征,导致设计周期长,设计质量差,设计费用高,产品缺乏竞争力。而现代设计方法不仅指设计方法的更新,还包含了新技术的引入和产品的创新。目前现代设计方法主要包括优化设计、可靠性设计、设计方法学、计算机辅助设计、动态设计、有限元法、工业艺术造型设计、人机工程、并行工程、价值工程、反求工程设计、模块化设计、相似性设计、虚拟设计、疲劳设计、三次设计、摩擦学设计、绿色设计等。

1-5-15 **答**:大部分机器上使用的为通用零件,少数或个别机器上使用的零件为专用零件。

通用零件是指在各种机器中经常都能用到的零件,如螺钉、齿轮、链轮、轴承等;专用零件是指在特定类型的机器中才能用到的零件,如蜗轮机的叶片、飞机的螺旋桨、往复式活塞内燃机的曲轴等。

1-5-16 **答**:构件是组成机器运动的单元,可以是单一整体也可以是由几个零件组成的刚性结构,这些零件之间无相对运动,如内燃机的连杆、凸缘式联轴器、机械手的某一关节等。

零件是组成机器的不可拆的基本单元,即制造的基本单元,如齿轮、轴、螺钉等。

1-5-17 **答**:在机械设计中,应保证所设计的机械零件在正常工作中不发生任何失效。为此对于每种失效形式都规定了防止这种失效的条件,这些条件就是所谓的工作能力计算准则。它是设计机械零件的理论依据。常用的设计准则有:

强度准则——确保零件不发生断裂破坏或过大的塑性变形,是最基本的设计准则。

刚度准则——确保零件不发生过大的弹性变形。

寿命准则——通常与零件的疲劳、磨损、腐蚀相关。

振动稳定性准则——高速运转机械的设计应注重此项准则。

可靠性准则——当计及随机因素影响时,仍应确保上述各项准则。

1-5-18 **答**:设计计算是应用公式直接求解出所需要的零件尺寸,校核计算是在按其他方法初步设计出零件的尺寸后,再用校核公式对其进行校核。设计计算多用于能通过简单的力学模型进行设计的零件;校核计算则多用于结构复杂,应力分布较复杂,但又能用现有的应力分析方法或变形分析方法进行计算的零件。

1-5-19 **答**:不同种类的机械零件,其设计计算方法不同,设计步骤亦不同,通常的设计步骤为:(1)选择类型;(2)受力分析;(3)选择材料;(4)确定计算准则;(5)设计计算;(6)结构设计;(7)绘制工作图;(8)编写设计计算说明书。其中步骤(4)对零件尺寸的确定起了决定性的作用。

1-5-20 **答**:材料的主要性能有抗拉强度、韧性、耐磨性、加工性能、表面处理要求等。合理选择材料时须考虑:(1)载荷、应力的大小和性质;(2)零件的工作情况;(3)零件的尺寸及质量;(4)零件结构的复杂程度及材料的加工可能性;(5)材料的经济性;(6)材料的供应情况。

1-5-21 **答**:机械零件设计时的基本要求包括强度、刚度、寿命、可靠性、结构工艺性和经济性。

机械零件的强度不够,就会在工作中发生断裂或产生不允许的残余变形等。因此具有适当的强度是设计机械零件时必须满足的最基本的要求。

机械零件在工作时所产生的变形量不超过允许的限度,就满足了刚度要求。通常只有变形过大会影响机器工作性能的零件(如机床主轴、导轨等),才需要满足这项要求。

机械零件不发生失效,并能正常工作所延续的时间称为零件的寿命。影响零件寿命的主要因素有:零件的受载情况、工作条件和环境,材料的疲劳、腐蚀及相对运动零件接触表面的磨损等。

对于绝大多数机械来说,失效的发生是随机的。造成失效具有随机性的原因主要是由于零件所受的载荷、环境和温度等工况条件是随机变化的,而零件本身的物理及机械性能也是随机变化的。因此,为了提高零件的可靠性,应当使工作条件和零件性能两个方面的随机变化尽可能地小。

机械零件应具有良好的结构工艺性,以便于加工和装配。为此,应对机械零件进行合理而正确的结构设计。此外,零件的结构工艺性还应从毛坯制造、机械加工和装配等生产环节来综合考虑。

机械零件的经济性主要表现在零件本身的生产成本上,因此设计时应当力求设计出成本最低的零件。

第 2 章　平面机构的自由度

2.1　判断题

题号	2-1-1	2-1-2	2-1-3	2-1-4	2-1-5	2-1-6	2-1-7	2-1-8	2-1-9	2-1-10	2-1-11	2-1-12
答案	F	F	T	F	F	T	T	T	F	F	T	T
题号	2-1-13	2-1-14	2-1-15	2-1-16	2-1-17	2-1-18	2-1-19	2-1-20	2-1-21			
答案	F	F	T	F	T	T	T	T	F			

2.2　选择题

题号	2-2-1	2-2-2	2-2-3	2-2-4	2-2-5	2-2-6	2-2-7	2-2-8	2-2-9	2-2-10	2-2-11	2-2-12
答案	A	C	C	D	A	C	D	A	B	C	D	A
题号	2-2-13	2-2-14	2-2-15	2-2-16	2-2-17	2-2-18	2-2-19	2-2-20	2-2-21	2-2-22	2-2-23	2-2-24
答案	B	C	B	A	C	B	A	A	A	B	B	A
题号	2-2-25	2-2-26	2-2-27	2-2-28	2-2-29	2-2-30	2-2-31	2-2-32	2-2-33	2-2-34	2-2-35	2-2-36
答案	B	B	A	B	B	A	B	B	A	B	C	A
题号	2-2-37	2-2-38	2-2-39	2-2-40	2-2-41	2-2-42	2-2-43	2-2-44	2-2-45	2-2-46	2-2-47	2-2-48
答案	B	B	A	B	B	A	C	C	A	B	B	A

题号	2-2-49	2-2-50	2-2-51	2-2-52	2-2-53	2-2-54	2-2-55	2-2-56	2-2-57	2-2-58	2-2-59	2-2-60
答案	B	B	A	B	C	A	B	C	A	B	B	A
题号	2-2-61	2-2-62	2-2-63	2-2-64	2-2-65	2-2-66	2-2-67	2-2-68	2-2-69	2-2-70	2-2-71	2-2-72
答案	A	A	B	B	B	B	B	D	C	A	C	A
题号	2-2-73	2-2-74	2-2-75	2-2-76	2-2-77	2-2-78	2-2-79	2-2-80	2-2-81	2-2-82	2-2-83	2-2-84
答案	B	D	C	A	C	A	B	D	C	A	C	A

2.3　填空题

2-3-1　直接,几何连接

2-3-2　接触

2-3-3　点,线,面

2-3-4　面

2-3-5　点,线

2-3-6　绕

2-3-7　相对移动

2-3-8　运动

2-3-9　从动件

2-3-10　小,大

2-3-11　滑动,低

2-3-12　螺旋

2-3-13　回转

2-3-14　移动

2-3-15　高

2-3-16　齿轮,凸轮,移动,转动

2-3-17　点、线,面

2-3-18　1,2

2-3-19　原动件数等于自由度数

2-3-20　不起独立限制

2-3-21　重合

2-3-22　相同

2.4　问答题

2-4-1　答：(1)2个或多个构件组成的可运动连接称为运动副。(2)其作用是在限制一定自由度的条件下,让构件之间有确定的相对运动。

2-4-2　答：低副引入2个约束、高副引入1个。

2-4-3　**答**：没有关系，只有在确定运动要求的前提下，才有：自由度＝原动件数。

2-4-4　**答**：该机构为曲柄摇杆机构，见题 2-4-4 解图。

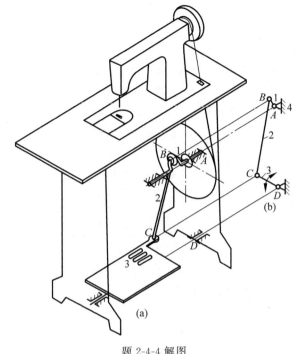

题 2-4-4 解图

2-4-5　**答**：(1)运动副是两构件直接接触并能产生相对运动的活动连接。面和面接触的运动副在接触部分的压强较低，被称为低副，如滑动轴承；点或线接触的运动副称为高副，如齿轮。(2)引入 1 个高副代入 1 个约束。(3)引入 1 个低副代入 2 个约束。

2-4-6　**答**：(1)条件为原动件数等于自由度数；(2)不能满足这一条件的结果是不能动或运动不确定。

2-4-7　**答**：应注意复合铰链、虚约束、局部自由度。

2.5　计算题

2-5-1　**解**：

(1)自由度计算：

$$n=3,\quad p_{\mathrm{l}}=4,\quad p_{\mathrm{h}}=1$$

故有

$$F=3n-(2p_{\mathrm{l}}+p_{\mathrm{h}})$$
$$=3\times3-(2\times4+1)=0。$$

(2)分析其是否能实现设计意图：由图可知，此简易冲床不能运动(由构件 3,4 与机架 5 和运动副 B、C、D 组成不能运动的刚性桁架)，需要增加机构的自由度。

(3)提出修改方案：要使机构运动，应增加机构的自由度(可以在机构的适当位置增加 1 个活动构件和 1 个低副，或者用 1 个高副去代替 1 个低副)。

2-5-2　**解**：

由图可知,该机构为曲柄摇块机构,其自由度为

$$n=3, \quad p_1=4, \quad p_h=0$$
$$F=3n-(2p_1+p_h)$$
$$=3\times3-(2\times4+0)=1$$

因该机构的原动件数目为 1,且等于其机构的自由度数目,故该机构具有确定的运动。

2-5-3　**解**：计算该机构的自由度(D 处滚子的转动)：

$$n=8, \quad p_1=10, \quad p_h=2, \quad p'=0, F'=1$$
$$F=3n-(2p_1+p_h-p')-F'$$
$$=3\times8-(2\times10+2-0)-1=1$$

故该机构具有确定的运动。

2-5-4　**解**：该机构的自由度：

$$n=5, \quad p_1=7, \quad p_h=0$$
$$F=3n-(2p_1+p_h)$$
$$=3\times5-(2\times7+0)=1$$

此机构的原动件数为 1,故机构具有确定的运动。

2-5-5　**解**：

$$n=4, p_1=5(A \text{ 处为复合铰链}), p_h=1$$
$$F=3n-(2p_1+p_h)$$
$$=3\times4-(2\times5+1)=1。$$

2-5-6　**解**：

(a) $n=9, p_1=11, p_h=2, p'=0, F'=2(D, L \text{ 2 处各有 1 个局部自由度})$

$$F=3n-(2p_1+p_h-p')-F'$$
$$=3\times9-(2\times11+2-0)-2=1;$$

(b) $n=7, p_1=8(C, F \text{ 2 处虽各有 2 处接触,但都各算 1 个移动副}), p_h=2, p'=0,$
$F'=2(B, E \text{ 2 处各有 1 个局部自由度})$

$$F=3n-(2p_1+p_h-p')-F'$$
$$=3\times7-(2\times8+2-0)-2=1。$$

2-5-7　**解**：

(a) $n=10, p_1=15(\text{其中 } E, D \text{ 及 } H \text{ 均为复合铰链}), p_h=0, p'=2p_1'+p_h'-3n'=2\times5+0-3\times3=1, F'=0$

$$F=3n-(2p_1+p_h-p')-F'$$
$$=3\times10-(2\times15+0-1)-0$$
$$=1;$$

(b) $n=11, p_1=17(\text{其中 } C, F \text{ 及 } K \text{ 均为复合铰链}), p_h=0, p'=2p_1'+p_h'-3n'=2\times10-3\times6=2, F'=0$

$$F=3n-(2p_1+p_h-p')-F'$$
$$=3\times11-(2\times17+0-2)-0=1。$$

2-5-8 解：

（1）未刹车时，刹车机构的自由度：

$$n=6, \quad p_1=8, \quad p_h=0$$
$$F=3n-(2p_1+p_h)$$
$$=3\times6-2\times8=2。$$

（2）闸瓦 G,J 之一刹紧车轮时，刹车机构的自由度：

$$n=5, \quad p_1=7, \quad p_h=0$$
$$F=3n-(2p_1+p_h)$$
$$=3\times5-2\times7=1。$$

（3）闸瓦 G,J 同时刹紧车轮时，刹车机构的自由度：

$$n=4, \quad p_1=6, \quad p_h=0$$
$$F=3n-(2p_1+p_h)$$
$$=3\times4-2\times6=0。$$

2-5-9 解：

机构的自由度：

$$n=13, \quad p_1=17, \quad p_h=4, \quad p'=4, \quad F'=4$$
$$F=3n-(2p_1+p_h-p')-F'$$
$$=3\times13-(2\times17+4-4)-4$$
$$=1$$

故机构的自由度为 1。

2-5-10 解：

机构的自由度：

$$n=7, \quad p_1=10, \quad p_h=0$$
$$F=3n-(2p_1+p_h)$$
$$=3\times7-2\times10=1。$$

2.6 作图题

2-6-1 解： 如题 2-6-1 解图所示：

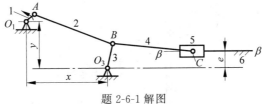

题 2-6-1 解图

2-6-2 解： 如题 2-6-2 解图所示。

2-6-3 解： 如题 2-6-3 解图所示。

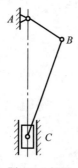

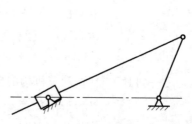

题 2-6-2 解图　　　　　　题 2-6-3 解图

2-6-4　**解**：如题 2-6-4 解图所示：

$$n=3, \quad p_1=4, \quad p_h=0,$$
$$F=3\times 3-2\times 4-1\times 0=1。$$

2-6-5　**解**：如题 2-6-5 解图所示：

$$n=3, \quad p_1=4, \quad p_h=0$$
$$F=3\times 3-2\times 4-1\times 0=1。$$

2-6-6　**解**：如题 2-6-6 解图所示：

$$n=5, \quad p_1=7, \quad p_h=0$$
$$F=3\times 5-2\times 7-1\times 0=1。$$

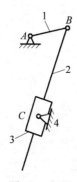

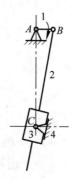

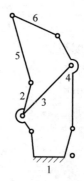

题 2-6-4 解图　　　　题 2-6-5 解图　　　　题 2-6-6 解图

2-6-7　**解**：如题 2-6-7 解图所示：

$$n=5, \quad p_1=7, \quad p_h=0$$
$$F=3\times 5-2\times 7-1\times 0=1。$$

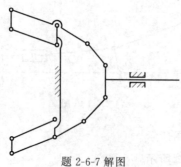

题 2-6-7 解图

第 3 章　连 杆 机 构

3.1　判断题

题号	3-1-1	3-1-2	3-1-3	3-1-4	3-1-5	3-1-6	3-1-7	3-1-8	3-1-9	3-1-10	3-1-11	3-1-12
答案	T	F	T	T	F	T	T	T	T	F	F	F
题号	3-1-13	3-1-14	3-1-15	3-1-16	3-1-17	3-1-18	3-1-19	3-1-20	3-1-21	3-1-22	3-1-23	3-1-24
答案	T	F	F	F	F	T	T	T	F	T	T	T
题号	3-1-25	3-1-26	3-1-27	3-1-28	3-1-29	3-1-30	3-1-31	3-1-32	3-1-33	3-1-34	3-1-35	3-1-36
答案	F	T	F	T	T	F	T	F	T	T	T	T
题号	3-1-37	3-1-38	3-1-39	3-1-40	3-1-41	3-1-42	3-1-43	3-1-44	3-1-45	3-1-46	3-1-47	3-1-48
答案	F	T	T	F	F	T	T	F	F	F	T	F
题号	3-1-49	3-1-50	3-1-51	3-1-52	3-1-53	3-1-54	3-1-55	3-1-56	3-1-57	3-1-58	3-1-59	3-1-60
答案	T	T	F	F	F	F	F	F	T	T	F	T
题号	3-1-61	3-1-62	3-1-63	3-1-64	3-1-65	3-1-66	3-1-67	3-1-68	3-1-69	3-1-70	3-1-71	3-1-72
答案	F	T	T	T	F	F	T	F	F	F	F	F
题号	3-1-73	3-1-74	3-1-75	3-1-76								
答案	F	T	T	T								

3.2　选择题

题号	3-2-1	3-2-2	3-2-3	3-2-4	3-2-5	3-2-6	3-2-7	3-2-8	3-2-9	3-2-10	3-2-11	3-2-12
答案	C	B	A	B	B	D	C	B	A	D	B	D
题号	3-2-13	3-2-14	3-2-15	3-2-16	3-2-17	3-2-18	3-2-19	3-2-20	3-2-21	3-2-22	3-2-23	3-2-24
答案	A	D	D	A	A	D	C	B	A	D	C	B
题号	3-2-25	3-2-26	3-2-27	3-2-28	3-2-29	3-2-30	3-2-31	3-2-32	3-2-33	3-2-34	3-2-35	3-2-36
答案	A	D	BCF	BC	C	C	AB	A	A	CAB	A	B
题号	3-2-37	3-2-38	3-2-39	3-2-40	3-2-41	3-2-42	3-2-43	3-2-44	3-2-45	3-2-46	3-2-47	3-2-48
答案	C	B	C	C	C	B	A	B	B	A	B	B
题号	3-2-49	3-2-50	3-2-51	3-2-52	3-2-53	3-2-54	3-2-55	3-2-56	3-2-57	3-2-58	3-2-59	3-2-60
答案	A	B	C	B	B	A	B	B	A	D	C	D

3.3　填空题

3-3-1　转动,移动

3-3-2　平面

3-3-3　回转副,基础

3-3-4　转动,连架杆

3-3-5　往复摆动,连架杆

3-3-6　曲柄,摇杆,曲柄,摇杆

3-3-7　曲柄摇杆,双曲柄,双摇杆

3-3-8　小于或等于,机架,曲柄

3-3-9　最短,整周旋转

3-3-10　最短

3-3-11　大于,机架

3-3-12　摇杆,无穷大

3-3-13　机架

3-3-14　曲柄

3-3-15　主动,从动

3-3-16　从动,主动

3-3-17　极位夹角,大于1

3-3-18　相对长度,机架

3-3-19　旋转,往复

3-3-20　"死点"

3-3-21　自身,飞轮

3-3-22　卡死,不确定

3-3-23　非生产,提高

3-3-24　压力角,传动

3-3-25　余

3-3-26　"死点"

3-3-27　连杆,曲柄,共线

3-3-28　转动,往复

3-3-29　360°,双曲柄

3-3-30　机架,摆动,双摇杆

3-3-31　(a)双曲柄机构,(b)、(c)曲柄摇杆机构,(d)双摇杆机构,(e)曲柄摇杆机构,(f)平行双曲柄机构,(g)反向双曲柄机构。

3-3-32　(a)曲柄滑块机构,(b)导杆机构,(c)回转导杆机构,(d)摇块机构,(e)定块机构。

3-3-33　曲柄与连杆

3-3-34　"死点",0°

3-3-35　$\arccos(a/b)$

3-3-36　双曲柄,双摇杆

3-3-37　不等于零

3-3-38　原动件数等于自由度数

3-3-39　36°

3-3-40　夹紧

3-3-41　20°

3-3-42　1.4

3-3-43　锐

3-3-44　曲柄摇杆,摇杆长度

3.4　改错题

3-4-1　低副→回转副和移动副

3-4-2　连杆→摇杆

3-4-3　铰链四杆→曲柄摇杆

3-4-4　铰链四杆→曲柄摇杆

3-4-5　也→不

3-4-6　也→不

3-4-7　全→不全

3-4-8　同时→不同时

3-4-9　2→3

3-4-10　曲柄→机架

3.5　问答题

3-5-1　**答**：如题 3-5-1 解图所示：

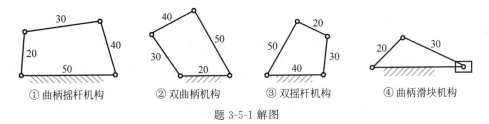

题 3-5-1 解图

3-5-2　**答**：(1)动力来自脚踩。(2)原动件是曲柄摇杆机构的摇杆。(3)卡死的原因是连杆和曲柄共线,传动角为零(即连杆对曲柄的作用力通过曲柄转动中心,力矩为零)。

3-5-3　**答**：(1)连杆机构又称低副机构,是机械的组成部分中的一类,是由若干(2个以上)有确定相对运动的构件用低副(转动副或移动副)连接组成的机构。(2)优点：低副是面接触,耐磨损；转动副和移动副的接触表面是圆柱面和平面,制造简便,易于获得较高的制造精度。缺点:低副中存在间隙,数目较多的低副会引起运动累积误差,而且它的设计比较复杂,不易精确地实现复杂的运动。

3-5-4 答:(1)可以做整周回转的连架杆是曲柄。(2)不能做整周回转的连架杆是摇杆。(3)铰链四杆机构有整转副的条件(曲柄存在的必要条件)是:①最短杆与最长杆长度之和小于或等于其余两杆长度之和;②最短杆为机架或连架杆。

3-5-5 答:曲柄摇杆机构、双曲柄机构(含平行四边形机构)、双摇杆机构。

3-5-6 答:(1)从动件上某点力的方向与该点的速度方向之间所夹的锐角为压力角,压力角的补角为传动角。(2)压力角越小连杆机构运动的效率越高,反之则越低。

3-5-7 答:(1)行程速度变化系数又称行程速比系数,为了衡量机构急回运动的相对程度,通常把从动件往复摆动时快速行程(回程)与慢速行程(推程)平均角速度的比值称为行程速比系数。(2)判定机构是否有急回运动的关键取决于极位夹角,当曲柄摇杆机构在运动过程中出现极位夹角 θ 时,机构便具有急回运动特性。θ 角越大,K 值越大,机构的急回运动性质也越显著。

3-5-8 答:全部 4 个运动副均为铰链的称为铰链四杆机构,而平面连杆机构中的运动副有移动副或者没有移动副,已包含了铰链四杆机构。

3-5-9 答:铰链四杆机构满足曲柄存在的条件时,最短杆做机架即可得到双曲柄机构。

3-5-10 答:不满足曲柄存在条件时的铰链四杆机构即为双摇杆机构。

3-5-11 答:曲柄摇杆机构中,把摇杆做成与弧形槽相配的弧形块,摇杆与机架构成的转动副转变移动副曲柄摇杆机构就演化为曲柄滑块机构,见题 3-5-11 解图,(a)为曲柄摇杆机构,(b)为演化后的曲柄滑块机构。

3-5-12 答:将曲柄滑块机构中的曲柄作为机架便得到了导杆机构。

3-5-13 答:在曲柄滑块机构中,滑块的移动距离根据曲柄的长度和滑块的偏心计算求出。

3-5-14 答:$K = \dfrac{180° + \theta}{180° - \theta}$。

3-5-15 答:当曲柄匀速旋转时,因摇杆两极限位置对应的曲柄转角不相等,所以产生急回运动。

3-5-16 答:根据曲柄的极位夹角公式计算:$\theta = \dfrac{K-1}{K+1} \times 180°$。

3-5-17 答:曲柄摇杆机构、偏心曲柄滑块机构在曲柄匀速旋转时有急回运动。

3-5-18 答:曲柄摇杆机构、对中曲柄滑块机构在曲柄作为从动件时会出现"死点"。

3-5-19 答:急回、"死点"。

3-5-20 答:利用回转机构的惯性或添加辅助机构可以克服平面连杆机构的"死点"位置。

3-5-21 答:在偏置曲柄滑块机构中才会有急回运动。

3-5-22 答:曲柄滑块机构实现了直线运动与回转运动的互相转换,偏置曲柄滑块机构中的曲柄作为主动件时具有急回运动性质。

3-5-23 答:摆动导杆机构中的一个连架杆可以做整周回转,另一个连架杆不能做整周回转。

3-5-24　**答**：转动导杆机构中的 2 个连架杆都可以做整周回转。

3-5-25　**答**：它们均有转动副和移动副。曲柄滑块机构的滑块做直线运动,连杆做平面运动,连杆无导向;曲柄导杆机构的连杆有导向。

3-5-26　**答**：(1) 曲柄是可以做整周回转的连架杆。

(2) 铰链四杆机构有曲柄存在的条件是：最短与最长杆之和小于其余两杆长度之和,且最短杆是连架杆。

(3) 当以曲柄为主动件时,曲柄摇杆机构的最小传动角可能出现在摇杆的两极限位置之一。

3-5-27　**答**：(1) 偏心曲柄滑块机构。

(2) 当构件 AB 为主动件时,有急回运动,因为去、回程转角不同。

(3) 当滑块为原动件时,曲柄与连杆共线时出现"死点"位置。

(4) 当构件 AB 为主动件时,AB 处于垂直位置(即 AB' 时),机构的传动角最小。

(5) 当滑块为主动件时,曲柄与连杆共线时传动角最小,为 $0°$。

3-5-28　**答**：(1) 最短＋最长杆的长度小于或等于其余两杆。

(2) 最短杆是机架。(或为平行四边形)

3-5-29　**答**：(1) 5s。　(2) 5r/min。

3-5-30　**答**：(1) $l_{AC}\min>40\mathrm{mm}$。(2) γ 恒为 $90°$。(3) $l_{AB}\min=l_{AC}=50\mathrm{mm}$。

3-5-31　**答**：构件 AB 能做整周回转。因为 $l_{AB}+l_{AD}=550\mathrm{mm}<l_{BC}+l_{CD}=650\mathrm{mm}$,且 AD 为机架,构件 AB 为曲柄。

3-5-32　**答**：对于曲柄做匀速回转的对心曲柄滑块机构,其行程速比系数等于 1。

3.6　计算题

3-6-1　**解**：(1) 当取杆 4 为机架时,有曲柄存在,即杆 1 为曲柄,此时该机构为曲柄摇杆机构。

(2) 要使此机构成为双曲柄机构,则应取杆 1 为机架。

要使此机构成为双摇杆机构,则应取杆 3 为机架,且其长度的允许变动范围为 $140\sim1340\mathrm{mm}$。

若将杆 4 的长度改为 $d=400\mathrm{mm}$,其他各杆的长度不变,则分别以 1,2,3 杆为机架时,所获得的机构为双摇杆机构。

3-6-2　**解**：(1) 当 $e\neq0$ 时,杆 AB 为曲柄的条件是 $\overline{AB}+e\leqslant\overline{BC}$。因为当 AB 杆能通过其垂直于滑块导路的两位置时,AB 杆能做整周转动。

(2) 当 $e=0$ 时,杆 AB 为曲柄的条件是 $\overline{AB}\leqslant\overline{BC}$。

(3) 当以杆 AB 为机架时,此机构为偏置转动导杆机构。

3-6-3　**解**：(1) 如题 3-6-3 解图(a)所示

计算极位夹角 θ

$$\theta=\angle C_1AD-\angle C_2AD$$

$$=\arccos\left[\frac{(l_2-l_1)^2+l_4^2-l_3^2}{2(l_2-l_1)l_4}\right]-\arccos\left[\frac{(l_2+l_1)^2+l_4^2-l_3^2}{2(l_2+l_1)l_4}\right]$$

$$= \arccos\left[\frac{(52-28)^2 + 72^2 - 50^2}{2 \times (52-28) \times 72}\right] - \arccos\left[\frac{(52+28)^2 + 72^2 - 50^2}{2 \times (52+28) \times 72}\right]$$

$$= 18.56°$$

计算摆角 ψ

$$\psi = \angle ADC_2 - \angle ADC_1$$

$$= \arccos\left[\frac{l_3^2 + l_4^2 - (l_2 + l_1)^2}{2l_3l_4}\right] - \arccos\left[\frac{l_3^2 + l_4^2 - (l_2 - l_1)^2}{2l_3l_4}\right]$$

$$= 70.56°$$

计算行程速比系数 K

$$K = \frac{180° + \theta}{180° - \theta} = \frac{180° + 18.56°}{180° - 18.6°} = 1.23$$

如题 3-6-3 解图(b)所示

$$\cos\angle BCD = \frac{l_2^2 + l_3^2 - l_1^2 - l_4^2 + 2l_1l_4\cos\phi}{2l_2l_3}$$

$$\angle B'C'D = \arccos\frac{l_2^2 + l_3^2 - l_1^2 - l_4^2 + 2l_1l_4}{2l_2l_3}$$

$$= \arccos\left(\frac{52^2 + 50^2 - 28^2 - 72^2 + 2 \times 28 \times 72}{2 \times 52 \times 50}\right) = 51.06°$$

$$\angle B''C''D = \arccos\frac{l_2^2 + l_3^2 - l_1^2 - l_4^2 - 2l_1l_4}{2l_2l_3}$$

$$= \arccos\left(\frac{52^2 + 50^2 - 28^2 - 72^2 - 2 \times 28 \times 72}{2 \times 52 \times 50}\right) = 157.23°$$

$$\gamma_{min} = 180° - \angle B''C''D = 180° - 157.23° = 22.73°$$

所以,$\gamma_{min} = 22.73°$。

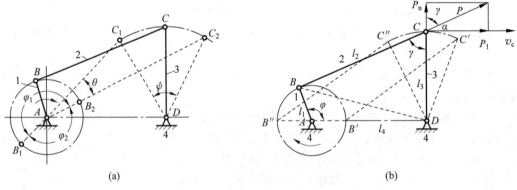

(a)　　　　　　　　　　　　(b)

题 3-6-3 解图

(2) 当取杆 1 为机架时,该铰链四杆机构演化为双曲柄机构。

(3) 当取杆 3 为机架时,该铰链四杆机构仍为曲柄摇杆机构。

解毕。

3-6-4　**解**：(1) 如题 3-6-4 解图所示，假设各杆的长度分别为 a，b，c，d，各杆的相对长度取 $a/a=1$，$b/a=m$，$c/a=n$，$d/a=l$。

各杆相对长度在坐标轴 x 和 y 上的投影，可以得到以下关系式：

题 3-6-4 解图

$$\begin{cases} \cos\alpha + m\cos\delta = l + n\cos\phi \\ \sin\alpha + m\sin\delta = n\sin\phi \end{cases}$$

整理后得

$$\cos\alpha = \frac{l^2 + n^2 + 1 - m^2}{2l} + n\cos\phi - \frac{n}{l}\cos(\phi - \alpha)$$

为简化上式，令

$$P_0 = n$$

$$P_1 = n/l$$

$$P_2 = \frac{l^2 + n^2 + 1 - m^2}{2l}$$

则有

$$\cos\alpha = P_0\cos\phi - P_1\cos(\phi - \alpha) + P_2$$

可得到方程组

$$\begin{cases} \cos35° = P_0\cos50° - P_1\cos(50° - 35°) + P_2 \\ \cos80° = P_0\cos75° - P_1\cos(75° - 80°) + P_2 \\ \cos125° = P_0\cos105° - P_1\cos(105° - 125°) + P_2 \end{cases}$$

联立解得：$P_0 = 1.5815$，$P_1 = -1.2637$，$P_2 = 1.0233$

可得到方程组

$$\begin{cases} P_0 = n = 1.5815 \\ P_1 = n/l = -1.2637 \\ P_2 = (l^2 + n^{2} + 1 - m^2)/2l = 1.0233。 \end{cases}$$

(2) 求得各杆的相对长度：

$$n = 1.5815，$$

$$l = -n/P_1 = 1.2514$$

$$m = \sqrt{l^2 + n^2 + 1 - 2lP_2} = 1.5830。$$

(3) 求得各杆的长度：

$$d = 80.00\text{mm}$$

$$a = d/l = 80/1.2514 = 63.928\text{mm}$$

$$b = ma = 1.5830 \times 63.928 = 101.198\text{mm}$$

$$c = na = 1.5815 \times 63.928 = 101.102\text{mm}$$

解毕。

3.7 作图题

3-7-1 解:

（1）根据行程速比系数求得极位夹角 $\theta = 16.4°$。

（2）如题 3-7-1 解图所示：

$$AC_1 = l_2 - l_1 = 30.3\text{mm}$$

$$AC_2 = l_2 + l_1 = 78.3\text{mm}$$

则 $l_1 = 24\text{mm}, l_2 = 54.3\text{mm}$。

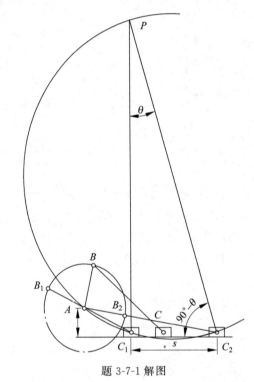

题 3-7-1 解图

3-7-2 解:

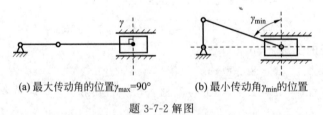

(a) 最大传动角的位置 $\gamma_{max} = 90°$　　　(b) 最小传动角 γ_{min} 的位置

题 3-7-2 解图

3-7-3 解:（1）四杆机构 $ABCD$ 是双曲柄机构。

（2）作出四杆机构 $ABCD$ 传动角最小时的位置,并量得最小传动角 $\gamma_{min} = \gamma'' = 12°$。

（3）作出滑块 F 的上、下两个极位及原动件 AB 与之对应的两个极位,并量得极位夹角 $\theta = 47°$。

（4）求出滑块 F 的行程速比系数 $K=1.71$。

3-7-4 **解**：如题 3-7-4 解图所示，选炉门开启时为初始位置，按 μ_l 作机构简图，求出 A 及 D 的位置。

由图中量得

$$l_{AB} = \mu_l \overline{AB} = 5 \times 19 = 95\text{mm}$$

$$l_{AD} = \mu_l \overline{AD} = 5 \times 67 = 335\text{mm}$$

$$l_{CD} = \mu_l \overline{CD} = 5 \times 58 = 290\text{mm}$$

解毕。

3-7-5 **解**：先计算

$$\theta = 180° \frac{K-1}{K+1} = 36°$$

再以 μ_l 作图，如题 3-7-5 解图所示，可得两个解

（1）

$$l_{AB} = \mu_l (\overline{AC_2} - \overline{AC_1})/2 = 49.5\text{mm}$$

$$l_{BC} = \mu_l (\overline{AC_2} + \overline{AC_1})/2 = 119.5\text{mm}。$$

（2）

$$l_{AB} = \mu_l (\overline{AC_1} - \overline{AC'_2})/2 = 22\text{mm}$$

$$l_{BC} = \mu_l (\overline{AC_1} + \overline{AC'_2})/2 = 48\text{mm}$$

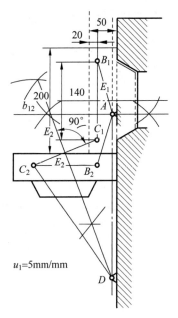

题 3-7-4 解图

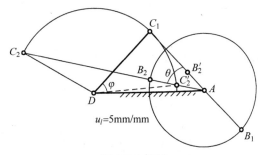

题 3-7-5 解图

解毕。

3-7-6 **解**：以 μ_l 采用机构倒置法作图，如题 3-7-6 解图所示。

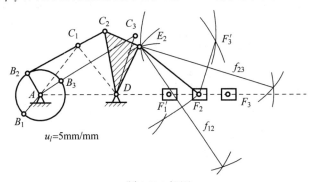

题 3-7-6 解图

l_{EF} 即为所求连杆的长度,E 即为所求连杆摇杆 CD 铰接点的位置

由图中量得:$l_{EF}=\mu_l\overline{E_2F_2}=5\times 26=130$mm

解毕。

3-7-7　**解**:计算 $\theta=16.36°$,并取 μ_l 作出摇杆 CD 的两极限位置 DC_1 及 DC_2,以 μ_l 作题 3-7-7 解图。

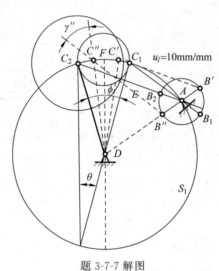

题 3-7-7 解图

图中量取,$l_{C_1C_2}=\mu_l\overline{C_1C_2}=10\times 18=180$mm

$$l_{BC}=\mu_l\overline{B_1C_1}=10\times 31=310\text{mm}$$

由四杆机构存在曲柄的条件,得

$$l_{AD}+l_{AB}<l_{BC}+l_{CD},\quad \text{且}\quad l_{AD}>l_{AB},\quad l_{AD}>l_{BC},\quad l_{AD}>l_{CD}$$

得:$310\text{mm}<l_{AD}<530\text{mm}=130\text{mm}$

当 $l_{AD}=310$mm 时,如题 3-7-6 解图所示,$\gamma_{min}=42.5°>40°$,γ_{min} 在允许的范围;

当 $l_{AD}=530$mm 时,$\gamma_{min}=0°$,γ_{min} 不在允许的范围。

解毕。

3-7-8　**解**:导杆的摆角 $\varphi=\theta=180°\dfrac{K-1}{K+1}=60°$

导杆端点 D 的行程 $\overline{D_1D_2}=\overline{E_1E_2}=H=300$mm。取 μ_l 作题 3-7-8 解图,可得导杆和机架的长度为

$$L_{CD}=\mu_l\overline{CD}=5\times 60=300\text{mm}$$

$$L_{AC}=\mu_l\overline{AC}=5\times 30=150\text{mm}$$

为了使推动刨头 5 在整行程中有较小压力角,取两个极限位置压力角都是 0°,刨头导路的位置 h 应为:

$$h=L_{GH}=\mu_l\overline{GH}=5\times 52=260\text{mm}$$

解毕。

3-7-9　**解**:根据题意计算得 $\theta=36°$,取 μ_l 根据滑块的冲程 H 作出两极位 C_1 及 C_2,如题 3-7-9 解图所示,保留作图线。

作 θ 圆,作偏距线,两者的交点即铰链 A 所在的位置,由图可得:

$$l_{AB} = \mu_l (\overline{AC_2} - \overline{AC_1})/2 = 17\text{mm}$$

$$l_{BC} = \mu_l (\overline{AC_2} + \overline{AC_1})/2 = 36\text{mm}$$

$$\alpha_{\max} = 62.7°.$$

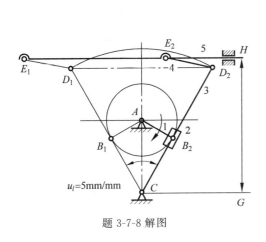

题 3-7-8 解图

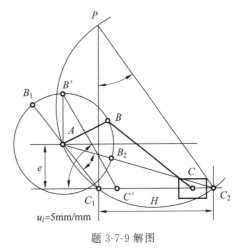

题 3-7-9 解图

第 4 章 凸轮与其他常见机构

4.1 判断题

题号	4-1-1	4-1-2	4-1-3	4-1-4	4-1-5	4-1-6	4-1-7	4-1-8	4-1-9	4-1-10	4-1-11	4-1-12
答案	T	T	F	T	F	F	T	T	F	T	F	F
题号	4-1-13	4-1-14	4-1-15	4-1-16	4-1-17	4-1-18	4-1-19	4-1-20	4-1-21	4-1-22	4-1-23	4-1-24
答案	F	F	T	F	F	F	T	F	T	F	T	F
题号	4-1-25	4-1-26	4-1-27	4-1-28	4-1-29	4-1-30	4-1-31	4-1-32	4-1-33	4-1-34	4-1-35	4-1-36
答案	T	F	T	T	F	F	F	F	F	T	F	F
题号	4-1-37	4-1-38	4-1-39	4-1-40	4-1-41	4-1-42	4-1-43	4-1-44	4-1-45	4-1-46	4-1-47	4-1-48
答案	F	F	T	F	F	F	F	F	T	F	F	F
题号	4-1-49	4-1-50	4-1-51	4-1-52	4-1-53	4-1-54	4-1-55	4-1-56	4-1-57	4-1-58	4-1-59	4-1-60
答案	T	F	T	T	F	F	F	F	F	F	T	F
题号	4-1-61	4-1-62	4-1-63	4-1-64	4-1-65	4-1-66	4-1-67	4-1-68	4-1-69	4-1-70	4-1-71	4-1-72
答案	T	T	F	F	F	F	F	F	F	F	F	T
题号	4-1-73	4-1-74	4-1-75	4-1-76	4-1-77	4-1-78	4-1-79	4-1-80	4-1-81	4-1-82	4-1-83	4-1-84
答案	T	F	F	F	F	F	T	T	T	T	F	F
题号	4-1-85	4-1-86	4-1-87	4-1-88	4-1-89	4-1-90	4-1-91					
答案	F	F	T	F	T	T	T					

4.2　选择题

题号	4-2-1	4-2-2	4-2-3	4-2-4	4-2-5	4-2-6	4-2-7	4-2-8	4-2-9	4-2-10	4-2-11	4-2-12
答案	A	C	B	A	C	D	D	A	A	B	C	A
题号	4-2-13	4-2-14	4-2-15	4-2-16	4-2-17	4-2-18	4-2-19	4-2-20	4-2-21	4-2-22	4-2-23	4-2-24
答案	A	B	A	A	BC	C	D	A	B	C	D	D
题号	4-2-25	4-2-26	4-2-27	4-2-28	4-2-29	4-2-30	4-2-31	4-2-32	4-2-33	4-2-34	4-2-35	4-2-36
答案	B	B	D	AB	B	B	BD	C	A	B	C	C
题号	4-2-37	4-2-38	4-2-39	4-2-40	4-2-41	4-2-42	4-2-43	4-2-44	4-2-45	4-2-46	4-2-47	4-2-48
答案	CD	D	C	A	D	B	BC	B	C	B	A	A
题号	4-2-49	4-2-50	4-2-51	4-2-52	4-2-53	4-2-54	4-2-55	4-2-56	4-2-57	4-2-58	4-2-59	
答案	B	A	B	B	D	B	A	C	B	A	B	

4.3　填空题

4-3-1　尖顶,失真

4-3-2　$\alpha = \arctan[v_2/\omega(r_b + e + h)]$

4-3-3　90°

4-3-4　基圆半径,滚子半径

4-3-5　紧凑,增大,差

4-3-6　柔性

4-3-7　$r_r < \rho_{\min}$

4-3-8　连续,时动、时停

4-3-9　棘轮,棘爪,机架

4-3-10　棘爪,棘轮

4-3-11　往复摆动,周期

4-3-12　梯,锯齿

4-3-13　静止,反转

4-3-14　曲柄,转动,径向

4-3-15　锁止弧

4-3-16　槽轮,曲柄

4-3-17　齿轮机构

4-3-18　锁止圆弧

4-3-19　冲击

4-3-20　冲击,平稳性

4-3-21　长度

4-3-22　对称

4-3-23　2 个,较短

4-3-24　摩擦

4-3-25　2 个

4-3-26　转角,旋转

4-3-27　阻止

4-3-28　转动,间歇

4-3-29　不完全齿轮,凸轮

4-3-30　可靠,调节

4-3-31　冲击,平稳性

4-3-32　低,轻

4-3-33　调整,阻止

4-3-34　曲柄,圆销,机架,槽轮

4-3-35　曲柄,转动,槽轮,时动、时停

4-3-36　1/4

4-3-37　3,0.5

4-3-38　齿顶

4-3-39　间歇

4-3-40　小,大

4-3-41　棘轮,槽轮,凸轮,不完全齿轮

4-3-42　棘轮,槽轮

4.4　改错题

4-4-1　能够→不能够

4-4-2　任意停止和动作→时停、时动

4-4-3　棘轮→棘爪,棘爪→曲柄

4-4-4　直线→摆动

4-4-5　主→从

4-4-6　锯齿→梯

4-4-7　圆弧→棘爪

4-4-8　棘爪→曲柄

4-4-9　是棘轮→是曲柄

4-4-10　轴→径

4-4-11　凹→凸

4-4-12　只能→不仅能,不能→还能

4-4-13　都→不仅

4-4-14　仅→不仅

4.5 问答题

4-5-1 答:凸轮机构的优点是:只需设计适当的凸轮轮廓,便可使从动件得到所需的运动规律,并且结构简单、紧凑、设计方便。缺点是:凸轮轮廓与从动件之间为点接触或线接触,易于磨损,所以,通常多用于传力不大的控制机构。

4-5-2 答:等速运动规律,等加速、等减速运动规律,余弦加速度运动规律,正弦加速度运动规律,多项式运动规律等。

4-5-3 答:(1)满足机器工作的需要;(2)考虑机器工作的平稳性;(3)考虑凸轮实际廓线便于加工。

4-5-4 答:采用增大基圆半径的方法解决。

4-5-5 答:(1)当滚子半径过大,且凸轮轮廓曲率半径过小时可能出现运动失真。(2)采用减小滚子半径,加大基圆半径的方法加以消除。

4-5-6 答:如果不这样速度会一直增大或一直减小(负增加)。

4-5-7 答:在直动推杆盘形凸轮机构中,对于同一凸轮采用不同端部形状的推杆的运动规律不同,其中对心和滚子推杆的运动规律相同,平底推杆的运动规律不同。

4-5-8 答:能够将原动件的连续转动转变为从动件周期性运动和停歇运动的机构,称为间歇运动机构。常见的间歇运动机构有:棘轮机构、槽轮机构和不完全齿轮机构。

4-5-9 答:棘轮机构的驱动是往复运动,调整方便;槽轮机构的驱动是旋转运动,频率固定。

4-5-10 答:(1)槽轮机构的运动系数 τ 表示运动时间比总时间。(2)5 个槽的单销槽轮机构的运动系数 $\tau=10/3$。

4-5-11 答:棘轮机构的设计主要包括确定齿数、模数、齿槽夹角、棘爪长度等。

4-5-12 答:槽轮机构设计时要避免出现冲击和振动等不稳定现象。

4-5-13 答:棘轮机构:运动可靠,从动棘轮容易实现有级调节,但是有噪声、冲击,轮齿易磨损,高速时尤其严重,常用于低速、轻载的间歇传动。

槽轮机构:能准确控制转角、工作可靠、机械效率高,与棘轮机构相比,工作平稳性较好,但其槽轮机构动程不可调节、转角不可太小,销轮和槽轮的主从动关系不能互换、起停有冲击。槽轮机构的结构要比棘轮机构复杂,加工精度要求较高,因此制造成本高。

4-5-14 答:防止棘轮反转。

4-5-15 答:改变主动摇杆摆角,利用遮板调节棘轮转角。

4-5-16 答:改变驱动棘爪的位置(绕自身轴线转过 180° 后固定),可改变进给运动的方向。

4-5-17 答:用锁止弧保证。

4-5-18 答:对于单向运动棘轮机构,当主动件按某一个方向摆动时,才能推动棘轮转动。对于双向式运动棘轮机构在主动摇杆向 2 个方向往复摆动的过程中,分别带动 2 个棘爪,2 次推动棘轮转动。

4-5-19 答:主动件连续运动时,从动件能够产生周期性的间歇运动,实现单方向转动(或移动)。

4-5-20 **答**:(1)典型的棘轮机构由棘轮、驱动棘爪、摆杆和止回棘爪组成。(2)为保证棘爪能够顺利进入棘轮轮齿的齿根,应满足的条件是齿面偏斜角大于齿面摩擦角。

4-5-21 **答**:为了使棘爪能顺利进入棘轮轮齿的齿底面而不致从棘轮轮齿上滑脱出来。

4-5-22 **答**:$n < \dfrac{2z}{z-2}$。

4-5-23 **答**:(1)可在两轮的端面分别装上瞬心线附加杆,使从动件的角速度由零逐渐增加到某一数值从而避免冲击。(2)为了防止从动轮在停歇期间游动,两轮轮缘上各装有锁止弧。

4.6 分析题

4-6-1 **解**:摆动推杆在推程及回程的角位移方程为(设凸轮逆时针等速转动):
(1) 对于推程
$$\varphi = \varphi_m [1 - \cos(\pi\delta/\delta_0)]/2, \quad 0° \leqslant \delta \leqslant 180°。$$
(2) 对于回程
$$\varphi = \varphi_m [1 - (\delta/\delta'_0) + \sin(2\pi\delta/\delta'_0)/2\pi], \quad 0° \leqslant \delta \leqslant 180°$$
计算各点的角位移值如下:

总转角 $\delta_\Sigma/(°)$	0	15	30	45	60	75
$\varphi/(°)$	0	0.43	1.67	3.66	6.25	9.26
总转角 $\delta_\Sigma/(°)$	90	105	120	135	150	165
$\varphi/(°)$	12.5	15.7	18.75	21.34	23.32	24.57
总转角 $\delta_\Sigma/(°)$	180	195	210	225	240	255
$\varphi/(°)$	25	24.9	24.28	22.73	20.11	16.57
总转角 $\delta_\Sigma/(°)$	270	285	300	315	330	360
$\varphi/(°)$	12.5	8.43	4.89	2.27	0.72	0.09

取 $\mu_l = 1\text{mm/mm}$ 作图,如题 4-6-1 解图所示。

4-6-2 **解**:为使推杆运动平稳,应避免产生刚性冲击,推杆在 2 种运动规律的交接处可用圆弧过渡,即用圆弧相切于 2 种运动规律的位移线图,此时取圆弧的半径 r' 为
$$r' \geqslant r_r/0.85 = 5.88, \quad 取 r' = 8$$
现已按 $\mu_l = 1\text{mm/mm}$ 做出了圆柱凸轮的部分轮廓曲线,如题 4-6-2 解图所示。

4-6-3 **解**:已知凸轮转动方向为顺时针,偏心距为正,故
$$x = -(s_0 + s)\sin\delta_\Sigma - e\cos\delta_\Sigma$$
$$y = (s_0 + s)\cos\delta_\Sigma - e\sin\delta_\Sigma$$
式中,δ_Σ 为凸轮的总转角。

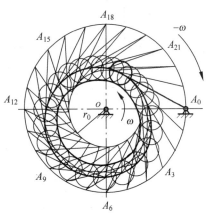

题 4-6-1 解图

$$\delta_0 = \sqrt{r_0^2 - e^2} = \sqrt{50^2 - 20^2} = 45.83\text{mm}$$

推杆的位移在按正弦加速度推程时为

$$\delta = h\left[\frac{\delta}{\delta_0} - \frac{1}{2\pi}\sin\left(2\pi\frac{\delta}{\delta_0}\right)\right]$$

$$= 50 \times \left(\frac{\delta}{120} - \frac{1}{2\pi}\sin\frac{2\pi\delta}{120}\right), \quad \delta = 0° \sim 120°$$

按余弦加速度回程时为

$$s = h\left[1 + \cos\left(\pi\frac{\delta}{\delta_0}\right)\right]/2$$

$$= 25 \times \left[1 + \cos\left(\pi\frac{\delta}{60}\right)\right], \quad \delta = 0° \sim 60°$$

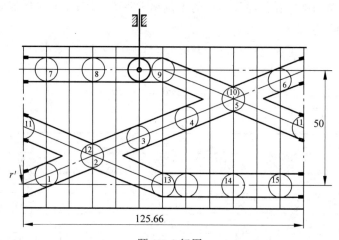

题 4-6-2 解图

计算结果见下表：

总转角 $\delta_\Sigma/(°)$	0	15	30	45	60	75
s	0	0.62	4.54	13.12	25	36.88
x	−20	−31.34	−42.51	−55.83	−71.34	−85.07
y	45.83	36.69	33.62	27.54	18.09	2.09
总转角 $\delta_\Sigma/(°)$	90	105	120	135	150	165
s	45.46	49.38	50	50	50	42.68
x	−91.29	−86.79	−72.99	−53.62	−30.59	−3.59
y	−20.00	−43.96	−65.24	−81.90	−92.99	−90.67
总转角 $\delta_\Sigma/(°)$	180	195	210	225	240	⋯
s	25	7.32	0	0	0	⋯
x	20.00	33.08	40.24	46.55	49.69	⋯
y	−70.83	−46.16	−29.69	−18.26	−5.59	⋯

取 $\mu_l = 10\text{mm/mm}$ 作图，如题 4-6-3 解图所示：

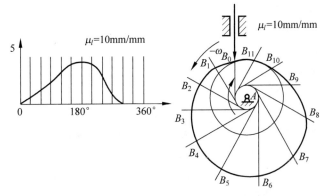

题 4-6-3 解图

4-6-4　**解**：压力角的计算式为

$$\alpha = \arctan \frac{(\mathrm{d}s/\mathrm{d}\delta) \mp e}{\sqrt{r_0^2 - e^2} + e}$$

式中的"一"号用于凸轮轴线偏于推杆轴线右侧时；"＋"号用于凸轮轴线偏于推杆轴线左侧时。

（1）推程时，

$$\frac{\mathrm{d}s}{\mathrm{d}\delta} = \frac{h}{\delta_0}\left[1 - \cos\left(2\pi\frac{\delta}{\delta_0}\right)\right]$$

$$= \frac{50}{\pi}\left[1 - \cos\left(2\pi\frac{\delta}{120}\right)\right], \quad \delta = 0° \sim 120°.$$

（2）回程时，

$$\frac{\mathrm{d}s}{\mathrm{d}\delta} = -\frac{h}{2}\cdot\frac{\pi}{\delta_0'}\sin\left(\pi\frac{\delta}{\delta_0'}\right)$$

$$= -50\sin\left(\pi\frac{\delta}{60}\right), \quad \delta = 0° \sim 60°.$$

计算结果分别见下表：

（1）推程时，

$\delta_\Sigma/(°)$		0	15	30	45	60
$\alpha/(°)$	$(-e)$	-23.58	-15.64	4.4	19.4	21.39
	$(+e)$	23.58	30.16	41.06	45.86	43.73
$\delta_\Sigma/(°)$		75	90	105	120	
$\alpha/(°)$	$(-e)$	14.09	2.43	-7.78	-11.79	
	$(+e)$	36.3	25.67	15.83	11.79	

（2）回程时，

$\delta_\Sigma/(°)$		0	10	20	30	40	50	60
$\alpha/(°)$	$(-e)$	-11.79	-31.87	-45.55	-53.29	-55.53	-49.46	-23.58
	$(+e)$	11.79	-10.72	-28.34	-37.83	-37.62	-19.59	23.58

比较上述计算结果可知，当凸轮轴线偏于推杆轴线右侧（正偏距）时，推程的最大压力角

较小,而回程的最大压力角较大。负偏距时则相反。

4-6-5 **解**:机构的几何尺寸如下:顶圆直径 $D=mz=60$mm

齿高 $h=0.75m=3.75$mm

齿顶厚 $a=m=5$mm

齿槽夹角 $\theta=60°$或 $50°$

棘爪长度 $L=2\pi m=31.4$mm。

4-6-6 **解**:如题 4-6-6 解图所示,在 B,C 处有速度突变,故在 B,C 处存在刚性冲击;在 O,A,D,E 处有加速度突变,故在 O,A,D,E 处存在柔性冲击。

4-6-7 **解**:(1) 如题 4-6-7 解图所示;

(2) 等速运动规律,有刚性冲击;

(3) 只适用于低速场合。

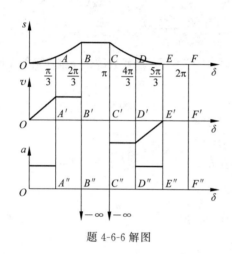

题 4-6-6 解图

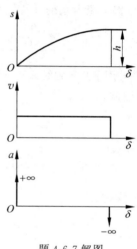

题 4-6-7 解图

4-6-8 **解**:(1) $r_0=10$mm,$h=2\overline{AO}=40$mm。

(2) 推程运动角 $\delta_0=180°$,回程运动角 $\delta_0'=180°$,近休止角 $\delta_{01}=0°$,远休止角 $\delta_{02}=0°$。

(3) 由于平底垂直于导路的平底推杆凸轮机构的压力角恒等于零,所以 $\alpha_{max}=\alpha_{min}=0°$。

(4) 如题 4-6-8 解图所示,取 AO 连线与水平线的夹角为凸轮的转角 δ,则有

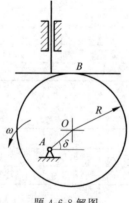

题 4-6-8 解图

推杆的位移方程为：$s = \overline{AO} + \overline{AO}\sin\delta = 20 \times (1 + \sin\delta)$

推杆的速度方程为：$v = 20\omega\cos\delta$

推杆的加速度方程为：$a = -20\omega^2\sin\delta$。

（5）当 $\omega = 10\text{rad/s}$，AO 处于水平位置时，$\delta = 0°$ 或 $180°$，所以推杆的速度为

$$v = 20 \times 10\cos\delta = \pm 200\text{mm/s}$$

4-6-9 解：（1）由渐开线的性质可知，导路的方向线即为渐开线在 B 点的法线；又由三心定理可知，导路方向线与基圆的切点即为凸轮与推杆的瞬心，所以，推杆的速度为

$$v_B = \omega r_0 （方向朝上）。$$

（2）假设推杆与凸轮在 A 点接触时凸轮的转角 δ 为零，则推杆的运动规律为

$$s = vt = \omega r_0 \cdot \frac{\delta}{\omega} = r_0\delta。$$

（3）因为导路方向线与接触点的公法线重合，所以压力角 $\alpha = 0°$。

（4）有冲击，是刚性冲击。

4-6-10 解：（1）由图 4-10 可知，B，D 2 点的压力角为

$$\alpha_B = \alpha_D = \arctan(\overline{O_1O}/\overline{OB}) = \arctan 0.5 = 26.565°。$$

（2）行程 $h = 2\overline{O_1O} = 2 \times 30 = 60\text{mm}$。

4.7 作图题

4-7-1 解：取 $\mu_l = \mu_s = 1\text{mm/mm}$，如题 4-7-1 解图所示：

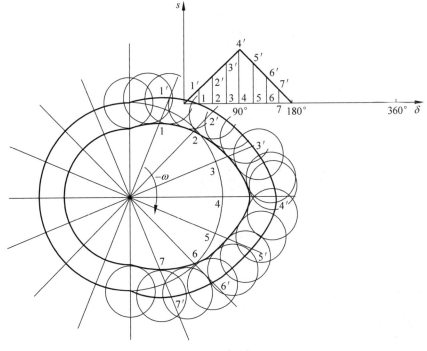

题 4-7-1 解图

4-7-2 **解**：取 $\mu_l = \mu_s = 2\text{mm/mm}$，如题 4-7-2 解图所示：

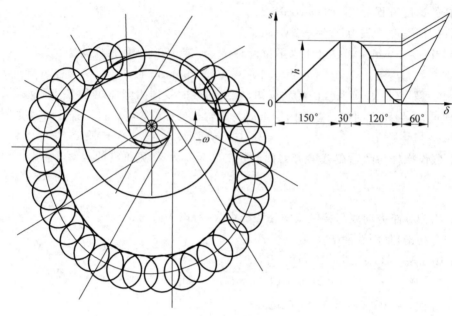

题 4-7-2 解图

4-7-3 **解**：取 $\mu_l = \mu_s = 2\text{mm/mm}$，如题 4-7-3 解图所示：

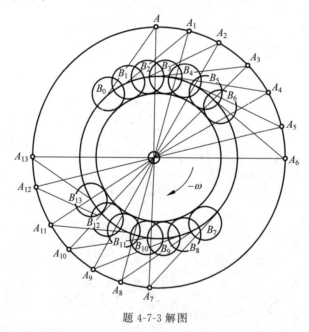

题 4-7-3 解图

4-7-4 **解**：由于推杆的最大摆角 $\phi_{\max} = 300$，推程角和回程角相等，而且有 $\delta_0 = \delta_0' = 180°$，所以，推程段的角位移方程可写为

$$\varphi = \frac{\phi_{\max}}{2}\left(1 - \cos\frac{\pi}{\delta_0}\delta\right) = 15° \times (1 - \cos\delta)$$

将推程角取 6 等分,由上式求出各等分点推杆的摆角 φ,同样可求出回程段各分点推杆的角位移。取尺寸比例尺 $\mu_l = 0.002\text{m/mm}$ 作图,凸轮廓线如题 4-7-4 解图所示。

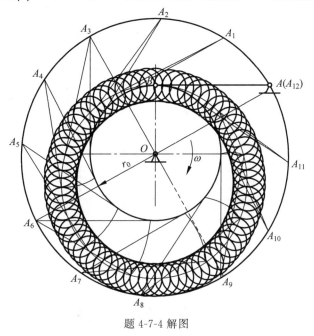

题 4-7-4 解图

4-7-5　**解**:将基圆取 12 等分,通过作图求解,得到推杆的位移曲线,如题 4-7-5 解图所示。

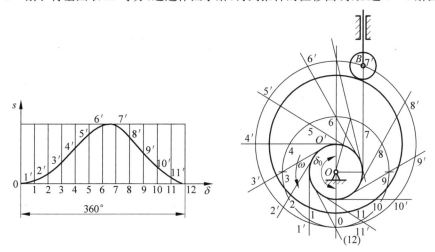

题 4-7-5 解图

4-7-6　**解**:(1) 如题 4-7-6 解图所示。

(2) 在 D,E 处,有速度突变,且在相应的加速度线图上分别表现为负无穷大和正无穷大。因此凸轮机构在 D,E 处有刚性冲击;在加速度线图上 A'',B'',C'' 及 D'' 处有加速度的有限突变,故在这几处凸轮机构有柔性冲击。

(3) 在 F 处有正的加速度值,故有惯性力,但既无速度突变,也无加速度突变,故 F 处无冲击存在。

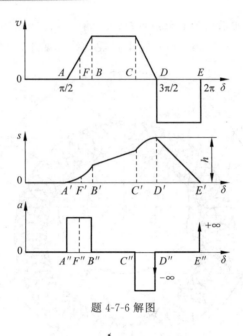

题 4-7-6 解图

第 5 章 轮 系

5.1 判断题

题号	5-1-1	5-1-2	5-1-3	5-1-4	5-1-5	5-1-6	5-1-7	5-1-8	5-1-9	5-1-10	5-1-11	5-1-12
答案	T	F	F	T	F	F	F	T	F	T	T	F
题号	5-1-13	5-1-14	5-1-15	5-1-16	5-1-17	5-1-18	5-1-19	5-1-20	5-1-21			
答案	F	T	T	T	F	F	F	F	T			

5.2 选择题

题号	5-2-1	5-2-2	5-2-3	5-2-4	5-2-5	5-2-6	5-2-7	5-2-8	5-2-9	5-2-10	5-2-11	5-2-12
答案	B	C	D	A	C	C	D	A	B	C	D	D
题号	5-2-13	5-2-14	5-2-15	5-2-16	5-2-17	5-2-18	5-2-19	5-2-20	5-2-21	5-2-22	5-2-23	5-2-24
答案	A	D	C	A	A	AD	A	D	C	B	C	D
题号	5-2-25	5-2-26	5-2-27	5-2-28	5-2-29	5-2-30	5-2-31	5-2-32	5-2-33	5-2-34	5-2-35	5-2-36
答案	B	C	D	C	B	D	B	A	B	D	C	C
题号	5-2-37	5-2-38	5-2-39	5-2-40	5-2-41	5-2-42	5-2-43	5-2-44	5-2-45	5-2-46	5-2-47	5-2-48
答案	A	C	B	D	A	B	A	C	A	D	C	D
题号	5-2-49	5-2-50	5-2-51	5-2-52	5-2-53	5-2-54	5-2-55					
答案	B	C	C	C	C	A	C					

5.3　填空题

5-3-1　轮系

5-3-2　定轴,行星,混合

5-3-3　$(-1)^m$

5-3-4　行星轮,中心轮,系杆

5-3-5　固定

5-3-6　传动比,方向

5-3-7　轴线,齿轮

5-3-8　固定

5-3-9　首末,转速

5-3-10　从动,传动比

5-3-11　$\pm \dfrac{z_2}{z_1}$

5-3-12　从动,主动

5-3-13　固定,转动,系杆

5-3-14　主动件

5-3-15　大,远

5-3-16　变速,变向

5-3-17　合成,分解

5-3-18　2个

5-3-19　紧凑,轻

5-3-20　较大,较大

5-3-21　所有,固定

5.4　问答题

5-4-1　**答**:定轴轮系是指在轮系运转时,所有齿轮的轴径相对于机架的位置都是固定的轮系;周转轮系是指轮系中至少有一个齿轮的轴线绕另一个齿轮的轴线转动的轮系。

5-4-2　**答**:正号表示两轴转向相同,负号则相反。

5-4-3　**答**:与外啮合的次数有关,奇数为反向,偶数为同向。

5-4-4　**答**:惰轮对传动比的大小并无影响,却能改变从动轮的转向。

5-4-5　**答**:当周转轮系的2个中心轮都能转动时(自由度为2)称为差动轮系。若固定其中一个中心轮,轮系的自由度为1时,则称为行星轮系。

5-4-6　**答**:引入转化轮系是为了将复杂轮系变换成简单轮系,以便计算传动比。

5-4-7　**答**:正确区分各个轮系的关键在于找出各个基本周转轮系。划分周转轮系的一般方法为:先找出具有动轴线的行星轮,再找出支承该行星轮的转臂,最后确定与行星轮直接啮合的1个或多个中心轮。

5-4-8　答：因需要很大或很小的传动比,而且要避免尺寸过大,如减速箱、变速箱、差速器、卷扬机等。

5-4-9　答：(1)定轴轮系的所有齿轮轴均固定。(2)周转轮系是可以通过逆转法将其转化为定轴轮系的轮系。(3)行星轮系的自由度为1,差动轮系的自由度为2。

5-4-10　答：(1)定轴轮系的传动比等于所有从动轮齿数除以主动轮齿数。(2)式中$(-1)^m$说明了平行轴的首末轮的转向异同,"+"为同转向,"−"为异转向。

5-4-11　答：对于平行轴的定轴轮系,其末端齿轮的转向用正负号判别(外啮合传动比为正,内啮合传动比为负);对于非平行轴的定轴轮系,其末端齿轮的转向则需通过判断用箭头判别。

5-4-12　答：转速乘以导程。

5-4-13　答：(1)将轮系分成多个定轴轮系、周转轮系;(2)依次计算。

5.5　计算题

5-5-1　**解：**

对于高速级,

$$i_{13}^{H_1} = \frac{n_1 - n_{H_1}}{n_3 - n_{H_1}} = (-1) \cdot \frac{z_2 z_3}{z_1 z_2} \Rightarrow$$

$$\frac{n_1}{n_{H_1}} = 1 + \frac{z_3}{z_1} = \frac{99}{14}$$

对于低速级,

$$i_{46}^{H_2} = \frac{n_4 - n_{H_2}}{n_6 - n_{H_2}} = (-1) \cdot \frac{z_5 z_6}{z_4 z_5} \Rightarrow$$

$$\frac{n_4 - n_{H_2}}{0 - n_{H_2}} = (-1) \cdot \frac{z_6}{z_4} = -\frac{79}{20} \Rightarrow$$

$$\frac{n_4}{n_{H_2}} = \frac{99}{20}$$

又

$$n_I = n_1$$
$$n_{H_1} = n_4$$
$$n_{H_2} = n_{II}$$

故

$$i_{I,II} = \frac{n_I}{n_{II}} = \frac{99 \times 99}{14 \times 20}。$$

5-5-2　**解：**

$$n_{I,III}^{II} = \frac{n_I - n_{II}}{n_{III} - n_{II}} = -\frac{z_3}{z_1} = -1$$

$$\Rightarrow n_{III} = 2n_{II} - n_I。$$

5-5-3　**解：**

$$i_{13}^{H} = \frac{n_1 - n_H}{n_3 - n_H} = -\frac{z_3}{z_1}$$

$$\Rightarrow \frac{n_1 - n_H}{0 - n_H} = -\frac{z_3}{z_1} \tag{1}$$

$$i_{2'4}^{H} = \frac{n_{2'} - n_H}{n_4 - n_H} = \frac{z_4}{z_{2'}} \tag{2}$$

$$i_{12}^{H} = \frac{n_1 - n_H}{n_2 - n_H} = -\frac{z_2}{z_1} \tag{3}$$

注意到 $n_2 = n_{2'}$，联立式(1)～式(3)可得

$$i_{14} = \frac{n_1}{n_4} = -\frac{11 \times 53}{2}。$$

5-5-4　**解：**

$$\frac{n_1 - n_H}{n_3 - n_H} = (-1)^1 \times \frac{z_2 z_3}{z_1 z_2} \Rightarrow n_1 = \left(1 + \frac{z_3}{z_1}\right) n_H$$

$$\frac{n_4 - n_H}{n_3 - n_H} = \frac{z_{2'} z_3}{z_2 z_4} \Rightarrow n_4 = \left(1 - \frac{z_{2'} z_3}{z_2 z_4}\right) n_H$$

$$\frac{n_1}{n_4} = \frac{1 + \dfrac{z_3}{z_1}}{1 - \dfrac{z_{2'} z_3}{z_2 z_4}} = 114.4。$$

5-5-5　**解：** 这是一个混合轮系，其中 1,2,3,6 构成周转轮系，6 为系杆；4,5,6 构成定轴轮系。

对周转轮系，有

$$i_{13}^{6} = \frac{n_1 - n_6}{n_3 - n_6} = -\frac{z_2 z_3}{z_1 z_2} = -\frac{z_3}{z_1}$$

对定轴轮系，有

$$i_{46} = \frac{n_4}{n_6} = -\frac{z_5 z_6}{z_4 z_5} = -\frac{z_6}{z_4}$$

因 $n_3 = n_4$，故

$$i_{16} = \frac{n_1}{n_6} = \frac{z_1 z_4 + z_3 z_4 + z_3 z_6}{z_1 z_4}。$$

5-5-6　**解：**

(1) 当鼓轮 A 被制动时，1、2、3 构成定轴轮系：

因为 $n_{\mathrm{I}} = n_{1'} = n_1$，$n_{\mathrm{II}} = n_3 = n_{3'}$

所以

$$i_{\mathrm{I},\mathrm{II}} = i_{13} = \frac{n_1}{n_3} = -\frac{z_3}{z_1} = -2.857。$$

（2）当鼓轮 B 被制动时，$1',4,5,3$ 组成行星轮系：

$$i_{1'5}^3 = \frac{n_{1'} - n_3}{n_5 - n_3} = -\frac{z_4}{z_{1'}} \times \frac{z_5}{z_4} = -\frac{z_5}{z_1'}$$

因为 $n_5 = 0, n_{\text{I}} = n_{1'} = n_1, n_{\text{II}} = n_3 = n_{3'}$

$$i_{\text{I},\text{II}} = \frac{n_1}{n_3} = 1 + \frac{z_5}{z_1'} = 3.857。$$

（3）当鼓轮 C 被制动时，$1',4,5,3$ 组成差动轮系；$6,7,3',5$ 组成行星轮系：

$$i_{1'5}^3 = \frac{n_{1'} - n_3}{n_5 - n_3} = -\frac{z_4}{z_{1'}} \times \frac{z_5}{z_4} = -\frac{z_5}{z_1'} = -\frac{20}{7}$$

$$i_{3'6}^5 = \frac{n_{3'} - n_5}{n_6 - n_5} = -\frac{z_{3'}}{z_7} \times \frac{z_7}{z_6} = -\frac{z_{3'}}{z_6} = -\frac{20}{7}$$

因为 $n_6 = 0, n_{\text{I}} = n_{1'} = n_1, n_{\text{II}} = n_3 = n_{3'}$，所以

$$i_{\text{I},\text{II}} = \frac{n_1}{n_3} = 1 + \frac{20}{7} \times \frac{20}{27} = 3.116。$$

5-5-7　**解**：（1）

$$\frac{n_1}{n_5} = -\frac{z_{5'}}{z_{1'}} = -\frac{100}{101}。$$

（2）

$$i_{24'}^{\text{H}} = \frac{n_2 - n_{\text{H}}}{n_{4'} - n_{\text{H}}} = -\frac{z_4}{z_{2'}} = -1。$$

（3）

$$\frac{n_1}{n_2} = \frac{z_2}{z_1} = \frac{99}{1}$$

$$\frac{n_5}{n_{4'}} = \frac{z_{4'}}{z_5} = \frac{63}{1}$$

由式（1）～式（3）得

$$i_{1\text{H}} = \frac{n_1}{n_{\text{H}}} = \frac{2 \times 99 \times 63 \times 100}{63 \times 100 - 101 \times 99} = -337.2$$

注意 1 和 H 的轴线不平行，此处负号表示 n_{H} 与 n_2 方向相反。

5-5-8　**解**：

$$\frac{n_5 - n_A}{n_4 - n_A} = \frac{z_4}{z_5} \Rightarrow n_4 = \left(1 - \frac{z_5}{z_4}\right) n_A \tag{a}$$

$$\frac{n_{1'} - n_{4'}}{n_{3'} - n_{4'}} = -\frac{z_2 z_3}{z_1 z_2}$$

因为 $n_{4'} = n_4 - n_A, n_{3'} = 0, n_{1'} = n_1 - n_A$，故

$$\frac{n_{1'} - n_{4'}}{n_{3'} - n_{4'}} = \frac{n_1 - n_4}{-n_4 - n_A} = -\frac{z_2 z_3}{z_1 z_2} \tag{b}$$

将式（a）代入式（b），可求得

$$n_A = \frac{z_1 z_4}{z_3 z_5 + z_1 z_4 - z_1 z_5} n_1 = 254.1 \text{r/min}$$

A 轴的回转方向与齿轮 1 相同。

5-5-9　**解：**

$$i_{13}^{H} = \frac{n_1 - n_H}{n_3 - n_H} = \frac{n_1 - n_H}{0 - n_H} = -\frac{z_3}{z_1} \Rightarrow \frac{n_1}{n_H} = 1 + \frac{z_3}{z_1}$$

而 $i_{1H} = \dfrac{n_1}{n_H} = 7.5$

故 $\dfrac{z_3}{z_1} = 6.5$

又根据几何关系，有

$$mz_1 + 2mz_2 = mz_3$$

故 $\dfrac{z_2}{z_1} = 2.75$。

5-5-10　**解：**由图 5-17 可知轮系为一空间定轴轮系，根据齿轮的范成原理，滚刀 6 与轮坯 5′的角速度比应为

$$i_{65'} = \frac{\omega_6}{\omega_{5'}} = \frac{z_{5'}}{z_6} = 64$$

这一角速度比应由滚齿机工作台的传动系统来保证，其传动比应为

$$i_{75} = \frac{\omega_7}{\omega_5} = \frac{z_{1'} z_2 z_4 z_5}{z_7 z_1 z_{2'} z_{4'}} = \frac{15 \times 35 \times 40}{28 \times 15 \times 1} \times \frac{z_4}{z_{2'}}$$

$$= 50 \times \frac{z_4}{z_{2'}} = i_{65'}$$

可求得 $z_4 / z_{2'} = 32/25$；至于 z_3，由于轮 3 为惰轮，故其齿数可根据中心距 a_{24} 的需要来确定。

5-5-11　**解：**

图 5-18 所示轮系为一复合周转轮系，在 1—2—3—H_1 行星轮系中有

$$i_{1H_1} = 1 - i_{13}^{H_1} = 1 + \frac{z_3}{z_1} = 1 + \frac{39}{7}$$

在 4—5—6—H_2 行星轮系中有

$$i_{4H_2} = 1 - i_{46}^{H_2} = 1 + \frac{z_6}{z_4} = 1 + \frac{39}{7}$$

$$i_{1H_2} = i_{1H_1} \cdot i_{4H_2} = \left(1 + \frac{39}{7}\right)^2 = 43.18$$

故 $n_{H_2} = \dfrac{n_1}{i_{1H_2}} = \dfrac{3000}{43.18} = 69.5 (\text{r/min})$，其转向与 n_1 的转向相同。

5-5-12　**解：**图 5-19 所示轮系为一行星轮系，则有

$$i_{2H} = 1 - i_{21}^{H} = 1 - \frac{z_1}{z_2} = 1 - \frac{99}{100} = \frac{1}{100}$$

当旋钮转动 1 圈时，齿轮 2 转过的角度为 $360°/100 = 3.6°$。

5-5-13　**解：**图 5-20 所示轮系为一复合轮系，在 1—2(3)—4 的定轴轮系中，有

$$i_{14} = \frac{z_2 z_4}{z_1 z_3} = \frac{60 \times 49}{36 \times 23} = 3.551 (\text{转向见图})$$

在 $4'$—5—6—7 行星轮系中,有

$$i_{4'7}=1-i_{4'6}^{7}=1+\frac{z_6}{z_{4'}}=1+\frac{131}{69}=2.899$$

在 7—8—9—H 行星轮系中,有

$$i_{7H}=1-i_{79}^{H}=1+\frac{z_9}{z_7}=1+\frac{167}{94}=2.777$$

$$i_{1H}=i_{14}\cdot i_{4'7}\cdot i_{7H}=3.551\times2.899\times2.777$$

$$=28.587$$

故 $n_H=\dfrac{n_1}{i_{1H}}=\dfrac{3549}{28.587}=124.15(\mathrm{r/min})$(转向与轮 4 的转向相同)。

5-5-14　解:该轮系为周转轮系,自由度为 2

如题 5-5-14(a)解图

$$i_{13}^{H}=\frac{n_1-n_H}{n_3-n_H}=\frac{z_2z_3}{z_1z_2'}=\frac{24\times40}{20\times30}=1.6$$

$$n_H=\frac{n_1-i_{13}^{H}n_3}{1-i_{13}^{H}}=\frac{200-(-100\times1.6)}{1-1.6}=\frac{-360}{0.6}=-600\mathrm{r/min}$$

如题 5-5-14(b)解图

$$i_{13}^{H}=\frac{n_1-n_H}{n_3-n_H}=-\frac{z_2z_3}{z_1z_2'}=-1.6$$

$$n_H=\frac{n_1-i_{13}^{H}n_3}{1-i_{13}^{H}}=\frac{200-(-100\times(-1.6))}{1+1.6}=\frac{40}{2.6}=15.385\mathrm{r/min}。$$

题 5-5-14 解图

根据上述计算结果,给出以下思考:

(1) 在周转轮系的转化轮系中构件的转向是由画箭头方法确定的,而在周转轮系中构件的转向是由周转轮系传动比计算公式计算的结果来确定的。

(2) 如题 5-5-14(a)解图所示,在周转轮系的转化轮系中示构件 1,3 转向的箭头方向相同,而题中给定 n_1 与 n_3 的方向相反,这并不矛盾。因为图中箭头所示为构件在转化轮系中的转向,而不是构件在周转轮系中的转向。

由计算:

如题 5-5-14(a)解图所示,

$$n_1^{H}=n_1-n_H=800\mathrm{r/min},\quad n_3^{H}=n_3-n_H=-100+600=500\mathrm{r/min};$$

如题 5-5-14(b)解图所示,

$$n_1^H = n_1 - n_H = 184.615 \text{r/min}, \quad n_3^H = n_3 - n_H = -100 + 15.385 = 115.385 \text{r/min}$$

由此可见，n_1 与 n_1^H，n_3 与 n_3^H 之间的转向未必是相同的，需要依据计算来确定。

(3) 由演算结果可知，若转换轮系传动比的"±"号判断错误，不仅会影响到周转轮系传动比大小，还会影响到周转轮系中构件的转向。

5-5-15 **解：** 此轮系为一个 3K 型行星轮系，即有 3 个中心轮（1,3 及 4）。若任取 2 个中心轮和与其相啮合的行星轮及系杆 H，便组成一个 2K-H 型行星轮系，且有 3 种情况：1—2—3—H 行星轮系、4—2′(2)—3—H 行星轮系及 1—2(2′)—4—H 差动轮系。仅有 2 个轮系是独立的。为了求解简单，常选 2 个行星轮系进行求解，即

$$i_{1H} = 1 - i_{13}^H = 1 + \frac{z_3}{z_1} = 1 + \frac{57}{6} = 10.5$$

$$i_{4H} = 1 - i_{43}^H = 1 - \frac{z_{2'} z_3}{z_4 z_2} = 1 - \frac{25 \times 57}{56 \times 25} = -\frac{1}{56}$$

故该行星轮系的传动比为

$$i_{14} = \frac{i_{1H}}{i_{4H}} = 10.5 \times (-56) = -588 \ (n_1 \text{ 与 } n_4 \text{ 转向相反})。$$

5-5-16 **解：** 图 5-23 所示轮系为行星轮系，有

$$i_{14} = \frac{\omega_1}{\omega_4} = 1 - i_{13}^4 = 1 - \left(-\frac{z_2 z_3}{z_1 z_{2'}}\right) = 1 + \frac{20 \times 40}{10 \times 10} = 9$$

因为 $\eta = \dfrac{\omega_4 M_a}{\omega_1 M_p} = \dfrac{40Q}{160 P i_{14}}$，所以

$$P = \frac{Q}{4 \eta i_{14}} = \frac{10^4}{4 \times 0.9 \times 9} = 308.64 \text{N}$$

故提升 10kN 的重物，必须施加于链轮 A 上的圆周力 P 为 308.64N。

5-5-17 **解：**

该差动轮系轴线不平行，有三个轴线轮 1、轮 4 和系杆轴线共线，因此仍然可以用转化轮系求解。

$$i_{14}^H = \frac{n_1 - n_H}{n_4 - n_H} = \frac{z_2 z_4}{z_1 z_3} = 0.625$$

$$n_4 = \frac{1}{i_{14}^H}(n_1 - n_H) + n_H = \frac{n_1}{i_{14}^H} + \left(1 - \frac{1}{i_{14}^H}\right) n_H$$

当 $n_H = (40 \sim 140) \text{r/min}$ 时，则

$$n_4 = \frac{400}{0.625} + \left(1 - \frac{1}{0.625}\right)(40 \sim 140) = (556 \sim 616) \text{r/min}。$$

5-5-18 **解：** 图 5-25 所示差动轮系的转化轮系传动比为

$$i_{16}^H = \frac{n_1 - n_H}{n_6 - n_H} = (-1)^2 \times \frac{z_2 z_4 z_6}{z_1 z_3 z_5} = \frac{25 \times 24 \times 121}{30 \times 24 \times 18} = 5.6$$

$$n_6 = \frac{1}{i_{16}^H}(n_1 - n_H) + n_H$$

当 $n_1 = 48 \sim 200 \text{r/min}$ 时，有

$$n_6 = \frac{1}{5.6} \times (48 - 316) + 316 \sim \frac{1}{5.6}(200 - 316) + 316$$

$$= 268.14 \sim 295.29 \text{r/min}$$

n_6 的转向与 n_1 及 n_H 的转向相同。

5-5-19 **解**: 图 5-26 中制动器 B 制动, A 放松时, 整个轮系为一行星轮系, 轮 7 为固定中心轮, 鼓轮 H 为系杆, 此行星轮轮系的传动比为

$$i_{1H} = 1 - i_{17}^{H} = 1 - (-1)^1 \times \frac{z_2 z_4 z_7}{z_1 z_3 z_5} = 1 + \frac{39 \times 39 \times 152}{17 \times 17 \times 18} = 45.44$$

故有:

$$n_H = \frac{n_1}{i_{1H}} = \frac{1450}{45.44} = 31.91 \text{r/min}, n_H \text{ 与 } n_1 \text{ 转向相同。}$$

5-5-20 **解**: 根据图 5-27 所示的行星轮系, 由同心条件可求得:

$$z_1 = z_2 + (z_{2'} - z_3) + (z_3 - z_4) = 18 + (40 - 18) + (40 - 18) = 62$$

$$i_{1H} = 1 - i_{12}^{H} = 1 - \frac{z_2 z_3 z_4}{z_1 z_{2'} z_{3'}} = 1 - \frac{18 \times 18 \times 18}{62 \times 40 \times 40} = 0.9412 \text{。}$$

5-5-21 **解**: (1) 计算机构自由度:

$$n = 7, \quad p_1 = 7, \quad p_h = 8, \quad p' = 2, \quad F' = 0 \quad [6(6') \text{ 及 } 7 \text{ 引入虚约束, 结构重复}]$$

$$F = 3n - (2p_1 + p_h - p') - F'$$

$$= 3 \times 7 - (2 \times 7 + 8 - 2) - 0 = 1$$

因此当把齿轮 1 作为原动件时, 机构有确定的运动(删去不需要的)。

(2) 确定齿数。根据同轴条件, 可得

$$z_3 = z_1 + z_2 + z_{2'}$$

$$= 20 + 40 + 20 = 80$$

$$z_5 = z_{3'} + 2z_4$$

$$= 20 + 2 \times 40 = 100 \text{。}$$

(3) 计算齿轮 3,5 的转速, 图 5-28 所示轮系为封闭式轮系, 在做运动分析时应划分为如下两部分来计算:

① 在 1—2(2')—3—5 差动轮系中, 计算式为

$$i_{13}^{5} = \frac{n_1 - n_5}{n_3 - n_5} = -\frac{z_2 z_3}{z_1 z_{2'}} = -\frac{40 \times 80}{20 \times 20} = -8 \tag{a}$$

② 在 3'—4—5 定轴轮系中, 计算式为

$$i_{35'} = \frac{n_3}{n_5} = -\frac{z_5}{z_{3'}} = -\frac{100}{20} = -5 \tag{b}$$

③ 联立式(a)和式(b), 可得

$$n_5 = \frac{n_1}{49} = \frac{980}{49} = 20 \text{r/min}$$

$$n_3 = -5n_5 = -5 \times 20 = -100 \text{r/min}$$

故 $n_3 = -100$r/min, 与 n_1 反向, $n_5 = 20$r/min, 与 n_1 同向。

5-5-22　**解**：使整个轮系以角速度 ω_H 绕 OO' 轴回转，这时轮 4、5、6 及杆系 3 为周转轮系，故有

$$i_{46}^3=\frac{n_4-n_H-n_3-n_H}{n_6-n_H-n_3-n_H}=\frac{n_4-n_3}{n_6-n_3}=-\frac{z_6}{z_4}=-\frac{97}{21} \tag{a}$$

齿轮 1、2 构成的转化轮系传动比

$$i_{12}^H=\frac{n_1-n_H}{n_2-n_H}=-\frac{z_2}{z_1}=-\frac{85}{30}=-\frac{17}{6}$$

因为 $n_2=n_4$，则得

$$n_2=n_4=-\frac{6}{17}n_1+\frac{23}{17}n_H \tag{b}$$

齿轮 3、7 构成的转化轮系传动比

$$i_{37}^H=\frac{n_3-n_H}{n_7-n_H}=\frac{z_7}{z_3}=\frac{147}{32}$$

因为 $n_7=0$，则得

$$n_3=-\frac{115}{32}n_H \tag{c}$$

另外，

$$i_{56}^3=\frac{n_5-n_H-n_3-n_H}{n_6-n_H-n_3-n_H}=\frac{n_5-n_3}{n_6-n_3}=\frac{z_6}{z_5}=\frac{97}{38} \tag{d}$$

联解上列各式得：$n_H=13.489\text{r/min}$，$n_2=-334.691\text{r/min}$，$n_3=-48.476\text{r/min}$，$n_5=109.698\text{r/min}$

中心距：

$$a_{OO1}=\frac{1}{2}m(z_1+z_2)=575\text{mm}$$

$$a_{O1O2}=\frac{1}{2}m(z_4+z_5)=295\text{mm}$$

A 点的线速度：$v_A=2\pi n_5\times\dfrac{400}{2}\times\dfrac{10^{-3}}{60}=2\pi\times109.698\times\dfrac{400}{2}\times\dfrac{10^{-3}}{60}=2.3\text{m/s}$。

5-5-23　**解**：周转轮系 1—2—2'—3—H：$i_{13}^H=\dfrac{n_1-n_H}{n_3-n_H}=1-\dfrac{n_1}{n_H}=-\dfrac{z_2z_3}{z_1z_{2'}}$

周转轮系 4—5—6—H：$i_{46}^H=\dfrac{n_4-n_H}{n_6-n_H}=1-\dfrac{n_4}{n_H}=-\dfrac{z_6}{z_4}$

$$i_{14}=\frac{n_1}{n_4}=\frac{1+\dfrac{z_2z_3}{z_1z_{2'}}}{1+\dfrac{z_6}{z_4}}。$$

5-5-24　**解**：

$$i_{71}=-\frac{z_2z_{10}z_8}{z_1z_{11}z_9}=-\frac{28\times64\times1}{15\times1\times40}=-\frac{28\times64}{15\times40}$$

又

$$i_{71} = (-1)^3 \times \frac{z_4 z_7}{z_3 z_5} = -\frac{35 z_7}{15 z_5}$$

联立两式得

$$i_{75} = \frac{n_7}{n_5} = \frac{z_5}{z_7} = \frac{25}{32} = 0.78。$$

5-5-25 **解**：(1) 周转轮系：H、齿轮 2—2'、1、5

$$i_{15}^{\mathrm{H}} = \frac{n_1 - n_{\mathrm{H}}}{n_5 - n_{\mathrm{H}}} = -\frac{z_5 z_2}{z_{2'} z_1} = -\frac{30 \times 80}{100 \times 30} = -\frac{4}{5}$$

$$n_5 = 0$$

$$i_{1\mathrm{H}} = \frac{n_1}{n_{\mathrm{H}}} = \frac{9}{5} = 1.8。$$

(2) 周转轮系：H、齿轮 2—2'、3、4、5

$$i_{45}^{\mathrm{H}} = \frac{n_4 - n_{\mathrm{H}}}{n_5 - n_{\mathrm{H}}} = \frac{z_3 z_{2'} z_5}{z_4 z_3 z_{2'}} = \frac{z_5}{z_4} = \frac{8}{3}$$

$$n_5 = 0$$

$$i_{4\mathrm{H}} = \frac{n_4}{n_{\mathrm{H}}} = 1 - \frac{8}{3} = -\frac{5}{3}。$$

(3) i_{41}

$$i_{41} = \frac{n_4}{n_1} = \frac{i_{4\mathrm{H}}}{i_{1\mathrm{H}}} = \frac{-5/3}{9/5} \approx -0.926。$$

5-5-26 **解**：

(1)

$$i_{13}^{\mathrm{H}} = \frac{n_1 - 12}{n_3 - 12} = (-1)^1 \times \frac{25 \times 20}{80 \times 35}$$

$$n_1 = -\frac{5}{28} \times (-200 - 12) + 12 = 49.85$$

$$i_{13} = \frac{n_1}{n_3} = -\frac{49.85}{200} \approx -0.25。$$

(2) 齿轮 3 的齿根圆直径

$$d_{\mathrm{f3}} = m z_3 - 2(h_{\mathrm{a}}^* + c^*) m$$

$$= 2 \times 20 - 2 \times (1 + 0.25) \times 2 = 40 - 5 = 35 \mathrm{mm}。$$

(3) 转臂(系杆)H 的转动半径 r

$$r = \frac{1}{2} m (z_{2'} + z_3) = \frac{1}{2} \times 2 \times (35 + 20) = 55 \mathrm{mm}。$$

5-5-27 **解**：因 $(z_1 + z_2)/3 = 165/3 = 55$，故可将行星轮分为 2 组，每组 3 个行星轮，并保持均布。

第6章 回转件调速与平衡

6.1 判断题

题号	6-1-1	6-1-2	6-1-3	6-1-4	6-1-5	6-1-6	6-1-7	6-1-8	6-1-9	6-1-10	6-1-11	6-1-12
答案	T	F	T	T	T	T	F	T	F	F	T	F
题号	6-1-13	6-1-14	6-1-15	6-1-16	6-1-17	6-1-18						
答案	T	T	T	T	T	T						

6.2 选择题

题号	6-2-1	6-2-2	6-2-3	6-2-4	6-2-5	6-2-6	6-2-7	6-2-8	6-2-9	6-2-10	6-2-11	6-2-12
答案	A	A	C	C	C	B	B	C	C	A	B	B
题号	6-2-13	6-2-14	6-2-15	6-2-16	6-2-17	6-2-18						
答案	B	A	BC	AC	C	A						

6.3 填空题

6-3-1 高速

6-3-2 不是

6-3-3 $J = \dfrac{\Delta W_{\max}}{\omega_{\mathrm{m}}^2 [\delta]} - J_{\mathrm{c}}$

6-3-4 设计,试验

6-3-5 尽可能小

6-3-6 消除或减少

6-3-7 静,动

6-3-8 力

6-3-9 力,力矩

6-3-10 不一定,一定

6-3-11 静止不动

6-3-12 离心力,动载荷

6-3-13 静,动

6-3-14 不需要

6-3-15 波动

6-3-16   (a),(b)和(c)

6-3-17   飞轮

6-3-18   惯性力

6-3-19   惯性力和惯性力矩

6-3-20   槽轮机构,棘轮机构

6-3-21   0,0

6-3-22 $0,-I_\rho\omega$

6-3-23 $\sum P = 0$

6-3-24 $\sum P = 0, \sum M = 0$

6-3-25   2 个

6-3-26   必定

6-3-27   配合

6-3-28   调速器

6.4   问答题

6-4-1   答:(1)在机械中安装一个具有很大转动惯量的回转构件——飞轮来调节周期性速度波动。(2)飞轮不能调节为恒稳定运转。(3)因为飞轮能够调速,是利用了它的储能作用。由于飞轮的转动惯量不可能为无穷大,而平均转速和最大盈亏功又都是有限值,所以安装飞轮后机械运转的速度仍有周期波动,只是波动的幅度减小了而已。

6-4-2   答:(1) 由于飞轮具有很大的转动惯量,因而要使其转速发生变化,就需要较大的能量,当机械出现盈功时,飞轮的角速度只做微小上升即可将多余的能量吸收储存起来;当机械出现亏功时,机械运转速度减慢,飞轮又可将其储存的能量释放出来,以弥补能量的不足,而其角速度只做小幅度的下降。

(2) 当最大盈亏功与速度不均匀系数相同时,飞轮的转动惯量与其轴的转速的二次方值成反比,所以为减少飞轮的转动惯量,最好将飞轮安装在机械的高速轴上。

6-4-3   答:(1)机械运转的速度出现非周期性的波动时,若长时间内驱动力矩大于阻抗力矩,机械将越转越快,甚至可能出现"飞车"现象,从而使机械遭到破坏;反之,若驱动力矩小于阻抗力矩,则机械会越转越慢,最后将停止不动。飞轮只能延缓机械遭到破坏或停止不动,不能使驱动力矩和阻抗力矩恢复平衡关系。

(2) 因为对非周期性的速度波动进行调节的方法必须使机械重新回复稳定运转,所以主要采用的方法是安装调速器。

6-4-4   答:对于轴向尺寸很小的回转件($b/D < 0.2$,圆盘直径为 D,其宽度为 b),其所有质量都可以认为在垂直于轴线的同一平面内,其不平衡的原因是其质心位置不在回转轴线上,回转时将产生不平衡的离心惯性力。对这种不平衡转子,只需设法将其质心移至回转轴线上,转子即可达到平衡状态。这种移动质心的平衡方法可在转子处于静止状态下进行,称为静平衡。静平衡至少需要一个平衡平面。

刚性转子静平衡的条件为：对转子所增加（或减少）的平衡质量与原各偏心质量所产生的离心惯性力的矢量和为零，或其质径积的矢量和为零。即

$$\sum F = \sum F_i + \sum F_b = 0 \quad 或 \quad \sum m_i r_i + \sum m_b r_b = 0$$

式中：$F_i = m_i \omega^2 r_i$ 为各偏心质量所产生的离心惯性力；F_b 为所加（减）平衡质量 m_i 所产生的离心惯性力；r_i 表示第 i 个偏心质量的矢径；$m_i r_i$ 和 $m_b r_b$ 分别为各偏心质量和平衡质量的质径积。

6-4-5 **答**：对于轴向尺寸较大的回转件（$b/D > 0.2$ 的回转件），其所有质量不能被认为分布在垂直于轴线的同一平面内，回转时各偏心质量产生的离心惯性力是一空间力系，将形成惯性力偶。由于这种惯性力偶只有在转子转动时才能表现出来，故需要在转子转动时达到平衡，所以把这种平衡称为动平衡。动平衡至少需要两个平衡平面。

刚性转子动平衡的条件为：各偏心质量与平衡质量所产生的惯性力的矢量和为零，且惯性力力矩矢量和也为零。

6-4-6 **答**：(1)当驱动力所做的功不等于阻力所做的功时，盈功将促使机械动能增加，亏功将导致机械动能减少。机械动能的增减使机械运转速度波动。(2)由于机械波动会产生附加的动压力，降低机械效率和工作可靠性，引起机械振动，影响零件的强度和寿命，降低机械的精度和工艺性能，使产品质量下降。

6-4-7 **答**：当外力作周期性变化时，速度也作周期性的波动。由于在一个周期中，外力功的和为零，角速度在经过一个周期后又回到初始状态。但是，在周期中的某一时刻，驱动力所做的功与阻力所做的功不相等，因而出现速度的波动，这种速度变化称为周期性速度波动。

如果驱动力所做的功始终大于阻力所做的功，则机械运转的速度将不断升高，直至超越机械强度所容许的极限转速而导致机械损坏。反之，如果驱动力所做的功总是小于阻力所做的功，则机械运转的速度将不断下降，直至停车。这种波动没有周期变化的特点，因此称为非周期性速度波动。

对于周期性速度波动，可以通过安装具有很大转动惯量的回转构件——飞轮来调节。

对于非周期性速度波动，可以通过安装调速器来调节。

6-4-8 **答**：飞轮可以对周期性速度波动的机械系统进行调速，其工作原理是利用了它的储能作用。

6-4-9 **答**：(1)平均速度为最大、最小角速度的一半，不均匀系数为最大、最小角速度的差与平均速度之比。(2)不均匀系数是根据机器的不同工作要求确定的，不一定要最小。(3)安装飞轮后不能实现绝对匀速转动。

6-4-10 **答**：装在高速轴。

6-4-11 **答**：(1)飞轮的转动惯量大，当机械出现盈功时，飞轮的角速度上升可以将多余的能量储存起来；当机械出现亏功时，飞轮就会将其储存的能量释放出来。(2)因此，飞轮实质上是一个储存器，它用动能的形式将能量储存或释放出来。

6-4-12 **答**：(1)飞轮设计的原则是尽量增加飞轮的转动惯量和动能。(2)飞轮装在高速轴上是因为高速轴转速高，飞轮动能大。

6-4-13 **答**：(1)动能的最大变化量即最大剩余功。(2)最大剩余功等于最大动能 $E_{\max}$

与最小动能 E_{min} 之差,表示一个周期内动能的最大变化量。

6-4-14　答:当飞轮动能具有最大值 E_{max} 时,处于最大角速度 ω_{max};反之,当飞轮动能具有最小值 E_{min} 时,具有最小角速度 ω_{min}。

6-4-15　答:离心调速器通过增大、减小调速件的离心惯性能量来改变速度。

6-4-16　答:机械中有许多构件是绕固定轴线回转的,这类做回转运动的构件称为回转件。如果回转件的结构不对称、制造不准确或材质不均匀,都会使整个回转件在转动时产生离心力系的不平衡,使离心力系的合力和合力偶矩不等于零。它们的方向随着回转件的转动而发生周期性的变化并在轴承中引起一种附加的动压力,使整个机械产生周期性的振动,引起机械工作精度和可靠性的降低、零件损坏、噪声产生等。近年来高速重载和精密机械的发展使上述问题显得更加突出。调整回转件的质量分布,使回转件工作时离心力系达到平衡,以消除附加动压力、尽量减轻有害的机械振动,是回转件平衡的目的。

6-4-17　答:(1) 由回转件质量所产生的离心力构成同一平面内汇交于回转中心的力系,该力系达到平衡状态即为静平衡。叶轮、飞轮、砂轮等只需要静平衡。

(2) 回转件转动时所产生的离心力系是空间力系,该力系达到平衡状态即为动平衡。多缸发动机曲轴、电动机转子、汽轮机转子和机床主轴等必须进行动平衡。

6-4-18　答:对面力系可以,对空间力系不行。

6-4-19　答:质径积即质量和半径的乘积。

当轴向尺寸很小的回转件($b/D<0.2$,圆盘直径为 D,其宽度为 b),其所有质量都可以认为在垂直于轴线的同一平面内,其不平衡的原因是其质心位置不在回转轴线上,回转时将产生不平衡的离心惯性力。采用移动质心的平衡方法可在转子处于静止状态下进行,保证对转子所增加(或减少)的平衡质量与原各偏心质量所产生的离心惯性力的矢量和为零,或其质径积的矢量和为零,因此在回转件平衡时要用质径积来表示不平衡量的大小。

6-4-20　答:静平衡只是把力在某个平面上平衡了的结果,而动平衡是空间力系平衡的结果,因此一定是静平衡的。

6-4-21　答:对薄壁回转件。

6-4-22　答:结构不对称、制造不准确或材质不均匀。

6-4-23　答:略。

6-4-24　答:机械平衡的目的是消除惯性力和惯性力矩。

6-4-25　答:不能,因为飞轮质量不会(不可能)无限大。

6.5　计算题

6-5-1　解:在机器稳定运转时,等效驱动力矩 M_{ed} 应等于等效阻力矩 M_{er},即

$$M_{ed}=M_{er}=400\text{N} \cdot \text{m}$$

$$M_{ed}=M_n \frac{\omega_0-\omega_s}{\omega_0-\omega_n}$$

故 $\omega_s=\omega_0-\dfrac{M_{ed}}{M_n}(\omega_0-\omega_n)=103.05\text{rad/s}$。

6-5-2　解:因此机械系统的等效转动惯量 J_e 及等效力矩 M_e 均为常数,故可利用力矩

形式的机械运动方程式

$$M_e = J_e \frac{d\omega}{dt}$$

其中,$M_e = -M_r = -20 \text{N} \cdot \text{m}$,$J_e = 0.5 \text{kg} \cdot \text{m}^2$

$$dt = \frac{J_e}{-M_r} d\omega = -0.025 d\omega$$

将其作定积分得

$$t = -0.025 \times (\omega - \omega_s) = 0.025 \omega_s = 2.5 \text{s}$$

$t = 2.5 \text{s} < 3 \text{s}$,故该制动器满足工作要求。

6-5-3 **解**:对于平衡平面 I:

$$m'_1 = m_1 (L - L_1)/L = 20/3 \text{kg}, \quad m'_2 = m_2 (L - L_2)/L = 15/2 \text{kg}$$

$$m'_3 = m_3 (L - L_3)/L = \frac{20}{3} \text{kg}$$

$$m'_c r' + m'_1 r_1 + m'_2 r_2 + m'_3 r_3 = 0$$

m_1, m_2, m_3 位于同一轴向平面内,$m'_c = \frac{22}{3} \text{kg}$

对于平衡平面 II:

$$m''_1 = m_1 L_1/L = 10/3 \text{kg}, \quad m''_2 = m_2 L_2/L = 15/2 \text{kg}, \quad m''_3 = m_3 L_3/L = 40/3 \text{kg}$$

$$m''_c r'' + m''_1 r_1 + m''_2 r_2 + m''_3 r_3 = 0$$

$m''_c = 32/3 (\text{kg})$。

6-5-4 **解**:最大盈亏功:

$A_b = 580 \times 100 \times 0.1 = 5800 \text{N} \cdot \text{m}$

$A_c = (580 - 320) \times 100 \times 0.1 = 2600 \text{N} \cdot \text{m}$

$A_d = (580 - 320 + 390) \times 100 \times 0.1 = 6500 \text{N} \cdot \text{m}$

$A_e = (580 - 320 + 390 - 520) \times 100 \times 0.1 = 1300 \text{N} \cdot \text{m}$

$A_f = (580 - 320 + 390 - 520 + 190) \times 100 \times 0.1 = 3200 \text{N} \cdot \text{m}$

$A_g = (580 - 320 + 390 - 520 + 190 - 390) \times 100 \times 0.1 = -700 \text{N} \cdot \text{m}$

$A_h = (580 - 320 + 390 - 520 + 190 - 390 + 260) \times 100 \times 0.1 = 1900 \text{N} \cdot \text{m}$

$A_i = (580 - 320 + 390 - 520 + 190 - 390 + 260 - 190) \times 100 \times 0.1 = 0 \text{N} \cdot \text{m}$

$A_{max} = A_d - A_g = 6500 - (-700) = 7200 \text{N} \cdot \text{m}$

$$J = \frac{A_{max}}{\omega_m^2 \delta} = \frac{900 A_{max}}{\pi^2 n^2 \delta} = \frac{900 \times 7200}{3.14^2 \times 120^2 \times 0.03} = 1521 \text{kg} \cdot \text{m}^2。$$

6-5-5 **解**:根据等效转动惯量的等效原则,有

$$\frac{1}{2} J_e \omega_1^2 = \frac{1}{2} J_1 \omega_1^2 + \frac{1}{2} (J_2 + J_{2'}) \omega_2^2 + \frac{1}{2} J_3 \omega_3^2 + \frac{1}{2} \frac{G}{g} v^2$$

则

$$J_e = J_1 + (J_2 + J_{2'}) \left(\frac{\omega_2}{\omega_1} \right)^2 + J_3 \left(\frac{\omega_3}{\omega_1} \right)^2 + \frac{G}{g} \left(\frac{v}{\omega_1} \right)^2$$

其中已知 $\dfrac{\omega_2}{\omega_1}=\dfrac{z_1}{z_2}$，又由 $\dfrac{\omega_3}{\omega_2}=\dfrac{z_{2'}}{z_3}$，可得 $\dfrac{\omega_3}{\omega_1}=\dfrac{\omega_3}{\omega_2}\times\dfrac{\omega_2}{\omega_1}=\dfrac{z_{2'}}{z_3}\times\dfrac{z_1}{z_2}$

$$J_e=J_1+(J_2+J_{2'})\left(\dfrac{z_1}{z_2}\right)^2+J_3\left(\dfrac{z_{2'}}{z_3}\times\dfrac{z_1}{z_2}\right)^2+\dfrac{G}{g}r_3^2\left(\dfrac{z_{2'}}{z_3}\times\dfrac{z_1}{z_2}\right)^2 .$$

6-5-6 **解**：如题 6-5-6 解图，确定电动机的平均功率。根据一个运动循环内驱动功与阻抗功应相等，得

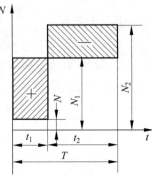

题 6-5-6 解图

$$NT=N_1t_1+N_2t_2$$
$$N=(N_1t_1+N_2t_2)/T=(N_1\phi_1+N_2\phi_2)/\phi_T$$

因为 $t_1=\dfrac{\phi_1}{\omega}=\dfrac{1}{3}T,\ t_2=\dfrac{\phi_2}{\omega}=\dfrac{2}{3}T$

所以，

$$N=367.7\times\dfrac{1}{3}+3677\times\dfrac{2}{3}=2573.9\,\text{W}$$

最大盈亏功

$$\Delta W_{\max}=(N-N_1)t_1=(N-N_1)\times\dfrac{30\times\phi_1}{180°\times n}$$
$$=(2573.9-367.7)\times\dfrac{30\times120°}{180°\times100}=441.24\,\text{W} .$$

(1) 当飞轮装在曲柄轴上时，即 $n=100\text{r/min}$

$J_F=900\Delta W_{\max}/(\pi^2n^2[\delta])=900\times441.24\times(\pi^2\times100^2\times0.05)=80.473\,\text{kg}\cdot\text{m}^2 .$

(2) 当飞轮装在电动机轴上时，即 $n=1440\text{r/min}$

$J_{F'}=900\Delta W_{\max}/(\pi^2n^2[\delta])=900\times441.24\times(\pi^2\times1440^2\times0.05)=0.388\,\text{kg}\cdot\text{m}^2 .$

6-5-7 **解**：(1) 求 $n_{\max}$ 及 $\varphi_{\max}$：

因为

$$n_m=(n_{\max}+n_{\min})/2$$
$$\delta=(n_{\max}-n_{\min})/n_m$$

联立方程可得：$n_{\max}=623.1\text{r/min}$

因一个运动循环内驱动功应等于阻抗功，有

$$M_r\phi_T=\dfrac{1}{2}\times200\times\dfrac{20°}{180°}\times\pi+200\times\dfrac{30°}{180°}\times\pi+\dfrac{1}{2}\times200\times\dfrac{130°}{180°}\times\pi$$

所以，

$$M_r=\dfrac{\dfrac{1}{2}\times200\times\dfrac{20°}{180°}\times\pi+200\times\dfrac{30°}{180°}\times\pi+\dfrac{1}{2}\times200\times\dfrac{130°}{180°}\times\pi}{\pi}=116.67\text{N}\cdot\text{m}$$

M_r 如题 6-5-7 解图所示，有

在 $0\rightarrow A'$，$M_d<M_r$，速度在减小

在 $A'\rightarrow B'$，$M_d>M_r$，速度在增加

在 $A'\rightarrow B'$，$M_d<M_r$，速度在减小

所以在 B' 出现 $n_{\max}$，此处对应的曲柄转角位置 $\phi_{\max}$

$$\phi_{\max}=180°-\frac{130°}{200}\times116.67=104.16°。$$

（2）求装在曲柄轴上的飞轮转动惯量 J_F：

如题 6-5-7 解图所示，有

$$\Delta W_{\max}=\frac{1}{2}\times(200-116.67)\times\frac{20°-11.67°}{180°}\times\pi+200\times(200-116.67)\times\frac{30°}{180°}\times\pi+$$

$$\frac{1}{2}\times(200-116.67)\times\frac{104.16°-50°}{180°}\times\pi=89.07\text{J}$$

故 $J_F=\dfrac{900\Delta W_{\max}}{\pi^2 n_m^2[\delta]}=\dfrac{900\times89.08}{\pi^2 620^2\times0.01}=2.113\text{kg}\cdot\text{m}^2。$

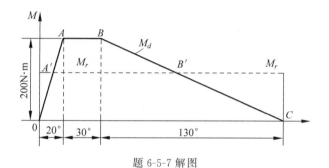

题 6-5-7 解图

6-5-8　**解**：系统主轴的运动微分方程为

$$J_e\frac{\text{d}\omega}{\text{d}t}=M_{ed}-M_{er}=A-B\omega-M_{er}$$

上式变换后积分可得

$$\int_{\omega_0}^{\omega}\frac{\text{d}\omega}{A-M_{er}-B\omega}=\frac{1}{J_e}\int_0^t\text{d}t$$

$$\ln\left(\frac{A-M_{er}-B\omega}{A-M_{er}-B\omega_0}\right)=-\frac{B}{J_e}t$$

$$\omega=\frac{1}{B}\left[A-M_{er}-(A-M_{er}-B\omega_0)e^{-\frac{B}{J_e}t}\right]=20+80e^{-12.5t}$$

$$\alpha=\frac{\text{d}\omega}{\text{d}t}=(A-M_{er}-B\omega_0)e^{-\frac{B}{J_e}t}=-1000e^{-12.5t}。$$

第7章　齿轮与蜗杆传动

7.1　判断题

题号	7-1-1	7-1-2	7-1-3	7-1-4	7-1-5	7-1-6	7-1-7	7-1-8	7-1-9	7-1-10	7-1-11	7-1-12
答案	F	F	F	F	F	T	T	F	F	F	T	F

续表

题号	7-1-13	7-1-14	7-1-15	7-1-16	7-1-17	7-1-18	7-1-19	7-1-20	7-1-21	7-1-22	7-1-23	7-1-24
答案	T	F	F	T	T	T	T	T	F	T	T	T
题号	7-1-25	7-1-26	7-1-27	7-1-28	7-1-29	7-1-30	7-1-31	7-1-32	7-1-33	7-1-34	7-1-35	7-1-36
答案	T	F	T	T	T	F	F	F	F	T	T	T
题号	7-1-37	7-1-38	7-1-39	7-1-40	7-1-41	7-1-42	7-1-43	7-1-44	7-1-45	7-1-46	7-1-47	7-1-48
答案	T	F	T	F	F	T	T	T	F	T	T	F
题号	7-1-49	7-1-50	7-1-51	7-1-52	7-1-53	7-1-54	7-1-55	7-1-56	7-1-57	7-1-58	7-1-59	7-1-60
答案	T	F	T	T	F	F	T	F	F	F	F	T
题号	7-1-61	7-1-62	7-1-63	7-1-64	7-1-65	7-1-66	7-1-67	7-1-68	7-1-69	7-1-70	7-1-71	7-1-72
答案	F	F	T	T	F	F	F	T	T	F	T	T
题号	7-1-73	7-1-74	7-1-75	7-1-76	7-1-77	7-1-78	7-1-79	7-1-80	7-1-81	7-1-82	7-1-83	7-1-84
答案	F	F	T	F	T	T	F	T	T	F	F	F
题号	7-1-85	7-1-86	7-1-87	7-1-88	7-1-89	7-1-90	7-1-91	7-1-92	7-1-93	7-1-94	7-1-95	7-1-96
答案	F	F	T	T	F	F	F	F	F	T	F	F
题号	7-1-97	7-1-98	7-1-99	7-1-100	7-1-101	7-1-102	7-1-103	7-1-104	7-1-105	7-1-106	7-1-107	7-1-108
答案	F	T	F	T	F	F	F	T	F	F	F	F
题号	7-1-109	7-1-110	7-1-111	7-1-112	7-1-113	7-1-114	7-1-115	7-1-116	7-1-117	7-1-118	7-1-119	7-1-120
答案	F	F	T	T	F	F	T	T	F	T	T	T
题号	7-1-121	7-1-122	7-1-123	7-1-124	7-1-125	7-1-126	7-1-127	7-1-128	7-1-129	7-1-130	7-1-131	7-1-132
答案	T	T	F	T	F	T	F	T	F	F	F	F
题号	7-1-133	7-1-134	7-1-135	7-1-136	7-1-137	7-1-138	7-1-139	7-1-140				
答案	T	T	T	T	T	T	T	T				

7.2　选择题

题号	7-2-1	7-2-2	7-2-3	7-2-4	7-2-5	7-2-6	7-2-7	7-2-8	7-2-9	7-2-10	7-2-11	7-2-12
答案	B	C	D	A	A	D	A	C	C	C	A	B
题号	7-2-13	7-2-14	7-2-15	7-2-16	7-2-17	7-2-18	7-2-19	7-2-20	7-2-21	7-2-22	7-2-23	7-2-24
答案	C	B	C	D	B	B	D	B	C	B	D	C
题号	7-2-25	7-2-26	7-2-27	7-2-28	7-2-29	7-2-30	7-2-31	7-2-32	7-2-33	7-2-34	7-2-35	7-2-36
答案	C	C	B	B	B	B	D	A	C	D	B	B
题号	7-2-37	7-2-38	7-2-39	7-2-40	7-2-41	7-2-42	7-2-43	7-2-44	7-2-45	7-2-46	7-2-47	7-2-48
答案	A	B	C	C	A	C	B	A	B	D	A	C
题号	7-2-49	7-2-50	7-2-51	7-2-52	7-2-53	7-2-54	7-2-55	7-2-56	7-2-57	7-2-58	7-2-59	7-2-60
答案	C	B	C	D	D	D	B	A	C	C	D	C
题号	7-2-61	7-2-62	7-2-63	7-2-64	7-2-65	7-2-66	7-2-67	7-2-68	7-2-69	7-2-70	7-2-71	7-2-72
答案	A	C	B	C	A	C	CA	C	C	A	C	A

续表

题号	7-2-73	7-2-74	7-2-75	7-2-76	7-2-77	7-2-78	7-2-79	7-2-80	7-2-81	7-2-82	7-2-83	7-2-84
答案	CAB	B	A	BC	B	B	B	D	A	C	C	A
题号	7-2-85	7-2-86	7-2-87	7-2-88	7-2-89	7-2-90	7-2-91	7-2-92	7-2-93	7-2-94	7-2-95	7-2-96
答案	C	A	C	C	D	B	D	B	B	B	B	B
题号	7-2-97	7-2-98	7-2-99	7-2-100	7-2-101	7-2-102	7-2-103	7-2-104	7-2-105	7-2-106	7-2-107	7-2-108
答案	B	A	A	C	C	B	B	A	B	A	A	D
题号	7-2-109	7-2-110	7-2-111	7-2-112	7-2-113	7-2-114	7-2-115	7-2-116	7-2-117	7-2-118	7-2-119	7-2-120
答案	B	A	B	A	B	BAC	C	A	C	D	C	C
题号	7-2-121	7-2-122	7-2-123	7-2-124	7-2-125	7-2-126	7-2-127	7-2-128	7-2-129	7-2-130	7-2-131	7-2-132
答案	B	B	B	D	B	A	D	C	B	B	A	A
题号	7-2-133	7-2-134	7-2-135	7-2-136	7-2-137	7-2-138	7-2-139	7-2-140	7-2-141	7-2-142	7-2-143	7-2-144
答案	D	D	D	B	C	A	A	A	C	A	D	A
题号	7-2-145	7-2-146	7-2-147	7-2-148	7-2-149	7-2-150	7-2-151	7-2-152	7-2-153	7-2-154	7-2-155	7-2-156
答案	C	B	B	B	B	D	BC	A	D	D	C	B
题号	7-2-157	7-2-158	7-2-159	7-2-160	7-2-161	72-162	7-2-163	7-2-164	7-2-165	7-2-166	7-2-167	7-2-168
答案	C	A	C	C	A	BCAC	D	C	B	AD	A	A
题号	7-2-169	7-2-170	7-2-171	7-2-172	7-2-173	7-2-174	7-2-175	7-2-176	7-2-177	7-2-178	7-2-179	7-2-180
答案	B	B	B	C	C	B	A	D	C	C	C	C
题号	7-2-181	7-2-182	7-2-183	7-2-184	7-2-185	7-2-186	7-2-187	7-2-188	7-2-189	7-2-190	7-2-191	7-2-192
答案	C	A	A	B	C	D	B	C	D	D	A	C
题号	7-2-193	7-2-194	7-2-195	7-2-196	7-2-197	7-2-198	7-2-199	7-2-200	7-2-201	7-2-202	7-2-203	7-2-204
答案	D	B	ABD	A	A	C	C	B	A	C	A	B
题号	7-2-205	7-2-206	7-2-207	7-2-208	7-2-209	7-2-210	7-2-211	7-2-212	7-2-213	7-2-214	7-2-215	7-2-216
答案	B	B	C	B	C	C	A	C	D	D	C	B
题号	7-2-217	7-2-218	7-2-219	7-2-220	7-2-221	7-2-222	7-2-223	7-2-224	7-2-225	7-2-226	7-2-227	7-2-228
答案	A	C	C	C	D	C	A	C	B	C	D	D
题号	7-2-229	7-2-230	7-2-231	7-2-232	7-2-233	7-2-234	7-2-235	7-2-236	7-2-237	7-2-238	7-2-239	7-2-240
答案	D	D	A	A	A	D	D	C	D	A	B	B
题号	7-2-241	7-2-242	7-2-243	7-2-244	7-2-245							
答案	B	C	A	C	A							

7.3　填空题

7-3-1　模数,齿数

7-3-2　接触,许用接触,弯曲,许用弯曲

7-3-3　小,过大,$8°\sim20°$,中心距

7-3-4　2,3,2,3

7-3-5　齿根,齿根

7-3-6　相,不,不

7-3-7　节点,1

7-3-8　小

7-3-9　$m_n = m_t \cos\beta$

7-3-10　齿面接触,齿根弯曲,直径 d_1

7-3-11　实际,当量

7-3-12　30~50

7-3-13　低,大

7-3-14　大于,大于

7-3-15　节点

7-3-16　高,循环次数多

7-3-17　$\dfrac{[\sigma_{F1}]}{Y_{Fa1}Y_{Sa1}} = \dfrac{[\sigma_{F2}]}{Y_{Fa2}Y_{Sa2}}$

7-3-18　制造精度,圆周速度

7-3-19　法面,大端

7-3-20　分度圆

7-3-21　相交

7-3-22　$m_{n1} = m_{n2}$,$\alpha_{n1} = \alpha_{n1}$,$\beta_1 = \beta_2$

7-3-23　中点

7-3-24　大,小

7-3-25　喷油

7-3-26　增大,增大

7-3-27　法

7-3-28　降低

7-3-29　受拉

7-3-30　调质,正火

7-3-31　$[\sigma_{H1}] = [\sigma_{H2}]$

7-3-32　齿数,变位系数,螺旋角

7-3-33　接触

7-3-34　降低,不变,提高

7-3-35　抵消

7-3-36　平稳,减少,齿面接触

7-3-37　从,主

7-3-38　齿形误差

7-3-39　轴向力

7-3-40　齿面,齿根

7-3-41　点蚀,折断

7-3-42　$\sigma_F \leqslant [\sigma_F]$

7-3-43　齿面磨损,弯曲疲劳,模数

7-3-44　齿根,低,油膜,扩张

7-3-45　胶合

7-3-46　交变,齿根

7-3-47　工作情况,特性,动载,制造精度、圆周速度和重合度,齿向载荷分布,齿轮的制造、安装误差及轴、轴承、支承的刚度

7-3-48　相反,相同

7-3-49　点蚀,接触,弯曲,弯曲

7-3-50　$\sigma_{H1}=\sigma_{H2}$,$[\sigma_{HP1}]>[\sigma_{HP2}]$,$\sigma_{F1}>\sigma_{F2}$,$[\sigma_{FP1}]>[\sigma_{FP2}]$,$Y_{Fa1}>Y_{Fa2}$

7-3-51　较少,增大

7-3-52　提高

7-3-53　改善,降低

7-3-54　无关

7-3-55　宽度

7-3-56　1.0

7-3-57　大

7-3-58　大于

7-3-59　较小

7-3-60　圆周力

7-3-61　2

7-3-62　提高,提高

7-3-63　磨齿

7-3-64　减小,降低

7-3-65　中点,$z/\cos\delta$

7-3-66　分度圆直径 d_1,齿宽 b,材料,热处理

7-3-67　分度圆直径 d_1,中心距

7-3-68　两圆柱体

7-3-69　悬臂

7-3-70　铸造

7-3-71　不变

7-3-72　相,不相

7-3-73　大,不均匀

7-3-74　小,大,大

7-3-75　高,相等

7-3-76　1,$\sqrt{2}$

7-3-77　下降,提高

7-3-78　下降,提高

7-3-79　增大,减小,增大,正

7-3-80　①,相等,②

7-3-81　$z/\cos\delta$,大,平均

7-3-82　1628,539,246

7-3-83　多,少

7-3-84　z,$z_v=z/\cos^3\beta$,$z_v=z/\cos\delta$

7-3-85 $m_{n1}=m_{n2}$, $\alpha_{n1}=\alpha_{n2}$, $\beta_1=-\beta_2$(等值反向)

7-3-86 斜齿圆柱,直齿锥

7-3-87 齿面疲劳点蚀,接触,轮齿弯曲疲劳折断,弯曲

7-3-88 $+(30\sim50)$HBS,$+(5\sim10)$mm

7-3-89 不相,不相,不同,不同

7-3-90 硬,有韧性

7-3-91 厚,窄,小,大

7-3-92 相等,相同

7-3-93 $\lambda\leqslant\arctan f$

7-3-94 齿数,模数,螺旋角

7-3-95 模数,压力角

7-3-96 δ_1/δ_2

7-3-97 反比

7-3-98 轴面,端面,齿条齿轮

7-3-99 大,小

7-3-100 法面,可影响

7-3-101 $z/\cos^3\beta$

7-3-102 背锥

7-3-103 大端

7-3-104 $20.3749°$,1

7-3-105 $0°$

7-3-106 正

7-3-107 齿顶

7-3-108 基圆半径

7-3-109 $z/\cos\delta$

7-3-110 $\alpha'=21.243°$

7-3-111 0.645

7-3-112 大端

7-3-113 $x>0$,$x_1+x_2>0$

7-3-114 啮合极限点

7-3-115 螺旋角

7-3-116 大端,模数,压力角,相等

7-3-117 小,大,小

7-3-118 Δym

7-3-119 球面

7-3-120 端面,法面

7-3-121 齿厚,齿槽宽

7-3-122 超过了

7-3-123 径向力

7-3-124 $\geqslant 17$

7-3-125　青铜类,碳素钢或合金钢,青铜类或铸铁

7-3-126　64,200,21°,左,14.0667°

7-3-127　限制

7-3-128　$v_1/\cos\gamma$,磨损,胶合

7-3-129　45,80,右旋,5.7105°

7-3-130　轮齿点蚀,弯曲折断,磨损,齿面胶合,蜗轮轮齿

7-3-131　越高,$\eta_1=\dfrac{\tan\gamma}{\tan(\gamma+\varphi_v)}$,自锁

7-3-132　模数,压力角,特征系数,齿数,中心距

7-3-133　齿面胶合,磨损,点蚀,高强度,变位

7-3-134　相同,轴面,端面,分度圆

7-3-135　提高

7-3-136　蜗轮

7-3-137　交错

7-3-138　多头

7-3-139　齿面接触,齿根弯曲,齿根弯曲

7-3-140　斜

7-3-141　低；好；1,2,4

7-3-142　880,1800

7-3-143　高

7-3-144　螺旋升角等于摩擦角

7-3-145　齿面胶合,疲劳点蚀,磨损,齿根弯曲疲劳,较大,胶合,磨损

7-3-146　蜗轮,蜗杆

7-3-147　相同

7-3-148　相反,圆心

7-3-149　啮合,轴承摩擦,搅油

7-3-150　齿条,斜齿轮,轴向,端面

7-3-151　增大,提高

7-3-152　mq,mz_2

7-3-153　多,1

7-3-154　温升过高,胶合,热平衡

7-3-155　单,较大

7-3-156　相同,螺旋角

7-3-157　轴向,mq,端面,mz_2

7-3-158　64,296,180,18.5,14.0361°

7-3-159　凑传动比,凑中心距

7-3-160　平稳性,过大,降低

7-3-161　z_2/z_1,mz_2,$\arctan(mz_1/d_1)$,γ,右旋

7-3-162　轴线,轴线

7-3-163　相对滑动,减摩,耐磨

7-3-164　碳素钢,合金钢,青铜,铸铁,蜗轮

7-3-165　相同

7-3-166　蜗轮,蜗轮

7.4　改错题

7-4-1　相等→不等

7-4-2　分度圆→基圆

7-4-3　也→不

7-4-4　内→外

7-4-5　无→有

7-4-6　有→无

7-4-7　少→多

7-4-8　标准→非标准

7-4-9　1→0

7.5　问答题

7-5-1　**答**:(1)瞬时传动比不变。(2)渐开线的特性见教材。(3)公法线与基圆相切,可保证节点不变,从而使传动比不变。

7-5-2　**答**:

(1) 分度圆:标准齿轮中槽宽和齿厚相等的那个圆(不考虑齿侧间隙)就为分度圆。

(2) 节圆:节点在齿轮运动平面的轨迹为一个圆,这个圆即节圆。

(3) 基圆:形成渐开线齿轮轮廓线的初始圆为基圆。

(4) 压力角:压力角是在不计算摩擦力的情况下,受力方向和运动方向所夹的锐角。

(5) 啮合角:啮合齿两节圆的公切线与啮合线的夹角(锐角)。

(6) 啮合线:两轮齿廓接触点的轨迹。

(7) 重合度:齿轮作用角与周节圆心角之比。

7-5-3　**答**:标准齿轮按标准中心距安装时,节圆与分度圆重合,压力角与啮合角相等。

7-5-4　**答**:$m_1=m_2$,$\alpha_1=\alpha_2$,$\varepsilon\geqslant1$。

7-5-5　**答**:(1)防止发生根切。(2)$z_{\min}=17,14$。

7-5-6　**答**:(1)齿轮传动的主要失效形式有:轮齿折断、齿面磨损、齿面点蚀、齿面胶合、塑性变形。(2)开式齿轮传动主要的失效形式为齿面磨损和轮齿折断,闭式齿轮传动的主要失效形式为齿面点蚀、齿面胶合和轮齿折断。(3)闭式传动的齿轮一般只进行接触疲劳强度和弯曲疲劳强度计算;当有短时过载时还应进行静强度计算;对于高速大功率的齿轮传动,还应进行抗胶合计算。开式传动的齿轮目前只进行弯曲疲劳强度计算,用适当加大模数的办法来考虑磨粒磨损的影响;有短时过载时,仍应进行静强度计算。

7-5-7　**答**:(1)疲劳裂纹首先发生在危险截面受拉的一面。(2)因为材料的抗压能力大于抗拉能力。(3)采取的措施:提高齿面硬度,并使轮齿芯部有足够的强度和韧性;采用较大的模数,改直齿轮为齿轮;采用正变位齿轮;增大齿根厚度;增大齿根过渡圆半径,减小

应力集中；提高制造精度,降低表面粗糙度；改善载荷分布,表面进行强化处理。

7-5-8 **答**：(1)点蚀就是齿面在变化着的接触应力作用下,由于疲劳而产生的麻点状损伤现象。齿面上最初出现的点蚀为针尖大小的麻点,如工作条件未改善,麻点就会逐渐扩大甚至连成一片,最后形成了明显的齿面损伤。(2)点蚀首先发生在靠近节线的齿根面,因为在此处相对滑动速度低,形成油膜的条件差,润滑不良,摩擦力大。(3)防止措施：一是提高齿轮材料的硬度；二是采用合理润滑降低接触应力；三是在合理限度内增大齿轮直径,从而减小接触应力；四是在合理限度内用较高黏度的油润滑以避免较稀的油挤入疲劳裂纹,加速裂纹扩展。

7-5-9 **答**：(1)传动时齿面的瞬时温度高,相对滑动速度越大的地方,越易发生胶合。

(2)提高齿面抗胶合能力的措施为

① 采用角度变位以降低啮合开始和终了时的滑动系数；

② 减小模数和齿高以降低滑动速度；

③ 采用极压润滑油；

④ 采用抗胶合性能好的齿轮副材料；

⑤ 使大、小齿轮保持硬度差；

⑥ 提高齿面硬度,降低表面粗糙度。

7-5-10 **答**：(1)因为在开式齿轮传动中,磨粒磨损的速度比产生点蚀的速度还快,在点蚀形成之前,齿面材料已经被磨掉,故而一般不会出现点蚀现象。(2)改用闭式传动是避免齿面磨粒磨损最有效的办法。

7-5-11 **答**：(1)一对啮合运行的齿轮的节圆直径往往不同,在一定时间之内,工作中的小节圆齿轮转动圈数多,齿面摩擦次数也多。因此,如果两齿轮齿面硬度相同,小齿轮将先于大齿轮被破坏。为使一对齿轮使用、更换周期同步,就要提高小齿轮齿面硬度,以使其更耐磨,一般小齿轮的硬度应比大齿轮大 $30\sim50$HBS 或更多。(2)硬齿面齿轮的破坏形式为轮齿折断,因此不需硬度差的要求。

7-5-12 **答**：(1)齿轮材料的种类很多,在选择时应考虑的因素也很多,下述几点可供选择材料时参考：①齿轮材料必须满足工作条件的要求。②应考虑齿轮尺寸的大小、毛坯成形方法及热处理和制造工艺。③不论毛坯的制作方法如何,正火碳钢只能用于制作在载荷平稳或轻度冲击下工作的齿轮,不能承受大的冲击载荷；调质碳钢可用于制作在中等冲击载荷下工作的齿轮。④合金钢常用于制作高速、重载并在冲击载荷下工作的齿轮。⑤飞行器中的齿轮传动要求齿轮尺寸尽可能小,应采用表面硬化处理的高强度合金钢。⑥金属制的软齿面齿轮,配对两轮齿面的硬度差应保持在 $30\sim50$HBS 或更多。(2)齿轮常用的材料有钢、铸铁和非金属材料。对于渗碳钢,主要用于制作承受载荷不是太大,但对耐磨性、抗冲击能力要求很高的齿轮,该类钢的热处理方式为渗碳＋淬火＋低温回火；而对于调质钢,主要用于制作承载较大的齿轮,该类钢的热处理方式为淬火＋高温回火＋表面淬火。

7-5-13 **答**：名义载荷是根据额定功率及额定转速并通过力学模型计算得到的,没有考虑原动机及工作机的性能,而且也没有考虑轮齿在啮合过程中产生的动载荷及载荷沿接触线分布不均等因素的影响,因此,不能直接用于齿轮的强度计算。而计算载荷主要考虑了原动机及工作机的性能、工作情况、轮齿啮合产生的动载荷、载荷在齿面上沿接触线分布的均匀性等因素,因此,在进行齿轮强度计算时,应该用计算载荷进行计算。

7-5-14 **答:** 齿轮上的名义载荷 F_N 是在平稳和理想条件下得到的,在实际工作中,还应当考虑到原动机及工作机的不平稳对齿轮传动的影响,以及齿轮制造和安装误差等造成的影响。这些影响引入载荷系数 K 来考虑, $K = K_A K_V K_\alpha K_\beta$,其中, K_A 为使用系数,用于考虑原动机和工作机对齿轮传动的影响; K_V 为动载系数,用于考虑齿轮的刚度和速度对动载荷大小的影响; K_α 为齿间载荷分配系数,用于考虑载荷在两对(或多对)齿上分配不均的影响; K_β 为齿向载荷分布系数,用于考虑载荷沿轮齿接触线长度方向上分布不均的影响。

7-5-15 **答:**

(1) 有5种,即点蚀、折断、胶合、磨损、塑性变形。

(2) 计算准则:接触疲劳强度和弯曲疲劳强度准则。

(3) 位置:点蚀——节线处,产生原因为接触疲劳,防止失效的方法为加大直径。

折断——齿根处,产生原因为弯曲疲劳,防止失效的方法为加大模数。

胶合——接触面处,产生原因为接触温度过高,防止失效的方法为润滑。

磨损——接触面处,产生原因为相对运动、表面粗糙和颗粒,防止失效的方法为润滑与密封。

塑性变形——接触面处,产生原因为过载,防止失效的方法为选择高强度材料。

7-5-16 **答:** 载荷系数 K_A :考虑非齿轮自身的外部因素引起的附加动载荷影响的系数。

动载系数 K_V :考虑齿轮副在啮合过程中因齿轮自身的啮合误差而引起的内部附加动载荷影响的系数。

齿间载荷分配系数 K_α :工作时,单对齿啮合与双对齿啮合交替进行,载荷在啮合齿对间的分配不均现象,会引起附加动载荷。

齿向载荷分布系数 K_β :考虑因载荷沿接触线分布不均而引起的附加动载荷。由于轴的弯曲变形会造成载荷分布不均匀,产生应力集中。

7-5-17 **答:** (1) 使用系数——如原动机和工作机的运转特性、联轴器的缓冲性能等。

(2) 动载系数——由于制造误差和轮齿受载后所产生的弹性变形导致主、从动轮的实际基圆齿距不完全相等。动载系数 K_V 值与齿轮制造精度及圆周速度有关。

(3) 齿间载荷分配系数——载荷在啮合齿对间的分配不均现象。

(4) 齿向载荷分布系数——轴的扭转变形也会造成载荷分布不均匀,这样会导致齿轮传动工作时引起附加动载荷。另外,轴承、支座的弹性变形及制造、装配的误差也会引起这种载荷分布不均现象。就齿轮本身来讲,齿宽越大,这种影响越严重。

7-5-18 **答:** 利用 Hertz 接触应力公式和梁弯曲公式可建立两种强度的公式。

7-5-19 **答:** 模数 m :中心距不变,齿数多,模数小。弯曲强度与模数有关,故选择模数主要考虑的是保证足够的弯曲强度。在保证弯曲强度的条件下,尽可能选择小的模数。模数小,齿数多,则重合度大,传动平稳性好,还可降低齿高,减小齿面的相对滑动速度,不易产生齿面胶合。对开式传动,因其主要失效形式是磨损,模数小的齿轮不耐磨损,故模数 m 要取大一些。

压力角 α :普通标准齿轮分度圆压力角 $\alpha = 20°$ 。增大压力角 α ,可降低齿面接触应力,提高弯曲强度。例如,航空用齿轮标准规定 $\alpha = 25°$ 。然而,过大的压力角会降低齿轮传动的效率和增加径向力。

齿数 z_1：齿数多，则重合度大，传动平稳性好，还可降低齿高，减小齿的面相对滑动速度，不易产生齿面胶合。对闭式传动，为保证传动平稳性、降低噪声及振动，宜取多一些齿数，一般可取 $z_1=20\sim40$。对闭式软齿面传动（大、小齿轮都是软齿面或小齿轮为硬齿面、大齿轮为软齿面），因承载能力主要取决于接触强度，故在保证弯曲强度的条件下，尽量取多一些的 z_1。对闭式硬齿面齿轮传动，工作能力主要取决于弯曲强度，故 z_1 不宜取过多。对标准齿轮，应使 $z_1\geqslant17$，以免发生根切。

齿宽 b：齿宽 b 越大，σ_H 和 σ_F 越小，但 b 太大，载荷不均匀越严重。若齿宽 b 太小，为满足强度要求，必须增大直径，则整个传动装置的外廓尺寸增大。对多级减速齿轮传动，高速级的 ϕ_d 宜取小一些，低速级大些。计算齿宽（$b=\phi_d d_1$）后，取大齿轮实际齿宽 $b_2\geqslant b$，并作圆整，小齿轮齿宽 $b_1=b_2+(5\sim10)$，以保证装配时因两齿轮错位或轴窜动时仍然有足够的有效接触宽度。

7-5-20　**答**：锻钢：通常用锻钢制造齿轮毛坯，一般用中碳钢（如 45 钢）或中碳合金钢（如 40Cr）。用锻钢制造的齿轮按齿面硬度不同可分为软齿面齿轮（HBS≤350 或 HRC≤38）和硬齿面齿轮（HBS>350 或 HRC>38）。软齿面齿轮和硬齿面齿轮的制造工艺不同。铸钢：直径较大（齿顶圆直径 $d_a\geqslant400$mm）的齿轮或外形复杂的齿轮采用铸钢，其毛坯应经退火或常化处理以消除残余应力和硬度不均匀现象。铸铁：普通灰铸铁的铸造性能和切削性能好，价廉，抗点蚀和胶合能力强，但弯曲强度较低，抗冲击性能也差。一般用于低速、无冲击和大尺寸的场合。铸铁中的石墨有自润滑作用，尤其适用于开式传动。由于铸铁很脆，容易因应力集中而引起轮齿折断，故设计时齿宽系数宜取小一些。非金属材料：非金属材料的弹性模量小，可减轻因制造和安装不准确所引起的不利影响，传动时噪声低，可用于高速、轻载和精度要求不高的场合。由于非金属导热性较差，故与其配对的齿轮应采用金属，以利于散热。

7-5-21　**答**：直齿圆柱齿轮传动只有圆周力和径向力，互为作用力与反作用力，无轴向力；斜齿圆柱齿轮传动既有圆周力和径向力，也有轴向力，且互为作用力与反作用力；直齿圆锥齿轮传动既有圆周力和径向力，也有轴向力，但是径向力和轴向力互为作用力与反作用力。

7-5-22　**答**：(1)K_v 表示动载系数，用于考虑齿轮的刚度和速度对动载荷大小的影响。(2)提高制造精度，减小齿轮直径以降低圆周速度，均可减小动载荷。

7-5-23　**答**：(1)轴、轴承及支座的支承刚度不足，以及制造、装配误差等都会导致载荷沿轮齿接触线分布不均，另一方面轴承相对于齿轮不对称布置，也会加大载荷在接触线上分布不均的程度。(2)可以采取增大轴、轴承及支座的刚度，对称地配置轴承，以及适当地限制轮齿的宽度等措施使载荷分布均匀，同时应尽可能避免齿轮做悬臂布置。

7-5-24　**答**：(1)轮齿折断起始于轮齿受拉应力一侧；成因为轮齿的受力类似于一悬臂梁，其齿根部位的弯曲应力最大，且齿根过渡部分形状和尺寸的突变及沿齿向的加工刀痕会引起应力集中；齿宽较小的直齿圆柱齿轮齿根裂纹一般是从齿根沿着横向扩展，发生全齿折断。齿宽较大的直齿圆柱齿轮常因载荷集中在齿的一端，斜齿圆柱齿轮和人字齿轮常因接触线是倾斜的，载荷有时会作用在一端齿顶上，裂纹往往是从齿根斜向齿顶的方向扩展，发生轮齿局部折断。(2)可采用如下措施提高轮齿的抗折断能力：①采用合适的热处理方法提高齿芯材料的韧性;②采用喷丸、碾压等工艺方法进行表面强化,防止初始疲劳裂纹的产生;③增大齿根过渡圆弧半径,减轻加工刀痕,以降低应力集中的影响;④增大轴及轴承的刚性,减轻因轴变形而产生的载荷沿齿向分布不均现象。

7-5-25 **答:**危险截面用 30°切线法确定,即作与轮齿对称中心线成 30°并与齿根圆相切的斜线,两切点的连线即为危险截面的位置。

7-5-26 **答:**(1)由公式 $Y_{Fa} = \dfrac{6K_h \cos\gamma}{K_s^2 \cos\alpha}$ 可知,齿形系数 Y_{Fa} 与模数 m 无关。(2)齿形系数只与轮廓形状有关。

7-5-27 **答:**(1)在进行齿轮尺寸的设计计算时,齿轮的分度圆直径 d_1 和齿宽 b 都是待求参数,而使用弯曲疲劳强度或接触疲劳强度设计计算时,只能将其中的分度圆直径 d_1 作为设计值,而将齿宽 b 转化为与 d_1 成比例的齿宽系数 ϕ_d,设计时 ϕ_d 由表查取。(2)齿宽系数的大小主要与支承方式及齿面硬度有关。

7-5-28 **答:**(1)齿形系数 Y_{Fa} 是反映当力作用于齿顶时,轮齿齿廓形状对齿根弯曲应力的影响系数,它是指齿根厚度与齿高的相对比例关系,是反映轮齿"高、矮、胖、瘦"程度的形态系数。(2)由于 Y_{Fa} 只取决于齿数和变位系数,与模数无关,故两个齿轮的齿数和变位系数相同而模数不同时,其齿形系数 Y_{Fa} 相等。

7-5-29 **答:**(1)两齿轮的接触应力相等;(2)因为一般 $Y_{Fa1}Y_{sa1} > Y_{Fa2}Y_{sa2}$,所以小齿轮的弯曲应力更大。

7-5-30 **答:**(1)由接触应力计算公式 $\sigma_H = Z_H Z_E \sqrt{\dfrac{2KT_1}{\phi_d d_1^3} \cdot \dfrac{i \pm 1}{i}}$ 可知,两对齿轮除 Z_E 以外,其他参数都相等,但钢制材料齿轮 Z_E 更大,故钢制齿轮的接触应力大。(2)弯曲疲劳强度只取决于模数 m 和齿宽 b,故两对齿轮的弯曲疲劳强度相等。

7-5-31 **答:**齿宽越宽,承载能力也越高,因而轮齿不宜过窄;但增大齿宽又会使齿面上的载荷分布更趋不均匀,故齿宽系数应适当选取。

7-5-32 **答:**(1)由题意可知,$m = m_n$,$z_1 = z_3$,$z_2 = z_4$,并设 d_1 和 d_1' 分别为直齿轮与斜齿轮的分度圆直径,有 $d_1 = mz_1$,$d_1' = \dfrac{m_n z_3}{\cos\beta}$,因 $\cos\beta < 1$,故 $d_1 < d_1'$,即斜齿轮的抗点蚀能力强。

(2)斜齿轮比直齿轮多一个螺旋角系数 Z_β,而 $Z_\beta = \sqrt{\cos\beta} < 1$,即斜齿轮的 σ_H 降低。

(3)因斜齿轮的综合曲率半径 ρ_Σ' 大于直齿轮的综合曲率半径 ρ_Σ,即 $\rho_\Sigma' > \rho_\Sigma$,使节点曲率系数 $Z_H' < Z_H$,而使斜齿轮的 σ_H 降低。

(4)因斜齿轮的重合度 ε_r 大于直齿轮,故斜齿轮的重合度系数 $Z_\varepsilon' < Z_\varepsilon$,从而使斜齿轮的 σ_H 降低。

综合上述四点,斜齿圆柱齿轮比直齿圆柱齿轮的抗疲劳点蚀能力强。

7-5-33 **答:**闭式软齿面传动主要的失效形式为齿面点蚀,由 $\sigma_H = Z_H Z_E \sqrt{\dfrac{2KT_1}{\phi_d d_1^3} \cdot \dfrac{i \pm 1}{i}} \leqslant [\sigma_H]$ 可知,增大小齿轮直径即可提高齿轮的接触强度。

7-5-34 **答:**z 增大,则 $Y_{Fa}Y_{sa}$ 降低,从而使 σ_F 增大,即抗弯曲疲劳强度提高。

在保证弯曲疲劳的前提下，z 增大，则 ε_a 降低，从而使 σ_H 降低，即接触疲劳强度提高。

7-5-35 **答**：(1)大、小齿轮的材料与热处理硬度及循环次数 N 不等，通常 $\sigma_{HP1} > \sigma_{HP2}$，而 $\sigma_{H1} = \sigma_{H2}$，故小齿轮齿面接触强度较高，不易出现疲劳点蚀。(2)比较大、小齿轮的 $\dfrac{\sigma_{FP1}}{Y_{Fa1}Y_{sa1}}$ 与 $\dfrac{\sigma_{FP2}}{Y_{Fa2}Y_{sa2}}$，若 $\dfrac{\sigma_{FP1}}{Y_{Fa1}Y_{sa1}} < \dfrac{\sigma_{FP2}}{Y_{Fa2}Y_{sa2}}$，则表明小齿轮的弯曲疲劳强度低于大齿轮，易产生弯曲疲劳折断；反之亦然。

7-5-36 **答**：(1)如题 7-5-36 解图所示，当 $p_{b2} > p_{b1}$（题 7-5-36 解图(a)）时，后一对轮齿在未进入啮合区时就开始啮合，从而产生动载荷；当 $p_{b1} > p_{b2}$（题 7-5-36 解图(b)）时，在后一对轮齿进入啮合区时，其主动齿齿根与从动齿齿顶还未啮合，从而产生动载荷。(2)可采用齿顶修缘的方法来减少内部附加动载荷。

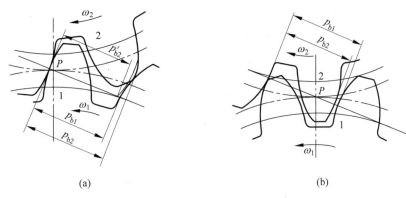

题 7-5-36 解图

7-5-37 **答**：(1)在圆柱齿轮传动中，轴系零件和支承箱体存在加工和装配偏差，使得两齿轮轴向错位而减少了轮齿的接触宽度。(2)为此将小齿轮设计得比大齿轮宽一些，这样即使有少量轴向错位，也能保证轮齿的接触宽度为大齿轮宽度。(3)在强度计算中应将大齿轮的齿宽 b 代入计算，因为大齿轮齿宽 b 为实际接触宽度。(4)在圆锥齿轮传动中，两齿轮的锥顶应当重合，大端面应当对齐，故两齿轮的齿宽应当设计成相同的尺寸。

7-5-38 **答**：(1)由于锥齿轮加工困难，当锥齿轮的传动比选得大时，使锥齿轮的齿数增多，造成制造成本增大。(2)斜齿轮的传动比选择较直齿齿轮大是因为斜齿轮重合度大，降低了每对齿轮的载荷，提高了齿轮的承载能力。不产生根切的最少齿数小使它可以承担更大的速比，小齿轮的齿数也可以降低。

7-5-39 **答**：(1)齿廓修形即把齿顶的一小部分齿廓曲线修整成 $\alpha > 20°$ 的渐开线。(2)对动载系数 K_V 有较明显的影响。

7-5-40 **答**：采用变位等方法使得 $\dfrac{[\sigma_{F1}]}{Y_{Fa1}Y_{sa1}} = \dfrac{[\sigma_{F2}]}{Y_{Fa2}Y_{sa2}}$，从而使大、小齿轮的抗弯曲疲劳强度相等。

7-5-41 **答**：大、小齿轮使用的材料、材料的热处理方式、加工工艺、使用条件等应均相同，从而使许用接触应力相等。

7-5-42 **答**：(1)由 $\sigma_H = Z_H Z_E \sqrt{\dfrac{2KT_1}{\phi_d d_1^3} \cdot \dfrac{i \pm 1}{i}}$ 可知，当模数 m 和中心距 a 不相等时，

两对齿轮接触面上的接触应力不相等,故接触疲劳强度不相同。(2)当节圆直径相等时,由公式可知两对齿轮的接触应力相等,故此时接触疲劳强度相同。

7-5-43 **答**:(1)在任何情况下,大、小齿轮的接触应力都相等。(2)若大、小齿轮的材料和热处理情况相同,许用接触应力不一定相等,这与两齿轮的接触疲劳寿命系数 K_{HN} 是否相等有关,如果 $K_{HN1} = K_{HN2}$,则两者的许用接触应力相等,反之,则不相等。(3)不相等。

7-5-44 **答**:在二级圆柱齿轮传动中,斜齿轮应置于高速级,主要是因为高速级的转速高,用斜齿圆柱齿轮传动工作平衡,在精度等级相同时,允许传动的圆周速度较高;在忽略摩擦阻力影响时,高速级小齿轮的转矩是低速级小齿轮转矩的 $1/i(i$ 是高速级的传动比),其轴向力小。

7-5-45 **答**:由锥齿轮和圆柱齿轮组成的两级传动中,锥齿轮一般应置于高速级,主要因为当传递功率一定时,低速级的转矩大,则齿轮的尺寸和模数也大,而锥齿轮的锥距 R 和模数 m 大时,加工困难,或者加工成本大为提高。

7-5-46 **答**:(1)从高速级到低速级的顺序为:直齿锥齿轮、斜齿圆柱齿轮、直齿圆柱齿轮。(2)原因为:当传递功率一定时,低速级的转矩大,则齿轮的尺寸和模数也大,而锥齿轮的锥距 R 和模数 m 大时,则加工困难,或者加工成本大为提高。斜齿轮放在中速级是因为中速级的转速高,用斜齿圆柱齿轮传动工作平稳,在精度等级相同时,允许传动的圆周速度较高;在忽略摩擦阻力影响时,高速级小齿轮的转矩是低速级小齿轮转矩的 $1/i(i$ 是高速级的传动比),其轴向力小。

7-5-47 **答**:(1)在理论上齿轮副啮合属于零侧隙啮合,但在实际中齿轮运动会使温度升高,从而造成齿形变形,另外由于齿轮加工和安装时的误差,并为了能留下空间储油,都需要在传动的轮齿间保持一定的侧隙。(2)侧隙在齿轮副转向时会带来回程误差和冲击。侧隙过大,则会造成回程误差和冲击增大,而侧隙过小容易咬死且因为储油问题使润滑不良。

7-5-48 **答**:对于直径很小的钢制齿轮,当为圆柱齿轮时,若齿根圆到键槽底部的距离 $e < 2m_t(m_t$ 为端面模数);当为锥齿轮是,按齿轮小端尺寸计算而得的 $e < 1.6m_t$ 时,均应将齿轮和轴做成一体,叫作齿轮轴。若 e 值超过上述尺寸,则齿轮与轴分开制造比较合理。

7-5-49 **答**:(1)不行,(2)因为齿数 $z_1 < 17$ 时,会发生根切现象。

7-5-50 **答**:(1)不合理,模数 m 和压力角 α 不是标准值,齿轮齿数 $z_1 < 17$ 时,会发生根切;

(2)改正意见:选取模数 m 为标准值,压力角 $\alpha = 20°$,齿轮齿数大于 17。

7-5-51 **答**:为了提高齿根弯曲疲劳强度,改进的措施有:

(1)在保证中心距不变和不产生根切的情况下,减少齿数,增大模数。

(2)进行高度变位。

(3)适当增大齿根圆角半径,提高制造和安装精度。

(4)选择较好的齿轮材料及恰当的热处理方式进行齿面硬化。

7-5-52 **答**:(1)闭式齿轮传动一般转速较高,为了提高传动的平稳性,减小冲击振动,以齿数多一些为好,小齿轮的齿数可取为 $z_1 = 20 \sim 40$。

(2)在开式(半开式)齿轮传动中,由于齿轮主要为磨损失效,为使轮齿不致过小,小齿轮不宜选用过多的齿数,一般可取 $z_1 = 17 \sim 20$。

7-4-53 **答**:对锥齿轮进行受力分析可知,其轴向分力平行于锥齿轮各自的轴向,且始终由节点背离锥顶指向大端。

7-5-54　**答:**当分度圆直径一定时(即中心距不变),增大齿数能增大端面重合度,改善传动的平稳性,并降低噪声。同时齿数增多,模数减小,可以减小齿顶圆直径,降低切削成本。但模数减小,齿厚减小,会降低齿根的弯曲强度。因此,在满足齿根弯曲疲劳强度的条件下,齿数宜取多一些。

7-5-55　**答:**(1)平行轴斜齿圆柱齿轮传动因其接触线倾斜,重合度大,同时啮合的齿对数多,故传动平稳,噪声小,承载能力大,因此应置于高速级;(2)锥齿轮的理论齿廓为球面渐开线,实际加工出的齿形与其有较大的误差,不易获得高精度,故在传动中会产生较大的振动和噪声,因而应置于低速级。

7-5-56　**答:**由机械原理知识可知,增大压力角,能使轮齿的齿厚和节点处的齿廓曲率半径增大,可以提高齿轮的弯曲疲劳强度和接触疲劳强度。

7-5-57　**答:**因为在啮合过程中,小齿轮的轮齿啮合次数多,寿命要短于大齿轮,为使大、小齿轮寿命比较接近,应使小齿轮齿面硬度较大齿轮高一些。另外,较硬的小齿轮齿面可对较软的大齿轮齿面起冷作硬化作用,从而提高大齿轮齿面的疲劳极限。

7-5-58　**答:**(1)首先应保证所选齿数 z_1 不会使齿轮发生根切。当中心距不变时,齿数增加可增大重合度,改善传动的平稳性;同时增加齿数,可以减小模数,降低齿高,减少金属切削量,降低制造成本,还可以减小磨损及产生胶合的可能性。但是,齿数增加的同时使得模数减小、齿厚减薄,这样会降低轮齿的弯曲强度。因此在满足齿根弯曲强度、疲劳强度的条件下,齿数宜多取。(2)对闭式硬齿面齿轮和开式(或半开式)齿轮传动,因主要失效形式为齿面磨损,为使轮齿不致过小,齿数不宜过多。

7-5-59　**答:**螺旋角 β 增大,可使轴向重合度增大,提高传动稳定性和承载能力,但又会导致轴承承受过大的轴向力。因此,螺旋角不宜过大,一般取 $8°\sim15°$。对于人字齿轮,由于轴向力相互抵消,可取 $15°\sim40°$。

7-5-60　**答:**(1)可以根据大、小齿轮的接触疲劳强度和齿根弯曲疲劳强度的高低来判断。对于齿面点蚀,齿面接触疲劳强度低的较易出现。一般在材料、热处理等条件相同的情况下,由于小齿轮啮合次数多于大齿轮,接触疲劳强度低,故易出现点蚀;(2)对于齿根弯曲疲劳折断,齿根弯曲疲劳强度低的较易出现,可根据大、小齿轮的齿形系数和应力集中系数的乘积来判断,其值大者疲劳强度低,易出现齿根弯曲疲劳折断。

7-5-61　**答:**齿数的选择原则是在满足弯曲强度的条件下,齿数 z_1 尽可能选多一些,闭式齿轮传动 $z_1=20\sim40$,开式齿轮传动 $z_1=17\sim25$。选择的小齿轮齿数应避免根切,相互啮合的齿轮齿数最好互为质数,并且还要考虑凑配、圆整中心距的需要。模数的选择是在满足弯曲强度的条件下,选取较小的模数。

7-5-62　**答:**(1) 公式相同,均为 $\sigma_F=\dfrac{KF_t}{bm}Y_{Fa}Y_{Sa}Y_\varepsilon\leqslant[\sigma]_F$;

(2) 其中,Y_{Fa},Y_{Sa} 及 $[\sigma_F]$ 取值不同;

(3) 由 $\dfrac{Y_{Fa1}Y_{Sa1}}{[\sigma_{F1}]}$ 与 $\dfrac{Y_{Fa2}Y_{Sa2}}{[\sigma_{F2}]}$ 的大小可以看出,小的强度高。

7-5-63　**答:**设计一对软齿面的圆柱齿轮传动时,小齿轮的齿面硬度应比大齿轮的高 $30\sim50$HBS,甚至更多。这是因为在啮合过程中,小齿轮的轮齿啮合次数多,寿命要短于大齿轮,为使大、小齿轮寿命比较接近,应使小齿轮齿面硬度较大的齿轮高一些。另外,较硬的小齿轮齿面可对较软的大齿轮齿面起冷作硬化作用,以提高大齿轮齿面的疲劳极限。

7-5-64 **答**:齿宽越大,承载能力愈强,或在相同的承载能力下,增大齿宽可以减小齿轮直径,降低齿轮的圆周速度,但增大齿宽也会增加载荷沿齿宽分布的不均匀性。一般说来,支承对称布置且精度高时,齿宽可取大一些;支承悬臂布置且精度低时,可取小一些。通常为了保证大、小齿轮的接触长度,小齿轮齿宽应比大齿轮齿宽大一些。

7-5-65 **答**:(1)对开式传动的齿轮,主要失效形式是齿面磨损和因磨损而导致的轮齿折断,故只需按齿根弯曲疲劳强度设计计算。(2)对闭式传动的齿轮,由于失效形式因齿面硬度不同而异,故通常分为 2 种情况:软齿面齿轮传动(配对齿轮之一的硬度低于350HBS),主要是疲劳点蚀失效,故设计准则为按齿面接触疲劳强度设计,再按齿根弯曲疲劳强度校核;硬齿面齿轮传动(配对齿轮的硬度均高于 350HBS),主要是轮齿折断失效,故设计准则为按齿根弯曲疲劳强度设计,再按齿面接触疲劳强度校核。(3)高速、重载齿轮传动,除保证接触疲劳强度和弯曲疲劳强度外,还应按抗胶合能力进行计算。

7-5-66 **答**:Ⅰ、Ⅱ两种传动方案的接触疲劳强度无区别,因为方案Ⅱ模数小了,齿厚随之减薄,要降低轮齿的弯曲疲劳强度。两种方案的中心距相等,方案Ⅱ增加了齿数,除能增加重合度、改善传动的平稳性外,还因模数减小,降低了齿高,因而减少了金属切削量,节省了制造费用。另外,方案Ⅱ由于齿高降低,还能减小啮合过程齿根、齿顶处的相对滑动速度,从而减少磨损,降低了胶合的可能性。

7-5-67 **答**:减少齿向载荷分布系数的措施有:增大轴、轴承和支座的刚度;轴承相对齿轮尽可能对称布置;尽量避免安装齿轮悬臂;适当限制齿宽;可以把一个齿轮的轮齿加工成鼓形。

7-5-68 **答**:根据斜齿圆柱齿轮的接触应力公式 $\sigma_H = Z_E Z_H Z_\varepsilon Z_\beta \sqrt{\dfrac{KF_t}{bd_1} \cdot \dfrac{u \pm 1}{u}}$,由于斜齿轮的 Z_H、Z_ε 和 K 比直齿圆柱齿轮小,且 $Z_\beta = \sqrt{\cos\beta} < 1$,故相同条件下,斜齿圆柱齿轮传动的接触疲劳强度比直齿圆柱齿轮高;根据斜齿圆柱齿轮的弯曲应力公式 $\sigma_F = \dfrac{KF_t}{bm} Y_{Fa} Y_{Sa} Y_\varepsilon Y_\beta$,因为 $z_v = z/\cos^3\beta > z$,故斜齿圆柱齿轮的 $Y_{Fa} \cdot Y_{Sa}$ 比直齿圆柱齿轮的小,K 也小,还增加了一个小于 1 的螺旋角系数 Y_β,所以在相同条件下,斜齿圆柱齿轮传动的齿根弯曲疲劳强度比直齿圆柱齿轮的高。

7-5-69 **答**:高度变位齿轮传动可增加小齿轮的齿根厚度,提高其弯曲强度。因为大、小齿轮相比,小齿轮的 $Y_{Fa} \cdot Y_{Sa}$ 值较大,齿根弯曲应力大,所以高度变位(小齿轮正变位,大齿轮负变位)可实现等弯曲强度,从而提高传动的弯曲强度。而高度变位对接触强度没有影响。

7-5-70 **答**:齿轮啮合处的接触应力相等。因为由接触应力公式可知,接触应力取决于2 个齿轮的综合曲率半径和 2 个齿轮的材料,不取决于 1 个齿轮的几何参数。所以 1 对相啮合的大、小齿轮在啮合处,其接触应力是相等的;而两齿轮的许用接触应力是不相等的。因小齿轮的应力循环次数比大齿轮的多,故小齿轮的寿命系数要小于大齿轮的,所以在其他条件相同情况下,小齿轮的许用接触应力要小一些。

7-5-71　**答**：因为相啮合的一对大、小齿轮 $\dfrac{Y_{Fa}Y_{Sa}}{[\sigma_F]}$ 值可能不同，其他参数均一样。$\dfrac{Y_{Fa}Y_{Sa}}{[\sigma_F]}$ 值小者弯曲强度高，所以应选取 $\dfrac{Y_{Fa}Y_{Sa}}{[\sigma_F]}$ 值大者代入设计。

7-5-72　**答**：(1)轮齿受力后，齿面接触处将产生循环变化的接触应力，轮齿在接触应力反复作用下，在其表面或次表层出现不规则的细线状疲劳裂纹。疲劳裂纹扩展的结果使齿面金属脱落而形成麻点状凹坑，这就是齿面疲劳点蚀。(2)齿轮在啮合过程中，因轮齿在节线处啮合时，同时啮合的齿对数少，接触应力大，且在节点处齿廓相对滑动速度小，油膜不易形成，摩擦力大，故点蚀首先出现在节线附近的齿根表面上，然后向其他部位扩展。

7-5-73　**答**：计算齿轮强度用的载荷系数包括使用系数 K_A、动载系数 K_v、齿间载荷分配系数 K_α、齿向载荷分布系数 K_β，所以有载荷系数 $K = K_A K_v K_\alpha K_\beta$。其中，使用系数 K_A 是考虑齿轮传动在工作中实际承受的载荷大小，要受到原动机和工作机运转不平稳等外部因素的影响；动载系数 K_v 是考虑齿轮本身啮合振动产生的内部附加动载荷影响的系数；齿间载荷分配系数 K_α 用以考虑同时啮合的各对轮齿间载荷分配不均匀的影响；齿向载荷分布系数 K_β 是由于齿轮、轴、轴承和箱体的变形及制造和安装误差等因素的影响，使得作用在齿面上的载荷沿接触线呈不均匀分布，因此用齿向载荷分布不均系数表征其影响。

7-5-74　**答**：$d_1 \geqslant \sqrt[3]{\dfrac{2KT_1}{\phi_d} \cdot \dfrac{u \pm 1}{u} \cdot \left(\dfrac{Z_E Z_H Z_\varepsilon}{[\sigma_H]}\right)^2}$ 主要针对接触疲劳的点蚀失效形式；

$m \geqslant \sqrt[3]{\dfrac{2KT_1}{\phi_d z_1^2} \cdot \dfrac{Y_{Fa} Y_{Sa}}{\sigma_{FP}}}$ 主要针对齿面磨损和因磨损而导致的轮齿折断失效形式。

7-5-75　**答**：可以改善根切问题，提高齿根弯曲强度，调整中心距，减小传动装置的尺寸等。

7-5-76　**答**：在高速、重载、润滑不良等条件下易发生胶合失效。防止胶合的措施主要有：减小模数，降低齿高，降低滑动系数，采用抗胶合能力强的润滑油等。

7-5-77　**答**：(1)计算点是位于节点上；(2)力学模型是分别以两齿廓在接触点处的曲率半径为半径的两个圆柱体的弹性接触；(3)齿面接触疲劳强度的计算主要是针对齿面点蚀失效。

7-5-78　**答**：当齿轮的齿面硬度高于 350HBS 时称为硬齿面齿轮，反之，当齿面硬度低于 350HBS 时称为软齿面齿轮。硬齿面齿轮适用于高速、重载及精密机器，而软齿面齿轮适用于强度、速度及精度要求都不高的一般场合。

7-5-79　**答**：(1)齿轮传动中的附加动载荷与制造及装配产生的误差、轮齿受载产生的弹性变形、啮合轮齿的刚度变化及齿轮的圆周速度有关，它降低了齿轮传动的承载能力。(2)提高齿轮的制造精度和装配精度、降低齿轮的圆周速度及对轮齿的齿顶进行修缘，均可以减轻或消除附加动载荷的影响。

7-5-80　**答**：(1)当齿根圆距轮毂键槽底部的距离 $x \leqslant (2\sim2.5)m_n$ 时，应该采用齿轮轴结构。(2)当轴的强度足够时，齿轮轴的齿根圆直径允许小于轴的直径。

7-5-81　**答**：若做成齿轮轴，轴和齿轮必须用同一材料制造，这样不仅浪费材料，加工费时，还给制造带来不便，所以一般都尽可能分开制造。如果将轴和齿轮分开加工，可选用不同的材料和不同的热处理方法等，不仅给加工制造带来方便，还可以满足不同的使用要求。

7-5-82　答：因为在开式齿轮传动中，磨损速度很快，轮齿表面还没有来得及发生点蚀就已经发生磨损失效了。

7-5-83　答：(1)在齿轮传动中，当落入磨料性物质时，轮齿工作表面会出现磨损，并且轮齿表面粗糙也会引起磨损失效，它是开式齿轮传动的主要失效形式。(2)防止磨损失效最有效的办法是改用闭式齿轮传动，其次是减小齿面的表面粗糙度。

7-5-84　答：开式齿轮传动的设计准则是保证齿根弯曲疲劳强度，并计及磨损的影响，将许用应力降低 20%～35%，或将模数增大 10%～15%。而闭式齿轮传动的设计准则是保证齿面接触疲劳强度和齿根弯曲疲劳强度。

7-5-85　答：(1)在平行轴外啮合斜齿轮传动中，大、小斜齿轮的螺旋角方向相反。(2)斜齿轮的受力方向与齿轮的转动方向、螺旋角方向及是主动齿轮还是从动齿轮等因素有关。

7-5-86　答：(1)平均载荷或名义载荷是根据额定功率及额定转速，并通过力学模型计算得到的，没有考虑原动机及工作机的性能，也没有考虑轮齿在啮合过程中产生的动载荷及载荷沿接触线分布不均等因素的影响，因此，不能直接用于齿轮的强度计算。(2)计算载荷主要考虑了原动机及工作机的性能、工作情况、轮齿啮合产生的动载荷、载荷在齿面上沿接触线分布的均匀性等因素，因此，在进行齿轮强度计算时，应该用计算载荷进行计算。

7-5-87　答：(1)为了防止一对啮合圆柱齿轮因装配误差而导致接触宽度减小，常把计算的齿宽 b 作为大齿轮齿宽 b_2。(2)小齿轮齿宽 b_1 比大齿轮齿宽 b_2 应加宽 5～10mm，即 $b_1 = b_2 + (5 \sim 10)$mm。(3)齿宽越大，轮齿受力后沿齿宽方向的载荷分布越不均匀，使轮齿接触不良，加速失效，因此设计中应对齿宽做必要的限制。

7-5-88　答：(1)普通斜齿圆柱齿轮的螺旋角取值范围 $\beta = 8° \sim 20°$，常取 $8° \sim 15°$。(2)人字齿轮在传动的过程中，其所受的轴向力可以相互抵消，因此，其螺旋角允许取较大的数值。

7-5-89　答：选择 $b_1 > b_2$，主要是为了在装配时容易保证轮齿沿全齿宽啮合，从而保证工作强度，而且还可以节省材料和加工齿轮的工时，降低成本。$\phi_d = b/d_1$ 中的齿宽应代入大齿轮的齿宽 b_2。

7-5-90　答：(1)硬齿面齿轮主要出现的是轮齿折断失效，也有可能出现点蚀失效，而软齿面齿轮主要出现的是点蚀失效，也有可能出现轮齿折断失效。(2)硬齿面齿轮应按齿根弯曲疲劳强度进行设计，并按齿面接触疲劳强度进行校核；而软齿面齿轮则应按齿面接触疲劳强度设计，并按齿根弯曲疲劳强度校核。

7-5-91　答：(1) 根据直齿圆柱齿轮的弯曲疲劳强度公式可知，其他条件不变，减小模数并相应地增加齿数，因为模数对 σ_F 的影响比齿数大，所以最终弯曲应力增加，即弯曲疲劳强度降低；根据直齿圆柱齿轮的接触疲劳强度公式，再由 $d_1 = mz_1$ 可知，减小模数并相应地增加齿数对接触强度几乎没有影响。

(2) 若强度允许，减小模数并增加齿数，可以使重合度增加，传动更加平稳。

7-5-92　答：重合度大，传动平稳。

7-5-93　答：(1)不对。(2)必须是标准齿轮，否则对变为齿轮不是这样。

7-5-94　答：有共轭曲线、公法线过定点。

7-5-95　答：(1)节点所在的圆称为节圆。(2)单个齿轮没有节圆。(3)在标准安装情况下节圆与分度圆重合。

7-5-96　**答**：(1)节点所在的压力角称为啮合角。(2)啮合角＝节圆压力角；在标准安装情况下,分度圆压力角＝节圆压力角,在非标准安装情况下,分度圆压力角不等于节圆压力角。

7-5-97　**答**：标准斜齿圆柱齿轮不发生根切的最少齿数 $z_{\min}=17\cos^3\beta$;

直齿锥齿轮不发生根切的最少齿数 $z_{\min}=17\cos\delta$。

7-5-98　**答**：(1)渐开线的形状取决于基圆的大小。(2)齿廓形状不同。

7-5-99　**答**：不是 17。因为：$z_{\min}=17\cos^3 45°=6.01$。

7-5-100　**答**：(1)渐开线直齿圆柱齿轮正确啮合的条件是：两轮的法节相等；对于标准齿轮,正确啮合条件是两轮的模数和压力角分别相等。

(2)满足正确啮合条件的一对齿轮,不一定能连续传动,这只是一个充分条件。

7-5-101　**答**：一对渐开线圆柱直齿轮的啮合角为 20°,它们不一定是标准齿轮。

7-5-102　**答**：渐开线齿轮传动中即使两轮的中心距稍有改变(节圆变化),其角速比仍保持原值不变,这种性质称为渐开线齿轮传动的可分性。如令一对标准齿轮的中心距稍大于标准中心距,这对齿轮能传动,只是中心距增大后,重合度下降,影响齿轮的传动平稳性。

7-5-103　**答**：(1)采用范成法加工外齿轮时,被加工齿轮的根部被刀具的刀刃切去一部分,这种现象称为根切现象。(2)产生根切现象的原因是刀具的齿顶线(圆)超过了啮合极限点。(3)要避免根切,通常有 2 种方法：一种增加被加工齿轮的齿数,另一种是改变刀具与齿轮的相对位置。

7-5-104　**答**：大传动比,效率不高。

7-5-105　**答**：蜗杆传动以中间平面内的参数和尺寸为标准。中间平面是指通过蜗杆轴线并与蜗轮轴线垂直的平面。在中间平面内蜗轮与蜗杆的啮合传动相当于渐开线齿条与齿轮啮合传动,与齿条齿轮传动几何尺寸计算相似,在中间平面内方便进行蜗杆传动的几何尺寸计算。

7-5-106　**答**：不对。因为蜗杆的直径不等于模数乘齿数(即 $d_1=mq\neq mz_1$)。

7-5-107　**答**：(1)蜗杆传动因具有传动比大、结构紧凑、传动平稳、噪声低和在一定条件下能自锁等优点而获得广泛的应用。(2)蜗杆传动在啮合平面间会产生很大的相对滑动,具有摩擦发热大、效率低等缺点,故需要进行热平衡计算。(3)当热平衡计算不合要求时,可采取如下措施：①在箱体外壁增加散热片,以增大散热面积；②在蜗杆轴端设置风扇,以增大散热系数；③若上述办法还不能满足散热要求,可在箱体油池中装设蛇形冷却管,或采用压力喷油循环润滑。

7-5-108　**答**：蜗杆传动减速装置的传动比 i 为公称值,可从以下数值中选取：5,7.5,10,12.5,15,20,25,30,40，50,60,70,80。其中,10,20,40,80 为基本传动比。

7-5-109　**答**：为了减少蜗轮滚刀的数目,便于刀具标准化,将蜗杆分度圆直径 d_1 定为标准值,即对于每一种标准模数规定一定数量的蜗杆分度圆直径 d_1,并把 d_1 与 m 的比值称为蜗杆直径系数 q。

7-5-110　**答**：为节约蜗轮所用的铜材,除尺寸较小时采用整体浇铸外,对尺寸较大的蜗轮还可采用齿圈式、螺栓连接式、浇铸式等。

7-5-111　**答**：普通圆柱蜗杆传动的主要参数有模数 m、压力角 α、蜗杆头数 z_1、蜗轮齿数 z_2、蜗杆直径系数 q、蜗杆分度圆柱导程角 γ、传动比 i、中心距 a 和蜗轮变位系数 x_2 等。

模数、压力角、直径为标准值;传动比 i 和中心距 a 取公称值;蜗杆头数不宜过多,取 1,2,4,6;蜗轮齿数一般不大于 80;变位系数配凑中心距和凑传动比。

7-5-112　答:普通圆柱蜗杆传动变位的主要目的是配凑中心距和凑传动比,使之符合标准或推荐值。

7-5-113　答:不相等,蜗杆所受的圆周力 F_{t1} 与蜗轮所受的轴向力 F_{a2} 相等。

7-5-114　答:不相等,蜗杆所受的轴向力 F_{a1} 与蜗轮所受的圆周力 F_{t2} 相等。

7-5-115　答:(1)与齿轮传动相比,蜗杆传动有如下特点:①传动比大;②传动平稳,噪声低;③同等传动比下结构更紧凑;④容易实现自锁。不足之处是:①传动效率低;②工作时产生的摩擦热大,需要良好的润滑。常用于需要大传动比(通常为 10~100)或是需要自锁的场合(如卷扬机、轮船抛锚装置)。

7-5-116　答:为了配凑中心距或提高蜗杆传动的承载能力及传动效率,常采用变位蜗杆传动。在蜗杆传动中,由于蜗杆的齿廓形状和尺寸要与加工蜗轮的滚刀形状和尺寸相同,所以为了保持刀具尺寸不变,蜗杆尺寸是不能变的,因而只能对蜗轮进行变位。变位蜗杆传动中蜗轮发生变位,所以蜗轮的节圆直径也随之改变,即蜗轮节圆直径不再等于它的分度圆直径。

7-5-117　答:(1)影响蜗杆传动效率的主要因素有导程角、滑动速度、蜗轮蜗杆的材料、表面粗糙度、润滑油黏度等。(2)大功率连续传动对蜗轮磨损比较大,需要经常更换蜗轮齿圈,并且传动效率低下,所以较少采用。

7-5-118　答:(1) 错;$i = \omega_1/\omega_2 = n_1/n_2 = z_2/z_1 \neq d_1/d_2$。

(2) 错;$a = (d_1 + d_2)/2 = m(q + z_2)/2$。

(3) 错;$F_{t2} = 2T_2/d_2 \neq 2T_1/d_1 = F_{t1}$。

7-5-119　答:(1)由于蜗杆传动的自锁现象使得蜗杆常用作主动件。(2)蜗轮不能作为主动件。蜗轮由于螺旋配合中的自锁效应而无法成为主动件的,只能是从动件。

7-5-120　答:由于蜗杆与蜗轮齿面间有较大的相对滑动,从而增加了产生胶合和磨损失效的可能性,因此,蜗杆传动的承载能力往往受到抗胶合能力的限制。尤其是在润滑不良等条件下,蜗杆传动因齿面胶合而失效的可能性更大。在闭式传动中,由于散热较为困难,通常应作热平衡核算。其他失效形式与齿轮传动相同。

7-5-121　答:(1)d_1 和 q 都已标准化,根据要求从标准值中选取即可。(2)当 q 增大时,蜗杆传动的强度和刚度及尺寸都相应地增大。

7-5-122　答:导程角 γ 越大,传动效率越高。

7-5-123　答:(1)蜗轮蜗杆传动的正确啮合条件为:$m_{x1} = m_{t2} = m$,$\alpha_{x1} = \alpha_{t2} = \alpha = 20°$,$\beta = \gamma$。(2)当蜗杆的导程角小于当量摩擦角的时,即会发生自锁。

7-5-124　答:当速度大于 5m/s,蜗杆上置;否则蜗杆下置。

7-5-125　答:选择蜗杆头数时主要考虑传动比、效率及制造 3 个方面。单头蜗杆的传动比可以很大,自锁性能好,但效率较低;蜗杆头数越多,导程角越大,传动效率越高,故传递动力、要求效率高时,应选用多头蜗杆。蜗轮齿数 z_2 主要根据传动比来确定。为了避免用蜗轮滚刀切制蜗轮时产生根切与干涉现象,理论上应使 $z_{2min} \geqslant 17$。但当 $z_2 < 26$ 时,啮合区要显著减小,这会影响传动的平稳性,为保证蜗杆传动的平稳性和承载能力,蜗轮齿数应大于 27;为防止蜗轮尺寸过大,造成与之相啮合的蜗杆支承面间距过大而降低蜗杆的弯曲

刚度,蜗轮齿数一般不大于 80。

7-5-126　**答**:蜗杆传动中蜗杆螺旋齿的强度总是高于蜗轮轮齿的强度,所以失效常发生在蜗轮上。在闭式传动中,发热量大,效率低,润滑油黏度下降,易发生磨损、胶合或点蚀。在开式传动中,失效形式主要是磨损。至于轮齿的折断,只是在模数过小或是由于磨损使轮齿过薄时才产生。因此,在闭式蜗杆蜗轮传动中,通常按齿面接触疲劳强度设计即可,必要时验算齿根弯曲强度,对连续工作的闭式传动要进行热平衡计算;对开式传动,只需按齿根弯曲疲劳强度设计即可。对闭式硬齿面传动,通常按弯曲疲劳强度设计,而对接触疲劳强度进行校核;对于软齿面齿轮,通常按接触疲劳强度进行设计,而对弯曲疲劳强度进行校核。对于开式齿轮传动,按弯曲疲劳强度进行设计,同时适当地增加模数以考虑磨损的影响。

7-5-127　**答**:不可以。蜗轮蜗杆正确啮合的条件中有 $\gamma=\beta$,如果蜗轮头数 z 由 1 变为 2,模数 m 和分度圆 d_1 不变,由 $\tan\gamma=mz_1/d_1$ 可知,$\tan\gamma$ 增至原来的 2 倍,则导程 γ 也增大,于是蜗轮的螺旋角 β 不再与导程角 γ 相等,因而不符合蜗轮蜗杆的正确啮合条件。

7-5-128　**答**:蜗轮相当于斜齿轮,且蜗轮材料的机械强度比钢制蜗杆的强度低,故闭式蜗杆传动的主要失效形式为蜗轮齿向疲劳点蚀,其承载能力主要取决于蜗轮齿面的接触强度。蜗杆受力后如产生过大的变形,就会造成轮齿上的载荷集中,从而影响蜗杆与蜗轮的正确啮合,此时需要对蜗杆进行刚度校核。

7-5-129　**答**:由 $\tan\gamma=\dfrac{p_z}{\pi d_1}=\dfrac{z_1 p_a}{\pi d_1}=\dfrac{z_1 m}{d_1}=\dfrac{z_1}{q}$ 可知,当 q 增大时,导程角 γ 减小,再由效率的计算公式 $\eta=\dfrac{\tan\gamma}{\tan(\gamma+\rho_v)}$ 可知,传动效率将减小。

7-5-130　**答**:(1)闭式蜗杆传动工作时产生大量的摩擦热,如果不及时散热,将导致润滑油温度过高,黏度下降,而破坏传动的润滑条件,引起剧烈磨损,严重时发生胶合失效。故应进行热平衡计算,将润滑油的工作温度控制在许可范围内。(2)当热平衡计算不能满足要求时,可采用以下方法提高散热能力:

① 加散热片以增大散热面积;

② 在蜗杆轴端加装风扇以加速空气的流通;

③ 在传动箱内装循环冷却管路;

④ 在箱体油池内加装蛇形散热管,利用循环水进行冷却。

7-5-131　**答**:由效率公式 $\eta=\dfrac{\tan\gamma}{\tan(\gamma+\rho_v)}$ 可知,增加导程角 γ,减小当量摩擦角 ρ_v 可以提高蜗杆传动效率。增加导程角可以通过选用多头蜗杆或直径系数 q 较小的蜗杆传动实现;减小当量摩擦角 ρ_v 可以通过选用摩擦性能好的材料、提高齿面粗糙度或改进润滑等方法来实现。

7-5-132　**答**:蜗杆传动的失效形式主要有轮齿的点蚀、弯曲折断、磨损及胶合失效等,由于该传动啮合齿面间的相对滑动速度大、效率低、发热量大,故更易发生磨损和胶合失效。蜗轮无论在材料的强度或结构方面均较蜗杆弱,所以失效多发生在蜗轮轮齿上,而锡青铜或铝铁青铜材料在耐磨性和抗胶合能力方面性能较好,所以蜗轮常用这两种材料制造。

7-5-133　**答**:蜗杆传动的特点有:

(1) 传动比大,结构紧凑;

（2）传动平稳，无噪声；

（3）具有自锁性；

（4）传动效率较低，磨损较严重；

（5）蜗杆轴向力较大，致使轴承摩擦损失较大。

7-5-134　**答**：由蜗杆传动的失效形式可知，制造蜗杆副的组合材料首先应具有足够的强度，更重要的是还应具有良好的跑合性、减摩性和耐磨性。蜗杆一般用碳钢或合金钢制造。蜗轮常用的材料有铸造锡青铜、铸造铝青铜和灰铸铁等。

7-5-135　**答**：蜗杆传动的失效形式与齿轮传动基本相同，主要有轮齿的点蚀、弯曲折断、磨损及胶合失效等。由于该传动啮合齿面间的相对滑动速度大、效率低、发热量大，故更易发生磨损和胶合失效。

7-5-136　**答**：对于材料是铸铁或 $\sigma_b > 300\text{MPa}$ 的蜗轮，因其抗点蚀能力强，蜗轮的承载能力取决于其抗胶合能力，因此许用接触应力 $[\sigma_H]$ 与滑动速度 v_s 有关，而与应力循环次数无关。

7-5-137　**答**：(1)在机械系统中，原动机的转速通常比较高，需要用传动装置达到减速的目的。蜗杆传动通常用于减速传动，故常以蜗杆为主动件。(2)在蜗杆传动中，蜗杆头数少时通常具有自锁性，这时蜗轮不能作为主动件；当蜗杆头数多时，效率提高，传动不自锁，蜗轮可以作为主动件，但是这种增速传动用得很少。

7.6　计算题

7-6-1　**解**：$h = 2.25m \Rightarrow m = h/2.25 = 4.5/2.25 = 2\text{mm}$

$d_{a1} = m(z_1 + 2h_a^*) \Rightarrow z_1 = d_{a1}/m - 2h_a^* = 44/2 - 2 = 20$

$d_{a2} = m(z_2 + 2h_a^*) \Rightarrow z_2 = d_{a2}/m - 2h_a^* = 162/2 - 2 = 79$。

7-6-2　**解**：$m = 4$，$d_1 = 84\text{mm}$，$d_2 = 294\text{mm}$，$d_{a2} = 302\text{mm}$，$d_{f2} = 284\text{mm}$，$p = 12.56\text{mm}$。

7-6-3　**解**：$m_t = 2.04\text{mm}$，$d_1 = 61.22\text{mm}$，$d_2 = 338.78\text{mm}$，$d_{f1} = 56.22\text{mm}$，$d_{f2} = 333.78$，$\beta = 11.48°$。

7-6-4　**解**：$\beta = 16.65°$。

7-6-5　**解**：$z_v = z/\cos^3\beta$。(1)z；(2)z_v；(3)z；(4)z_v。

7-6-6　**解**：接触强度不变，弯曲强度降低。

7-6-7　**解**：$P' = 2P$。

7-6-8　**解**：$\approx 67\%$。

7-6-9　**解**：$\beta_2 = \arcsin 0.182 = 10.49°$；齿轮3为左旋，齿轮4为右旋。

7-6-10　**解**：

取载荷系数 $K = 1.2$；安全系数 $S_F = 1.3$，$S_H = 1$；齿形系数 $Y_{Fa1} = 2.97$；$Y_{Fa2} = 2.45$；应力校正系数 $Y_{Sa1} = 1.52$，$Y_{Sa2} = 1.65$；区域系数 $Z_H = 2.5$；弹性系数 $Z_E = 189.9\text{MPa}^{\frac{1}{2}}$；寿命系数 $K_{FN2} = 1$，$K_{HN2} = 1.022$，则有：

按接触强度圆周力 $F_{Ht1} \leqslant 616.6\text{N}$，$F_{Ht2} \leqslant 1610\text{N}$；

按弯曲强度圆周力 $F_{Ft1} \leqslant 616.6$N，$F_{Ft2} \leqslant 1610$N；

最大转矩 $T_H = 94.34$N·m。

7-6-11　**解**：(1) 按接触疲劳强度对齿轮 1,2 进行校核 $T_{1max} = 344\ 795.4$N·mm；

(2) 按接触疲劳强度对齿轮 1,3 进行校核 $T_{1max} = 367\ 781.8$N·mm；

(3) $T_{2max} = T_{3max} = 344\ 795.4$N·mm；

(4) $T_{1max} = 2T_{2max} = 2 \times 344\ 795.4$N·mm $= 689\ 590.8$N·mm。

7-6-12　**解**：由于齿轮 2 为惰轮，因此轴 Ⅱ 不受力，所以键连接强度满足要求。

7-6-13　**解**：(1)$m_n = 2.5$；(2)$a = 150$mm；(3)$\beta = 12.8339°$；(4)$b_1 = 80$mm，$b_2 = 85$mm。

7-6-14　**解**：(1) 可得齿轮齿数为 $z_1 = 30$，$z_2 = 45$；

(2) 圆周力为 $F_t = 7500$N，径向力 $F_r = 2730$N，法向力 $F_n = 7981$N。

7-6-15　**解**：由 $\dfrac{Y_{Fa}Y_{Sa}}{[\sigma_F]}$ 得弯曲强度的大小顺序为：1＞2,3＞4。又由模数得：齿根弯曲疲劳强度由高到低依次为 1,2,3,4。

7-6-16　**解**：因 $\delta_1 = 30.26°$；各分力为：$F_{t2} = F_{r1} = 616.1$N，$F_{r2} = 113.0$N，$F_{a2} = 193.7$N。

7-6-17　**解**：根据齿轮弯曲疲劳强度计算公式，3 组方案的齿轮弯曲疲劳强度分别为

(1) $\sigma_{F1} = 325.6$MPa＞315MPa；$\sigma_{F2} = 318.4$MPa＞300MPa

(2) $\sigma_{F1} = 249$MPa＜315MPa；$\sigma_{F2} = 241.8$MPa＜300MPa

(3) $\sigma_{F1} = 174.8$MPa＜315MPa；$\sigma_{F2} = 162.8$MPa＜300MPa

由计算结果可以看出，方案(1)的两齿轮弯曲强度不够；方案(2)与方案(3)比较，方案(2)好。原因是齿数多，可以增加传动的平稳性；模数小，降低齿高，可以减少切削量，且可减少磨粒磨损及提高抗胶合能力。

7-6-18　**解**：由圆柱齿轮的弯曲疲劳强度计算公式可知：

当 $b' = 2b$ 时，$\sigma' = \sigma_F/2$，所以齿宽 b 增大 1 倍，弯曲应力减小为原来的 1/20。

当 $m' = 2m$ 时，$\sigma' = \sigma_F/4$，所以模数 m 增加 1 倍，弯曲应力减小为原来的 1/40。

当 $z' = 2z_1$ 时，由于 Y_{Fa} 稍微减小，Y_{Sa} 稍微增大，从而使 $\sigma_{F'}$ 减小，所以齿数 z 增大 1 倍，弯曲应力约减小为原来的 1/2。

7-6-19　**解**：(1) 大齿轮的接触强度弱。因为相互啮合的一对齿轮的接触应力相等，而大齿轮的许用接触应力小。

(2) 由于弯曲强度的大小主要取决于 $\dfrac{[\sigma_F]}{Y_{Fa}Y_{Sa}}$ 的大小，则有 $\dfrac{[\sigma_{F1}]}{Y_{Fa1}Y_{Sa1}} = 42.25$，$\dfrac{[\sigma_{F2}]}{Y_{Fa2}Y_{Sa2}} = 36.47$，所以，大齿轮的弯曲强度小。

7-6-20　**解**：改变齿宽 b 比较容易保证该传动具有原来的弯曲强度。根据直齿圆柱齿轮的弯曲应力计算公式有

$$\frac{b'}{b} = \frac{T_1'}{T_1} = \frac{4}{3}$$

即 $b' = 4b/3$。

7-6-21　**解**：$T_{1max} = 125.1 \times 10^3$N·mm；$P = 12.58$kW。

7-6-22 解：

蜗杆减速器在既定工作条件下的油温为

$$t = t_0 + \frac{1000P(1-\eta)}{\alpha_s A} = 20 + \frac{1000 \times 7.5 \times (1-0.82)}{8.15 \times 1.2} = 158^\circ\text{C}$$

因 $t > 70^\circ\text{C}$，所以该减速器不能连续工作。

7-6-23 解：

(1) 计算啮合效率 η_1：

$$\eta_1 = \frac{\tan\gamma}{\tan(\gamma + \rho_v)} = \frac{\tan 18^\circ 26' 6''}{\tan(18^\circ 26' 6'' + 1^\circ 20')} = 0.927。$$

(2) 计算传动效率 η：

$$\eta = 0.955 \frac{\tan\gamma}{\tan(\gamma + \rho_v)} = 0.955 \times 0.927 = 0.885。$$

(3) 计算啮合时的各分力。

① 计算转矩 T_2：

$$T_2 = T_1 \eta i_{12} = T_1 \eta \frac{z_2}{z_1} = 113\,000 \times 0.885 \times \frac{60}{3} = 2\,000\,100\text{N} \cdot \text{mm}。$$

② 计算各分力：

$$F_{t1} = F_{a2} = \frac{2T_1}{d_1} = \frac{2T_1}{mq} = \frac{2 \times 113\,000}{5 \times 10} = 4520\text{N}$$

$$F_{a1} = F_{t2} = \frac{2T_2}{d_2} = \frac{2T_2}{mz_2} = \frac{2 \times 2\,000\,100}{5 \times 60} = 13\,334\text{N}$$

$$F_{r1} = F_{r2} = F_{t2}\tan\alpha = 13\,334 \times \tan 20^\circ = 4853\text{N}。$$

(4) 计算功率损耗。

① 计算蜗杆的输入功率 P_1：

$$P_1 = \frac{T_1 n_1}{9.55 \times 10^6} = \frac{113\,000 \times 1460}{9.55 \times 10^6} = 17.3\text{kW}。$$

② 计算蜗轮的输出功率 P_2：

$$P_2 = \frac{T_2 n_2}{9.55 \times 10^6} = \frac{T_2 n_1 / i_{12}}{9.55 \times 10^6} = \frac{T_2 n_1 z_1}{9.55 \times 10^6 z_2}$$

$$= \frac{2\,000\,100 \times 1460 \times 3}{9.55 \times 10^6 \times 60} = 15.3\text{kW}。$$

③ 计算功率损耗 ΔP：

$$\Delta P = P_1 - P_2 = 17.3 - 15.3 = 2\text{kW}$$

解毕。

7.7 分析题

7-7-1 解： 如题 7-7-1 解图所示。

7-7-2 解： 如题 7-7-2 解图所示。

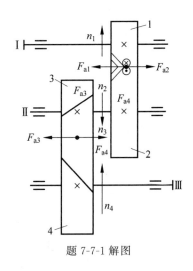

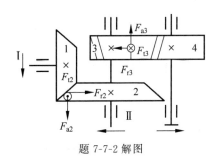

题 7-7-1 解图   题 7-7-2 解图

7-7-3 解:优点:

(1) 减速器长度尺寸较小;

(2) 输入轴和输出轴在同一轴线上,只有两个平行孔;

(3) 两级的大齿轮直径较接近,有利于浸油润滑。

缺点:

(1) 轴向尺寸较大,中间轴长,刚性较差;

(2) 输入轴和输出轴在箱体内的轴承须安装在单独的支座上,箱体结构复杂。

7-7-4 解:如题 7-7-4 解图所示。

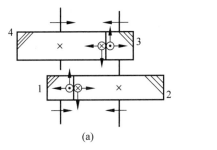

(a)

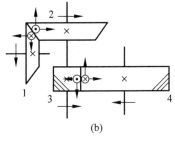

(b)

题 7-7-4 解图

7-7-5 解题要点:

(1) 轴 Ⅱ,Ⅲ 的转向已标于图中;

(2) 各齿轮螺旋线方向已标于图中,即 z_1 为右旋,z_2,z_3 为左旋;

(3) 齿轮 2,3 所受各力 F_{r2},F_{t2},F_{a2},F_{r3},F_{t3},F_{a3} 已标于图中;

(4) 轮 4 所受各力的大小为

① 传递转矩 T_1,T_3:

$$T_1 = 9.55 \times 10^6 \frac{p_1}{n_1} = 9.55 \times 10^6 \times \frac{5}{960} = 49\,740 \text{N} \cdot \text{mm}$$

而 $n_2 = n_3 = \dfrac{n_1}{z_2/z_1} = \dfrac{960}{60/20} = 320(\text{r}/\min),P_2 = P_1 = 5\text{kW},$ 故

$$T_3 = 9.55 \times 10^6 \frac{P_2}{n_3} = 9.55 \times 10^6 \times \frac{5}{320} = 149\,219\text{N} \cdot \text{mm};$$

② 求 F_{t1} 与 F_{t3}、F_{r3}、F_{a3}：

$$F_{t1} = \frac{2T_1}{d_1} = \frac{2T_1}{m_n z_1/\cos\beta_1} = \frac{2 \times 49\,740}{2 \times 20/\cos 13°} = 2423\text{N}.$$

7-7-6 **解**：(1)蜗轮的转向如题 7-7-6 解图所示：

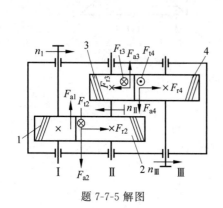

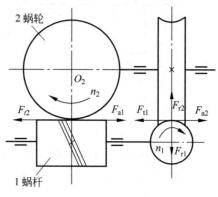

题 7-7-5 解图   题 7-7-6 解图

(2)计算蜗杆蜗轮上所受的力：

$$T_2 = T_1 i_{12} \eta = 25\,000 \times \frac{54}{2} \times 0.75 = 506\,250\text{N} \cdot \text{mm}$$

$$d_1 = mq = 4 \times 10 = 40\text{mm}$$

$$d_2 = mz_2 = 4 \times 54 = 216\text{mm}$$

$$F_{t1} = F_{a2} = \frac{2T_1}{d_1} = \frac{2 \times 25\,000}{40} = 1250\text{N}$$

$$F_{a1} = F_{t2} = \frac{2T_2}{d_2} = \frac{2 \times 506\,250}{216} = 4687.5\text{N}$$

$$F_{r1} = F_{r2} = F_{t2}\tan\alpha = 4687.5 \times \tan 20° = 1706.1\text{N}.$$

7-7-7 **解**：(1)受力分析,如题 7-7-7 解图所示。

(2)载荷计算：

$$F_{t1} = F_{a2} = \frac{2T_1}{d_1} = \frac{2 \times 20\,000}{50} = 800\text{N}$$

$$F_{t2} = F_{a1} = \frac{2T_2}{d_2} = \frac{2T_1 i \eta}{z_2 m} = \frac{2 \times 20\,000 \times 25 \times 0.75}{50 \times 4} = 3750\text{N}$$

$$F_{r2} = F_{r1} = F_{t2}\tan\alpha = 3750 \times \tan 20° = 1365\text{N}.$$

7-7-8 **解**：(1)蜗杆的转向、蜗轮轮齿的旋向及作用于蜗杆、蜗轮上诸力的方向见题 7-7-8 解图。

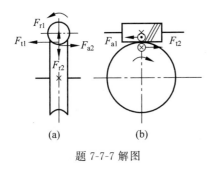

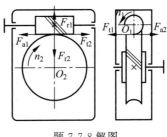

题 7-7-7 解图　　　　　　　　　题 7-7-8 解图

（2）蜗杆传动的啮合效率及总效率：蜗杆直径系数 $q = d_1/m = 80/8 = 10$

蜗杆导程角为

$$\gamma = \arctan\frac{z_1}{q} = \arctan\frac{1}{10} = 5.711° = 5°42'38''$$

传动的啮合效率为

$$\eta_1 = \frac{\tan\gamma}{\tan(\gamma + \rho_v)} = \frac{\tan 5°42'38''}{\tan(5°42'38'' + 1°30')} = 0.792$$

蜗杆传动的总效率为

$$\eta = \eta_1\eta_2\eta_3^2 = 0.792 \times 0.99 \times 0.99^2 = 0.768。$$

（3）蜗杆和蜗轮啮合点上的各力。

由已知条件可求得

$$d_2 = mz_2 = 8 \times 40 = 320\text{mm}$$

$$i = z_2/z_1 = 40/1 = 40$$

因 $T_2' = 1.61 \times 10^6 \text{N} \cdot \text{mm}$ 系蜗轮轴的输出转矩，因此蜗轮转矩 T_2 和蜗杆转矩 T_2 分别为

$$T_2 = \frac{T_2'}{\eta_3\eta_2} = \frac{1.61 \times 10^6}{0.99 \times 0.99} = 1.643 \times 10^6 \text{N} \cdot \text{mm}$$

$$T_1 = \frac{T_2}{i\eta_1} = \frac{1.643 \times 10^6}{40 \times 0.792} = 51\,862 \text{N} \cdot \text{mm}$$

啮合点上各作用力的大小为

$$F_{t2} = F_{a1} = \frac{2T_2}{d_2} = \frac{2 \times 1.643 \times 10^6}{320} = 10\,269 \text{N}$$

$$F_{a2} = F_{t1} = \frac{2T_1}{d_1} = \frac{2 \times 51\,862}{80} = 1297 \text{N}$$

$$F_{r2} = F_{r1} = F_{t2}\tan 20° = 10\,269 \times \tan 20° = 3738 \text{N}。$$

（4）该蜗杆传动的功率损耗 ΔP。

该蜗杆传动的输出功率为

$$P_2 = \frac{T_2' n_2}{9.55 \times 10^6} = \frac{1.61 \times 10^6 \times 960/40}{9.55 \times 10^6} = 4.046\text{kW}$$

该蜗杆传动的输入功率为

$$P_1 = \frac{P_2}{\eta} = \frac{4.046}{0.768} = 5.268 \text{kW}$$

该蜗杆传动的功率损耗为

$$\Delta P = P_1 - P_2 = 5.268 - 4.046 = 1.222 \text{kW}.$$

(5) 该蜗杆 5 年中消耗于功率损耗上的费用。

按题中给出条件,每度电按 0.5 元计算,则有:

$$D = t_h \Delta P \times 0.5 = (5 \times 300 \times 8) \times 1.222 \times 0.5 = 7332 \text{ 元}$$

从上述仅消耗于功率损耗上的电费看,5 年要耗损 7000 多元,可见提高蜗杆传动效率的重要性。

7-7-9 **解**:如题 7-7-9 解图所示。

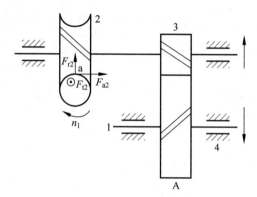

题 7-7-9 解图

7-7-10 **解**:如题 7-7-10 解图所示。

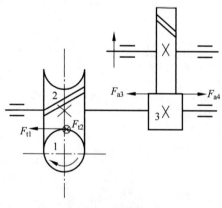

题 7-7-10 解图

7-7-11 **解**:如题 7-7-11 解图所示。

(1) 蜗杆的导程角 γ 及蜗轮的螺旋角均为右旋,如题 7-7-11 解图所示。

(2) 啮合点所受各力 F_{r1},F_{t1},F_{a1} 及 F_{r2},F_{t2},F_{a2} 如题 7-7-11 解图所示。

(3) 反转手柄使重物下降时,蜗轮上所受的力 F_{r2} 不变,仍指向蜗轮轮心;但 F_{t2} 与原来方向相反(向左)推动蜗轮逆时针转动;F_{a2} 与原方向相反,变为指向纸内(图中"$\otimes$"表示 F_{a2})。

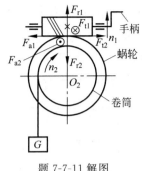

题 7-7-11 解图

7-7-12　**解**：如题 7-7-12 解图所示。

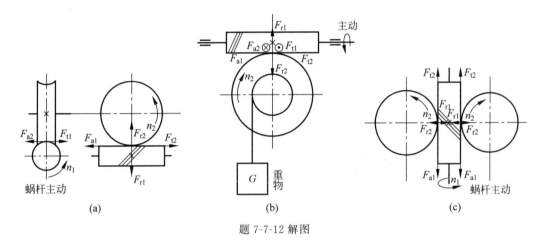

题 7-7-12 解图

7-7-13　**解**：如题 7-7-13 解图所示。

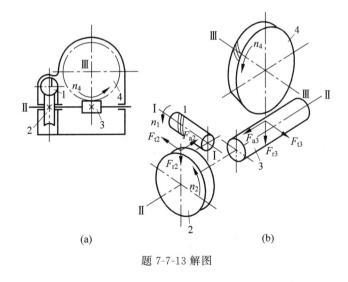

题 7-7-13 解图

7-7-14　**解**：如题 7-7-14 解图所示。

（1）蜗杆的转向从左往右看为顺时针方向，蜗杆的旋向为左旋。

(2) 蜗轮上的圆周力 F_{t2}、轴向力 F_{a2}、径向力 F_{r2} 分别见题 7-7-14 解图,方向分别为水平向右、垂直指向纸内和竖直向下。

(3) 由题可得蜗轮齿数 $z_2 = 40$,又因中心距 $a = 125\mathrm{mm}$,可得模数 $m = 5\mathrm{mm}$。

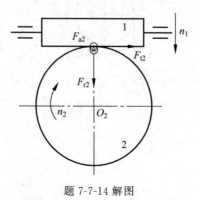

题 7-7-14 解图

7-7-15 **解**:如题 7-7-15 解图所示。

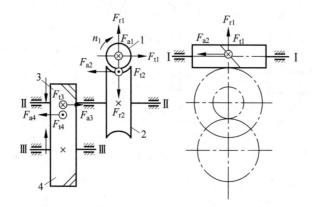

题 7-7-15 解图

7-7-16 **解**:如题 7-7-16 解图所示。

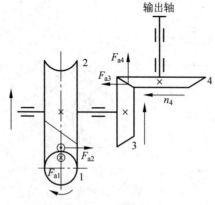

题 7-7-16 解图

第8章 带 传 动

8.1 判断题

题号	8-1-1	8-1-2	8-1-3	8-1-4	8-1-5	8-1-6	8-1-7	8-1-8	8-1-9	8-1-10	8-1-11	8-1-12
答案	F	F	F	F	T	F	F	F	F	F	T	T
题号	8-1-13	8-1-14	8-1-15	8-1-16	8-1-17	8-1-18	8-1-19	8-1-20	8-1-21	8-1-22	8-1-23	8-1-24
答案	T	F	F	F	T	F	F	F	T	F	F	T

8.2 选择题

题号	8-2-1	8-2-2	8-2-3	8-2-4	8-2-5	8-2-6	8-2-7	8-2-8	8-2-9	8-2-10	8-2-11	8-2-12
答案	A	C	D	A	D	B	A	C	C	B	D	B
题号	8-2-13	8-2-14	8-2-15	8-2-16	8-2-17	8-2-18	8-2-19	8-2-20	8-2-21	8-2-22	8-2-23	8-2-24
答案	C	C	D	B	A	A	A	C	A	A	B	B
题号	8-2-25	8-2-26	8-2-27	8-2-28	8-2-29	8-2-30	8-2-31	8-2-32	8-2-33	8-2-34	8-2-35	8-2-36
答案	B	B	D	A	D	C	C	C	D	C	B	D
题号	8-2-37	8-2-38	8-2-39	8-2-40	8-2-41	8-2-42	8-2-43	8-2-44	8-2-45	8-2-46	8-2-47	8-2-48
答案	C	D	A	C	D	D	D	C	A	B	A	B
题号	8-2-49	8-2-50	8-2-51	8-2-52	8-2-53	8-2-54	8-2-55	8-2-56	8-2-57	8-2-58	8-2-59	8-2-60
答案	C	C	C	B	D	B	A	D	C	ACD	A	B
题号	8-2-61	8-2-62	8-2-63	8-2-64	8-2-65	8-2-66	8-2-67	8-2-68	8-2-69			
答案	A	A	C	C	D	A	A	A	A			

8.3 填空题

8-3-1 2900N,2100N

8-3-2 最大,初拉力,包角,摩擦系数

8-3-3 疲劳,寿命

8-3-4 正压力

8-3-5 断裂,打滑

8-3-6 紧,小,小

8-3-7 摩擦,打滑

8-3-8 弯曲

8-3-9　小，$F_1 = F_2 e^{f\alpha}$

8-3-10　松紧，降低，下降，磨损增加，减小

8-3-11　越小，越大，越大，越小，降低

8-3-12　拉应力，弯曲应力，离心应力，$\sigma_1 + \sigma_{b1} + \sigma_c$，疲劳

8-3-13　高速，打滑

8-3-14　拉应力，离心应力，弯曲应力

8-3-15　高速

8-3-16　松边，大

8-3-17　定期，自动，张紧轮

8-3-18　增大，可提高

8-3-19　增大，增大，增大，减小

8-3-20　拉，弯曲

8-3-21　单位长度，线速度，截面积

8-3-22　部分

8-3-23　大

8-3-24　不可，允许

8-3-25　非对称

8-3-26　＞，＜

8-3-27　摩擦，侧

8-3-28　计算，小带轮

8-3-29　松边，单向，小，大

8-3-30　弹性滑动

8-3-31　过大，传动能力

8-3-32　小，大

8-3-33　弯曲，过大

8-3-34　整个

8-3-35　不均

8.4　问答题

8-4-1　答：(1)包角增大，带与带轮的接触面积也大，从而使产生的总摩擦力越大，传动能力也就越高。(2)由于小带轮的包角小于大带轮，所以验算时，只需考虑小带轮包角。

8-4-2　答：(1)由于带的弹性变形而引起的带与带轮间的滑动称作弹性滑动。(2)当工作载荷大于带传动的有效拉力时，带与带轮间就发生显著的滑动称为打滑。(3)打滑将使带的磨损加剧，从动轮转速急剧降低，甚至传动失效，这种情况应当通过减少工作载荷、增大带与带轮间的摩擦系数、增大预紧力等方法避免。弹性滑动不能避免，它是带传动正常工作的固有属性。

8-4-3　答：可通过增大带与带轮间的摩擦系数、增大预紧力、增大包角等方法。

8-4-4　答：(1)带传动的主要失效形式是打滑和疲劳破坏。(2)设计准则：在保证带传

动不打滑的条件下,具有一定的疲劳强度和寿命。

8-4-5　答:d_1 较大有助于提高 V 带的寿命。包角 α 增大,则带与带轮的接触面积也越大,从而产生的总摩擦力就越大,传动能力也越高。反之,传动能力减小。

传动比 i 增大,则小带轮包角随之增大,传动能力增强。

中心距 a 增大则小带轮包角增大,传动能力提高。

8-4-6　答:(1) 为保证 V 带和带轮接触良好,应使轮槽楔角小于 40°。

(2) 当带轮的基准直径小时,V 带承受的应力大,所以带变形大,带轮的轮槽角也相对较小。

8-4-7　答:在一般机械传动中,应用最广的是 V 带传动。V 带的横截面呈等腰梯形,带轮上也做出相应的轮槽,传动时,V 带只和轮槽的两个侧面接触,即以两侧面为工作面。根据楔形增压原理,在同样的张紧力下,V 带传动较平带传动能产生较大的摩擦力,再加上 V 带传动允许的传动比较大,结构较紧凑,以及 V 带多已标准化并大量生产等优点,使 V 带传动得到广泛应用。

8-4-8　答:包角、摩擦系数、预紧力。

8-4-9　答:(1)拉力、弯曲应力和离心力。(2)拉力紧边大松边小,沿带轮逐渐变化;弯曲应力仅在带轮处存在,离心力全带相同。

8-4-10　答:弹性滑动是因为带本身是弹性体,因所受拉力不同而在传动中始终存在的,是一种正常的固有现象,不影响带的正常工作;打滑是负载超出了带的承载能力而出现的失效现象,需要避免。单根 V 带所能传递的基本额定功率是在包角 $\alpha=180°$,特定长度、平稳工作条件下确定的。

8-4-11　答:疲劳拉断、打滑失效。

8-4-12　答:(1)从动轮的出口至主动轮的入口为紧边,主动轮的出口至从动轮的入口为松边。(2)满足关系式:$\dfrac{F_1}{F_2}=e^{f\alpha}$;$F$ 与传递功率 P、转矩 T 成正比,与带速 v、带轮直径 d 成反比。

8-4-13　答:(1)初拉力过大容易使带过早产生脱层、断裂等现象,使用寿命缩短;初张力过小,则承载能力减小,易打滑。(2)张紧轮一般应布置在松边内侧,靠近大带轮处。

8-4-14　答:(1)传动原理——带张紧在至少两轮上作为中间挠性件,靠带与轮接触面间产生摩擦力来传递运动与动力。

(2) 优点:①有过载保护作用;②有缓冲吸振作用;③运行平稳无噪声;④适于远距离传动($a_{max}=15m$);⑤制造、安装精度要求不高。

(3) 缺点:①有弹性滑动,使传动比 i 不恒定;②张紧力较大(与啮合传动相比)轴上压力较大;③结构尺寸较大、不紧凑;④打滑,使带寿命较短;⑤带与带轮间会产生摩擦放电现象,不适宜高温、易燃、易爆的场合。

8-4-15　答:(1)一般放在高速级。(2)因为①置于高速级时,带速较高,在传递相同功率的条件下,圆周力小,有可能减少带的根数或采用剖面积较小的型号的带,因而传动结构紧凑,成本降低。②置于高速级时,可以有效吸振。

8-4-16　答:优点:传动能力强、传动平稳。缺点:寿命较短、效率较低。

8-4-17　答:因为在同样的张紧力下,V 带传动较平带传动能产生更大的摩擦力,所以其传动能力大。

8-4-18 **答**：普通 V 带的带型分为：Y,Z,A,B,C,D,E；窄 V 带的型号有 SPZ、SPA、SPB、SPC 四种。

8-4-19 **答**：紧边拉力和松边拉力之间的关系满足式：$F_e = F_1 - F_2$，由于 $F_1 = F_0 + F_e/2$，$F_2 = F_0 - F_e/2$，故其大小与初拉力 F_0、有效拉力 F_e 有关。

8-4-20 **答**：(1)当带传动的负载过大,超过带与轮间的最大摩擦力时,会发生打滑。(2)打滑首先发生在小带轮上,因为小带轮上带的包角小,带与轮间所能产生的最大摩擦力较小。(3)刚开始打滑前,紧边拉力与松边拉力之间的关系是：$F_1/F_2 = e^{fa}$。

8-4-21 **答**：预紧力、包角、摩擦系数。

8-4-22 **答**：最大应力发生在带紧边进入小带轮处,由 3 部分组成,即紧边拉力产生的应力、离心力产生的应力、带在带轮上弯曲产生的弯曲应力。若最大应力超过带的许用应力,带将产生疲劳破坏,故需要研究内应力的变化,控制最大应力。

8-4-23 **答**：(1)带速加大,离心力增大,使带的疲劳强度下降,同时降低了带和带轮间的正压力,使摩擦下降,导致传动能力下降。一般 $v = 5 \sim 25 \text{m/s}$。

(2)带轮越小,带的弯曲应力越大,加剧了带的疲劳破坏,并且会使带速降低,圆周力加大,导致带的根数增加,所以设计时应使 $d_1 > d_{1\min}$。

8-4-24 **答**：中心距过小,带的长度过短,在一定的速度下,带绕过带轮的次数增加,应力循环次数增加,使带易产生疲劳破坏;同时,当传动比较大时,中心距过小,会使包角 α_1 过小,影响传动能力。但中心距过大,会使传动尺寸加大,当带速较高时,还易引起颤动。设计时一般要求 $2(D_1 + D_2) \geqslant a \geqslant 0.7(D_1 + D_2)$。

8-4-25 **答**：包角越小,接触弧长越短,接触面间所产生的摩擦力总和也越小,使皮带轮打滑。为了提高平带传动的承载能力,包角不能太小,一般要求包角 $\alpha \geqslant 120°$。

8-4-26 **答**：带传动紧边在下、松边在上,由于松边下垂,包角增大,有利于增大临界摩擦力,从而提高带的传动能力。

8-4-27 **答**：(1)由于带工作一段时间后,会产生永久变形而使带松弛,使带的初拉力减小而影响带传动的工作能力,甚至引起打滑,因此,必须及时进行张紧,才能保证带一直处于正常的工作状态。

(2)当中心距可以调节时,常见的张紧装置有：①定期调整中心距的张紧装置。当发现初拉力不足时,即可用调节螺钉来调整增大中心距,使张紧力达到预定的要求。这是结构简单、调整方便、应用最普遍的一种张紧装置。②利用电动机和托架的自重产生对固定支座支承点 O 的转矩而使带始终处于张紧状态,适用于小功率传动的自动张紧装置。③采用张紧轮的张紧装置,用于中心距不可调的场合。

(3)当中心距不能调节时,可采用张紧轮将带张紧。

(4)张紧轮一般应放在松边内侧,使带只受单向弯曲,同时张紧轮还应尽量靠近大轮,以免过分影响带在小轮上的包角。

8-4-28 **答**：(1)速度越大,离心应力越大,带的有效拉力越小,单根带的传递功率相差应小于 3 倍。(2)当传递功率不变时,为安全起见,应按小转速设计该带的传动,因为转速较低,在相同功率下所需的有效拉力更大,带传动的尺寸也就越大,故能满足高速时的使用要求。

8-4-29 **答**：应按 300r/min 转速设计。因为转速较低,在相同功率下所需有效拉力越大,带传动的尺寸越大,能满足转速高时的使用要求。

8-4-30 答:这种说法不正确。因为带的弹性滑动是由于带是弹性体,受拉时将产生弹性伸长。带传动过程中,由于存在紧边拉力与松边拉力,当带绕出主动轮时,所受拉力减小,带要逐渐回缩,即产生弹性滑动的现象。弹性滑动导致从动论处的圆周速度低于主动轮的圆周速度,从而产生了速度损失。因此,从动带轮的圆周速度与主动带轮的圆周速度不同是带传动弹性滑动的结果,而非原因。

8-4-31 答:在其他参数不变时,带长越大,则中心距相应增加,使得小带轮包角增加,可以增加带与带轮间的摩擦力,从而提高带传动的承载能力;此外,单位时间绕过带轮的次数越少,即应力循环变化的次数越少,带的寿命增加。带长减小则会得到相反的结果。

8-4-32 答:因为中心距过小,带在单位时间内绕过带轮的次数会增多,使带易于疲劳破坏;另外,会使包角减小,降低摩擦力和带传动的工作能力,所以要限制其最小中心距。当传动比较大时,短的中心距将导致包角 α_1 过小,降低带传动的工作能力,因此要限制最大传动比。

8-4-33 答:(1)带传动的中心距过大,带会过长,带速高时,会引起带颤动;中心距过小时,带在单位时间内绕过带轮的次数会增多,使带易于产生疲劳破坏,另外,会使包角减小,降低摩擦力和带传动的工作能力。(2)如果设计题目未给定中心距或未对中心距提出明确的设计要求,可按下式初选中心距 a_0:$0.7(d_1+d_2) \leqslant a_0 \leqslant 2(d_1+d_2)$。

8-4-34 答:(1)带工作一段时间后会由于塑性变形而松弛,使初拉力降低。为了保证带传动正常工作,当初拉力低于允许范围时,可以采用张紧轮张紧。(2)张紧轮一般放在松边内侧,并尽量靠近大带轮。

8-4-35 答:带轮越小,带的弯曲应力越大,带越容易发生疲劳断裂。为避免产生过大的弯曲应力,就要限制小带轮的 $d_{\min}$;传动比越大,在中心距一定的情况下,小带轮包角越小,降低带的摩擦力将降低带的工作能力;带的根数多,将导致各带所受拉力不等,所以要限制带的根数。

8-4-36 答:带传动的设计准则是:在保证带传动不打滑的条件下,具有一定的疲劳强度和寿命。

8-4-37 答:(1)当工作载荷超过一定限度时发生打滑。

(2)带传动工作时,弹性滑动区段随有效圆周力的增大而扩大,当弹性滑动区段扩大到整个接触弧时,带传动的有效圆周力即达到最大值。若工作载荷进一步增大,则带与带轮间就发生显著的相对滑动,即产生打滑。由于小带轮包角总是小于大带轮包角,故打滑通常发生在小带轮上。

8-4-38 答:紧边拉力 F_1 大于松边拉力 F_2。对于同一段带,紧边时的长度 l_1 大于松边时的长度 l_2。这一段带,经过紧边一个断面的时间 Δt 等于经过松边的一个断面的时间 Δt,即同一段带经过空间任一断面的时间相同,而 $v_1 = l_1/\Delta t$,$v_2 = l_2/\Delta t$,所以,$v_1 > v_2$。

8-4-39 答:基准长度为 1000mm 的普通 A 型 V 带。

8-4-40 答:基准长度为 2240mm 的 SPB 型窄 V 带。

8-4-41 答:带型 340/40,织物黏合材料为橡胶,带宽 100mm,带长 3150mm 的普通平带。

8-4-42 答:带型 190/40,织物黏合材料为塑料,带宽 160mm 的普通平带。

8-4-43 **答：**带长代号为 240(节线长 609.60mm)，带宽代号 100(带宽 25.4mm)的 H 形(节距为 12.7mm)单面同步带。

8-4-44 **答：**带长代号为 300(节线长 762.00mm)，带宽代号 075(带宽 19.1mm)的 L 形(节距为 9.525mm)双面交错齿型同步带。

8.5 计算题

8-5-1 **解：**

(1) $F_{ec} = 2F_0 \dfrac{1 - 1/e^{f\alpha}}{1 + 1/e^{f\alpha}} = 2 \times 360 \times \dfrac{1 - 1/e^{0.51 \times \pi}}{1 + 1/e^{0.51 \times \pi}} = 478.55\text{N}$。

(2) $M = F_{ec} \times D_1/2 = 478.55 \times 100/2 = 23.93\text{N} \cdot \text{m}$。

(3)
$$P = \frac{\pi \times n_1 \times F_{ec} \times D_1}{1000} \times \eta$$

$$= \frac{\pi \times 1450 \times 478.55 \times 100 \times 10^{-3}}{60 \times 1000} \times 0.95 = 3.63\text{kW}。$$

8-5-2 **解：**由 $P = F_e v/1000$ 可知，$F_e = 1000P/v = 1000 \times 7.5/10 = 750\text{N}$

由 $F_e = F_1 - F_2 = 1/2F_1$，得 $F_1 = 2F_e = 2 \times 750 = 1500\text{N}$

$F_0 = (F_1 + F_2)/2 = (750 + 1500)/2 = 1125\text{N}$。

8-5-3 **解：**$i = n_1/n_2 = 1450/400 = 3.625$，根据 GB/T 13575.1—2022，得 $\Delta P = 0.59\text{kW}$，$P_0 = 2.02\text{kW}$，$D_2 = 3.625 \times 180 = 652.5\text{mm}$

$$\alpha_1 = 180° - \frac{D_2 - D_1}{a} \times 60° = 180° - \frac{652.5 - 180}{1600} \times 60° = 162.3°$$

根据 GB/T 13575.1—2022，得 $K_\alpha = 0.955$，则有

$$L_d = 2a_0 + \frac{\pi}{2}(D_1 + D_2) + \frac{(D_2 - D_1)^2}{4a_0} = 2 \times 1600 + \frac{\pi}{2} \times (180 + 652.5) + \frac{(652.5 - 180)^2}{4 \times 1600}$$

$$= 4541.91\text{mm}$$

根据 GB/T 13575.1—2022，得 $K_L = 0.9867$，则有

$$P_{ca} = z(P_0 + \Delta P)K_\alpha K_L = 2 \times (2.02 + 0.59) \times 0.955 \times 0.9867 = 4.92\text{kW}$$

选取 $K_A = 1.2$，则实际传递功率 $P = P_{ca}/K_A = 4.92/1.2 \approx 4.10\text{kW}$。

8-5-4 **解：**(1) 确定计算功率 P_c：

选取 $K_A = 1.3$

则

$$P_c = K_A P = 1.3 \times 3.3 = 4.29\text{kW}。$$

(2) 选定 V 带型号：

根据 P_c, n 选用 A 型 V 带。

(3) 验算带速 v：

$$v = \frac{\pi d_1 n_1}{60 \times 1000} = \frac{3.14 \times 125 \times 1440}{60 \times 1000} = 9.4\text{m/s}$$

可见带速合适。

(4) 确定中心距 a 和基准长度 L_d：

$$L_0 = 2a_0 + \frac{\pi}{2}(d_1 + d_2) + \frac{(d_2 - d_1)^2}{4a_0} = 2 \times 480 + \frac{\pi}{2} \times 375 + \frac{125^2}{4 \times 480} = 1556.9 \text{mm}$$

根据表，选带的基准长度 $L_d = 1600 \text{mm}$，则

$$a = a_0 + \frac{L_d - L_0}{2} = 480 + \frac{1600 - 1556.9}{2} = 501.55 \text{mm}。$$

(5) 验算主动轮上的包角 α_1：

$$\alpha_1 = 180° - \frac{d_2 - d_1}{a} \times 57.3° = 165° > 120°$$

包角合适。

(6) 确定带的根数 z：

$$z = \frac{P_c}{(P_0 + \Delta P_0)K_\alpha K_L}$$

查表得 $P_0 = 1.91 \text{kW}$，$\Delta P_0 = 0.168 \text{kW}$，$K_\alpha = 0.965$，$K_L = 0.99$，所以算出 $z = 2$ 根。

(7) 计算 V 带的初拉力 F_0：

由公式得

$$F_0 = \frac{500 P_c}{zv}\left(\frac{2.5}{K_\alpha} - 1\right) + qv^2$$

根据 GB/T 11544—2012，有 $q = 0.11 \text{kg/m}$，所以有

$$F_0 = \frac{500 \times 4.29}{2 \times 9.4} \times \left(\frac{2.5}{0.965} - 1\right) + 0.11 \times 9.4^2 = 191.2 \text{N}。$$

(8) 计算作用在轴上的载荷 F_Q：

由公式得

$$F_Q = 2z F_0 \sin\frac{\alpha_1}{2} = 2 \times 2 \times 191.2 \times \sin\frac{165°}{2} = 758.26 \text{N}。$$

(9) 带轮结构设计略。

8-5-5 解：

(1) 因为 $P = (F_1 - F_2)v/1000$，所以有

$$(F_1 - F_2)v = 6000 \tag{a}$$

其中，

$$v = \pi d_1 n_1 / (60 \times 1000)$$
$$= 3.14 \times 100 \times 1460/(60 \times 1000) = 7.64 \text{m/s}$$

根据欧拉公式：

$$F_1/F_2 = e^{f v^\alpha} = e^{0.51 \times 5\pi/6} = 3.8 \tag{b}$$

联立求解式(a)与式(b)，可得

$$F_1 = 1065.8 \text{N}, \quad F_2 = 280.5 \text{N}。$$

(2) 因为 $F_1 + F_2 = 2F_0$，所以有

$$F_0 = 673.2 \text{N}$$

$$F_e = F_1 - F_2 = 1065.8 - 280.5 = 785.3 \text{N}。$$

8-5-6 解：

(1) 确定计算功率 P_{ca}：

$$P_{ca} = K_A P = 1.0 \times 7 = 7.0 \text{kW}。$$

(2) 确定从动带轮基准直径 d_2：

$$d_2 = id_1 = 1420 \times 100/700 = 202.9 \text{mm}$$

按标准取 $d_2 = 212 \text{mm}$。

(3) 验算带的速度：

$$v = \pi d_1 n_1/(60 \times 1000)$$

$$= \pi \times 100 \times 1420/(60 \times 1000) = 7.43 \text{m/s} < 25 \text{m/s}$$

带的速度合适。

(4) 确定 V 带的基准长度和传动中心距：

根据

$$0.7(d_1 + d_2) \leqslant a_0 \leqslant 2(d_1 + d_2)$$

可得 a_0 的范围应在 218~624mm，所以初选中心距 $a_0 = 600 \text{mm}$。

计算带所需的基准长度：

$$L'_d = 2a_0 + 0.5\pi(d_2 + d_1) + 0.25(d_2 - d_1)^2/a_0$$

$$= 2 \times 600 + 0.5\pi \times (212 + 100) + 0.25 \times (212 - 100)/600 = 1690 \text{mm}$$

取标准基准长度 $L_d = 1800 \text{mm}$。

计算实际中心距 a：

$$a = a_0 + (L_d - L'_d)/2 = 600 + (1800 - 1690)/2 = 655 \text{mm}。$$

(5) 验算主动轮上的包角 α：

$$\alpha_1 = 180° - (d_2 - d_1) \times 180°/(\pi a)$$

$$= 180° - (212 - 100) \times 180°/(3.14 \times 655)$$

$$= 170.2° > 120°。$$

(6) 计算 V 带的根数 z：

$$z = K_A P/[(P_0 + \Delta P_0)K_\alpha K_L]$$

$$= 1.0 \times 7/[(1.30 + 0.17) \times 0.98 \times 1.01] = 4.81$$

取 $z = 5$ 根。

(7) 计算预紧力 F_0：

$$F_0 = 500 P_{ca}(2.5/K_\alpha - 1)/(vz) + qv^2$$

$$= 500 \times 7.0 \times (2.5/0.98 - 1)/(7.43 \times 5) + 0.1 \times 7.43^2 = 151.6 \text{N}。$$

(8) 计算作用在轴上的压轴力 F_Q：

$$F_Q = 2z F_0 \sin(\alpha_1/2) = 2 \times 5 \times 151.6 \times \sin(170.2°/2) = 1510.5 \text{N}。$$

(9) 带轮的结构设计略。

8-5-7 解：

(1) 带的有效拉力：

$$F_e = \frac{1000P}{v} = \frac{1000 \times 7}{10} = 700 \text{N}。$$

（2）带的松边拉力：

根据受力公式有 $F_1 - F_2 = F_e$

由题意有 $F_1 = 2F_2$ 及 $F_e = 700\text{N}$

联立解以上各式，得

$$F_2 = 700\text{N}。$$

（3）带的紧边拉力：

$$F_1 = 2F_2 = 2 \times 700 = 1400\text{N}。$$

8-5-8　解：

（1）圆周力 F_e：

$$F_e = \frac{1000P}{v} = \frac{1000 \times 7.5}{10} = 750\text{N}。$$

（2）紧边拉力 F_1 与松边拉力 F_2：

$$F_1 - F_2 = F_e = 750\text{N}$$

$$(F_1 + F_2)/2 = F_0 = 1125\text{N}$$

联解以上两式，可得

$$F_1 = 1500\text{N}，\quad F_2 = 750\text{N}。$$

8-5-9　解：

$$F_1/F_2 = e^{f v^\alpha} = e^{0.25 \times (135/57.3)} = 1.8021$$

$$v = \pi d_1 n_1/(60 \times 1000) = \pi \times 200 \times 1800/(6 \times 10^4) = 18.84\text{m/s}$$

$$F_e = P/v = 4.7/18.84 = 0.2495\text{kN} = 249.5\text{N}$$

$$F_e = F_1 - F_2 = e^{f v^\alpha} \times F_2 - F_2 = 0.8021F_2$$

$$F_2 = F_e/0.8023 = 249.5/0.8021 = 311.06\text{N}$$

$$F_1 = 1.8021F_2 = 560.56\text{N}。$$

8-5-10　解：

（1）带传动应按转速 300r/min 设计，最好使带速在 10m/s 左右。

（2）因为带速低时所需圆周力大，则所需带的根数也多，若按高转速设计，则不一定能满足低转速的工作要求，会引起失效。（功率一定，其他条件不变时，转速越低，相应的转矩越大，轴的最小直径也越大。）

8-5-11　解： 带速 $v = 8.25\text{m/s}$；

小带轮包角 $\alpha_1 \approx 2.88\text{rad}$；

带即将打滑时，有 $F_1 \approx 1.78F_2$。

8-5-12　解： $F_1 = 1400\text{N}$，$F_2 = 600\text{N}$。

8-5-13　解： $\sigma_1 = 3.05\text{MPa}$，$\sigma_2 = 1.586\text{MPa}$，$\sigma_{b1} = 19.2\text{MPa}$，$\sigma_c = 0.476\text{MPa}$，$\sigma_{b1}/\sigma_1 \times 100\% = 629.5\%$，$\sigma_c/\sigma_1 \times 100\% = 15.6\%$。

8-5-14　解： $F_e = 97.56\text{N}$，$F_1 = 168.78\text{N}$，$F_2 = 71.22\text{N}$。

8-5-15　解： 极限有效拉力 $F_{elim} = 33.2\text{N}$，而传递的有效拉力 $F_e = 130\text{N} < F_{elim} = 133.2\text{N}$，故该带传动不会打滑。

8-5-16 **解：**由于 $n_2 = 1440\text{r/min}$，且需将工作机转速提高 10%

因此 $n_2' = 1584\text{r/min}$，得 $d_2' = 113.6\text{mm}$。

因为 B 型带小带轮 $d_2 = 125\text{mm}$，故带应换为 A 型带。从动轮直径减小后，包角也减小，将减小有效拉力，为此应增大中心距。因此，不更换电动机，采用的措施为将从动轮的直径减小到 113.6mm 附近的标准值，并改为 A 型带，同时相应增大中心距。

8-5-17 **解：**

圆周力 $F_e = 732\text{N}$；

$F_1 = 915\text{N}$；

紧边拉应力 $\sigma_1 = 6.63\text{MPa}$；

离心力 $F_c = 31.7\text{N}$；

离心拉应力 $\sigma_c = 0.23\text{MPa}$；

弯曲应力 $\sigma_b = 9.45\text{MPa}$；

最大应力 $\sigma_{max} = 16.4\text{MPa}$。

8-5-18 **解：**

(1) $z = 5$ 根该传动承载能力不够(需 5 根 B 型带)。

(2) ①改变带的型号，用 C 型带。②增加根数，用 $z = 6$ 根。③用张紧轮，增加张紧力和小轮包角。

8-5-19 **解：**

① $\alpha_1 = 180° - \dfrac{d_2 - d_1}{a} \times 57.3° = 180° - \dfrac{315 - 125}{600} \times 57.3° = 161.855°$。

②

$$L_0 = 2a_0 + \frac{\pi}{2}(d_1 + d_2) + \frac{(d_2 - d_1)^2}{4a_0}$$

$$= 2 \times 600 + \frac{\pi}{2}(315 + 125) + \frac{(315 - 125)^2}{4 \times 600} \approx 1906.19\text{mm}$$

$$L_d \approx 2a_0 + \frac{\pi}{2}(d_1 + d_2) + \frac{(d_2 - d_1)^2}{4a_0}$$

$$= 2 \times 600 + \frac{\pi}{2}(125 + 315) + \frac{(315 - 125)^2}{4 \times 600} \approx 1906.19\text{mm}。$$

③ 不考虑滑动率 ε 时，由 $\dfrac{n_1}{n_2} = \dfrac{d_2}{d_1}$，得 $n_2 = n_1 \dfrac{d_1}{d_2} = 1420 \times \dfrac{125}{315} \approx 563.49\text{r/min}$。

④ 当 $\varepsilon = 0.015$ 时，$n_2 = n_1 \dfrac{d_1(1 - \varepsilon)}{d_2} = 1420 \times \dfrac{125(1 - \varepsilon)}{315} \approx 555.04\text{r/min}$。

8-5-20 **解：**

$$L \approx 2a_0 + \frac{\pi}{2}(d_1 + d_2) + \frac{(d_2 - d_1)^2}{4a_0}$$

$$= 2 \times 400 + \frac{\pi}{2}(100 + 250) + \frac{(250 - 100)^2}{4 \times 400}$$

$$\approx 1363.6\text{mm}$$

$$\alpha = 180° - (d_2 - d_1)\frac{180°}{a\pi}$$

$$= 180° - (250 - 100) \times \frac{180°}{400\pi} = 158.503°。$$

8.6　分析题

8-6-1　**解题要点:**

(1) 张紧轮一般应放在松边内侧,使带只受单向弯曲(避免了反向弯曲降低带的寿命)。同时张紧轮还应尽量靠近大轮,以免过分影响带在小轮上的包角。故图(a)~(d)4 种布置中,图(b)最合理。

(2) 此外,张紧轮也宜安装于松边外侧并靠近小带轮,这样可以增大包角。故图(e)~(h)4 种布置中,图(e)最合理。

8-6-2　**解:**

图 8-2 所示 V 带在轮槽中的 3 种位置中,图(a)的位置是正确的。

8-6-3　**解:** 第一种方案较为合理。原因是:

① 带传动宜放在高速级,在功率不变的情况下,高速级速度高,带传动所需有效拉力小,带传动的尺寸也比较小。

② 带传动直接与电动机相连,可对传动系统的冲击、振动起缓冲作用,对电动机有利。

8-6-4　**解:** (1) 两种传动装置传递的有效拉力一样大。因为根据公式 $F_e = 2F_0\left(1 - \frac{2}{1+e^{f\alpha}}\right)$ 可知,两种传动装置的最小包角 α 相同,摩擦系数 f 和初拉力 F_0 也相同,故 F_e 相等。

(2) 图 8-3(b)中传动装置传递的功率大。因为 $d_1 < d_3$,所以 $v_a < v_b$。

(3) 图 8-3(a)传动装置的带寿命长。因为两种传动装置传递的圆周力相同,但 $v_a < v_b$,单位时间内图(b)传动装置带的应力循环次数多,容易产生疲劳破坏。

第 9 章　链　传　动

9.1　判断题

题号	9-1-1	9-1-2	9-1-3	9-1-4	9-1-5	9-1-6	9-1-7	9-1-8	9-1-9	9-1-10	9-1-11	9-1-12
答案	F	F	T	F	T	F	F	T	F	T	T	T
题号	9-1-13	9-1-14	9-1-15	9-1-16	9-1-17	9-1-18	9-1-19	9-1-20	9-1-21	9-1-22	9-1-23	9-1-24
答案	F	F	T	T	T	T	F	F	T	T	T	T

9.2 选择题

题号	9-2-1	9-2-2	9-2-3	9-2-4	9-2-5	9-2-6	9-2-7	9-2-8	9-2-9	9-2-10	9-2-11	9-2-12
答案	B	D	C	A	D	A	A	D	C	B	B	D
题号	9-2-13	9-2-14	9-2-15	9-2-16	9-2-17	9-2-18	9-2-19	9-2-20	9-2-21	9-2-22	9-2-23	9-2-24
答案	D	A	B	A	C	BD	A	B	A	C	D	A
题号	9-2-25	9-2-26	9-2-27	9-2-28	9-2-29	9-2-30	9-2-31	9-2-32	9-2-33			
答案	B	D	B	C	B	A	C	C	A			

9.3 填空题

9-3-1　增大

9-3-2　增加

9-3-3　平均,瞬时

9-3-4　偶数,质数,奇数

9-3-5　偶数,过渡,弯矩

9-3-6　120

9-3-7　减小,增加

9-3-8　越多,"跳齿","脱链"

9-3-9　相等,等于,整倍数

9-3-10　非对称

9-3-11　过载拉断,静

9-3-12　疲劳,磨损,胶合,拉断

9-3-13　低速级

9-3-14　小,多,大

9-3-15　大,高,小

9-3-16　过盈,间隙

9-3-17　高,大,少

9-3-18　有效,离心,悬垂

9-3-19　垂度

9-3-20　水平,铅垂,倾斜

9-3-21　紧,松

9.4 问答题

9-4-1　答:(1) 套筒滚子链的结构由内链板、外链板、销轴、套筒和滚子组成。

（2）内链板与套筒之间、外链板与销轴之间分别用过盈配合连接；滚子与套筒之间、套筒与销轴之间均为间隙配合。当内、外链板相对挠曲时，套筒可绕销轴自由转动，滚子是活套在套筒上的，当链条与链轮轮齿啮合时，滚子与轮齿间基本上为滚动摩擦，这样就可以减轻齿廓的磨损。

（3）链条除了接头的链节外，各链节都是不可分离的，链的长度用链节数表示。当链节数为偶数时，接头处可用开口销或弹簧卡片来固定，通常前者用于大节距，后者用于小节距；当链节数为奇数时，需采用过渡链节来连接，因为过渡链节的链板要受附加弯矩的作用，并且过渡链节的链板要单独制造，故尽量不采用奇数链节。

9-4-2 答：优点：与摩擦型的带传动相比，链传动无弹性滑动和整体打滑现象，因而能保持准确的平均传动比，传动效率较高；又因链条不需要像带传动那样张得很紧，所以作用于轴上的径向压力较小；链条多采用金属材料制造，在同样的使用条件下，链传动的整体尺寸较小，结构较为紧凑；同时，链传动能在高温和潮湿的环境中工作。

缺点：只能实现平行轴间链轮的同向传动，运转时不能保持恒定的瞬时传动比，磨损后易发生"跳齿"现象，工作时有噪声，不宜用在载荷变化很大、高速和急速反向的传动中。

9-4-3 答：（1）链传动的主要失效形式有：①疲劳破坏；②链条铰链磨损；③链条铰链胶合；④链条静载拉断。（2）设计准则包括静强度设计和疲劳强度设计。

9-4-4 答：小链轮的齿数过少，运动不均匀性和动载荷增大，在转速和功率给定的情况下，小链轮的齿数过小使得链条上的有效圆周力增大，加速了链条和小链轮的磨损。大链轮齿数过大，既增大了链传动的结构尺寸和重量，又造成链条在大链轮上易于"跳齿"和"脱链"，降低了链条的使用寿命。

9-4-5 答：（1）由链传动的瞬时传动比公式 $i = \dfrac{\omega_1}{\omega_2} = \dfrac{R_2\cos\gamma}{R_1\cos\beta}$ 可知，随着 β 角和 γ 角的不断变化，链传动的瞬时传动比也是不断变化的。（2）只有在 $z_1 = z_2$，且传动的中心距恰为节距 p 的整数倍时，传动比才可能在啮合过程中保持不变，恒为 1。

9-4-6 答：（1）由于围绕在链轮上的链条形成了正多边形，链条的速度产生周期性变化，链传动在工作时引起动载荷。（2）主要影响因素有：链的速度、链节距及链轮齿数。

9-4-7 答：（1）链传动具有运动不均匀性的特征，这是由于围绕在链轮上的链条形成了正多边形这一特点所造成的，称为链传动的多边形效应。链传动的多边形效应使其传动过程中会产生冲击和动载荷。

（2）小链轮齿数 z_1 对链传动的平稳性和使用寿命有较大的影响。齿数少可减小外廓尺寸，但齿数过少，将会导致传动的不均匀性和动载荷增大；链条进入和退出啮合时，链节间的相对转角增大；链传递的圆周力增大，从而加速了链条和链轮的损坏。可见，增加小链轮齿数 z_1 对传动是有利的。在动力传动中，滚子链的小链轮齿数 z_1 按表选取。当链速很低时，允许的最少齿数为 8。链轮齿数也不宜过多，在链节距 p 一定时，齿高就一定，即允许的齿高外移量 Δd 就一定。分度圆直径增量 Δd 与链节距增量 Δp 的关系为 $\Delta d = \Delta p / (\sin 180°/z)$。因此，链轮齿数越多，分度圆直径增量 Δd 就越大，链就越容易出现"跳齿"和"脱齿"现象。

（3）链轮的齿数 z 越小，链条节距 p 越大，链传动的运动不均匀性越严重。

9-4-8 答：不正确。主要是因为其瞬时传动比是变化的，不是一个常数。

9-4-9　**答**：在链传动的过程中,由于磨损,链节距增大,链条变得松弛,当出现抖动时就会出现"脱链"现象。

9-4-10　**答**：低速($v<0.6\mathrm{m/s}$)链传动的主要失效形式是链条受静力拉断,应进行静强度校核。

9-4-11　**答**：链轮齿数越少,节距越大,惯性力就越大,链传动的动载荷也越大。

9-4-12　**答**：取偶数。考虑均匀磨损的问题,当链节数取为偶数时,链轮齿数一般取为与链节数互为质数的奇数。

9-4-13　**答**：中心距过小,链速不变时,单位时间内链条绕转次数增多,链条屈伸次数和应力循环次数增多,因而加剧了链的磨损和疲劳。同时,由于中心距小,链条在小链轮上的包角变小,在包角范围内,每个轮齿所受的载荷增大,且易出现"跳齿"和"脱链"现象。中心距太大,会引起从动边垂度过大,传动时造成松边颤动。因此,在设计时,若中心距不受其他条件限制,一般可取 $a=(30\sim50)p$。

9-4-14　**答**：(1)与滚子链相比,齿形链传动平稳,噪声小,承受冲击的性能好,效率高,工作可靠,故常用于高速、大传动比和小中心距等工作条件较为苛刻的场合。但是齿形链比滚子链结构复杂,难以制造,价格较高。(2)滚子链用于一般工作场合。

9-4-15　**答**：排列次序为：带传动、圆柱齿轮减速器、套筒滚子链。

带传动位于高速级,具有缓冲、吸振作用；传递同样的功率,需要的驱动力较小；当过载时,带打滑可以起到过载保护作用。

链传动位于低速级,可以减少工作时的冲击和噪声。

9-4-16　**答**：为防止链条垂度过大造成啮合不良和松边颤动,需要张紧装置。常见的张紧方法有调整中心距和使用张紧轮。

9-4-17　**答**：(1)链传动的额定功率曲线的实验条件：①主动链轮与从动链轮安装在水平平行轴上；②主动轮齿数 $z_1=19$；③无过渡链节的单排滚子链；④链节数为100；⑤载荷平稳；⑥传动比 $i=3$；⑦使用推荐的润滑方式；⑧工作寿命为15 000h；⑨温度在$-5\sim70℃$。(2)实际应用时因实际情况与实验条件不同,常须乘以一系列修正系数：小链轮齿轮系数 K_z,多排链系数 K_p,工作情况系数 K_A,且当润滑达不到要求时,额定功率值应降低。

9-4-18　**答**：为了使链节和链轮轮齿可以顺利进入和退出啮合。如果松边在上,可能因为松边垂度过大而出现链条与轮齿干扰,甚至会引起松边与紧边的碰撞。

9-4-19　**答**：自行车采用链传动的原因：(1)中心距较大,采用链传动结构紧凑、简单；(2)链传动没有弹性滑动和打滑；(3)链传动能在较差的环境中工作。

9-4-20　**答**：(1)选用链条节距的原则是：在满足传递功率的前提下,尽量选用较小的节距。(2)在设计链传动时,对于高速、重载的传动,可选用小节距的多排链；对于低速、重载的传动,可选用大节距、较少排数的链条。

9-4-21　**答**：链传动的优点：与带传动相比,链传动没有弹性滑动和打滑,能保持准确的平均传动比；传动尺寸比较紧凑,不需要很大的张紧力,作用在轴上的载荷也小；承载能力大；效率高；能在温度较高、湿度较大的环境使用。与齿轮传动相比,链传动能吸振与缓和冲击,结构简单,加工成本低廉,安装精度要求低,适合较大中心距的传动,能在恶劣的环境中工作。链传动的缺点：高速运转时不够平稳,传动中有冲击和噪声,不宜在载荷变化很大和急促反向的传动中使用,只能用于平行轴间的传动,安装精度和制造费用比带传动高。

9-4-22　**答**：链轮齿数：小链轮齿数不宜过少,大链轮齿数不宜过多。一般链轮的最少齿数 $z_{min}=17$,最多齿数 $z_{max}=120$。

传动比 i：一般 $i\le6$,推荐 $i=2\sim3.5$。当 $v<2m/s$,载荷平稳时,传动比 i 可达 10。

链节距 p：在承载能力足够的前提下,应尽可能选用小节距链;高速重载时可用小节距多排链;当载荷大、中心距小、传动比大时,选小节距多排链,以便小链轮有一定的啮合齿数。只有在低速、中心距大和传动比小时,从经济性考虑可选用大节距链。

链速 v：一般不超过 $12\sim15m/s$。

链节数：应取为偶数,以避免使用过渡链节。

9-4-23　**答**：链节距和链轮的转速 n_1 越大,则对链条和链轮轮齿间的冲击越大,产生的附加动载荷越大。设计中,应尽量将链传动布置在低速级,在承载能力足够的前提下,应尽可能选用小节距链。

9-4-24　**答**：链传动中,具有刚性链节的链条与链轮相啮合时,链节在链轮上呈多边形分布,当链条每转过一个链节时,链条前进的瞬时速度周期性先由小变大,再由大变小。这种链速的周期性变化给链传动带来了速度的不均匀性,使得从动轮的角速度不断变化,从而导致瞬时传动比不稳定。只有当两链轮齿数 $z_1=z_2$,紧边链长恰为链节距的整数倍时,因 β 和 γ 同步变化,瞬时传动比 i 才能得到恒定值。

9-4-25　**答**：链传动一般应布置在铅垂面内,尽可能避免布置在水平或倾斜平面内;中心线一般宜水平或接近水平布置,链传动的紧边在上方或下方都可以,但在上方好一些;链传动的两轴应平行,应尽量保持链传动的 2 个链轮共面,否则工作中容易发生"脱链"现象。链传动的润滑方式主要包括人工润滑、滴油润滑、油浴供油、飞溅润滑和压力供油润滑等,主要依据节距 p 和链速的大小来确定。润滑时,应设法将油注入链活动铰链的缝隙中,使之均匀分布于齿宽。由于铰链位于松边时承压面上比压较小,油易进入,所以一般应在松边供油。

9-4-26　**答**：在一定条件下,链节距 p 越大,承载能力越大,但传动的多边形效应也增大,冲击、振动、噪声也越严重。

9-4-27　**答**：(1)链的节距 p 是决定链的工作能力、链及链轮尺寸的主要参数,正确选择 p 是链传动设计时要解决的主要问题。链的节距越大,承载能力越高,但其运动不均匀性和冲击就越严重。(2)因此,在满足传递功率的情况下,应尽可能选用较小的节距,高速重载时可选用小节距多排链。

9-4-28　**答**：在不改变其他工作条件的情况下,可以采取以下措施：

(1) 调整中心距;

(2) 加张紧轮;

(3) 从链条中取掉 2 节链节。

9-4-29　**答**：传动比过大,链条在小链轮上的包角就会过小,使参与啮合的齿数减少,每个轮齿承受的载荷增大,加速轮齿的磨损,且易出现"跳齿"和"脱链"现象。一般链传动的传动比 $i\le6$,常取 $i=2\sim3.5$,链条在小链轮上的包角不应小于 $120°$。

9-4-30　**答**：由于过渡链节的链板要受到附加弯矩作用,降低了链的强度,所以要尽量避免采用。

9-4-31　**答**：在一定条件下,链节距 p 越大,承载能力越大,但传动的不平稳性、冲击、振动、噪声就越严重。小链轮齿数 z_1 过少,将增加传动的不均匀性、动载荷及加剧链的磨损,使功率消耗增大,链的工作拉力增大;但 z_1 也不能过多,因为 z_1 过多,在相同的传动比条件下,z_2 就会更多,不仅使传动尺寸、质量增大,还使铰链磨损后容易发生"跳齿"和"脱链"现象,缩短了链的使用寿命。链轮转速越高,动载荷越大;越低,则相同条件下链的有效拉力增加。

9-4-32　**答**:08B-1-106 GB/T 1243—2006。

9.5　计算题

9-5-1　**解**:

(1) 计算功率 P_{ca}:
$$P_{ca} = K_A P = 1.3 \times 7 = 9.1 \text{kW}。$$

(2) 确定链条链节数 L_P:

题目对中心距无特殊要求,初定中心距 $a_0 = 40p$,则链节数为
$$L_P = 2a_0/p + (z_2 + z_1)/2 + p[0.5(z_2 - z_1)/\pi]^2/a_0$$
$$= 2 \times 40p/p + (41 + 21)/2 + p[0.5 \times (41 - 21)/\pi]^2/(40p)$$
$$= 111.3 \text{ 节}$$

故取偶数 $L_P = 112$ 节。

(3) 确定链条的节距 p:

选取单排链,则多排链系数 $K_P = 1.0$,故得所需传递的功率为
$$P_0 = P_{ca}/(K_z K_L K_P) = 9.1/(1.114 \times 1.03 \times 1.0) = 7.93 \text{kW}$$

根据小链轮转速 $n_1 = 200 \text{r/min}$ 和功率 $P_0 = 7.93 \text{kW}$,选取链号为 16A 的单排链,查得链节距 $p = 25.4 \text{mm}$。

(4) 确定链长 L 及中心距 a:
$$L = L_P p/1000 = 112 \times 25.4/1000 = 2.845 \text{m}$$
$$a = a_0 + (L_P - L_{P0})p/2$$
$$= 40 \times 25.4 + (112 - 111.3) \times 25.4/2$$
$$= 1024.9 \text{mm}$$

中心距减小量为
$$\Delta a = (0.002 \sim 0.004)a = (0.002 \sim 0.004) \times 1024.9$$
$$= 2.05 \sim 4.10 \text{mm}$$

实际中心距为
$$a = a - \Delta a = 1024.9 - (2.05 \sim 4.10) = 1022.9 \sim 1020.8 \text{mm}$$

取 $a = 1021 \text{mm}$。

(5) 验算链速:
$$v = n_1 z_1 p/(60 \times 1000) = 200 \times 21 \times 25.4/(60 \times 1000) = 1.78 \text{m/s}。$$

(6) 作用在轴上的压轴力:
$$F_Q = K_Q F_e$$

工作拉力为
$$F_e = 1000P/v = 1000 \times 9.1/1.78 = 5112 \text{N}$$

按水平布置取压轴力系数 $K_Q=1.15$，则
$$F_Q=1.15\times5112=5879\text{N}。$$

9-5-2 **解**：

(1) 确定链所能传递的最大功率 P：
$$P=P_0K_zK_LK_p/K_A$$
$$P=16\times1.11\times1.02\times1.7/1.0=30.8\text{kW}。$$

(2) 确定链长 L：

链条链节数 L_P：
$$L_P=2a/p+(z_2+z_1)/2+p[0.5(z_2-z_1)/\pi]^2/a$$
$$=2\times800/25.4+(65+19)/2+25.4\times[0.5\times(65-19)/\pi]^2/800$$
$$=106\text{ 节}$$

则链长 $L=L_Pp=106\times25.4=2692.4\text{mm}。$

9-5-3 **解**：(1) 选择链轮齿数 z_1,z_2：

传动比
$$i=\frac{n_1}{n_2}=\frac{720}{200}=3.6$$

选取小链轮齿数 $z_1=27$，大链轮齿数 $z_2=iz_1$，取 $z_2=97$。

(2) 求计算功率 P_c：

选取 $K_A=1.3$，计算功率为
$$P_c=K_AP=1.3\times20=26\text{kW}。$$

(3) 确定中心距 a_0 及链节数 L_P：

初定中心距 $a_0==(30\sim50)p$，取 $a_0=30p$

由公式求出 $L_P=126.14$，取 $L_P=126$。

(4) 确定链条型号和节距 p：

首先确定系数 K_z,K_L,K_P。

根据链速估计链传动可能产生链板疲劳破坏，根据参考文献[2]中表 9.3，选取小链轮齿数系数 $K_z=1.46$，根据参考文献[2]中图 9.8，选取 $K_L=1.08$。考虑到传递的功率较大，选择 3 排链，选取 $K_P=2.5$。

所能传递的额定功率 $P_0=6.6\text{kW}$。

根据参考文献[2]中图 9.8，选取滚子链型号为 12A，链节距 $p=19.05\text{mm}$，由图证实工作点落在曲线顶点左侧，主要失效形式为链板疲劳，则前面的假设成立。

(5) 验算链速 $v=6.17\text{m/s}$。

(6) 确定链长 L 和中心距 a：

链长 $L=2.4\text{m}$；

中心距 $a=570.10\text{mm}$。

(7) 求作用在轴上的力：

工作拉力 $F=4.2\text{kN}$

因载荷不平稳，取 $F_Q=1.3F=5.48\text{kN}$。

(8) 选择润滑方式：

按图选择油浴或飞溅润滑方法。

设计结果：滚子链型号 12A-3-126 GB/T 1243—2008,链轮齿数 $z_1=27$, $z_2=97$,中心距 $a=401$mm,压轴力 $F_Q=5.48$kN。

(9) 结构设计：

校核大链轮分度圆直径 $d=588$mm<700mm,满足题目要求。

其余结构设计略。

9-5-4　解： (1) 求链速：

因其节距 $p=15.875$mm,故

$$v=\frac{z_1 p n_1}{60\times 1000}=0.5\text{m/s}<0.6\text{m/s},可见其失效形式主要为过载拉断,应按静强度进行$$

校核。

(2) 求工作拉力 F：

$$F=\frac{1000P}{v}=\frac{1000\times 2.8}{0.55}=5.09\text{kN}。$$

(3) 由链号查表,得 $Q=21.8$kN。

按照公式,有

$$S=\frac{Qn}{K_A F}=\frac{21.8\times 1}{1.2\times 5.09}=3.57<[S]=6$$

故不安全。

9-5-5　解： 根据 GB/T 1243—2006,有 $q=1$kg/m, $K_y=7$, $K_A=1.1$。

链速为

$$v=\frac{\pi n_2 d_2}{60\times 1000}=\frac{\pi\times 200\times 500}{60\times 1000}=5.24\text{m/s}$$

工作拉力 F：

$$F=\frac{\pi n_2 d_2}{60\times 1000}=\frac{1000\times 5}{5.24}=954.2\text{N}$$

离心拉力 F_c：

$$F_c=qv^2=1\times 5.24^2=27.46\text{N}$$

悬垂拉力 F_y：

$$F_y=K_y qga=7\times 1\times 9.81\times 0.8=54.94\text{N}$$

紧边拉力 F_1 和松边拉力 F_2 分别为

$$F_1=F+F_c+F_y=1036.6\text{N}$$
$$F_2=F_c+F_y=82.4\text{N}$$

作用在轴上的力(压轴力)F_Q：

$$F_Q=K_A(F_1+F_2)=1.2\times(1036.6+82.4)=1342.8\text{N}$$

解毕。

9-5-6　解： 根据参考文献[2]中表 9.1 和表 9.2,有：$K_A=1.3$, $Q=31.1$kN, $n=1$。

安全系数 S 为

$$S=\frac{Qn}{K_A F_1}=\frac{31.1\times1}{1.3\times F_1}\geqslant4\sim8$$

选最大安全系数 $S=8$，可得

$$F_1\leqslant\frac{31.1\times1}{1.3\times8}=2.99\text{kN}$$

解毕。

9.6 分析题

9-6-1 **解**：此减速传动装置存在问题为：链传动布置在高速级，会加剧其运动不均匀性，使动载荷增大，振动和噪声增大，降低链传动的寿命，所以应该布置在低速级；带传动布置在低速级会使其结构尺寸增大，应布置在高速级，与电动机直接相连，这样不仅可以起到缓冲吸振作用，还能起到防止过载打滑作用，以保护重要零件。

9-6-2 **解**：在图 9-1 所示的 6 种链传动的布置方式中，(b)、(d)、(e)是合理的；(a)、(c)、(f)是不合理的。这是因为链传动的紧边宜布置在传动的上面，这样可避免咬链或发生紧边与松边相碰撞。另外，采用张紧轮张紧时，张紧轮应装在靠近主动链轮的松边上，这样可以增大包角。

第 10 章　轴

10.1 判断题

题号	10-1-1	10-1-2	10-1-3	10-1-4	10-1-5	10-1-6	10-1-7	10-1-8	10-1-9	10-1-10	10-1-11	10-1-12
答案	F	T	T	F	F	F	T	F	F	F	F	F
题号	10-1-13	10-1-14	10-1-15	10-1-16	10-1-17	10-1-18	10-1-19	10-1-20	10-1-21	10-1-22	10-1-23	10-1-24
答案	F	T	T	T	T	T	T	F	T	T	F	T
题号	10-1-25	10-1-26	10-1-27	10-1-28	10-1-29	10-1-30						
答案	T	T	T	F	F	F						

10.2 选择题

题号	10-2-1	10-2-2	10-2-3	10-2-4	10-2-5	10-2-6	10-2-7	10-2-8	10-2-9	10-2-10	10-2-11	10-2-12
答案	A	A	C	B	C	A	A	C	A	C	C	C
题号	10-2-13	10-2-14	10-2-15	10-2-16	10-2-17	10-2-18	10-2-19	10-2-20	10-2-21	10-2-22	10-2-23	10-2-24
答案	D	A	B	B	BD	BA	B	B	C	B	A	D
题号	10-2-25	10-2-26	10-2-27	10-2-28	10-2-29	10-2-30	10-2-31	10-2-32				
答案	C	B	C	D	AC	C	A	B				

10.3　填空题

10-3-1　转,转

10-3-2　小于

10-3-3　应力集中

10-3-4　转矩

10-3-5　脉动循环

10.4　问答题

10-4-1　**答**：(1)根据所承受载荷的不同,轴可以分为转轴、传动轴和心轴 3 类。(2)转轴：既承受转矩又承受弯矩,如减速箱中各轴、机床主轴等；传动轴：主要承受转矩,不承受或承受很小的弯矩,如汽车的传动轴、螺旋桨轴等；心轴：只承受弯矩而不承受转矩,如自行车轮轴、火车轮轴、滑轮轴等。

10-4-2　**答**：(1)轴的常用材料有碳素钢、合金钢、铸钢和球墨铸铁。(2)按轴的工作场合、受载情况、使用状况和制造成本等选用材料。

10-4-3　**答**：由公式 $d \geqslant \sqrt[3]{\dfrac{9.55 \times 10^6}{0.2[\tau]}} \sqrt[3]{\dfrac{p}{n}} \geqslant C\sqrt[3]{\dfrac{p}{n}}$ 可以看出,在采用相同材料并忽略功率损耗的条件下,轴的最小直径与转速成反比,低速轴的转速要远远小于高速轴的转速,故低速轴的直径要比高速轴大很多。

10-4-4　**答**：(1)交变应力。(2)一般将扭矩产生的剪应力折算成弯曲应力合并考虑。

10-4-5　**答**：因为开始的轴径不知道,而计算弯曲应力必须要知道轴径,所以要先估算最小轴径,然后通过结构设计确定轴的各段轴径,之后才能进行弯扭组合设计。

10-4-6　**答**：轴的结构设计任务是在满足强度和刚度要求的基础上确定轴的合理结构和全部几何尺寸。轴的结构设计应满足的要求是：轴及安装轴上的零件要有确定的工作位置；轴上零件要便于装拆、定位和调整；轴的结构不仅要有良好的工艺性,还有利于提高轴的强度、刚度及节省材料,减轻重量。

10-4-7　**答**：轴上零件的周向固定方式有

键——广泛采用；

花键——用于传递载荷大、高速、对中性好、导向性好、对轴的削弱程度小等场合；

过盈配合——用于对中性好、承受冲击载荷等场合。

轴上零件的轴向固定方式有

轴肩——可承受大的轴向力,结构简单、可靠；

轴环——可承受大的轴向力,结构简单、可靠；

套筒——可承受较大的轴向力,用于相邻两零件之间距离较短、转速较低的场合；

圆螺母——可承受较大的轴向力,用于便于零件装拆、轴的强度要求不高的场合；

轴端挡圈——可承受较大的轴向力,用于轴端；

弹性挡圈——只能承受较小的轴向力,用于不太重要的场合；

挡圈——兼作周向固定,受力较小,不宜用于高速轴;

圆锥面——通常与轴端挡圈或圆螺母联合使用,用于高速、受冲击载荷等场合;

轴承端盖——用螺钉或榫槽与箱体连接,而使滚动轴承的外圈得到轴向定位,在一般情况下,整根轴的轴向定位也常利用轴承端盖来实现。

10-4-8　答:(1)前轴受弯矩,心轴、中轴受弯扭矩,转轴、后轴受弯矩。(2)属于心轴。

10-4-9　答:不行,因为合金钢材料对轴的弹性模量影响很小,所以提高轴的刚度没显著效果。

10-4-10　答:(1)考虑转矩对弯矩的影响,α 为根据转矩性质确定的校正系数。(2)当扭转切应力为静应力时,取 $\alpha \approx 0.3$;当扭转切应力为脉动循环变应力时,取 $\alpha \approx 0.6$;当扭转切应力为对称循环变应力时,取 $\alpha = 1$。若转矩的变化规律不清楚,一般也按脉动循环处理。

10-4-11　答:影响轴的疲劳强度的因素有:轴和轴上零件的结构、工艺,轴上零件的安装布置,轴的表面质量等。当疲劳强度不够时,应采取如下措施:减少应力集中,如加大过渡圆角半径、开设卸载槽、增大尺寸等;合理布置轴上零件;改进轴上零件的结构;改进轴的表面质量;等等。

10-4-12　答:①图 10-6(d);②图 10-6(d)。

10.5　计算题

10-5-1　**解**:

$$d \geqslant \sqrt[3]{\frac{9.55 \times 10^6}{0.2[\tau]}} \sqrt[3]{\frac{P}{n}} = \sqrt[3]{\frac{9.55 \times 10^6}{0.2 \times 40}} \sqrt[3]{\frac{40}{1000}} = 36.28\text{mm}$$

取 $d = 38\text{mm}$。

10-5-2　**解**:

$$P \leqslant \frac{0.2d^3 n[\tau]}{9.55 \times 10^6} = \frac{0.2 \times 35^3 \times 1450 \times 55}{9.55 \times 10^6} = 71.61\text{kW}。$$

10-5-3　**解**:(1)选材料,确定许用应力:

材料为 45 钢,调质处理,由表查得 $\sigma_B = 650\text{MPa}$,许用弯曲应力 $[\sigma_{-1b}] = 60\text{MPa}$。

(2)求作用在输出轴上的力:

$$n_2 = \frac{z_1}{z_2} n_1 = \frac{18}{82} \times 1470 = 323\text{r/min}$$

$$T_2 = 9.55 \times 10^6 \times \frac{P}{n_2} = 9.55 \times 10^6 \times \frac{22}{323} = 650 \times 10^3\text{N} \cdot \text{mm}$$

$$F_{t2} = \frac{2T_2}{d_2} = \frac{2 \times 6.5 \times 10^5}{4 \times 82} = 3963\text{N}$$

$$F_{r2} = F_{t2} \tan\alpha = 3963\tan20° = 1442\text{N}。$$

(3)求 d:

$$M_H = \frac{F_{t2}l}{4} = \frac{3963 \times 180}{4} = 178 \times 10^3\text{N} \cdot \text{mm}$$

$$M_V = \frac{F_{r2}l}{4} = \frac{1442 \times 180}{4} = 64.8 \times 10^3 \text{N} \cdot \text{mm}$$

$$M = \sqrt{M_H{}^2 + M_V{}^2} = \sqrt{178^2 + 64.8^2} = 189 \text{N} \cdot \text{m}$$

当扭转剪应力为脉动循环变应力时,取 $\alpha = 0.6$,则

$$M_e = \sqrt{M^2 + (\alpha T_2)^2} = \sqrt{189^2 + (0.6 \times 650)^2} = 434 \text{N} \cdot \text{m}$$

$$d \geqslant \sqrt[3]{\frac{M_e}{0.1 \times [\sigma_{-1b}]}} = \sqrt[3]{\frac{434 \times 10^3}{0.1 \times 60}} = 41.6 \text{mm}$$

考虑键槽 $d \geqslant 1.04 \times 41.6 = 43.3 \text{mm}$,取 $d = 45 \text{mm}$。

10-5-4 **解**:由 $\sigma_e = \frac{1}{0.1d^3}\sqrt{M^2 + (\alpha T)^2} \leqslant [\sigma_{-1b}]$,取 $\alpha = 0.3$,得

$$M \leqslant \sqrt{(0.1 \times [\sigma_{-1b}]d^3)^2 - (\alpha T)^2} = \sqrt{(0.1 \times 80 \times 60^3)^2 - (0.3 \times 23 \times 10^5)^2}$$
$$= 1.584 \times 10^6 \text{N} \cdot \text{mm}$$

由材料力学得

$$M = \frac{Fa}{a+x}x$$

故

$$x = \frac{Ma}{Fa - M} = \frac{1.584 \times 10^6 \times 300}{9000 \times 300 - 1.584 \times 10^6} = 426 \text{mm}。$$

10-5-5 **解**:按扭转强度:$T = \frac{\pi d^3}{16}[\tau]$

按扭转刚度条件:$T = \frac{\varphi G}{l} \cdot \frac{\pi d^4}{32}$

故有 $\frac{\varphi G}{l} \cdot \frac{\pi d^4}{32} = \frac{\pi d^3}{16}[\tau]$

$$d = \frac{2l[\tau]}{\varphi G} = \frac{2 \times 1800 \times 50}{\frac{\pi}{180} \times 0.5 \times 8 \times 10^4} = 257.9 \text{mm}$$

取 $d = 258 \text{mm}$。

10-5-6 **解**:因轴的材料为 45 钢,调质处理,由表查得 $\sigma_B = 650 \text{MPa}$,由表查得许用弯曲应力 $[\sigma_{-1b}] = 60 \text{MPa}$,取 $\alpha = 0.3$,则

$$\sigma_e = \frac{M_e}{W} = \frac{1}{0.1d^3}\sqrt{M^2 + (\alpha T)^2} = \frac{1}{0.1 \times 55^3} \times \sqrt{(7 \times 10^6)^2 + (0.3 \times 15 \times 10^6)^2}$$
$$= 500.17 \text{MPa}$$

因 $\sigma_e > [\sigma_{-1b}]$,故不能满足强度要求。

10-5-7 **解**:求 II 轴上的作用力

$$T_2 = 9550\frac{P}{n_2} = 9550 \times \frac{5.5}{960 \times \frac{23}{125}} = 297 \text{N} \cdot \text{m}$$

$$d_2 = \frac{m_n z_2}{\cos\beta} = 253.38 \text{mm}$$

$$d_{m2} = d_3 - b\sin\delta_1 = d_3\left(1 - \frac{b}{R}\right) = 105\text{mm}$$

$$\delta_1 = \arctan\frac{z_3}{z_4} = \arctan\frac{20}{80} - 14.04°$$

$$F_{t2} = \frac{2T_2}{d_2} = \frac{2 \times 297 \times 10^3}{253.38} = 2344\text{N}$$

$$F_{t3} = \frac{2T_2}{d_{m3}} = \frac{2 \times 297 \times 10^3}{105} = 5657\text{N}$$

$$F_{r2} = \frac{F_{t2}\tan\alpha_n}{\cos\beta} = \frac{2344\tan20°}{\cos9°22'} = 865\text{N}$$

$$F_{r3} = F_{t3}\tan\alpha_n\cos\delta_1 = 5657 \times \tan20°\cos14.04° = 1997\text{N}$$

$$F_{a2} = F_{t2}\tan\beta = 2344 \times \tan9°22' = 387\text{N}$$

$$F_{a3} = F_{t3}\tan\alpha_n\sin\delta_1 = 5657 \times \tan20°\sin14.04° = 499\text{N}。$$

10-5-8 解：传动比 $i=8$，由齿轮的传动关系可知：

$$n_1 = 8n_2, \quad P_1 = P_2$$

按 $d = C\sqrt[3]{\dfrac{P}{n}}$，有 $d_1' = d_2'/2$

$$d_1 = 20 < d_2/2$$

所以，低速轴强度高。

10-5-9 解：(1) 按照强度条件：$d \geqslant 31.47\text{mm}$；

(2) 按轴的扭转刚度条件：$d \geqslant 34.02\text{mm}$。

所以可选轴径 $d = 35\text{mm}$。

10-5-10 解：

轴Ⅰ只受转矩，为传动轴；轴Ⅱ既受转矩，又受弯矩，故为转轴；轴Ⅲ只受弯矩，且为转动的，故为转动心轴；轴Ⅳ只受弯矩，且为转动的，故为转动心轴。

10-5-11 解：在 B 点右侧，约为 35.63MPa。

10-5-12 提示：按 $T_Ⅱ = 9.55 \times 10^6\dfrac{P}{n_2}$ 分别求出 F_{t2}，F_{t3}，然后求出 F_{r2}，F_{a2}，F_{r3}，F_{a3}。

可参考题目 10-5-3 求解。

第 11 章　滑 动 轴 承

11.1　判断题

题号	11-1-1	11-1-2	11-1-3	11-1-4	11-1-5	11-1-6	11-1-7	11-1-8	11-1-9	11-1-10	11-1-11	11-1-12
答案	T	T	T	F	F	T	T	F	T	T	F	T
题号	11-1-13	11-1-14	11-1-15	11-1-16	11-1-17	11-1-18	11-1-19	11-1-20	11-1-21	11-1-22	11-1-23	11-1-24
答案	T	T	F	T	T	T	F	F	T	F	F	T

11.2　选择题

题号	11-2-1	11-2-2	11-2-3	11-2-4	11-2-5	11-2-6	11-2-7	11-2-8	11-2-9	11-2-10	11-2-11	11-2-12
答案	A	B	C	D	A	C	AD	C	C	C	C	C
题号	11-2-13	11-2-14	11-2-15	11-2-16	11-2-17	11-2-18	11-2-19	11-2-20	11-2-21	11-2-22	11-2-23	11-2-24
答案	A	C	B	B	D	B	A	B	C	B	B	D
题号	11-2-25	11-2-26	11-2-27	11-2-28	11-2-29	11-2-30	11-2-31	11-2-32	11-2-33	11-2-34	11-2-35	11-2-36
答案	D	C	B	C	C	B	B	A	A	D	A	C
题号	11-2-37											
答案	B											

11.3　填空题

11-3-1　过度磨损,胶合

11-3-2　增大,提高,增加

11-3-3　摩擦阻力

11-3-4　吸附

11-3-5　温度,压力

11-3-6　干,不完全液体,液体

11-3-7　$\nu = \dfrac{\eta}{\rho}$

11-3-8　耐磨

11-3-9　$p \leqslant [p], pv \leqslant [pv], v \leqslant [v]$

11-3-10　形成收敛楔,充满一定黏度的流体,具有一定的相对滑动速度

11-3-11　磨损,胶合

11-3-12　摩擦,磨损,效率,非承载区

11-3-13　自动调心

11-3-14　增大,减小

11-3-15　动力

11-3-16　黏度,油性

11-3-17　大于,下降

11-3-18　升高,减小

11-3-19　非承载区

11-3-20　轴承合金,锡青铜,无锡青铜,铸铁

11-3-21　静止,爬升,不稳定,稳定

11.4 问答题

11-4-1 答：应保证最小油膜厚度处的表面不平度高峰不直接接触。

11-4-2 答：(1)有2种，即液体摩擦状态和非液体摩擦状态。

(2)本质上的差别：非液体摩擦状态的固体表面有接触；液体摩擦状态的固体表面不接触。

11-4-3 答：如题11-4-3解图所示，当轴颈静止时，处于轴承孔的最低位置（图(a)），并与轴瓦接触，此时两表面间自然形成一收敛的楔形空间。当轴颈开始转动时，速度较低，带入轴承间隙中的油较少，这时轴瓦对轴颈摩擦力的方向与轴颈表面圆周速度的方向相反，迫使轴颈在摩擦力作用下沿孔壁向右爬升（图(b)）。随着转速的增大，轴颈表面的圆周速度增大，带入楔形空间的油也逐渐增多。这时，右侧的楔形油膜产生了一定的动压力，将轴颈向左浮起。当轴颈达到稳定运转状态时，便稳定在一定的偏心位置上（图(c)）。这时，轴承处于流体动力润滑状态，油膜产生的动压力与外载荷 F 相平衡。

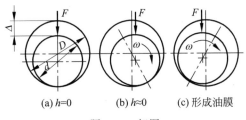

(a) $h=0$ (b) $h \approx 0$ (c) 形成油膜

题 11-4-3 解图

11-4-4 答：(1)相对滑动的两表面间必须形成收敛的楔形间隙；(2)被油膜分开的两表面必须有足够的相对滑动速度（亦即滑动表面带油时要有足够的油层最大速度），其运动方向必须使润滑油由大口流进，从小口流出；(3)润滑油必须有一定的裕度，供油要充分。

11-4-5 答：相对间隙 ψ 越大，承载能力越小，温升降低，运转精度降低。

11-4-6 答：$\varepsilon_2 = 0.8$ 时轴承的承载能力大，由公式 $F = \dfrac{\eta \omega d B}{\psi^2} C_p$ 可知，为提高承载能力，可以减小相对间隙 ψ，或增大轴承宽度 B 及轴承承载系数 C_p。

11-4-7 答：验算：$p \leqslant [p]$，以防止轴承过度的磨料磨损；$pv \leqslant [pv]$，以防止轴承温升过高而发生胶合；$v \leqslant [v]$，以防止局部高压强区的 pv 值过大而磨损。

11-4-8 答：油孔和油槽应开在轴承的非承载区，轴向油槽在轴承宽度方向上不能开通，以免漏油。剖分式轴承的油槽通常开在轴瓦的剖分面处，当载荷方向变动范围超过180°时，应采用环形油槽，且布置在轴承宽度中部。

11-4-9 答：在给定边界条件时，C_p 是轴颈在轴承中位置的函数，其值取决于轴承的包角 α（指轴承表面上的连续光滑部分包围轴颈的角度，即入油口到出油口间所包轴颈的夹角）、相对偏心率 ε 和宽径比 B/d。由于 C_p 是一个无量纲的量，故称之为轴承的承载量系数。计算式可以表示为 $C_p = \dfrac{F \psi^2}{\eta \omega d B}$。在其他条件一定时，$C_p$ 越大，轴承的承载能力越大。

11-4-10 答：按摩擦状态可以分为液体润滑轴承、不完全液体润滑轴承；根据摩擦面间油膜形成的原理,可以将液体润滑分为流体动力润滑(利用摩擦面间的相对运动而自动形成承载油膜的润滑)及流体静力润滑(从外部将加压的油送入摩擦面间,强迫形成承载油膜的润滑)。不完全液体润滑轴承是采用润滑脂、油绳或滴油润滑的径向滑动轴承,由于轴承中得不到足够的润滑剂,在相对运动表面间难以产生一个完全的承载油膜,轴承只能在混合摩擦润滑状态(边界润滑和液体润滑同时存在的状态)下运转。这类轴承可靠的工作条件是:边界膜不破裂,维持粗糙表面微腔内存在液体润滑。

11-4-11 答:磨粒磨损、刮伤、咬黏(胶合)、疲劳剥落和腐蚀。

11-4-12 答:常用的轴瓦材料有金属材料(如轴承合金、铜基合金、铅基合金和耐磨铸铁等)、粉末冶金材料(如含油轴承)、非金属材料(如塑料、橡胶、石墨等)几大类。

轴承合金适于高速、重载场合。铜合金适用于中、低速重载场合。粉末冶金适于载荷平稳的中低速场合。非金属材料用于温度不高、载荷不大的场合及水润滑等。

11-4-13 答:相对间隙 ψ 越小,承载能力越大。$h_{min} = r\psi(1-\varepsilon)$,当 h_{min} 过小或温升过高时,应增大相对间隙 ψ。

11-4-14 答:由公式 $h_{min} = r\psi(1-\varepsilon)$ 可知,当 h_{min} 不够可靠时,可减小相对间隙 ψ 或轴颈半径 r,亦可增大相对偏心率 ε。

11-4-15 答:限制轴承的压强 p 是为了保证润滑油不被过大的压力挤出,使得轴瓦不致产生过度磨损。限制轴承的 pv 值,是为了限制轴承的温升,从而保证油膜不破裂,因为 pv 值是与摩擦功率损耗成正比的。在平均压强 p 较小时,p 和 pv 验算均合格,但是由于轴发生弯曲或不同心等会引起轴承边缘局部压强相当高,当滑动速度高时,局部区域的 pv 值可能超过许用值,所以在 p 较小时还应限制轴颈的圆周速度 v。

11-4-16 答:轴承工作时,摩擦功耗将转变为热量,使润滑油温度升高。如果油的平均温度超过计算承载能力时所假定的数值,则轴承承载能力就要降低,因此要计算油的温升 Δt,并将其限制在允许的范围内。

11-4-17 答:宽径比 B/d 大,轴承的承载能力大,温升高;反之,轴承的承载能力小,温升低。润滑油的黏度大,轴承的承载能力大,内摩擦大,温升高;反之,轴承的承载能力小,温升低。

11-4-18 答:动压滑动轴承是利用轴颈与轴承表面间形成的收敛间隙,靠两表面间的相对滑动速度使具有一定黏度的润滑油充满楔形间隙,形成油膜,油膜产生的动压力与外载荷平衡,形成液体润滑。

静压滑动轴承是利用油泵将具有一定压力的润滑油送入轴承间隙中,强制形成压力油膜以完全隔开摩擦表面,从而形成液体摩擦润滑,可使轴颈在任何转速下都能得到液体润。

11-4-19 答:见题 11-4-19 解图。

11-4-20 答:(1)对于非液体摩擦滑动轴承,其摩擦表面之间有润滑油存在,由于润滑油与金属表面的吸附作用使金属表面上形成了油膜(边界油膜)。这种油膜的厚度较小,还不足以将两金属表面分隔开,所以在相对运动时,金属表面微观的凸峰仍将直接接触,仍有磨损存在;由于磨损会引起润滑剂温度升高,黏度下降,导致出现胶合现象,所以非液体摩擦滑动轴承的主要失效形式是磨损和胶合。(2)为了维持边界油膜不遭破坏,设计计算准则必须保证:

$$p < [p], \quad pv < [pv], \quad v < [v]。$$

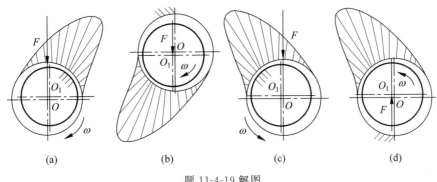

题 11-4-19 解图

11-4-21 **答**：液体润滑滑动轴承热平衡计算的目的主要包括两个方面：一个方面是通过热平衡计算控制轴承的工作温度；另一个方面是依据热平衡温度来检查承载能力计算中所取润滑油的黏度是否符合工作温度下的黏度值。其原理是在单位时间内轴承摩擦功耗所产生的热量应等于同时间内由润滑油带走的热量和经轴承表面散发的热量之和。

11.5 计算题

11-5-1 **解**：
$$B/d = 0.5, \quad C/R = 0.002, \quad \mu = 0.03\,\text{Pa} \cdot \text{s}$$
将以上数据代入方程可解得：(1)$\varepsilon \approx 0.31$；(2)$\varepsilon \approx 0.72$。
从而最小膜厚分别为：(1)$h_{\min} = C(1-\varepsilon) \approx 0.138\,\text{mm}$；(2)$h_{\min} \approx 0.056\,\text{mm}$。
解毕。

11-5-2 **解**：(1) 按 $p \leqslant [p]$ 可以求出，$W \leqslant [p]Bd = 0.6\,\text{MN}$；
$$v = \pi dn/60\,000 = 3.14\,\text{m/s}$$
(2) 按 $pv \leqslant [pv]$ 可以求出，$W \leqslant [pv]Bd/v = 0.15\,\text{MN}$；
所以，它可以承受的最大径向载荷是 $0.15\,\text{MN}$。

11-5-3 **解**：
根据起重机卷筒的滑动轴承常用宽径比范围，取宽径比 $B/d = 1$
(1) 计算轴承宽度：
$$B = 1 \times d = 90\,\text{mm}。$$
(2) 验算轴颈圆周速度：
$$v = \frac{\pi dn}{60 \times 1000} = \frac{\pi \times 90 \times 9}{60 \times 1000} = 0.042\,\text{m/s} < [v]，安全。$$
(3) 计算轴承的工作压力：
$$p = \frac{F}{dB} = \frac{100\,000}{0.09 \times 0.09} = 1.23\,\text{MPa} < [p]，安全。$$
(4) 验算 $[pv]$ 值：
$$pv = 1.23 \times 0.042 = 0.052\,\text{MPa} \cdot \text{m/s} < [pv]，安全。$$
因该起重用滑动轴承中轴的转速很低，且非连续工作，建议采用润滑脂润滑，用油杯加润滑脂。

解毕。

11-5-4　解：

(1) 计算轴承宽度：

$$B = 1 \times d = 120\text{mm}。$$

(2) 验算轴颈的圆周速度：

$$v = \frac{\pi dn}{60 \times 1000} = \frac{\pi \times 40 \times 120}{60 \times 1000} = 0.25\text{m/s} < [v]，安全。$$

(3) 计算轴承工作压力：

$$p = \frac{F}{dB} = \frac{18\,000}{0.12 \times 0.12} = 1.25\text{MPa} < [p]，安全。$$

(4) 验算 $[pv]$ 值：

$$pv = 1.25 \times 0.25 = 0.31\text{MPa} \cdot \text{m/s} < [pv]，安全。$$

(5) 速度较低可采用润滑脂润滑。

解毕。

11-5-5　解：

(1) 验算轴颈的圆周速度：

$$v = \frac{\pi dn}{60 \times 1000} = \frac{\pi \times 65 \times 85}{60 \times 1000} = 0.29\text{m/s} < [v]，安全。$$

(2) 计算轴承工作压力：

$$p = \frac{F}{dB} = \frac{70\,000}{0.085 \times 0.085} = 9.7\text{MPa} < [p]，安全。$$

(3) 验算 $[pv]$ 值：

$$pv = 9.7 \times 0.29 = 2.8\text{MPa} \cdot \text{m/s} < [pv]，安全。$$

(4) 速度较低可采用润滑脂润滑。

解毕。

11-5-6　解：

(1) 轴颈的圆周速度：

$$v = \frac{\pi dn}{60 \times 1000} = \frac{\pi \times 1000 \times 1000}{60 \times 1000} = 5.24\text{m/s}。$$

(2) 计算偏心率 ε：

计算相对间隙，由 $\Delta = 0.2\text{mm}$，按 $\Delta = \psi d = \psi \times 100 = 0.2\text{mm}$，可求得：

$$\psi = 0.002$$

选取膜厚比 $\lambda = 3$，则有

$$[h] = \lambda(Rz_1 + Rz_1) = 3 \times 0.01 = 0.03\text{mm} = 30\mu\text{m}$$

可得

$$h_{\min} = \frac{d}{2}\psi(1 - \varepsilon) = \frac{100}{2} \times 0.002 \times (1 - \varepsilon) \geqslant 0.03$$

解得 $\varepsilon = 0.70$。

(3) 由 $B/d=1$ 和 $\varepsilon=0.70$,查图 11-8 得 $C_p=2.00$,再由公式可计算得

$$F=\frac{2\mu vBC_p}{\psi^2}=\frac{2\times0.02\times5.24\times100\times2.00}{0.002^2}=10.48\text{MN}$$

解毕。

11-5-7 解:

(1) 按轴承液体润滑计算大于表面综合粗糙度 3 倍的许用油膜厚度:

$$[h]=\lambda(Rz_1+Rz_1)=3\times(3.2+3.2)=19.2\mu\text{m}$$

计算间隙比 ψ:

$$\psi=\Delta/d=0.250/200=0.001\ 25$$

选择的偏心距应使实际膜厚大于许用值,所以有

$$\varepsilon_{\max}\leqslant1-\frac{[h]}{r\psi}=1-\frac{0.0192}{100\times0.001\ 25}=0.8464$$

按 $\varepsilon_{\max}$ 查图 11-8 得:$C_p=4.75$。从而有最大承载力:

$$F_{\max}=286\ 513\text{N}>F=100\ 000\text{N}$$

即轴承可以工作在液体动压润滑状态下。

(2) 正常工作的偏心距时 $F=100\ 000\text{N}$,由 $B/d=1$ 和 $C_p=1.658$,查图 11-8 得 $\varepsilon=0.67$,所以有

$$e=0.083\text{mm}$$

解毕。

11-5-8 解:由直径 $d=80\text{mm}$,轴承相对间隙 $\psi=0.0015$ 和偏心率 $\varepsilon=0.8$ 可得最小油膜厚度为

$$h_{\min}=r\psi(1-\varepsilon)=40\times0.0015\times(1-0.8)=0.012\text{mm}=12\mu\text{m}$$

利用表面粗糙度 $Rz_1=1.6\mu\text{m}$ 和 $Rz_2=3.2\mu\text{m}$,选取膜厚比 $\lambda=2$,计算许用油膜厚度 $[h]$:

$$[h]=\lambda(Rz_1+Rz_1)=3\times(1.6+1.6)=9.6\mu\text{m}<h_{\min}=12\mu\text{m}$$

由于 $h_{\min}>[h]$,能形成液体动压润滑。

因为 $F=35\text{kN},V=7.37\text{m/s},\mu=0.0198\text{Pa·s},B=80\text{mm},\psi=0.0015$

所以 $C_p=\dfrac{F\psi^2}{2\mu VB}=\dfrac{35\ 000\times0.0015^2}{2\times0.0198\times7.37\times0.08}=3.372$。

(1) $V'=1.7V$ 时,根据其他参数不变时,C_p 与 V 成反比的关系,得

$$C'_p=\frac{3.372}{1.7}=1.9835$$

由图 11-8 得 $\varepsilon=0.69$,于是有

$$h_{\min}=r\psi(1-\varepsilon)=40\times0.0015\times(1-0.69)=0.0186\text{mm}=18.6\mu\text{m}>12\mu\text{m}=[h]$$

$V'=1.7V$ 时,由于 $h_{\min}>[h]$,能形成液体动压润滑。

(2) 当 $V'=0.7V$ 时,根据其他参数不变时,C_p 与 V 成反比的关系,得

$$C'_p=\frac{3.372}{0.7}=4.817$$

由图 11-8 得 $\varepsilon=0.86$,于是有

$$h_{\min} = r\psi(1-\varepsilon) = 40 \times 0.0015 \times (1-0.86) = 0.0084\text{mm} = 8.4\mu\text{m} < 12\mu\text{m}$$

当 $V' = 0.7V$ 时,因为 $h_{\min} < [h]$,故该轴承不能达到液体动力润滑状态。

解毕。

11-5-9 解:

(1) 轴承达到液体动力润滑状态时,计算润滑油的动力黏度

① 计算许用油膜厚度 $[h]$,选取膜厚比 $\lambda = 3$,于是

$$[h] = \lambda(Rz_1 + Rz_2) = 3 \times (1.6 + 3.2) = 14.4\mu\text{m}。$$

② 计算相对偏心率 ε:

只有当 $h_{\min} \geqslant [h]$,才能达到液体动力润滑状态,可得

$$h_{\min} = r\psi(1-\varepsilon) = 40 \times \frac{0.1}{80}(1-\varepsilon) \geqslant 0.0144$$

则有

$$\varepsilon = 1 - 0.0144 \times 20 = 0.712。$$

③ 计算轴颈圆周速度 v:

$$v = \frac{\pi d n}{60\,000} = \frac{3.1416 \times 80 \times 1000}{60\,000} = 4.189\text{m/s}。$$

④ 计算宽径比:$B/d = 1.5$。

⑤ 根据 B/d 和 ε 值,查图 11-8 得 $C_p = 2.75$。

⑥ 计算润滑油的动力黏度:

$$\mu = \frac{F\psi^2}{2C_p v B} = \frac{50\,000 \times \left(\frac{0.1}{80}\right)^2}{2 \times 2.75 \times 4.189 \times 0.12} = 0.028\text{Pa·s}。$$

(2) 当径向载荷及直径间隙都提高 20%,其他条件不变时,验算轴承能否达到液体动力润滑状态

① 计算轴承的相对间隙 ψ:

$$\psi = \frac{\Delta}{d} = \frac{1.2 \times 0.1}{80} = 0.0015。$$

② 计算承载量系数 C_p:

$$C_p = \frac{F\psi^2}{2\mu v B} = \frac{50\,000 \times 1.2 \times 0.0015^2}{2 \times 0.028 \times 4.189 \times 0.12} = 4.796。$$

③ 由 C_p 和 B/d 值查图 11-8 得 $\varepsilon = 0.82$。

④ 计算最小油膜厚度 $h_{\min}$:

$$h_{\min} = r\psi(1-\varepsilon) = 40 \times 0.0015 \times (1-0.82) = 0.0108\text{mm} = 10.8\mu\text{m}$$

因为 $h_{\min} < [h]$,故不能达到液体动力润滑状态。

解毕。

11-5-10 解:

(1) 图 11-9(c)和(d)可以形成压力油膜。形成液体动压油膜的充分必要条件参见教材所述。

(2) 图 11-9(c)的油膜厚度最大,图 11-9(d)的油膜压力最大。

(3) 在图 11-9(c)中,若降低 v_3,其他条件不变,则油膜压力增大,油膜厚度减小。

（4）在图 11-9(c)中,若减小 F_3,其他条件不变,则油膜压力降低,油膜厚度增大。

11-5-11　**解:** 图 11-10 中的 4 种摩擦副,只有图 11-10(c)能形成油膜压力,其他 3 种摩擦副均不能形成油膜压力。这是因为图 11-10(a)的摩擦副没有楔形间隙,图 11-10(b)的摩擦副不是沿着运动方向呈从大到小的楔形间隙,图 11-10(d)的摩擦副两平面间没有相对运动速度。

11-5-12　**解:**

参　　量	最小膜厚 $h_{\min}/\min$	偏心率 ε	径向载荷 F/N	供油量 $Q/(\mathrm{m}^3 \cdot \mathrm{s}^{-1})$	轴承温升 $\Delta t/{}^\circ\mathrm{C}$
宽径比 B/d↑时	↓	↑	↑	↑	↓
润滑油黏度 μ↑时	↓	↑	↑	↑	↓
相对间隙 ψ↑时	↑	↓	↓	↑	↓
轴颈速度 v↑时	↑	↓	↑	↑	↓

第 12 章　滚 动 轴 承

12.1　判断题

题号	12-1-1	12-1-2	12-1-3	12-1-4	12-1-5	12-1-6	12-1-7	12-1-8	12-1-9	12-1-10	12-1-11	12-1-12
答案	T	F	F	F	F	T	T	F	F	T	F	F
题号	12-1-13	12-1-14	12-1-15	12-1-16	12-1-17	12-1-18	12-1-19	12-1-20	12-1-21	12-1-22	12-1-23	12-1-24
答案	F	F	T	T	F	F	T	T	F	F	T	T
题号	12-1-25	12-1-26	12-1-27	12-1-28	12-1-29	12-1-30	12-1-31	12-1-32	12-1-33	12-1-34	12-1-35	12-1-36
答案	F	T	T	T	F	F	T	T	F	F	T	T
题号	12-1-37	12-1-38	12-1-39	12-1-40								
答案	F	T	T	T								

12.2　选择题

题号	12-2-1	12-2-2	12-2-3	12-2-4	12-2-5	12-2-6	12-2-7	12-2-8	12-2-9	12-2-10	12-2-11	12-2-12
答案	A	B	D	B	D	B	B	C	D	B	D	B
题号	12-2-13	12-2-14	12-2-15	12-2-16	12-2-17	12-2-18	12-2-19	12-2-20	12-2-21	12-2-22	12-2-23	12-2-24
答案	A	B	A	CC	D	BD	B	B	ABC	C	A	BA
题号	12-2-25	12-2-26	12-2-27	12-2-28	12-2-29	12-2-30	12-2-31	12-2-32	12-2-33	12-2-34	12-2-35	12-2-36
答案	C	D	B	D	B	B	C	B	B	C	D	D

续表

题号	12-2-37	12-2-38	12-2-39	12-2-40	12-2-41	12-2-42	12-2-43	12-2-44	12-2-45	12-2-46	12-2-47	12-2-48
答案	A	B	B	B	D	D	D	C	B	A	C	D
题号	12-2-49	12-2-50	12-2-51	12-2-52	12-2-53	12-2-54	12-2-55	12-2-56	12-2-57	12-2-58	12-2-59	12-2-60
答案	C	D	DCCBA	C	C	B	B	B	A	B	B	A
题号	12-2-61	12-2-62	12-2-63	12-2-64	12-2-65	12-2-66	12-2-67	12-2-68	12-2-69	12-2-70	12-2-71	12-2-72
答案	C	B	B	C	C	D	D	A	B	D	A	B
题号	12-2-73	12-2-74	12-2-75	12-2-76	12-2-77	12-2-78	12-2-79	12-2-80				
答案	B	B	A	C	C	A	A	C				

12.3 填空题

12-3-1　疲劳点蚀,塑性变形

12-3-2　10%

12-3-3　疲劳寿命

12-3-4　静强度

12-3-5　双支点单向固定,单支点双向固定,两支点游动

12-3-6　不高,短

12-3-7　1/8

12-3-8　8 倍

12-3-9　接触角

12-3-10　调心

12-3-11　刚度,振动

12-3-12　基孔,基轴

12-3-13　圆锥滚子,35mm,10^6 转,90%,径向

12-3-14　$L_h = \dfrac{10^6}{60n}\left(\dfrac{C}{P}\right)^\varepsilon$

12-3-15　10^6 转

12-3-16　大小,方向,性质,高低

12-3-17　向心,推力

12-3-18　较小,不高

12-3-19　较大,较高

12-3-20　角接触球,90mm,40°,窄中,0

12-3-21　圆锥滚子,50mm,4

12-3-22　10^6 转,90%

12-3-23　巴氏合金,轴承钢,低碳钢

12-3-24　90mm

12-3-25　双支点单向,单支点双向

12-3-26　深沟球,70mm

12.4 问答题

12-4-1 答：深沟球 60000 性价比最高，圆锥滚子 30000 可承受较大的轴向载荷，角接触 70000 可承受一定的轴向载荷，圆柱滚子 N0000 可承受较大的径向载荷。

12-4-2 答：因为滚动轴承绝大多数已经标准化，并由专业工厂大量制造及供应各种常用规格的轴承。滚动轴承具有摩擦阻力小、功率消耗少、启动容易等优点。而滑动轴承需要专门的设计，采用较昂贵的金属作轴瓦材料，成本高，故机械设备中广泛采用滚动轴承。

12-4-3 答：单个的角接触轴承只能承受单面的轴向力，所以一般采用组合安装。一般有 3 种组合：正面组合、反面组合、串联组合，可根据实际情况进行选择。反面组合的优点是可以承受径向负荷和双向轴向负荷，特别适用于承受力矩。

12-4-4 答：因为滚动轴承为标准件，已有专门的厂家进行生产，价格低廉。采用尺寸相同的轴承，安装方便，计算寿命时，只需计算受力较大的轴承即可，并且在加工外壳孔时，可以减少换刀的次数，提高效率。

12-4-5 答：调心轴承的安装和使用允许有一定的偏移角，如果一个轴承在使用时产生一定的偏移角，而另一个轴承使用一般轴承，则使用时可能使一般轴承卡死或寿命缩短。一般来说，一根轴需要两个支点支承，当两个调心球轴承安装在两个不同的支点上时，才能发挥其调心的功能。

12-4-6 答：滚动体在高速旋转时会产生很大的离心力，因此推力球轴承不宜用于高速。

12-4-7 答：轴承的内、外圈按其尺寸比例一般可以认为是薄壁零件，容易变形。滚动轴承是标准件，为使轴承便于互换和大量生产，轴承内孔与轴的配合采用基孔制，轴承外径与外壳孔的配合采用基轴制。轴承内圈通常与轴一起旋转，为防止内圈和轴颈的配合面相对滑动而产生磨损影响轴承的工作性能，要求配合面间具有一定的过盈。而轴承在工作过程中会因为温度升高而膨胀，同时为了安装方便，外圈与外壳孔之间应具有一定的间隙。

12-4-8 答：(1)因为润滑脂的黏度很大，当润滑脂充满整个轴承空间时，轴承旋转会造成很大的能量损失及发热。(2)因为搅动油液剧烈时要造成很大的能量损失，以致引起油液和轴承严重过热。

12-4-9 答：轴承转速过高时会使摩擦面间产生高温，影响润滑剂的机能，破坏油膜，从而导致动弹体回火或元件胶合失效。计算条件为润滑剂或轴承材料所允许的工作温度。

12-4-10 答：32210E——圆锥滚子轴承、宽轻系列、内径 50、加强型；

52411/P5——推力球轴承、宽重系列、内径 55、游隙 5 级；

61805——深沟球轴承、正常超轻、内径 25；

7312AC——角接触球轴承、窄中系列、内径 60、接触角 25°；

NU2204E——无挡边圆柱滚子轴承、窄轻系列、内径 20、加强型。

12-4-11 答：简支梁轴上的两个轴承以正装为好，因为正装两个轴承受力点的间距较小，刚性较大。悬臂梁轴上两个轴承以反装为好，因为反装的伸出间距较短，刚性较大。

12-4-12 答：角接触球轴承能同时承受较大的径向和轴向载荷，允许的极限转速高；推力球轴承只能承受较大的轴向力，而不能承受径向力，允许的极限转速较低。

12-4-13　**答**：(1)用止动环嵌入轴承外圈的止动槽内；

(2)用螺纹环；

(3)用轴承端盖；

(4)用嵌入外壳沟槽内的孔用弹性挡圈。

12-4-14　**答**：根据轴承寿命的计算公式 $L_h = \dfrac{10^6}{60n}\left(\dfrac{C}{P}\right)^\varepsilon$ 可以知道，轴承寿命与转速成反比，与载荷成反比，所以轴承转速增大 1 倍，轴承的寿命就减少一半；滚动轴承的载荷增大 1 倍，则寿命变为原来的 $2^{-\varepsilon}$ 倍。

12-4-15　**答**：应考虑轴承所受载荷(大小、方向及性质)、转速与工作环境、经济性等多种因素。

12-4-16　**答**：(1)疲劳点蚀、塑性变形；(2)寿命校核、静载荷校核。

12-4-17　**答**：

(1)由公式 $L_h = \dfrac{10^6}{60n}\left(\dfrac{C}{P}\right)^\varepsilon$ 可知，当其当量动载荷从 P 增至 $2P$ 时，寿命下降应为 $\left(\dfrac{1}{2}\right)^\varepsilon$。

(2)由公式 $L_h = \dfrac{10^6}{60n}\left(\dfrac{C}{P}\right)^\varepsilon$ 可知，当额定动载荷从 C 增至 $2C$ 时，寿命增加应为 $(2C)^\varepsilon$。

(3)由公式 $L_h = \dfrac{10^6}{60n}\left(\dfrac{C}{P}\right)^\varepsilon$ 可知，当工作转速由 n 增至 $2n$ 时，其寿命为原来的 $\dfrac{1}{2}$。

12-4-18　**答**：

61212：表示内径为 60mm，12 尺寸系列的深沟球轴承，0 级公差，0 组游隙。

33218：表示内径为 90mm，32 尺寸系列的圆锥滚子轴承，0 级公差，0 组游隙。

7038：表示内径为 190mm，10 尺寸系列的角接触球轴承，0 级公差，0 组游隙。

52410/P6：表示内径为 50mm，24 尺寸系列的推力球轴承，6 级公差，0 组游隙。

12-4-19　**答**：

6312/P4：表示内径为 60mm，03 尺寸系列的深沟球轴承，4 级公差，正常结构，0 组游隙。

71911B：表示内径为 55mm，19 尺寸系列的角接触球轴承，0 级公差，接触角为 40°，0 组游隙。

23230/C3：表示内径为 150mm，32 尺寸系列的调心滚子轴承，0 级公差，正常结构，3 组游隙。

12-4-20　**答**：

6308/C3：表示内径为 40mm，03 尺寸系列的深沟球轴承，0 级公差，3 组游隙。

7214B：表示内径为 70mm，02 尺寸系列的角接触球轴承，接触角为 40°，0 级公差，0 组游隙。

30213/P4：表示内径为 65mm，02 尺寸系列的圆锥滚子轴承，4 级公差，0 组游隙。

12.5　计算题

12-5-1　**解**：

$L_h = 5330\text{h} > L_h' = 2000\text{h}$，故疲劳强度足够；

$P_0 = 10\ 000\text{N}, S_0' = 3.8 > S_0 = 0.8 \sim 1.2$，故静强度足够。

解题要点：

初选 51212 单向推力球轴承。因转速很低，只算静强度。

$$P_0 = F_a + W = 50\ 000 + 20\ 000 = 70\ 000\text{N}$$

$S_0' = 2.54 > S_0$，故所选轴承能满足要求。

解毕。

12-5-2　解：6308 轴承的参数：$C = 40.8\text{kN}, C_0 = 24\text{kN}, n_{\lim} = 7000\text{r/min}, \varepsilon = 3$。

（1）计算寿命：

平均当量转速：

$$n_m = (n_1 b_1 + n_2 b_2 + n_3 b_3)/(b_1 + b_2 + b_3) = 400\text{r/min}$$

平均当量动载荷 P_m：

因轴承 $F_a = 0$，故 $P = f_p F_r$，求得 $P_1 = 1.2 \times 2000 = 2400\text{N}, P_2 = f_p F_{r2} = 5400\text{N}, P_3 = f_p F_{r3} = 10\ 680\text{N}$

$$P_m = \sqrt[\varepsilon]{\frac{n_1 b_1 P_1^{\varepsilon} + n_2 b_2 P_2^{\varepsilon} + n_3 b_3 P_3^{\varepsilon}}{n_m}} = 5799\text{N}$$

$$L_h = \frac{10^6}{60 n_m}\left(\frac{C}{P_m}\right)^{\varepsilon} \approx 14\ 500\text{h}$$

$$t = \frac{L_h}{8 \times 300} = 6.04\ \text{年}。$$

（2）极限转速计算：

由 C/P_m 查得 $f_1 = 0.84, f_2 = 1.0$，故

$$n_{\max} = f_1 f_2 n_{\lim} = 5880\text{r/min} > n_m = 400\text{r/min}$$

即轴承可以保证 6.04 年的寿命。

解毕。

12-5-3　解：到 10.5h 的转次为

$$N = 2000 \times 60 \times 10.5 = 1\ 260\ 000 = 1.26 \times 10^6\ \text{次}$$

基本额定寿命为 10^6 次，按线性计算出失效轴承数为：

$$k = 1.26 \times 10\% \times 60 = 7.6\ \text{个}$$

即约有 8 个轴承失效。

解毕。

12-5-4　解：计算基本额定动载荷 C：

由 $C = P \sqrt[\varepsilon]{\dfrac{60 n L_h'}{10^6}}$

将 $P = R$ 代入有

$$C = R \sqrt[\varepsilon]{\frac{60 n L_h'}{10^6}} = 8000 \times \sqrt[3]{\frac{60 \times 2000 \times 4500}{10^6}} = 65.15\text{kN}$$

解毕。

12-5-5 **解**：

(1) 依据 GB/T 6391—2010 修正系数 $\alpha=0.21$，对应寿命 $R=99\%$ 时的额定寿命：

$$L_1 = \alpha L_{10} = 0.21 \times 7000 = 1470\text{h}。$$

(2) 可靠度计算：

由式 $R = \mathrm{e}^{-0.10536\left(\frac{L_n}{L_m}\right)^{\beta}}$

对球轴承取 $\beta=10/9$，代入 $L_{10}=7000\text{h}$、$L_{h1}=3700\text{h}$、$L_{h2}=14\,000\text{h}$，可求得可靠度：$R_1=94.9\%$，$R_2=79.6\%$。

解毕。

12-5-6 **解**：(1) 根据 GB/T 276—2013 得 6313 深沟球轴承的 $C_0=56\,500\text{N}$，则 $A/C_0=2650/56\,500=0.0469$，得 $e=0.25$。

(2) $A/R=2650/5400=0.49>e$，查表得 $X=0.56$，$Y=1.85$，故径向当量动载荷为

$$P = 0.56 \times 5400 + 1.85 \times 2650 = 7926.5\text{N}。$$

(3) 由机械零件设计手册查得 6313 深沟球轴承的 $C=72\,200$，因 $t<100℃$ 有 $f_T=1$，因载荷有轻微冲击，有 $f_P=1.1$，对球轴承取 $\varepsilon=3$。将以上有关数据代入下式：

$$L_h = \frac{10^6}{60n}\left(\frac{f_T C}{f_P P}\right)^{\varepsilon}$$

$$L_h = \frac{10^6}{60 \times 1250} \times \left(\frac{72\,200 \times 1}{1.1 \times 7926.5}\right)^3 = 7570\text{h} > 5000\text{h}$$

故该深沟球轴承适用。

解毕。

12-5-7 **解**：(1) 先计算轴承 1，2 的内部轴向力：

$$F_{sⅠ} = 0.68 F_{rⅠ} = 0.68 \times 6750 = 4590\text{N}$$

$$F_{sⅡ} = 0.68 F_{rⅡ} = 0.68 \times 5700 = 3876\text{N}$$

因为

$$F_{sⅠ} + F_A = 4590 + 3000 = 7590\text{N} > F_{sⅡ} = 3876\text{N}$$

所以轴向力：

$$F_{aⅠ} = F_{sⅠ} = 4590\text{N}$$

$$F_{aⅡ} = F_{sⅠ} + F_A = 7590\text{N}。$$

(2) 计算轴承 1，2 的当量动载荷：

$$\frac{F_{aⅠ}}{F_{rⅠ}} = \frac{4590}{6750} = 0.68 = e$$

$$\frac{F_{aⅡ}}{F_{rⅡ}} = \frac{7590}{5700} = 1.33 > 0.68$$

故径向当量动载荷为

对于轴承Ⅰ，$X_1=1$，$Y_1=0$

对于轴承Ⅱ，$X_2=0.41$，$Y_2=0.87$

$$P_Ⅰ = 1 \times 6750 + 0 \times 4590 = 6750\text{N}$$

$$P_Ⅱ = 0.41 \times 5700 + 0.87 \times 7590 = 8940.3\text{N}$$

因为 $P_I < P_{II}$,所以轴承 II 寿命短一些。

解毕。

12-5-8　解：内部轴向力：

$$F_{s1} = 0.7 F_{R1} = 0.7 \times 2000 = 1400 \text{N}$$

$$F_{s2} = 0.7 F_{R2} = 0.7 \times 4000 = 2800 \text{N}$$

$$F_{s1} + F_X = 1400 + 1000 = 2400 < F_{s2}$$

轴承 1 为压紧端,轴承 2 为放松端,则轴向力：

$$F_{A1} = 2800 - 1000 - 1800 \text{N}$$

$$F_{A2} = F_{s2} = 2800 \text{N}$$

当量载荷：

$$F_{A1}/F_{R1} = \frac{1800}{2000} = 0.9 > e = 0.68, \quad X_1 = 0.41, \quad Y_1 = 0.87$$

$$P_1 = f_P(X_1 F_{R1} + Y_1 F_{A1}) = 2000 \times 0.41 + 0.87 \times 1800 = 2386 \text{N}$$

$$F_{A2}/F_{R2} = \frac{2800}{4000} = 0.7 > e = 0.68, \quad X_2 = 0.41, \quad Y_2 = 0.87$$

$$P_2 = f_P(X_2 F_{R2} + Y_2 F_{A2}) = 4000 \times 0.41 + 0.87 \times 2800 = 4076 \text{N}$$

解毕。

12-5-9　解：

(1) 求轴承的内部轴向力 F_s :

$$F_{s1} = 0.68 F_{r1} = 0.68 \times 8600 = 5848 \text{N}$$

方向向右,即 $\xrightarrow{F_{s1}}$;

$$F_{s2} = 0.68 F_{r2} = 0.68 \times 12\,500 = 8500 \text{N}$$

方向向左,即 $\xleftarrow{F_{s2}}$ 。

(2) 外部轴向力合成：

$$F_x = F_{x2} - F_{x1} = 5000 - 3000 = 2000 \text{N}$$

方向向左,即 $\xleftarrow{F_x}$ 。

(3) 求轴承的轴向力 F_a :

轴向力分布图为

$$\xrightarrow{F_{s1}} \quad \xleftarrow{F_x} \quad \xleftarrow{F_{s2}}$$

"压紧、放松"判别法

$$F_{s2} + F_x = 8500 + 2000 = 10\,500 \text{N} > F_{s1} = 5848 \text{N}$$

故轴有向左移动的趋势,此时, I 轴承被压紧, II 轴承被放松,则两轴承的轴向力为

$$F_{a1} = F_{s2} + F_x = 10\,500 \text{N}$$

$$F_{a2} = F_{a2} = 8500 \text{N}$$

解毕。

12-5-10　解：计算轴承 1,轴承 2 的轴向力 S_1 , S_2

$$S_1 = 0.5 R_1 = 0.5 \times 8 = 4 \text{kN}$$

$$S_2 = 0.5R_1 = 0.5 \times 5 = 2.5\text{kN}$$

因为

$$S_2 + F_A = 2.5 + 2 = 4.5 > S_1 = 4$$

所以轴承 1 被压紧,则两轴承所受的轴向负荷 A_1 与 A_2 为

$$A_1 = S_2 + F_A = 4.5\text{kN}$$

$$A_2 = S_2 = 2.5\text{kN}$$

解毕。

12-5-11 **解**:计算轴承 1,2 的轴向力 S_1,S_2

根据 GB/T 297—2015 得 30307 圆锥滚子轴承的 $C_r = 71\,200\text{N}$,$C_{0R} = 50\,200\text{N}$,$Y = 1.9$,$e = 0.31$

由内部轴向力表可知圆锥滚子轴承的内部轴向力 S_1,S_2 为

$$S_1 = R_1/2Y = 584/(2 \times 1.9) = 153.6\text{N}$$

$$S_2 = R_2/2Y = 1776/(2 \times 1.9) = 467.4\text{N}$$

因为

$$S_2 + F_A = 467.4 + 146 = 613.4 > S_1 = 153.6$$

所以轴承 1 被压紧,则两轴承所受的轴向负荷 A_1 与 A_2 为

$$A_1 = S_2 + F_A = 613.4\text{N}$$

$$A_2 = S_2 = 467.4\text{N}$$

计算轴承 1,2 的当量动载荷

$$\frac{A_1}{R_1} = \frac{613.4}{584} = 1.05 > 0.31$$

$$\frac{A_2}{R_2} = \frac{467.4}{1776} = 0.26 < 0.31$$

查当量载荷系数表可得 $X_1 = 0.40$,$Y_1 = 1.9$;$X_2 = 1$,$Y_2 = 0$。故当量动载荷为

$$P_1 = 0.40 \times 584 + 1.9 \times 613.4 = 1399\text{N}$$

$$P_2 = 1776\text{N}。$$

12-5-12 **解**:

$$F_a = F_x = 3000\text{N}$$

$F_a/C_0 = 3000/38\,500 = 0.078$,$e = 0.45$。$F_a/F_r = 3000/1000 = 3 > e$,故 $X = 0.72$,$Y = 2.07$。

$$P = f_P(XF_r + YF_a) = 8316\text{N}$$

$$C_\Sigma = 1.625C = 1.625 \times 38\,500 = 62\,562\text{N}$$

$$L_h = \frac{10^6}{60n}\left(\frac{C_\Sigma}{P}\right)^3 = 4928\text{h} > L'_h = 2500\text{h}$$

故满足寿命要求。

解毕。

12-5-13 **解**:

计算基本额定动载荷 C:

由

$$C = P\sqrt[\varepsilon]{\frac{60nL'_{\rm h}}{10^6}}$$

对于球轴承 $\varepsilon=3$，$A/R=800/2400=1/3=0.33$，假设 $e=0.27$，由 $A/R>e$，查表得

$$X=0.56, \quad Y=1.6$$

查表取 $f_{\rm P}=1.2$，则当量动载荷为

$$P = f_{\rm P}(XR+YA) = 1.2 \times (0.56 \times 2400 + 1.6 \times 800) = 3148.8{\rm N}$$

因此

$$C = P\sqrt[\varepsilon]{\frac{60nL'_{\rm h}}{10^6}} = 3148.8 \times \sqrt[3]{\frac{60 \times 3000 \times 8000}{10^6}} = 35\,557.6{\rm N}$$

根据 GB/T 276—2013，深沟球轴承取型号 6308 时，额定动载荷 $35\,557.6 < C_{\rm r} = 40\,500{\rm N}$。又查得其额定静载荷 $C_0=24\,000{\rm N}$，则有 $A/C_0=800/24\,000=0.0333$，用插值法估算 $e=0.23$，可得

$$X=0.56, \quad Y=1.9$$

再次求得当量动载荷

$$P = f_{\rm P}(XR+YA) = 1.2 \times (0.56 \times 2400 + 1.9 \times 800) = 3436.8{\rm N}$$

因此

$$C = 38\,809.8 < C_{\rm r}$$

可得深沟球轴承取型号 6308 符合题意要求。

解毕。

12-5-14　解：6209 滚动轴承的基本额定动载荷为 24.5kN，一般设计的可靠度为 90%，若可靠度提高至 99%，则可靠度系数为

$$R=0.21$$

因此，应选轴承的基本额定动载荷为

$$C = 24.5/a^{1/3} = 41.22{\rm kN}$$

若选用同类型、同直径的轴承，则应为 6409 对应的基本额定动载荷 59.2kN。

解毕。

12-5-15　解：(1) 初选轴承的型号为 6307，根据 GB/T 276—2013，6307 深沟球轴承的 $C_{\rm 0R}=17\,800{\rm N}$，$C_{\rm R}=25\,800{\rm N}$；

(2) 由于轴承在常温下工作，有 $f_{\rm T}=1.0$，载荷负荷平稳，有 $f_{\rm P}=1.0$，对球轴承取 $\varepsilon=3$。将以上有关数据代入下式：

$$L_{\rm h} = \frac{10^6}{60n}\left(\frac{f_{\rm T}C_{\rm R}}{f_{\rm P}R}\right)^\varepsilon$$

可得

$$L_{\rm h} = \frac{10^6}{60 \times 1460} \times \left(\frac{25\,800}{2500}\right)^3 = 12\,546{\rm h} > L_{\rm h} = 8000{\rm h}$$

故可选轴承的型号为 6307。

解毕。

12-5-16　解：由于轴承在常温下工作，有 $f_{\rm T}=1.0$，载荷负荷平稳，有 $f_{\rm P}=1.0$，对球轴

承取 $\varepsilon = 3$。将以上有关数据代入下式：

$$L_h = \frac{10^6}{60n}\left(\frac{f_T C}{f_P R}\right)^\varepsilon$$

可得

$$L_h = \frac{10^6}{60 \times 960} \times \left(\frac{12\,200}{4000}\right)^3 = 492.5\text{h}$$

能达到或超过此寿命的概率为 10%。

若载荷改为 $R = 2\text{kN}$ 时，则轴承的额定寿命为

$$L_h = \frac{10^6}{60 \times 960} \times \left(\frac{12\,200}{2000}\right)^3 = 3940.6\text{h}$$

解毕。

12-5-17 **解**：(1) 查机械设计手册得 52310 的 $C_r = 74.5\text{kN}$；

(2) $P = A = 4800\text{N}$；

(3) 取 $f_T = 1.0$，$f_P = 1.4$，则轴承的额定寿命为

$$L_h = \frac{10^6}{60 \times 1450} \times \left(\frac{74\,500}{1.4 \times 4800}\right)^3 = 15\,662\text{h}$$

解毕。

12-5-18 **解**：(1) 初选深沟球轴承和圆柱滚子轴承型号为 6208($C_r = 22\,800$，$C_{0r} = 15\,800$)和 N2208($C_r = 36\,500$，$C_{0r} = 24\,000$)。

(2) 由温度系数表可查得 $f_T = 0.95$，因载荷负荷平稳，有 $f_P = 1.0$，对球轴承取 $\varepsilon = 3$，对滚子轴承取 $\varepsilon = 10/3$。将以上数据代入下式：

$$L_h = \frac{10^6}{60n}\left(\frac{f_T C}{f_P F}\right)^\varepsilon$$

对球轴承，

$$L_h = \frac{10^6}{60 \times 1000} \times \left(\frac{0.95 \times 22\,800}{5880}\right)^3 = 833.1\text{h}$$

不满足要求。

再选轴承型号 6408($C_r = 50\,200$，$C_{0r} = 37\,800$)，可得

$$L_h = \frac{10^6}{60 \times 1000} \times \left(\frac{0.95 \times 50\,200}{5880}\right)^3 = 8891.8\text{h}$$

对圆柱滚子轴承 N2208

$$L_h = \frac{10^6}{60 \times 1000} \times \left(\frac{0.95 \times 36\,500}{5880}\right)^{10/3} = 6175\text{h}$$

可知，圆柱滚子轴承 N2208 比深沟球轴承 6208 的承载能力大得多。

12-5-19 **解**：(1) 初选圆柱滚子轴承的型号为 N410($C_r = 11\,500$)；

(2) $P = R = 39\,200\text{N}$；

(3) 取 $f_T = 1.0$，$f_P = 1.0$，代入下式：

$$L_h = \frac{10^6}{60 \times 85} \times \left(\frac{11\,500}{39\,200}\right)^{10/3} = 4950\text{h}$$

所选轴承型号为 N410。

解毕。

12-5-20　**解：**（1）内部轴向力：$S_1 = 1000$N，$S_2 = 500$N

在轴的方向上进行受力分析，有轴承 1 被"压紧"，轴承 2"放松"，所以有

$$A_1 = 1300\text{N}, \quad A_2 = 500\text{N}。$$

（2）根据 e 判断，得 $P_1 = 3360$N，$P_2 = 1600$N。

（3）因为 $P_1 > P_2$，由寿命公式可知，轴承 1 的寿命短。

解毕。

第 13 章　螺纹连接与螺旋传动

13.1　判断题

题号	13-1-1	13-1-2	13-1-3	13-1-4	13-1-5	13-1-6	13-1-7	13-1-8	13-1-9	13-1-10	13-1-11	13-1-12
答案	T	F	F	T	T	T	F	F	F	T	F	F
题号	13-1-13	13-1-14	13-1-15	13-1-16	13-1-17	13-1-18	13-1-19	13-1-20	13-1-21	13-1-22	13-1-23	13-1-24
答案	F	T	F	F	T	T	T	T	T	F	T	T
题号	13-1-25	13-1-26										
答案	T	T										

13.2　选择题

题号	13-2-1	13-2-2	13-2-3	13-2-4	13-2-5	13-2-6	13-2-7	13-2-8	13-2-9	13-2-10	13-2-11	13-2-12
答案	A	A	A	D	B	D	C	C	B	A	A	A
题号	13-2-13	13-2-14	13-2-15	13-2-16	13-2-17	13-2-18	13-2-19	13-2-20	13-2-21	13-2-22	13-2-23	13-2-24
答案	C	B	C	C	B	B	D	A	D	A	C	B
题号	13-2-25	13-2-26	13-2-27	13-2-28	13-2-29	13-2-30	13-2-31	13-2-32	13-2-33	13-2-34	13-2-35	13-2-36
答案	D	D	A	C	D	B	C	A	B	BD	A	B
题号	13-2-37	13-2-38	13-2-39	13-2-40	13-2-41	13-2-42	13-2-43	13-2-44	13-2-45	13-2-46	13-2-47	13-2-48
答案	A	B	C	D	D	D	A	C	C	B	A	A
题号	13-2-49	13-2-50	13-2-51	13-2-52	13-2-53	13-2-54	13-2-55	13-2-56	13-2-57	13-2-58	13-2-59	13-2-60
答案	B	A	B	A	A	AABB	B	C	C	B	B	B
题号	13-2-61	13-2-62	13-2-63	13-2-64	13-2-65	13-2-66	13-2-67	13-2-68	13-2-69			
答案	B	C	B	C	C	B	A	C	C			

13.3 填空题

13-3-1　60°,连接,30°,传动

13-3-2　三角形螺纹,管螺纹,矩形螺纹,梯形螺纹,锯齿形螺纹

13-3-3　提高传动效率

13-3-4　升角,线数

13-3-5　螺纹副间,螺母(或螺栓头)端面与被连接件支承面间

13-3-6　相对转动

13-3-7　拉伸,扭剪

13-3-8　拉伸,塑性变形,断裂

13-3-9　$F' + \dfrac{C_b}{C_b + C_m}F$, $F' - \left(1 - \dfrac{C_b}{C_b + C_m}\right)F$, $\sigma = \dfrac{1.3F_0}{\pi d_1^2/4} \leqslant [\sigma]$

13-3-10　预紧力 F',部分轴向工作载荷 ΔF_0(或残余预紧力 F'',轴向工作载荷 F)

13-3-11　螺栓,被连接件

13-3-12　减小,避免

13-3-13　平均

13-3-14　弯曲

13-3-15　摩擦,机械,永久性

13-3-16　摩擦,预紧力,断裂

13-3-17　双头螺柱,螺钉

13-3-18　减小,增加

13-3-19　三角,60°,1,螺纹公称直径,杆长

13-3-20　大,中,螺旋升角中小于螺旋副的当量摩擦角 φ, $\tan\varphi / \tan(\varphi + \varphi_v)$

13-3-21　摩擦,机械,破坏式

13-3-22　摩擦,破坏式,破坏式,机械,破坏式

13-3-23　增大,提高

13-3-24　螺纹,光

13-3-25　普通螺栓,双头螺柱

13-3-26　$xF/2A$

13-3-27　$F'd_2\tan(\varphi + \rho_v)/2$

13-3-28　$\arctan(f/\cos 30°) = 13°$

13-3-29　大于

13-3-30　8

13-3-31　2,4

13-3-32　轴向,横向,转,翻转力

13-3-33　增大

13-3-34　大,好,高

13-3-35　$f/\cos(30°/2)$或 $1.035f$

13.4　问答题

13-4-1　**答**：从功能要求上讲,前者为紧固件作用,要求保证连接强度(有时还要求紧密性),后者则作为传动件用,要求保证螺旋副的传动精度、效率和磨损寿命等。

13-4-2　**答**：(1)常用的螺纹按牙型可以分为：普通螺纹、管螺纹、矩形螺纹、梯形螺纹、锯齿形螺纹。(2)其中,普通螺纹(又称三角螺纹)牙型角为 $60°$,粗牙螺纹用于连接,细牙螺纹自锁性能好,一般用来锁薄壁零件和对防震要求比较高的零件。管螺纹的牙型角为 $55°$,多用于有密封性要求的管件连接。梯形螺纹的牙型角为 $30°$,用于传动。锯齿形螺纹的牙型角为 $33°$,适用于单向受载的传动。矩形螺纹的牙型角为 $0°$,用于传动,但牙根强度较弱,传动精度低。

13-4-3　**答**：(1)拧紧螺母时：$\eta = \dfrac{\tan\varphi}{\tan(\varphi+\rho_{\mathrm{v}})}$,松螺母时：$\eta = \dfrac{\tan(\varphi-\rho_{\mathrm{v}})}{\tan\varphi}$,其中 φ 为螺纹升角,$\tan\varphi = \dfrac{nP}{\pi d}$,$\rho_{\mathrm{v}}$ 为当量摩擦角。(2)影响螺纹副效率的参数有摩擦系数 f、线数 n、螺距 P、螺纹直径 d、牙侧角 β 等。

13-4-4　**答**：螺纹连接主要有螺栓连接、螺钉连接、双头螺柱连接和紧定螺钉连接四种基本类型。

螺栓连接是将螺栓杆穿过被连接件上的通孔,拧上螺母,将几个被连接件连成一体,螺栓连接使用时不受被连接件材料的限制,通常用于被连接件不太厚,且有足够装配空间的情况。螺栓连接按螺栓受力不同可分为普通螺栓连接和铰制孔用螺栓连接,普通螺栓连接中被连接件上的孔和螺栓杆之间有间隙,故孔的加工精度要求低,其结构简单、装拆方便,应用广泛；铰制孔用螺栓连接中孔和螺栓杆之间常采用基孔制过渡配合,故孔的加工精度要求较高,一般用于承受横向载荷或需精确固定被连接件相对位置的场合。

双头螺柱连接是将双头螺柱的座端穿过被连接件通孔并旋紧在被连接件之一的螺纹孔中,再在双头螺柱的另一端旋上螺母,把被连接件连成一体,常用于被连接件之一太厚不宜加工通孔,且需经常装拆或结构上受到限制不能采用螺栓连接的场合。

螺钉连接是将螺钉直接拧入被连接件之一的螺纹孔中,不用螺母,用于被连接件之一较厚的场合,但不宜用于经常装拆的连接,以免损坏被连接件的螺纹孔。

紧定螺钉连接是利用拧入零件螺纹孔中的螺钉末端顶住另一零件的表面或顶入相应的凹坑中,以固定两个零件相对位置,并可传递不大的力或力矩,多用于轴上零件的连接。

13-4-5　**答**：(1)三角形螺纹、梯形螺纹、矩形螺纹和锯齿形螺纹。(2)连接用三角形螺纹,自锁性好,传动用其他,效率较高。

13-4-6　**答**：(1)螺栓连接是使螺栓杆穿过被连接件上的通孔,拧上螺母,将几个被连接件连成一体。螺栓连接使用时不受被连接件材料的限制,通常用于被连接件不太厚,且有足够装配空间的情况。

(2)双头螺柱连接是使双头螺柱的一端穿过被连接件通孔并旋紧在被连接件之一的螺纹孔中,再在双头螺柱的另一端旋上螺母,把被连接件连成一体。常用于被连接件之一太厚不宜加工通孔,且需经常装拆或结构上受到限制不能采用螺栓连接的场合。

(3) 螺钉连接是将螺钉直接拧入被连接件之一的螺纹孔中,不用螺母。用于被连接件之一较厚的场合,但不宜用于经常装拆的连接,以免损坏被连接件的螺纹孔。

(4) 紧定螺钉连接是利用拧入零件螺纹孔中的螺钉末端顶住另一零件的表面或顶入相应的凹坑中,以固定两个零件的相对位置,并可传递不大的力或力矩,多用于轴上零件的连接。

13-4-7 答:(1)普通螺栓连接是被连接件上的孔和螺栓杆之间有间隙,故孔的加工精度要求低,其结构简单、装拆方便,应用广泛。

铰制孔用螺栓连接是孔和螺栓杆之间常采用基孔制过渡配合,故孔的加工精度要求较高,一般用于承受横向载荷或需精确固定被连接件相对位置的场合。

(2)普通螺栓连接的螺栓要有足够的预紧力以产生足够大的摩擦力来承担横向载荷,因此螺栓受拉应力;铰制孔用螺栓连接的螺栓受挤压应力和剪切应力。

13-4-8 答:(1)松螺栓连接在装配时不需要把螺母拧紧。紧螺栓连接在装配时需要将螺母拧紧,因此螺栓开始就受到预紧拉力作用。(2)松螺栓连接不考虑扭矩,紧螺栓连接考虑扭矩。

13-4-9 答:由于摩擦系数不稳定和加在扳手上的力难于准确控制,有时可能拧得过紧会导致螺栓断裂,所以对于重要的连接不宜使用直径小于M12的螺栓。

13-4-10 答:(1)紧螺栓连接在装配时需要将螺母拧紧,因此螺栓开始就受到预紧拉力的作用,所以紧螺栓连接受扭矩作用,需要同时考虑拉—扭作用,将预紧力提高1.3倍来计算就是考虑了扭矩的影响。(2)采用铰制孔用螺栓时不需要这样做,因为铰制孔用螺栓是通过螺栓杆承受切向载荷的,不是靠预紧力产生的摩擦力承载的。

13-4-11 答:不是,普通螺栓连接不受剪切作用,而是通过预紧产生摩擦力承受横向载荷的。

13-4-12 答:承受工作载荷的螺栓连接在预紧后还要增加受力,但是被连接件承受的载荷将影响螺栓的受力,因为螺栓继续拉长而被连接件受力减小,使螺栓的受力不等于预紧力+工作载荷,而是等于残余预紧力与工作载荷之和。

13-4-13 答:(1)一般螺纹连接能满足自锁条件而不会自动松脱,但在受振动和冲击载荷,或是温度变化较大时,连接螺母可能会逐渐松动。为了使连接可靠,故设计时必须考虑防松措施。防松的主要目的在于防止螺纹副间的相对滑动。(2)按其工作原理可以分为:利用摩擦力防松,如加弹簧垫圈、对顶双螺母等;机械防松,如利用槽形螺母和开口销等;永久性防松,即破坏及改变螺纹副关系,如冲点法。

13-4-14 答:(1)提高螺栓的性能等级;(2)改善螺纹牙间载荷分配的不均匀现象;(3)减少应力集中;(4)避免附加应力;(5)采用合理的制造工艺。

13-4-15 答:(1)提高螺栓连接强度的措施有:降低影响螺栓疲劳强度的应力幅,改善牙纹上载荷分布的不均匀现象,减小应力集中的影响,采用合理的制造工艺方法。(2)其中改善牙纹上载荷分布的不均匀现象是针对静强度,其余3种是针对疲劳强度。

13-4-16 答:螺栓应进行耐磨性计算和强度计算,同时还要进行自锁验算与稳定性校核。对于螺母的螺纹要进行剪切强度和弯曲强度校核,对其凸缘要进行挤压和弯曲强度校核。

13-4-17 答:(1)增加螺栓的长度,以适当减小螺栓无螺纹部分的截面积,在螺母下安装弹性元件;(2)增大被连接件的刚度措施:①改进被连接件的结构;②采用刚度大的硬垫片,对于有紧密性要求的气缸连接,不应采用较软垫片,而是改进密封环。

13-4-18　答:(1)为了保证连接所需的预紧力,又不使螺纹连接件过载,对重要的螺纹连接,在装配时要控制预紧力。(2)控制预紧力的方法很多,通常是借助测力矩扳手或定力矩扳手,利用控制拧紧力矩的方法来控制预紧力的大小。

13-4-19　答:(1)目的:根据连接的结构形式和受载情况求出受力最大的螺栓组及其所受的力,以进行单个螺栓连接强度计算。(2)通常需做的假设有:①所有螺栓的材料、直径、长度和预紧力均相同;②螺栓组的对称中心与接合面的形心重合;③受载后接合面仍保持为平面。

13-4-20　答:(1)螺栓的最大应力一定时,应力幅越小,疲劳强度越高。在工作载荷和残余预紧力不变的情况下,减小螺栓刚度或增加被连接件刚度都能达到减小应力幅的目的。部分减小螺栓光杆直径是减小螺栓刚度的措施之一。(2)如题 13-4-20 解图所示,明显可以看出:粗线代表原来的状态,细线表示后来减小螺栓刚度后的状态,减小螺栓的刚度后它的应力幅明显变小了,这样就提高了其疲劳强度。

13-4-21　答:铰制孔用螺栓(即受剪螺栓)的连接结构如题 13-4-21 解图所示:

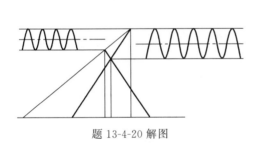

题 13-4-20 解图

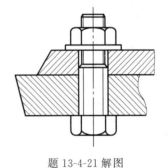

题 13-4-21 解图

13-4-22　答:螺栓伸长的增量 $\Delta\delta_L$ 和被连接件的压缩变形的减量 $\Delta\delta_F$,因为根据弹性体(螺栓与被连接件)变形协调条件可知 $\Delta\delta_L = \Delta\delta_F$。

13-4-23　答:确定该螺栓组连接的预紧力 F' 时应考虑的因素有
(1) 保证螺栓连接的强度;
(2) 防止受载后接合面之间产生滑移;
(3) 防止接合面受压最大处被压溃;
(4) 防止接合面受压最小处出现间隙。

13-4-24　答:螺栓中产生由预紧引起的拉应力和扭剪应力。

13-4-25　答:当螺纹牙型为三角形时,为普通螺纹,其当量摩擦角大,易实现自锁,牙根厚,强度高,多用于连接螺纹。

当螺纹牙型为梯形时,其牙根强度相对较高,对中性好,广泛用于传动螺旋中。

当螺纹牙型为锯齿形时,其有传动效率高、牙根强度高、对中性能好、工艺性能优的特点,适用于单向受力的传力螺旋。

矩形螺纹传动效率高,适用于双向受力的传力螺旋,但牙根强度低,磨损后无补偿。

13-4-26 **答**：按其工作原理可分为摩擦防松、机械防松以及不可拆防松等。

摩擦防松是通过加大轴向力使螺纹间摩擦力增加而实现防松，主要包括对顶螺母、弹簧垫圈、自锁螺母。对顶螺母是指两个螺母对顶拧紧后，使旋合螺纹间始终受到附加的压力和摩擦力的作用。弹簧垫圈是指螺母拧紧后，靠垫圈压平而产生的弹性反力使旋合螺纹间压紧，同时垫圈斜口的尖端抵住螺母与被联接件的支承面也有防松作用。

自锁螺母是指螺母一端制成非圆形收口或开缝后径向收口，当螺母拧紧后，收口胀开，利用收口的弹力使旋合螺纹间压紧。

机械防松主要包括开口销与六角开槽螺母止动垫片、串联钢丝。开口销与六角开槽螺母止动垫片是指六角开槽螺母拧紧后将开口销穿入螺栓尾部小孔和螺母的槽内，并将开口销尾部掰开与螺母侧面贴紧，也可用普通螺母代替六角开槽螺母，但需拧紧螺母再配钻销孔。止动垫片是在螺母拧紧后，将单耳或双耳止动垫圈分别向螺母和被连接件的侧面折弯贴紧，即可将螺母锁住；若两个螺栓需要双连锁紧时，可采用双连止动垫圈，使两个螺母相互制动。串联钢丝是用低碳钢丝穿入各螺钉头部的孔内，将各螺钉串联起来，使其相互制动。

不可拆防松包括点冲防松、焊接防松和黏结防松等。点冲防松是拧紧连接之后，用冲点将螺纹破坏以达到防松的目的。焊接防松是利用焊接方法将螺栓和螺母固结在一起，可以将螺栓与螺母或螺栓及螺母与被连接件焊接在一起以达到防松的目的。黏结防松是将黏结剂涂于螺栓和螺母表面，使其固结在一起。

13-4-27 **答**：(1)螺纹的主要参数有：大径 d、小径 d_1、中径 d_2、线数 n、螺距 P、导程 s、螺纹升角、牙型角、接触高度 h。(2)导程等于螺距与螺旋线数的乘积。(3)螺纹沿螺旋线形成的条数即螺纹线。旋向分左旋和右旋按右手定则判断，不符合右手定则的为左旋。

13-4-28 **答**：螺纹连接防松的本质是防止螺纹副的相对运动。

13-4-29 **答**：(1) 受拉螺栓的松连接：装配时，不拧紧，不受预紧力。工作中只承受轴向工作拉力 F，如起重吊钩或滑轮。其设计计算公式为

$$\sigma = \frac{Q}{\pi d_1^2 / 4} \leqslant [\sigma] \text{N/mm}^2 .$$

受拉螺栓的紧连接：安装时预紧，已经受到了预紧力，工作中又受到工作拉力，如气缸盖上的螺栓即属此类。其设计计算公式为

$$\sigma = \frac{1.3Q}{\pi d_1^2 / 4} \leqslant [\sigma] \text{N/mm}^2 .$$

(2)可见其设计计算公式不同。

13-4-30 **答**：当要求连接件与被连接件有很高的对中性，两者之间不发生相对滑动时，或者螺栓需要承受较大的挤压力和横向剪切力时，采用铰制孔用螺栓。

13-4-31 **答**：不是。螺栓受到工作载荷后，被压连接件受压缩产生变形量 δ_1。然后，螺栓受拉伸后伸长，又迫使被压缩连接件回弹，使变形量 δ_1 减小，在此状态下相对应的压力称为残余预紧力 Q_r，而 Q_r 小于预紧力 Q。总拉伸载荷等于拉伸工作载荷与残余预紧力之和，即 $Q = Q_F + Q_r$，故不是拉伸工作载荷与预紧力之和。

13-4-32 **答**：螺旋传动由螺杆、螺母组成。

螺旋传动按用途可以分为：

（1）传力螺旋，以传递动力为主，一般要求用较小的转矩转动螺杆（或螺母），使螺母（或螺杆）产生轴向运动和较大的轴向推力，如螺旋千斤顶等。这种传力螺旋主要承受很大的轴向力，通常为间歇性工作，每次工作时间较短，工作速度不高，而且需要自锁。

（2）传导螺旋，以传递运动为主，要求能在较长的时间内连续工作，工作速度较高，因此，要求较高的传动精度，如精密车床的走刀螺杆。

（3）调整螺旋，用于调整并固定零部件之间的相对位置，它不经常转动，一般在空载下调整，要求有可靠的自锁性能和精度，用于测量仪器和各种机械的调整装置，如千分尺中的螺旋。螺旋传动按摩擦性质分为：

① 滑动螺旋，具有结构简单，螺母和螺杆的啮合连续，工作平稳，易于自锁等特点。但螺纹之间摩擦大、磨损大、效率低，不宜用于高速和大功率传动。

② 滚动螺旋，具有摩擦阻力小，传动效率高，磨损小，精度易保持等特点。但结构复杂，成本高，不能自锁，主要用于对传动精度要求高的场合。

13-4-33 答：

螺旋传动：滑动螺旋结构简单，易于自锁，但摩擦大、磨损大、效率低等特点。不宜用于高速和大功率传动。滚动螺旋和静压螺旋摩擦阻力小，效率高，但结构复杂，在高精度、高效率的重要传动中使用。

齿轮齿条传动：效率高、承载大、结构紧凑，在同样的使用条件下，齿轮传动所需空间小、工作可靠、寿命长、传动比稳定。常用的机械齿轮传动效率最高。

13-4-34 答：螺栓 M12×80 GB/T 5782—2016。

13-4-35 答：螺栓 M12×1.5×80 GB/T 5785—2016。

13-4-36 答：螺母 M10 GB/T 6170—2015。

13-4-37 答：螺栓 M12×m6×80 GB/T 27—2013。

13-4-38 答：螺柱 AM14×1×100 GB/T 897—1988。

13-4-39 答：垫圈 16 GB/T 93—1987。

13.5 计算题

13-5-1 解：由

$$mfF' \geqslant K_f F$$

和

$$\sigma_{ca} = \frac{1.3F'}{\pi d_1^2/4} \leqslant [\sigma]$$

可得每个螺栓所能承受的最大横向载荷为

$$F \leqslant \frac{mfF'}{K_f} \leqslant \frac{\pi mf d_1^2}{5.2 K_f}[\sigma]$$

若防滑系数取 $K_f = 1.2$，按 4.8 级螺栓、不控制预紧力查表得 $\sigma_s = 240$，$S = 5$，有 $[\sigma] = \sigma_s/S = 240/5 = 48$MPa。因 $m = 1$，代入上式可得两个螺栓所能承受的最大横向载荷为

$$F \leqslant 2 \times \frac{mfF'}{K_f} \leqslant 2 \times \frac{\pi mfd_1^2}{5.2K_f}[\sigma] = \frac{2 \times \pi \times 1 \times 0.3 \times 10.106^2 \times 48}{5.2 \times 1.2} = 1480.87\text{N}$$

解毕。

13-5-2 解：

$$F_0 = F' + \frac{C_b}{C_b + C_m}F = 1000 + 0.5 \times 1000 = 1500\text{N}$$

$$F'' = F' - \left(1 - \frac{C_b}{C_b + C_m}\right)F = 1000 - 0.5 \times 1000 = 500\text{N}$$

或 $F'' = F_0 - F = 1500 - 1000 = 500\text{N}$

为保证被连接件间不出现缝隙,则 $F'' \geqslant 0$。由

$$F'' = F' - \left(1 - \frac{C_b}{C_b + C_m}\right)F \geqslant 0$$

可得 $F \leqslant \dfrac{F'}{1 - C_b/(C_b + C_m)} = \dfrac{1000}{1 - 0.5} = 2000\text{N}$

所以 $F_{max} = 2000\text{N}$。

13-5-3 解：按 6.8 级螺栓、不控制预紧力查表得钢的 $\sigma_s = 480, S = 5, S_\tau = 2.5, S_p = 1.25$,铸铁的 $\sigma_B = 200, S_p = 2.5$,则有

$$[\sigma] = \sigma_s/S_\tau = 480/5 = 96\text{MPa}$$

$$[\tau] = \sigma_s/S_\tau = 480/2.5 = 192\text{MPa}$$

$$[\sigma_p] = \sigma_s/S_p = 200/1.25 = 160\text{MPa}$$

由于螺栓杆的剪切强度条件为

$$\tau = \frac{F}{m\pi d_0^2/4} \leqslant [\tau]$$

可得

$$F \leqslant \frac{m\pi d_0^2}{4}[\tau] = \frac{6\pi \times 11^2 \times 192}{4} = 109\,422.72\text{N}$$

由螺栓杆与孔壁的挤压强度条件为

$$\sigma_p = \frac{F}{d_0 L_{min}} \leqslant [\sigma_p]$$

可得

$$F \leqslant md_0 L_{min}[\sigma_p] = 6 \times 11 \times 25 \times 160 = 264\,000\text{N}$$

因此,该连接允许传递的最大转矩为

$$T = Fr = 109\,422.72 \times 340/2 = 18.60\text{kN} \cdot \text{m}。$$

若传递的最大转矩不变,改用普通螺栓连接,两个半联轴器接合面间的摩擦系数为 $f = 0.16$,装配时不控制预紧力。则计算螺栓直径:

由

$$d_1 \geqslant \sqrt{\frac{4 \times 1.3F'}{\pi[\sigma]}}$$

和
$$mfF' \geqslant K_f F$$

得 $d_1 \geqslant \sqrt{\dfrac{4 \times 1.3 \times K_f F'}{\pi[\sigma]mf}} = \sqrt{\dfrac{4 \times 1.3 \times 1.2 \times 109\,422.72}{6\pi \times 96 \times 0.16}} = 48.57\text{mm}$

取 M56 的 $d_1 = 50.046\text{mm}$ 可满足要求。

13-5-4 解:

工作的旋转力矩 T:
$$T = F_Q \frac{D}{2} = 50\,000 \times \frac{400}{2} = 10^7 \text{N} \cdot \text{mm}$$

螺栓所需的预紧力 F':

由 $ZfF'\dfrac{D_0}{2} = K_s T$ 得

$$F' = \frac{2K_s T}{ZfD_0}$$

将已知数值代入上式,可得

$$F' = \frac{2K_s T}{ZfD_0} = \frac{2 \times 1.2 \times 10^7}{8 \times 0.12 \times 500} = 50\,000\text{N}$$

为满足强度要求,螺栓直径为

$$d_1 \geqslant \sqrt{\frac{4 \times 13F'}{\pi[\sigma]}} = \sqrt{\frac{4 \times 1.3 \times 50\,000}{\pi \times 100}} = 28.775\text{mm}。$$

13-5-5 解:

因螺栓间距不得大于 100mm,即
$$n \geqslant \pi D_0 / 100 = 6.28$$

取偶数 $n = 8$。每个螺栓所受工作拉力为
$$F = \frac{\pi D^2 p}{4n} = \frac{\pi 160^2 \times 3}{4 \times 8} = 7536\text{N}$$

由于有气密性要求,选剩余预紧力:
$$F'' = 1.6F = 1.6 \times 7536 = 12\,057.6\text{N}$$

橡胶垫片 $C_1/(C_1+C_2) = 0.9$ 或 $C_2/(C_1+C_2) = 0.1$,则每个螺栓所受预紧力为
$$F' = F'' + \frac{C_2}{C_1+C_2}F = 12\,057.6 + 0.1 \times 7536 = 12\,811.2\text{N}$$

每个螺栓所受总拉力为
$$F_0 = F + F'' = 7536 + 12\,057.6 = 19\,593.6\text{N}$$

确定螺栓直径:选 5.6 级精度的 35 钢,$\sigma_s = 300\text{MPa}$,按控制预紧力 $S = 1.3$,可得
$$[\sigma] = \frac{\sigma_s}{S} = \frac{300}{1.3} = 230.77\text{MPa}$$

代入
$$d_1 \geqslant \sqrt{\frac{4 \times 1.3F_0}{\pi[\sigma]}} = \sqrt{\frac{4 \times 1.3 \times 19\,593.6}{\pi \times 230.77}} = 11.868\text{mm} < 13.835\text{mm}$$

取 M16 的 $d_1 = 13.835$mm 可满足要求。

解毕。

13-5-6 **解**：(1) 螺栓工作载荷 Q_e：

每个螺栓承受的平均轴向工作载荷 Q_e 为

$$Q_e = \frac{p\pi D^2}{4 \times 8} = \frac{1.2 \times 10^6 \times 3.14 \times 0.26^2}{4 \times 8} = 7960\text{N}。$$

(2) 螺栓总拉伸载荷 Q：

根据密封性要求，对于压力容器，残余预紧力 $Q_r = 1.8Q_e$，则有

$$Q = Q_e + Q_r = 7960 + 7960 \times 1.8 = 22\,288\text{N}。$$

(3) 螺栓直径：

选取螺栓材料为 45 钢，初估选用规格小于 M16 的螺栓($d_1 = 13.835$mm)，选机械性能等级为 4.8，得 $\sigma_s = 300\text{N/mm}^2$，装配时不严格控制预紧力，螺栓的许用应力为

$$[\sigma] = 0.3\sigma_s = 0.3 \times 300 = 90\text{N/mm}^2$$

由下式计算螺纹的小径：

$$d_1 \geqslant \sqrt{\frac{4 \times 1.3Q}{\pi[\sigma]}} = \sqrt{\frac{4 \times 1.3 \times 22\,288}{\pi \times 90}} = 20.3\text{mm} > 13.835\text{mm}$$

故不符合要求。

改选 8.8 级的 M16×1.5($d_1 = 14.376$mm)的螺栓，因 $\sigma_s = 640\text{N/mm}^2$，所以有

$$d_1 \geqslant \sqrt{\frac{4 \times 1.3Q}{\pi[\sigma]}} = \sqrt{\frac{4 \times 1.3 \times 22\,288}{\pi \times 0.3 \times 640}} = 13.862\text{mm} < 14.376\text{mm}$$

由此可见，选 8.8 级的 M16×1.5 的螺栓符合要求。

13-5-7 **解**：

受力分析：

把 F_P 移到槽钢中间，则 F_r 转为竖直向下的切向力 F_1 和转矩 T：

$$T = 4F_r r = 16 \times (300 + 75 + 50) = 6800\text{N} \cdot \text{m}$$

由于 $r = \sqrt{75^2 + 60^2} = 96$，代入上式可得到剪切力：$F_r = 17.7\text{kN}$。

(1) 每个螺栓上的合成载荷：

$$F = \sqrt{F_r^2 + \left(\frac{F_1}{4}\right)^2} = \sqrt{17.7^2 + 4^2} = 18.15\text{kN}。$$

(2) 最大切应力：

$$\sigma_\tau = \frac{F}{\pi d_0^2 / 4} = \frac{4 \times 18\,150}{\pi \times 16^2} = 90.25\text{MPa}。$$

(3) 最大挤压应力：

$$\sigma_p = \frac{F}{d_0 L_{min}} = \frac{18\,150}{16 \times 8} = 141.80\text{MPa}$$

解毕。

13-5-8 **解**：

方案(a)：$F_{max} = 2.833R$(螺栓 3 受力最大)

方案(b)：$F_{\max}=2.522R$(螺栓 4,6 受力较大)；

方案(c)：螺栓 8 受力最大，如题 13-5-8 解图所示，$F_{\max}=1.96R$。

13-5-9　**解**：(1) 将载荷简化：

将载荷 F_Σ 向螺栓组连接的接合面形心 O 点简化，得一横向载荷 $F_\Sigma=12\,000$N 和一旋转力矩 $T=F_\Sigma l=12\,000\times 400=4.8\times 10^6(\text{N}\cdot\text{mm})$(题 13-5-9 解图一)。

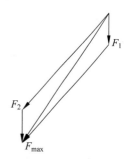

题 13-5-8 解图

(2) 确定各个螺栓所受的横向载荷：

在横向力 F_Σ 作用下，各个螺栓所受的横向载荷 F_{s1} 大小相同，与 F_Σ 同向。

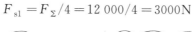

$$F_{s1}=F_\Sigma/4=12\,000/4=3000\text{N}$$

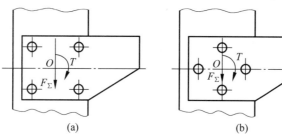

题 13-5-9 解图一

而在旋转力矩 T 作用下，由于各个螺栓中心至形心 O 点的距离相等，所以各个螺栓所受的横向载荷 F_{s2} 大小也相同，但方向分别垂直螺栓中心与形心 O 的连线(题 13-5-9 解图二)。

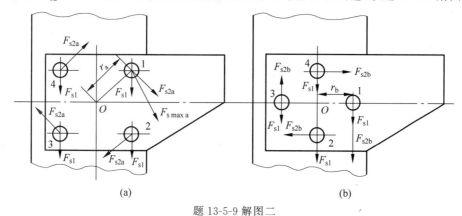

题 13-5-9 解图二

对于方案题 13-5-9 解图二(a)，各螺栓中心至形心 O 点的距离为

$$r_a=\sqrt{a^2+a^2}=\sqrt{100^2+100^2}=141.4\text{mm}$$

所以 $F_{s2a}=\dfrac{T}{4r_a}=\dfrac{4.8\times 10^6}{4\times 141.4}=8487\text{N}$

由题 13-5-9 解图一(a)可知，螺栓 1 和螺栓 2 所受两力的夹角 α 最小，故螺栓 1 和螺栓 2 所受横向载荷最大，即

$$F_{\text{smax}a} = \sqrt{F_{s1}^2 + F_{s2a}^2 + 2F_{s1}F_{s2a}\cos\alpha}$$

$$= \sqrt{3000^2 + 8487^2 + 2 \times 3000 \times 8487 \times \cos45°} = 10\,818\text{N}$$

由题 13-5-9 解图一(b)可知,各螺栓中心至形心 O 点的距离为

$$r_b = a = 100\text{mm}$$

所以 $F_{s2b} = \dfrac{T}{4r_b} = \dfrac{4.8 \times 10^6}{4 \times 100} = 12\,000\text{N}$

方案(a)螺栓布置合理。

13-5-10 解:

(1) 计算压板压紧力 F'。由

$$2fF'\frac{D_0}{2} = K_s F_t \frac{D}{2}$$

可得

$$F' = \frac{K_s F_t D}{2fD_0} = \frac{1.2 \times 400 \times 500}{2 \times 0.15 \times 150} = 5333.3\text{N}。$$

(2) 确定轴端螺纹直径。由

$$d_1 \geqslant \sqrt{\frac{4 \times 1.3 F'}{\pi[\sigma]}} = \sqrt{\frac{4 \times 1.3 \times 5333.3}{\pi \times 60}} = 12.133\text{mm}$$

查 GB/T 196—2003,取为 M16($d_1 = 13.835\text{mm} > 12.133\text{mm}$)螺纹。

13-5-11 解:

(1) 螺栓组连接受力分析

这是螺栓组连接受横向载荷 F_R 和轴向载荷 F_Q 联合作用的情况,故可按接合面不滑移计算螺栓所需的预紧力 F',按连接的轴向载荷计算单个螺栓的轴向工作载荷 F,然后求螺栓的总拉力 F_0。

① 计算螺栓的轴向工作载荷 F。根据题目条件,每个螺栓所受轴向工作载荷相等,故有

$$F = \frac{F_Q}{4} = \frac{16\,000}{4} = 4000\text{N}。$$

② 计算螺栓的预紧力 F'。由于有轴向载荷的作用,接合面间的压紧力为残余预紧力 F'',故有

$$4fF'' = K_s F_R$$

而 $F'' = F' - \left(1 - \dfrac{C_b}{C_b + C_m}\right)F$

联立解上述两式,则得

$$F' = \frac{K_s F_R}{4f} + \left(1 - \frac{C_b}{C_b + C_m}\right)F = \frac{1.2 \times 5000}{4 \times 0.15} + (1 - 0.25) \times 4000 = 13\,000\text{N}。$$

③ 计算螺栓的总拉力 F_0

$$F_0 = F' + F\frac{C_b}{C_b + C_m} = 14\,000\text{N}。$$

（2）计算螺栓的小径 d_1：

螺栓材料的机械性能级别为 8.8 级，其最小屈服极限 $\sigma_{smin} = 640$MPa，故其许用拉伸应力

$$[\sigma] = \frac{\sigma_{smin}}{[S]} = \frac{640}{2} = 320\text{MPa}$$

所以 $d_1 \geqslant \sqrt{\dfrac{4 \times 1.3 \times 14\,000}{\pi \times 320}} = 8.512\text{mm}$。

13-5-12　解：

（1）计算螺栓允许的最大预紧力 F'_{max}：

由 $\sigma_e = \dfrac{1.3F'}{\pi d_1^2/4} \leqslant [\sigma]$

得 $F'_{max} = \dfrac{[\sigma]\pi d_1^2}{4 \times 1.3}$

而 $[\sigma] = \dfrac{\sigma_s}{[S]} = \dfrac{360}{3} = 120$MPa，所以

$$F'_{max} = \frac{120 \times \pi \times 8.376^2}{4 \times 1.3} = 5083.7\text{N}。$$

（2）计算连接允许的最大牵引力 F_{Rmax}：

由 $2fF'_{max} = K_s F_{Rmax}$

得 $F_{Rmax} = \dfrac{2fF'_{max}}{K_s} = \dfrac{2 \times 0.15 \times 5083.7}{1.2} = 1271.0\text{N}。$

13-5-13　解：（1）横向总载荷 F：

$$F = \frac{2T}{D} = \frac{2 \times 180}{0.12} = 3000\text{N}。$$

（2）每个螺栓受到的预紧力 Q_0：

取可靠性系数 $K_f = 1.2$，可得

$$Q_0 \geqslant \frac{K_f F}{zfm} = \frac{1.2 \times 3000}{4 \times 0.16 \times 1} = 5625\text{N}。$$

（3）螺栓直径：

选取螺栓材料为 45 钢，初估选用规格小于 M16 的螺栓，选机械性能等级为 4.8，由材料性能表查得 $\sigma_s = 300$N/mm^2，装配时不严格控制预紧力，则螺栓的许用应力为

$$[\sigma] = 0.45\sigma_s = 0.45 \times 300 = 135\text{N/mm}^2$$

则螺纹小径为

$$d_1 = \sqrt{\frac{4 \times 1.3 \times 5625}{3.14 \times 135}} = 8.3\text{mm}$$

符合要求。

查国家标准 GB/T 196—2003，选用 M10 的螺栓。

13-5-14　解：图 13-24（a）：$F_{max} = 36\,772$N（最大）；

图 13-24（b）：$F_{max} = 30\,000$N（最小，即最好）；

图 13-24(c)：$F_{\max}=33\,637\text{N}$。

13-5-15 解：

(1) $C_1=1.57\times10^5\text{N/mm}$，$C_2=1.628\times10^7\text{N/mm}$；

(2) $F_0=4118p$；

(3) 允许 $p<3.51\text{MPa}$。

13-5-16 解：

(1) ① 载荷简化：

将载荷 R 向螺栓组连接的接合面形心 O 简化，得一剪力 $F_R=R$ 和一旋转力矩 $T=RL=300R$。

② 确定各个螺栓所受的剪力：

在剪力 F_R 的作用下，各个螺栓所受的剪力 F_{s1} 大小相同，$F_{s1}=R$，与 F_R 同向。

A. 对于方案 a(图(a))，在旋转力矩 T 的作用下，由于 1,3 螺栓中心至接合面形心 O 的距离相等，所以它们所受的剪力大小 F_{s2} 也相同，但方向垂直于各螺栓与接合面形心 O 的连线。螺栓 2 未受 T 作用，导致附加剪力：

$$F_{s2}=(T/a)/2=300R/(60\times2)=2.5R$$

螺栓 3 的剪力 F_{s1} 与 F_{s2} 同向，所受剪力最大，即

$$F_{\text{smaxa}}=F_{s1}+F_{s2}=R+2.5R=3.5R。$$

B. 对于方案 b(图(b))，在旋转力矩 T 的作用下，由于 4,5,6 螺栓中心至接合面形心 O 的距离相等，所以它们所受的剪力大小 F_{s2} 也相同，但方向垂直于各螺栓与形心 O 的连线：

$$F_{s2}=(T/a)/3=300R/(60\times3)=1.67R$$

螺栓 5 的剪力 F_{s1} 与 F_{s2} 同向，所受剪力最大，即

$$F_{\text{smaxb}}=F_{s1}+F_{s2}=R+1.67R=2.67R。$$

(2) 2 种布置方案相比较，可得 $F_{\text{smaxb}}<F_{\text{smaxa}}$，因此方案 b 较为合理。

13-5-17 解： $F_R\leqslant12\,334.7\text{N}$。

13-5-18 解： $F_Q\leqslant10\,426.5\text{N}$。

13-5-19 解： $F_{\max}=1800\text{N}$，预紧力 $F'=18\,000\text{N}$，所以有 d_1 或 $d_c\geqslant15.14\text{mm}$，应选 M18 的螺栓。

13-5-20 解：

$$S_B=(5S_A+5)/5=5\text{mm}$$

因为螺母 3 的运动方向和螺旋杆的运动方向相反，可得二者旋向相反，由螺杆的旋向为右旋，可推知螺旋副 B 的旋向为左旋。

13-5-21 解：

(1) 螺栓与被连接件的受力-变形图如题 13-5-21 解图所示。

(2) $F_0=8800\text{N}$，$F''=4800\text{N}$。

(3) $\sigma_a=4.14\text{MPa}$，$\sigma_m=86.96\text{MPa}$。

13-5-22 解：

螺纹升角 $\lambda=\arctan\dfrac{s}{\pi d_2}=\arctan\dfrac{3}{\pi\times22.051}=2.48°$

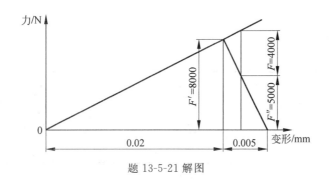

题 13-5-21 解图

当量摩擦系数 $f_v = \dfrac{f}{\cos\beta} = \dfrac{0.17}{\cos 60°} = 0.34$

当量摩擦角与自锁条件：$\lambda \leqslant \rho_v = \arctan f_v = 9.65°$

起重效率 $\eta = \dfrac{\tan\lambda}{\tan(\lambda + \rho_v)} = 0.20$。

13-5-23　**解：**

(1) 若要螺钉头与重物接触面不离缝，应使剩余预紧力为 7500N。

(2) 预紧力为 10kN，则工作螺钉的剩余预紧力为 2500N。

13-5-24　**解：**

当 $F_{\min} = 0$ 时，

螺栓所受总载荷的最小值 $Q_{\min} = 10\,000$N；

被连接件所受总载荷的最大值 $Q'_{p\min} = Q_p = 10\,000$N。

当 $F_{\max} = 8000$N 时，

螺栓所受总载荷的最大值 $Q_{\max} = 11\,600$N；

被连接件所受总载荷的最小值 $Q'_{p\min} = Q_p = 3600$N。

第 14 章　键与其他连接

14.1　判断题

题号	14-1-1	14-1-2	14-1-3	14-1-4	14-1-5	14-1-6	14-1-7	14-1-8	14-1-9	14-1-10	14-1-11	14-1-12
答案	T	T	T	T	F	F	F	T	F	T	T	F
题号	14-1-13	14-1-14	14-1-15	14-1-16	14-1-17	14-1-18	14-1-19	14-1-20	14-1-21	14-1-22	14-1-23	14-1-24
答案	F	F	F	T	F	F	T	T	F	T	T	T
题号	14-1-25	14-1-26	14-1-27	14-1-28	14-1-29	14-1-30	14-1-31	14-1-32	14-1-33	14-1-34	14-1-35	14-1-36
答案	T	T	T	T	T	T	T	T	T	T	T	T

14.2 选择题

题号	14-2-1	14-2-2	14-2-3	14-2-4	14-2-5	14-2-6	14-2-7	14-2-8	14-2-9	14-2-10	14-2-11	14-2-12
答案	C	D	C	B	C	A	C	B	D	C	D	AB
题号	14-2-13	14-2-14	14-2-15	14-2-16	14-2-17	14-2-18	14-2-19	14-2-20	14-2-21	14-2-22	14-2-23	14-2-24
答案	B	A	B	BD	D	A	D	A	D	C	C	B
题号	14-2-25	14-2-26	14-2-27	14-2-28	14-2-29	14-2-30	14-2-31	14-2-32	14-2-33	14-2-34	14-2-35	14-2-36
答案	DA	C	DC	C	C	C	B	A	C	C	C	B
题号	14-2-37	14-2-38	14-2-39	14-2-40	14-2-41	14-2-42	14-2-43	14-2-44	14-2-45	14-2-46	14-2-47	14-2-48
答案	D	B	C	C	C	B	D	CCBA	BCD	C	B	C
题号	14-2-49	14-2-50	14-2-51									
答案	C	A	C									

14.3 填空题

14-3-1　挤压,耐磨

14-3-2　侧面

14-3-3　被压溃,磨损

14-3-4　楔

14-3-5　挤压,耐磨性

14-3-6　两侧面,同一

14-3-7　剪断

14-3-8　轴的直径

14-3-9　导向,滑

14-3-10　磨损

14-3-11　矩形,渐开线,三角形

14-3-12　矩形

14-3-13　导向平键,花键

14-3-14　键宽,公称长度,A,周

14-3-15　宽度,轴径

14-3-16　锥形轴端,有削弱

14-3-17　$180°$,1.5

14-3-18　圆头,方头,半圆头,A 型,B 型,C 型

14-3-19　静,静

14-3-20　1 组

14-3-21　2 组

14-3-22　180°,120°,轴向同一母线上

14-3-23　45°

14-3-24　2 对,反向,90°～120°

14-3-25　半圆形,轴端

14.4 问答题

14-4-1　**答**:根据轴径选取。截面尺寸 $b \times h$ 按轴的直径 d 从标准中选出,键的长度 L 根据轮毂的宽度确定,一般小于轮毂的宽度,所选定的键长应符合标准中规定的长度系列。

14-4-2　**答**:花键连接的特点有:连接受力较为均匀;齿根处应力集中较小,轴与轮毂的强度削弱较少;可承受较大的载荷;轴上零件与轴的对中性好;导向性较好;可用磨削的方法提高加工精度及连接质量。

14-4-3　**答**:(1)键连接主要用来实现轴与轮毂间的周向定位和固定,传递转矩。有的还能实现轴上零件的轴向固定。平键的两侧面是工作面,工作时靠键与键槽侧面的挤压传递转矩。(2)平键连接结构简单、装拆方便、对中性好;楔键的上下面为工作面,键楔紧在轴与轮毂之间,其上下面产生很大的压力,工作时靠此压力产生的摩擦力传递扭矩,还可以传递单向轴向力,但是对中性不好。

14-4-4　**答**:(1)普通平键的两侧面是工作面。(2)其可能的失效形式是较弱零件(通常为轮毂)工作面被压溃或键被剪断等,以工作面被压溃为主要失效形式。(3)平键的剖面尺寸 $b \times h$ 按轴径 d 从标准中查得。

14-4-5　**答**:普通平键分为 A 型、B 型和 C 型。A 型普通平键在槽中固定良好,工作时不松动,但轴上键槽端部应力集中较大,A 型普通平键常用在轴的中部或端部,轴上键槽用指状铣刀在立式铣床上铣出,槽的形状与键相同;B 型普通平键轴的应力集中较小,但键在轴槽中易松动,故对尺寸较大的键,宜用紧定螺钉将键压在轴槽底部,B 型普通平键常用在轴的中部,轴上键槽是用盘状铣刀在卧式铣床上加工;C 型普通平键用于轴端与轮毂的连接,轴上键槽用指状铣刀铣出,轮毂上的键槽一般用插刀或拉刀加工而成。

14-4-6　**答**:(1)花键连接按其齿形分为矩形花键连接和渐开线花键连接。(2)矩形花键连接的定心方式为小径定心,渐开线花键连接的定心方式为渐开线齿形定心。

14-4-7　**答**:2 个平键连接,一般布置在沿周向相隔180°的位置对轴的削弱均匀,并且两键的挤压力平衡,对轴不产生附加弯矩,受力状态好。采用 2 个楔键时,相隔90°～120°布置,若夹角过小,则对轴的局部削弱过大;若夹角过大,则 2 个楔键的总承载能力下降。当夹角为180°时,2 个楔键的承载能力大体上只相当于一个楔键的承载能力,采用 2 个半圆键时,应布置在轴的同一母线上。因为半圆键对轴的削弱很大,2 个半圆键不能放在同一截面上,只能放在同一母线上。

14-4-8　**答**:根据轴径选择键的宽和高,根据轮毂宽选择键长,校核键的挤压和剪切强度。

14-4-9　**答**:(1)采用单键强度不够时,应采用双键;(2)2 个平键最好布置在沿周向相隔180°位置,2 个楔键布置则相隔120°。

14-4-10　**答**:按形状的不同,销可分为圆柱销、圆锥销和槽销等。圆柱销靠过盈配合固

定在销孔中,如果多次装拆,其定位精度会降低。圆锥销和销孔均有 1∶50 的锥度,因此安装方便,定位精度高,多次装拆不影响定位精度;端部带螺纹的圆锥销可用于盲孔或装拆困难的场合;开尾圆锥销适用于有冲击、振动的场合。槽销上有三条纵向沟槽,槽销压入销孔后,它的凹槽即产生收缩变形,借助材料的弹性而固定在销孔中,槽销多用于传递载荷,也适用于振动载荷的连接。销孔无须铰制,加工方便,可多次装拆。

14-4-11 **答**:铆接的工艺简单、耐冲击、连接牢固可靠,但结构较笨重,被连接件上有钉孔使其强度削弱,铆接时噪声很大。焊接强度高、工艺简单、重量轻,工人劳动条件较好,但焊接后存在残余应力和变形,不能承受严重的冲击和振动。胶接工艺简单、便于不同材料及极薄金属间的连接,胶接的重量轻、耐腐蚀、密封性能好,但是胶接接头一般不宜在高温及冲击、振动条件下工作,胶接剂对胶接表面的清洁度有较高要求,结合速度慢,胶接的可靠性和稳定性易受环境影响。

14-4-12 **答**:利用零件间的过盈配合实现的连接称为过盈连接。

14-4-13 **答**:键 18×11×80 GB/T 1096—2003。

14-4-14 **答**:键 B 20×12×120 GB/T 1096—2003。

14-4-15 **答**:键 24×14×100 GB/T 1097—2003。

14-4-16 **答**:键 5×11×28 GB/T 1099.1—2003。

14-4-17 **答**:键 20×100 GB/T 1564—2003。

14-4-18 **答**:键 B 16×80 GB/T 1564—2003。

14-4-19 **答**:键 10×50 GB/T 1565—2003。

14-4-20 **答**:花键副 INT/EXT 28×3m×30R×5H/5h GB/T 3478.1—2008。

14-4-21 **答**:销 12×120 GB/T 119.1—2000。

14-4-22 **答**:销 10×80 GB/T 117—2000。

14-4-23 **答**:开口销 4×30 GB/T 91—2000。

14.5 计算题

14-5-1 **解**:(1)确定平键尺寸:

由轴径 $d=80$mm 查得 A 型平键的剖面尺寸 $b=22$mm,$h=14$mm。

参照毂长 $L'=150$mm 及键长度系列选取键长 $L=140$mm。

(2)挤压强度校核计算:

键与毂接触长度 $l=L-b=140-22=118$mm

$$\sigma_{\text{p}} = \frac{4T}{hld} = \frac{4 \times 2000 \times 10^3}{14 \times 118 \times 80} = 60.53\text{MPa}$$

查得 $[\sigma_{\text{p}}]=100 \sim 120$Pa,故 $\sigma_{\text{p}} \leqslant [\sigma_{\text{p}}]$,安全。

14-5-2 **解**:(1)确定有关参数:

由 GB/T 1144—2001 查得齿顶圆倒角尺寸 $c=0.3$mm

齿面工作高度 $h = \frac{D-d}{2} - 2c = \frac{40-36}{2} - 2 \times 0.3 = 1.4$mm

平均半径 $r_{\text{m}} = \frac{D+d}{4} = \frac{40+36}{4} = 19$mm,取 $\psi=0.8$。

（2）确定许用挤压应力：由静连接、齿面经过热处理、使用条件中等查得

$[\sigma_p]=100\sim140\text{MPa}$，取$[\sigma_p]=120\text{MPa}$。

（3）计算花键所能传递的转矩：

$T'=\psi zrmhL[\sigma_p]=0.8\times8\times19\times1.4\times80\times120=1\,634\,304\text{N}\cdot\text{mm}\approx1634\text{N}\cdot\text{m}$

$T'>T$，所以此花键可用来传递1600N·m的转矩。

14-5-3 **解**：键 12×8×70 GB/T 1096—2003。

14-5-4 **解**：

（1）键的工作长度 $l=L-b=80-18=62\text{mm}$；

（2）能传递的最大转矩 $T=818.4\text{N}\cdot\text{m}<840\text{N}\cdot\text{m}$；

（3）结论：该 A 型平键连接不安全。

14-5-5 **解**：

（1）平键（A 型）：

键的工作长度 $l=L-b=70-16=54\text{mm}$

$T=262.6\text{N}\cdot\text{m}$

$\sigma_p=38.9\text{MPa}\leqslant[\sigma_p]$安全。

（2）半圆键：

① 按键的剪切强度

工作长度 $l=31.4\text{mm}$。

$\tau=44\text{MPa}<[\tau]$，安全。

② 按键的挤压强度

$\sigma_p=146.7\text{MPa}>[\sigma_p]$，不安全。

14-5-6 **解**：A 型平键的工作长度 $l=L-b=80-16=64\text{mm}$

取许用挤压应力$[\sigma_p]=80\text{MPa}$，求得

$$T=640\text{N}\cdot\text{m}$$

需传递的转矩为 900N·m，超过了能传递的最大转矩，但小于采用双键连接的传动能力 1.5T，所以可以采用双键连接，在圆周上间隔180°布置。

14-5-7 **解**：根据轴径 $d=36\text{mm}$，选用键 $b\times h\times L=10\text{mm}\times8\text{mm}\times(22\sim110)\text{mm}$。要求连接所能传递的最大转矩 T，查 L 系列，选取最大值 $L=110\text{mm}$。联轴器为铸铁材料，承受静载荷，查表得$[\sigma_p]=80\text{N/mm}^2$，$L_c=L-b=110-10=100\text{mm}$。

$$\sigma_p=\frac{4T}{dhL_c}\leqslant[\sigma_p]$$

所以 $T\leqslant\dfrac{1}{4}[\sigma_p]dhL_c=\dfrac{1}{4}\times80\times36\times8\times100=576\,000\text{N}\cdot\text{mm}=576\text{N}\cdot\text{m}$，连接所能传递的最大转矩为576N·m。

解毕。

14-5-8 **解**：① 根据轴径 $d=40\text{mm}$，轴毂长度 $l=80\text{mm}$，查表选 A 型平键

$$b\times h\times L=12\text{mm}\times8\text{mm}\times70\text{mm}$$

由于带轮为铸铁材料，轴为钢材料，载荷性质为轻微冲击，且 $P=10\text{kW}$，$n=1000\text{r/min}$

下面进行校核：

$$\sigma_{\mathrm{p}} = \frac{4T}{dhL_{\mathrm{c}}} = 19.25\mathrm{N/mm^2} < [\sigma_{\mathrm{p}}] = 50\mathrm{N/mm^2}$$

故所选平键型号合适。

② 剖视图见题 14-5-8 解图:

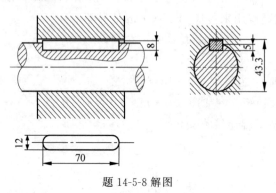

题 14-5-8 解图

14-5-9　解:

由

$$\sigma_{\mathrm{p}} = \frac{2T}{kld} = \frac{4T}{hld} \leqslant [\sigma_{\mathrm{p}}]$$

按 $d = 105\mathrm{mm}$,选用 $b = 32\mathrm{mm}$,$h = 18\mathrm{mm}$,根据轮毂长度 $B = 140\mathrm{mm}$,取 $L = 125\mathrm{mm}$,实际键的工作长度 $l = L - b = 125 - 32 = 93\mathrm{mm}$,$k = 0.5h = 0.5 \times 18 = 9\mathrm{mm}$,选用键静连接的许用挤压应力 $[\sigma_{\mathrm{p}}] = 100 \sim 120\mathrm{MPa}$(钢、轻微冲击),取 $[\sigma_{\mathrm{p}}] = 110\mathrm{MPa}$,计算得到:

$$\sigma_{\mathrm{p}} = \frac{2T}{kld} = \frac{2 \times 3000 \times 1000}{9 \times 93 \times 105} = 68.27\mathrm{MPa} \leqslant [\sigma_{\mathrm{p}}] = 110\mathrm{MPa}$$

安全,最终的键确定为键 32×130 GB/T 1096—2003。

解毕。

14-5-10　解:由

$$\sigma_{\mathrm{p}} = \frac{2T}{kld} = \frac{4T}{hld} \leqslant [\sigma_{\mathrm{p}}]$$

得

$$T \leqslant \frac{[\sigma_{\mathrm{p}}]hld}{4}$$

按 $d = 36\mathrm{mm}$,选用 $b = 10\mathrm{mm}$,$h = 8\mathrm{mm}$,根据轮毂长度 $B = 100\mathrm{mm}$,取 $L = 90\mathrm{mm}$,实际键的工作长度 $l = L - b = 90 - 10 = 80\mathrm{mm}$,$k = 0.5h = 0.5 \times 8 = 4\mathrm{mm}$,选用键静连接的许用挤压应力 $[\sigma_{\mathrm{p}}] = 50 \sim 60\mathrm{MPa}$(铸铁、轻微冲击),取 $[\sigma_{\mathrm{p}}] = 55\mathrm{MPa}$,计算得到

$$T \leqslant \frac{hld}{4}[\sigma_{\mathrm{p}}] = \frac{8 \times 80 \times 36}{4} \times 55 = 316.8\mathrm{N \cdot m}$$

解毕。

14-5-11　解:挤压强度校核计算:

键与毂接触长度 $l = L - b = 105 - 22 = 83\mathrm{mm}$

$$\sigma_{\mathrm{p}} = \frac{4T}{hld} = \frac{4 \times 2000 \times 10^3}{14 \times 83 \times 80} = 86.05\mathrm{MPa}$$

故 $\sigma_p \leqslant [\sigma_p]$。

14-5-12　**解**：最小解为 $d_3 = 19.32\text{mm}, d = 4.62\text{mm}, l = 9.24\text{mm}, M = 96.63\text{N} \cdot \text{m}$，$s_b = 120\text{MPa}$。

14-5-13　**解**：逆时针。

14-5-14　**解**：对于 A 型平键连接，键的接触长度为 $l = L - b = 70 - 18 = 52\text{mm}$，由轴径为 60mm，查表可得 $h = 11\text{mm}$，于是该键的挤压应力为

$$\sigma_p = 139.86\text{MPa} < 150\text{MPa} = [\sigma]$$

该键的强度满足要求。

解毕。

第 15 章　弹　　簧

15.1　判断题

题号	15-1-1	15-1-2	15-1-3	15-1-4	15-1-5	15-1-6	15-1-7	15-1-8	15-1-9	15-1-10	15-1-11	15-1-12
答案	T	F	T	F	F	F	F	T	T	T	T	T
题号	15-1-13	15-1-14	15-1-15	15-1-16	15-1-17	15-1-18						
答案	T	T	T	T	F	F						

15.2　选择题

题号	15-2-1	15-2-2	15-2-3	15-2-4	15-2-5	15-2-6	15-2-7	15-2-8	15-2-9	15-2-10	15-2-11	15-2-12
答案	B	B	A	D	B	A	D	B	B	D	B	A
题号	15-2-13	15-2-14	15-2-15	15-2-16	15-2-17	15-2-18	15-2-19					
答案	B	B	C	B	C	A	A					

15.3　填空题

15-3-1　剪应力,弯曲应力

15-3-2　减小,减小

15-3-3　强度,刚度

15-3-4　载荷,I

15-3-5　拉伸,压缩,扭转,弯曲

15-3-6　圆柱形,环形,碟形,平面涡卷,板

15-3-7　大,颤动

15-3-8　27.816mm

15-3-9　直径,中径,圈

15.4　问答题

15-4-1　**答**:(1)按照所承受的载荷不同,弹簧可以分为拉伸弹簧、压缩弹簧、扭转弹簧和弯曲弹簧 4 种;而按照形状不同,弹簧又可以分为圆柱形弹簧、环形弹簧、板簧、蝶形弹簧和平面涡卷弹簧。(2)主要用于:

① 控制机构的运动,如制动器、离合器中的控制弹簧,内燃机气缸的阀门弹簧等。

② 减振和缓冲,如汽车、火车车厢下的减振弹簧,以及各种缓冲器用的弹簧等。

③ 储存及输出能量,如钟表弹簧等。

④ 测量力的大小,如测力器和弹簧秤中的弹簧等。

15-4-2　**答**:(1)为了使弹簧能够可靠工作,弹簧材料必须具有高的弹性极限和疲劳极限,同时应具有足够的韧性和塑性,以及良好的可热处理性。(2)常用的材料有碳素弹簧钢、低锰弹簧钢、硅锰弹簧钢、铬钒钢,同时,由于不锈钢和青铜具有耐腐性的特点,也可以用来做弹簧,但很少采用。

15-4-3　**答**:压缩螺旋弹簧。

15-4-4　**答**:弹簧指数 C 为弹簧中径 D_2 和簧丝直径 d 的比值,即 $C=D_2/d$,通常 C 值在 4～16 范围内。弹簧丝直径 d 相同时,C 值小则弹簧中径 D_2 也小,其刚度较大;反之,则刚度较小。

15-4-5　**答**:由弹簧变形量的计算公式 $\lambda_{\max}=\dfrac{8F_{\max}C^3 n}{Gd}$ 可知,可采用增大弹簧指数 C 或有效圈数 n 的方法,亦可以采用减小簧丝直径 d 或采用剪切模量 G 更小的材料制作弹簧等方法增大变形量 λ。

15-4-6　**答**:当 C 太大时,弹簧会因为过软和颤动而使弹簧本身变得不稳定;当 C 太小时,簧丝卷绕时会受到强烈弯曲。

15-4-7　**答**:(1)使弹簧产生单位变形所需的载荷 k_F 称为弹簧刚度,其计算公式为 $k_F=\dfrac{Gd}{8C^3 n}=\dfrac{Gd^4}{8D^3 n}$。(2)由公式可知,弹簧刚度的影响因素有:弹簧指数 C、剪切模量 G、簧丝直径 d 和有效圈数 n。

15-4-8　**答**:(1)表示载荷与变形关系的曲线称为弹簧的特性曲线。(2)弹簧刚度等于弹簧曲线的斜率。

15-4-9　**答**:(1)弹簧丝截面上受到横向力、轴向力、弯矩和扭矩作用。(2)分别产生正应力和剪应力。

15-4-10　**答**:(1)簧丝上剪应力的计算公式为:$\tau=\dfrac{4F}{\pi d^2}\left(1+\dfrac{2D}{d}\right)$,因为两弹簧除弹簧中径以外,其余参数均相等,因为 $D_{2A}>D_{2B}$,则 $\tau_A>\tau_B$,故 A 弹簧先坏。(2)弹簧刚度的计算

公式为 $k_F = \dfrac{Gd}{8C^3n} = \dfrac{Gd^4}{8D^3n}$，因为 $D_{2A} > D_{2B}$，则 $k_{FA} < k_{FB}$，故 A 弹簧的变形量大。

15-4-11　答：由公式 $k_F = \dfrac{Gd}{8C^3n} = \dfrac{Gd^4}{8D^3n}$ 可知，减小弹簧指数 C 和有效圈数 n 或增大簧丝直径 d 或改用剪切模量更大的材料都可以得到刚度较大的弹簧。

15-4-12　答：由强度公式 $\tau = K\dfrac{8FD_2}{\pi d^3}$ 和刚度公式 $C_s = \dfrac{F}{\lambda} = \dfrac{Gd}{8C^3n}$ 及旋绕比公式 $C = \dfrac{D_2}{d}$ 可知，其他参数不变时，增大簧丝直径 d，则弹簧的强度和刚度都增加；增大弹簧中径 D_2，则强度和刚度都减小；弹簧的工作圈数 n 增加，对强度无影响，而刚度减小。

15-4-13　答：弹簧卷制方法有冷卷法和热卷法。弹簧丝直径小于 $8\sim10\text{mm}$ 的弹簧用冷卷法，其多用于经过热处理的冷拉钢丝，常温下卷成后只需低温回火即可；直径大的弹簧用热卷法，热卷法采用退火状态的钢丝，卷成后再进行淬火和回火处理。为了提高弹簧的承载能力，还可以在弹簧制成后进行强压处理或喷丸处理。

15-4-14　答：(1)压缩弹簧的高径比 $b = H_0/D_2$ 较大时，若轴向载荷达到一定程度，就会产生侧向弯曲而失去稳定性，为此，要控制弹簧的高径比 b。(2)另外，弹簧的稳定性还与弹簧的安装支承情况有关。为保证弹簧的稳定性，一般应满足下列要求：弹簧两端固定时，$b < 5.3$；弹簧一端固定，另一端回转(铰支)时，$b < 3.7$。

第 16 章　联轴器、离合器与制动器

16.1　判断题

题号	16-1-1	16-1-2	16-1-3	16-1-4	16-1-5	16-1-6	16-1-7	16-1-8	16-1-9	16-1-10	16-1-11	16-1-12
答案	T	F	F	T	F	T	T	T	F	F	F	F

题号	16-1-13	16-1-14	16-1-15	16-1-16	16-1-17	16-1-18	16-1-19	16-1-20	16-1-21	16-1-22	16-1-23	
答案	F	F	T	T	F	F	T	T	F	F	T	

16.2　选择题

题号	16-2-1	16-2-2	16-2-3	16-2-4	16-2-5	16-2-6	16-2-7	16-2-8	16-2-9	16-2-10	16-2-11	16-2-12
答案	A	B	B	C	C	A	D	B	B	B	D	D

题号	16-2-13	16-2-14	16-2-15	16-2-16	16-2-17	16-2-18	16-2-19	16-2-20	16-2-21	16-2-22	16-2-23	16-2-24
答案	C	C	C	B	A	ABCD	C	B	A	C	B	C

题号	16-2-25	16-2-26	16-2-27	
答案	C	C	C	

16.3 填空题

16-3-1 可移式刚性

16-3-2 有弹性元件的

16-3-3 转矩,转速

16-3-4 啮合式,摩擦式

16-3-5 2 种,运动,扭矩,速度,停止

16-3-6 停止,接合,分开

16-3-7 随时

16-3-8 无弹性,有弹性

16-3-9 固定式

16-3-10 可移式

16-3-11 有弹性元件

16-3-12 有弹性元件

16-3-13 为零,差很小

16-3-14 摩擦力,有相对速度

16-3-15 直径,结构

16-3-16 有弹性元件的挠性

16-3-17 万向节

16-3-18 补偿,缓冲,吸振

16-3-19 综合

16-3-20 无弹性元件的挠性

16-3-21 刚性

16.4 问答题

16-4-1 **答**:相同点是:联轴器和离合器都是连接两轴使其一同回转并传递运动和转矩的机械装置。不同点在于:联轴器在机器正常运转时是不能随意脱开的,只能在机器停止运转后用拆卸的方法脱开;而离合器则无须拆卸就能使两轴随时分离或接合。

16-4-2 **答**:因为齿式联轴器中相啮合的齿间留有较大的齿侧间隙和齿顶间隙,并且将外齿圈上的齿顶制成椭球面及沿齿厚方向制成鼓形。因此,这种联轴器在传动时具有较好的综合位移补偿能力。

16-4-3 **答**:轴向位移、径向位移、角位移和综合位移。

16-4-4 **答**:(1)允许被连接两轴的轴线夹角 α 很大,若两轴线不重合,当主动轴等速转动时,从动轴将在某一范围内做周期性的变速转动。(2)将万向联轴器成对使用,即双万向联轴器,应注意的问题是安装时必须保证主动轴、从动轴与中间轴之间的夹角相等($\alpha_1 = \alpha_2$),并且中间轴两端的交叉面位于同一平面内,这种双万向联轴器才可以得到 $\omega_1 = \omega_2$,从而降低运转时的附加动载荷。

16-4-5　**答**：凸缘式联轴器的对中方法有

(1)通过半联轴器上的凸台和凹槽的嵌合来保证对中,用普通螺栓来连接预紧,其对中精度高,工作时靠 2 个半联轴器接触面上产生的摩擦力来传递转矩;

(2)采用铰制孔用螺栓连接来传递转矩和保证对中,装拆时轴无须做轴向移动,只需拆卸螺栓即可,故装拆较方便。

16-4-6　**答**：结构方面:弹性套柱销联轴器是用带有非金属元件(如橡胶等)的弹性套来实现连接的;弹性柱销联轴器是用尼龙柱代替弹性套柱销联轴器中的销轴和弹性套,结构更加简单,为防止柱销滑出,半联轴器外侧设置了挡板。性能方面:前者靠弹性套的弹性变形来缓冲减振和补偿偏移,适用于启动频繁、载荷变化但载荷不大的场合;后者由于尼龙有一定的弹性,亦可缓冲减振,靠它的弹性变形来补偿偏移量,适用于载荷和转速变化的场合。

16-4-7　**答**：多盘摩擦离合器的承载能力随内、外摩擦片间接合面数的增加而增大,但接合面数过多会影响离合器分离动作的灵活性,故对接合面数即摩擦盘数要有加以限制。

16-4-8　**答**：联轴器连接两轴,离合器在机器运行中连接或断开两轴,制动器用于减速和停车。

16-4-9　**答**：固定式联轴器无位移补偿功能,故要求严格对中;可移式联轴器(如弹性联轴器、齿轮联轴器)有位移补偿功能,允许有较大的综合位移。

16-4-10　**答**：刚性可移式联轴器靠本身元件的刚性位移补偿移位,而弹性联轴器靠本身元件的弹性变形补偿移位。前者用于传递扭矩大的场合,后者用于传递扭矩小的场合。

16-4-11　**答**：允许轴线间有较大的角位移 α,采用双万向联轴器可以保持瞬时角速度不变。

16-4-12　**答**：(1)位移补偿。(2)传递的力矩。

16-4-13　**答**：牙嵌离合器须停车实现离、合,摩擦离合器可运行时实现离、合。

16-4-14　**答**：带式制动器简单、制动力矩大,但易损;块式制动器耐用、力矩稍小。

16-4-15　**答**：在选择联轴器、离合器时,引入工作情况系数的目的是考虑机器起动时的惯性力、机器在工作中承受过载、冲击等因素。

16-4-16　**答**：(1)轴向位移、径向位移和角位移。(2)综合位移指三者都含有的位移。

16-4-17　**答**：固定式联轴器要求被连接两轴轴线严格对中;可移式联轴器可以通过两半联轴器间的相对运动来补偿被连接两轴的相对位移;弹性联轴器包含有弹性元件,不仅具有吸收振动和缓解冲击的能力,而且能够通过弹性元件的变形来补偿两轴的相对位移。

16-4-18　**答**：制动性能好,不易磨损。

16-4-19　**答**：牙断裂、磨损。

16-4-20　**答**：联轴器 $\dfrac{J25\times44}{J_1B20\times38}$ GB/T 5843—2003。

16-4-21　**答**：联轴器 $\dfrac{ZC60\times107}{JB56\times107}$ GB/T 5014—2017。

16.5　计算题

16-5-1　**解**：转矩为

$$T = 9550 \times \frac{P}{n} = 9550 \times \frac{10}{1460} = 65.41\text{N} \cdot \text{m}$$

根据电动机与油泵查表可选 $K_A = 1.3$,求得

$$T_{ca} = K_A T = 1.3 \times 65.41 = 85.03 \text{N} \cdot \text{m}$$

选用 TL6 弹性套柱销联轴器,$[T] = 250 \text{N} \cdot \text{m}$。即

$$\text{TL6 联轴器} \frac{\text{Y32} \times 82}{\text{Y38} \times 82} \text{GB/T 4323—2017}。$$

16-5-2 解:

(1) 取 $K_A = 2.0$,$T_{ca} = K_A \times 9550 \times P/n = 99.48 \text{N} \cdot \text{m}$;选凸缘联轴器 GY7,公称转矩 $160 \text{N} \cdot \text{m}$,轴孔直径 $\phi 38 \text{mm}$。

(2) 带式制动器。

16-5-3 解: 取 $K_A = 1.3$,$T_{ca} = K_A \times 9550 \times P/n = 82.77 \text{N} \cdot \text{m}$,选择弹性套柱销联轴器 LT7,公称转矩 $500 \text{N} \cdot \text{m}$,轴孔直径 $\phi 45 \text{mm}$。

16-5-4 解: 在汽轮机与发电机之间用弹性柱销联轴器为宜。

取 $K_A = 1.3$,$T_{ca} = K_A 9550 \dfrac{P}{n} = 1.3 \times 9550 \times \dfrac{300}{3000} \text{N} \cdot \text{m} = 1241.5 \text{N} \cdot \text{m}$

选择弹性柱销联轴器 LX4,公称转矩 $2500 \text{N} \cdot \text{m}$,轴孔直径 $\phi 50 \text{mm}$,许用转速 3870rpm。

16-5-5 解:(1) 类型选择:为了隔离振动与冲击,选用弹性套柱销联轴器。

(2) 确定计算转矩:公称转矩

$$T = 9550 \frac{P}{n} = 9550 \times \frac{11}{1460} = 71.95 \text{N} \cdot \text{m}$$

由表查得载荷系数 $K = 1.9$,故得计算转矩为

$$T_{ca} = KT = 1.9 \times 71.95 = 136.71 \text{N} \cdot \text{m}。$$

(3) 型号选择:从 GB/T 4323—2017 中查得 LT6 型弹性套柱销联轴器的公称扭矩为 $250 \text{N} \cdot \text{m}$,最大许用转速为 3800r/min,轴径在 32~42mm,故合用。

(4) 标记:LT6 联轴器 $\dfrac{\text{YC42} \times 112}{J_1 \text{C40} \times 84}$ GB/T 4323—2017。

16-5-6 解:(1) 确定计算转矩:

公称转矩 $T = 9550 \dfrac{P}{n} = 9550 \times \dfrac{22}{970} = 216.60 \text{N} \cdot \text{m}$

由表查得载荷系数 $K = 1.3$,故得计算转矩为

$$T_{ca} = KT = 1.3 \times 216.60 = 281.58 \text{N} \cdot \text{m}。$$

(2) 型号选择:

从 GB/T 5014—2017 中查得 LX4 型弹性柱销联轴器的公称扭矩为 $1250 \text{N} \cdot \text{m}$,使用转速为 4000r/min,轴径为 40~56mm,故合用。

(3) 标记:LX4 联轴器 $\dfrac{\text{YA55} \times 112}{\text{ZC55} \times 84}$ GB/T 5014—2017。

(4) 联轴器装配简图略。

16-5-7 解:(1) 载荷计算:

离合器传递的公称转矩为

$$T = 9.55 \times 10^6 \frac{P}{n} = 9.55 \times 10^6 \times \frac{5}{1200} = 3.98 \times 10^4 \mathrm{N \cdot mm}$$

计算转矩为 $T_{ca} = KT = 1.3 \times 3.98 \times 10^4 = 5.17 \times 10^4 \mathrm{N \cdot mm}$。

(2) 求解轴向力 F_Q：

参考设计手册，取摩擦系数 $f = 0.2$，许用压强 $[p] = 0.3 \mathrm{MPa}$

由

$$T_{max} = \frac{z f F_Q (D_1 + D_2)}{4} \geqslant KT$$

得

$$F_Q \geqslant \frac{4KT}{zf(D_1 + D_2)} = \frac{4 \times 5.17 \times 10^4}{8 \times 0.2 \times (60 + 100)} = 760 \mathrm{N}。$$

(3) 压强验算：

取 $F_Q = 800 \mathrm{N}$，则有

$$p = \frac{4F_Q}{\pi(D_2^2 - D_1^2)} = \frac{4 \times 800}{\pi(110^2 - 60^2)} = 0.12 \mathrm{MPa} < [p]$$

所需操纵轴向力：$F_Q \geqslant 760 \mathrm{N}$。

第 17 章　结　构　设　计

17.1　选择题

题号	17-1-1	17-1-2	17-1-3	17-1-4	17-1-5	17-1-6	17-1-7	17-1-8	17-1-9	17-1-10	17-1-11	17-1-12
答案	A	C	B	C	B	D	C	A	A	A	B	D
题号	17-1-13	17-1-14	17-1-15	17-1-16	17-1-17	17-1-18	17-1-19	17-1-20	17-1-21	17-1-22	17-1-23	17-1-24
答案	B	A	A	B	A	A	B	B	C	A	A	B
题号	17-1-25	17-1-26	17-1-27	17-1-28	17-1-29	17-1-30	17-1-31	17-1-32	17-1-33	17-1-34	17-1-35	17-1-36
答案	B	A	ABD	A	B	A	A	A	B	A	B	B
题号	17-1-37	17-1-38	17-1-39	17-1-40	17-1-41	17-1-42	17-1-43	17-1-44	17-1-45	17-1-46	17-1-47	17-1-48
答案	B	A	A	B	A	B	A	C	A	A	C	B
题号	17-1-49	17-1-50	17-1-51	17-1-52	17-1-53	17-1-54	17-1-55	17-1-56	17-1-57	17-1-58	17-1-59	17-1-60
答案	B	D	A	D	C	C	D	A	B	D	D	B
题号	17-1-61	17-1-62										
答案	B	B										

17.2　分析题

17-2-1　**解：**(1) 楔键的上、下面分别与毂和轴上键槽的底面贴合，为工作面，而楔键的

侧面与键槽侧面间留有很小的间隙,如题 17-2-1 解图(a)所示。

(2) 正确的普通平键结构如题 17-2-1 解图(b)所示。

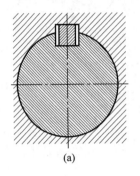 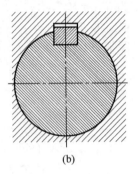

(a)　　　　　　　　　　　　　　　(b)

题 17-2-1 解图

17-2-2　**解**:逆时针。

17-2-3　**解**:

(1) 键装不进;

(2) 键与键槽应在顶面有间隙,不能在两侧有间隙;

(3) 图 17-61 中左视图缺剖面线。

17-2-4　**解**:图 17-62(b)合理,因为轴和毂的键槽加工方便。

17-2-5　**解**:(a)的工作面为侧面,半圆键;(b)的工作面为上、下面,楔键;(c)的工作面为侧面,切向键;(d)的工作面为侧面,平键。

17-2-6　**解**:如题 17-2-6 解图所示。

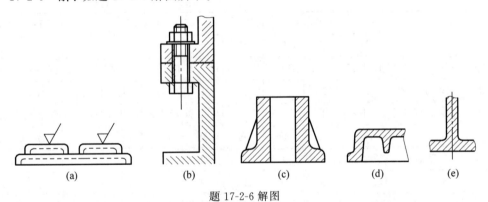

(a)　　　　　　(b)　　　　　　(c)　　　　(d)　　　(e)

题 17-2-6 解图

说明:图 17-64(a)加工面高度不同导致加工工序多,应将加工面设计成同一高度,可一次进行加工。正确图例如题 17-2-6 解图(a)所示。

图 17-64(b)装拆空间不够,不便甚至不能装配,应保证螺栓有必要的装拆空间,正确图例如题 17-2-6 解图(b)所示。

图 17-64(c)铸件壁厚不均匀,易出现缩孔,应使铸件壁厚尽可能一致,并用加强筋。正确图例如题 17-2-6 解图(c)所示。

图 17-64(d)铸件内、外壁无拔模斜度,应使铸件内、外壁有拔模斜度。正确图例如题 17-2-6 解图(d)所示。

图 17-64(e)铸件壁厚急剧变化,容易引起应力集中,铸件壁厚应采用圆角逐渐过渡变化。正确图例如题 17-2-6 解图(e)所示。

　17-2-7　**解**：如题 17-2-7 解图所示。

(1) 弹簧垫圈开口方向错误；

(2) 螺栓布置不合理,且螺纹孔结构表示错误；

(3) 轴套过高,超过轴承内圈的定位高度；

(4) 齿轮所在轴段过长,出现过定位现象,轴套定位齿轮不可靠；

(5) 键过长,轴套无法装入；

(6) 键顶面与轮毂接触,且键与固定齿轮的键不位于同一轴向剖面的同一母线上；

(7) 轴与端盖直接接触,且无密封圈；

(8) 重复定位轴承；

(9) 箱体的加工面未与非加工面分开,且无调整垫片；

(10) 齿轮润滑油润滑、轴承润滑脂润滑无挡油盘；

(11) 悬伸轴精加工面过长,装配轴承不便；

(12) 应减小轴承盖加工面。

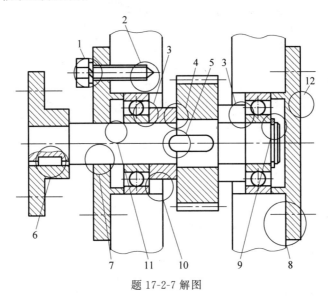

题 17-2-7 解图

　17-2-8　**解**：正确结构如题 17-2-8 解图所示。

题 17-2-8 解图

17-2-9 **解**：正确结构如题 17-2-9 解图所示。

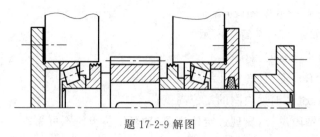

题 17-2-9 解图

17-2-10 **解**：正确结构如题 17-2-10 解图所示。

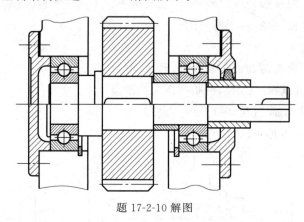

题 17-2-10 解图

17-2-11 **解**：轴系结构中的错误或不合理之处如题 17-2-11 解图(a)所示：

① 弹性挡圈为多余零件；

② 轴肩过高,不便于拆轴承；

③ 轴的台肩应在轮毂内；

④ 键槽太长；

⑤ 套筒外径太大,不应与外圈接触,不便于拆卸轴承；

⑥ 轴径太长,装拆轴承不便,应做成阶梯状；

⑦ 联轴器孔应打通；

⑧ 联轴器没有轴向固定；

⑨ 联轴器无周向固定；

⑩ 要有间隙加密封；

⑪ 箱体装轴承端盖处应有凸出的加工面,缺调整垫片；

⑫ 缺挡油环。

改正后的图如题 17-2-11 解图(b)所示。

17-2-12 **解**：改正后的结构如题 17-2-12 解图所示。

(1) 左、右两边轴承端盖无调整垫片。

(2) 左边轴承内圈轴向定位不当。

17-2-13 **解**：

(1) 左、右两边轴承端盖均无调整垫片；

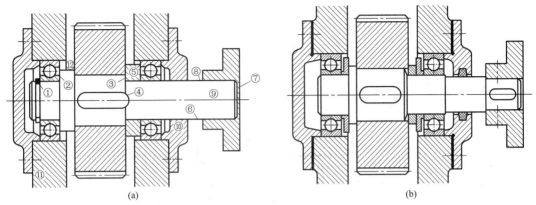

题 17-2-11 解图

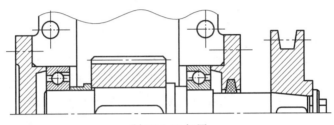

题 17-2-12 解图

（2）左边轴承内圈固定错误，轴肩高过内圈高度；

（3）键过长；

（4）齿轮轮毂的长度要长过与其配合的轴段 1～2mm；

（5）套筒高度高过右边轴承内圈的高度；

（6）右边轴承端盖与轴间要留有间隙；

（7）右边轴承端盖与轴间要有密封圈；

（8）和右端轴承相配合的轴端做成阶梯轴，便于装拆；

（9）两端的轴承要设有挡油环；

（10）联轴器没有周向定位。

第 18 章 变 速 器

18-1-1 **答**：原图错误：

（1）轴端零件的轴向定位问题未考虑；

（2）右轴承无轴向定位；

（3）齿根圆小于轴肩直径，未考虑滚齿加工齿轮的要求；

（4）定位轴肩过高，不便于左轴承拆卸；

（5）精加工面过长，左轴承装拆不便（轴承内圈与轴的配合通常为过盈配合），应设计阶梯轴；

（6）无调整垫片，不能调整轴承游隙；

（7）轴承无挡油环挡油；

（8）油沟中的油无法进入轴承进行润滑；

（9）轴承透盖（静止件）不能与轴（运动件）直接接触，两者之间需有间隙且要有密封。

正确图例如题 18-1-1 解图所示。

题 18-1-1 解图

18-1-2　答：原图错误：

（1）联轴器没有周向固定；

（2）套筒外径太小，对齿轮的轴向固定不可靠；

（3）与齿轮配合的轴段长度应小于齿轮宽度，保证套筒能可靠固定齿轮；

（4）从滚动轴承标准中可以查出轴承内圈、外圈的安装尺寸，调整环内径未按轴承外圈安装尺寸设计；

（5）嵌入式轴承盖与箱体之间应有间隙，便于安装和拆卸；

（6）定位轴肩过高，不便于左轴承拆卸；

（7）精加工面过长，右轴承装拆不便，应设计阶梯轴；

（8）键槽太靠近轴肩，易产生应力集中；

（9）轴承透盖与轴之间要有密封。

正确图例如题 18-1-2 解图所示。

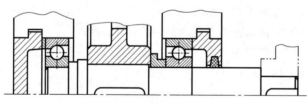

题 18-1-2 解图

18-1-3　答：原图错误：

（1）连接螺栓距轴承座中心较远，不利于提高连接刚度；

（2）轴承座及加强筋设计未考虑铸件拔模斜度；

（3）轴承盖螺钉不能设计在剖分面上；

（4）螺母或螺栓头部支承面处应设计加工凸台或沉头座；

（5）螺栓连接应考虑防松；

（6）普通螺栓连接时，螺栓杆与被连接件孔之间应有间隙；箱盖与箱座为 2 个零件，剖面线方向应该反向。

正确图例如题 18-1-3 解图所示。

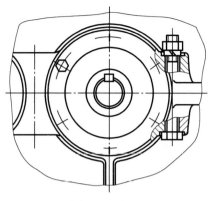

题 18-1-3 解图

18-1-4　**答**：箱盖和箱座分界线贯通轴承端盖,被轴承盖挡住部分无投影线,正确图例如题 18-1-4 解图所示。

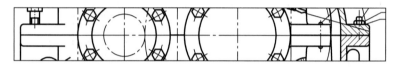

题 18-1-4 解图

18-1-5　**答**：起盖螺钉的螺纹不够,无法顶起箱盖;螺钉的端部不宜采用平端结构,正确图例如题 18-1-5 解图所示。

18-1-6　**答**：不剖开应画虚线,最好有局部剖视图,正确图例如题 18-1-6 解图所示。

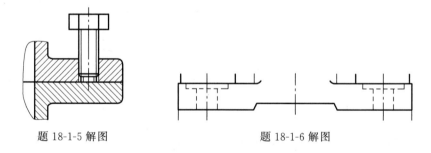

题 18-1-5 解图　　　　　　　　　　题 18-1-6 解图

18-1-7　**答**：箱座与箱盖未对齐,未画出齿轮齿顶圆投影,正确图例如题 18-1-7 解图所示。

18-1-8　**答**：吊孔太靠外缘,正确图例如题 18-1-8 解图所示。

18-1-9　**答**：未画出可见的齿轮齿顶圆。

18-1-10　**答**：定位销应布置在对角上,正确图例如题 18-1-10 解图所示。

18-1-11　**答**：窥视孔太小,不利于检查齿轮啮合区域的情况,正确图例如题 18-1-11 解图所示。

18-1-12　**答**：窥视孔偏上,不利于检查齿轮啮合区域的情况,正确图例如题 18-1-11 解图所示。

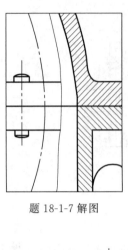

题 18-1-7 解图

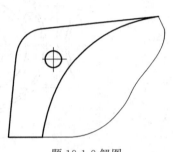

题 18-1-8 解图

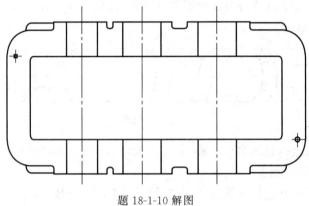

题 18-1-10 解图

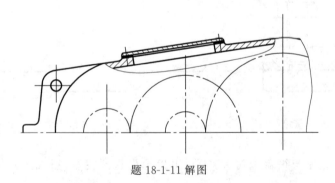

题 18-1-11 解图

18-1-13　**答**：窥视孔处无垫片，正确图例如题 18-1-11 解图所示。

18-1-14　**答**：窥视孔无凸台，正确图例如题 18-1-11 解图所示。

18-1-15　**答**：箱盖内壁线未画出，窥视孔盖螺钉、垫片画法错误，正确图例如题 18-1-15 解图所示。

18-1-16　**答**：圆形油标的安放位置偏高，无法显示最低油面；杆形油标(油标尺)位置不妥，油标插入、取出时会与箱座的凸缘产生干涉。

18-1-17　**答**：油标尺无法拔出，正确图例如题 18-1-17 解图所示。

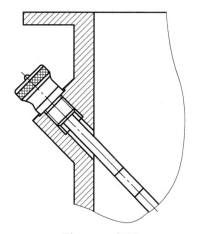

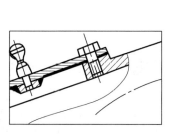

题 18-1-15 解图　　　　　　　　题 18-1-17 解图

18-1-18 **答**：油标尺挡住了箱体内壁部分,应该无箱体内壁线投影。

18-1-19 **答**：油标尺与孔间无间隙,箱体无螺纹孔。

18-1-20 **答**：箱内壁线投影未画全。

18-1-21 **答**：油塞太高,正确图例如题 18-1-21 解图所示。

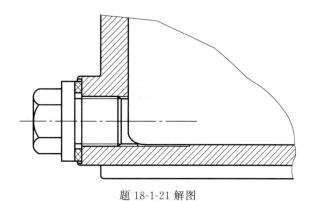

题 18-1-21 解图

18-1-22 **答**：油塞无封油垫。

18-1-23 **答**：油塞画法错误:内箱体底部没有凹池和斜度。

18-1-24 **答**：油塞画法错误:内箱体底部没有凹池和斜度。

18-1-25 **答**：油塞画法错误:内箱体底部没有凹池和斜度。

18-1-26 **答**：三组滚动轴承孔座端面不平齐。

18-1-27 **答**：定位销应选圆锥销,销局部剖视图中 2 个零件的剖面线应该反向,销中间部分无投影线。

18-1-28 **答**：定位销应选圆锥销,未画局部剖视图。

18-1-29 **答**：圆锥销锥角过大,圆锥销会被割断。

18-1-30 **答**：定位销太短,正确图例如题 18-1-30 解图所示。

18-1-31 **答**：圆柱销对孔的精度要求高,不便于装拆,应优先选用圆锥销。

18-1-32　**答**：启盖螺钉的螺纹长度不够，无法顶起箱盖；螺钉的端部不宜采用平端结构。

18-1-33　**答**：轴上有键可见，未画出。

18-1-34　**答**：两螺栓太靠近，正确图例如题 18-1-34 解图所示。

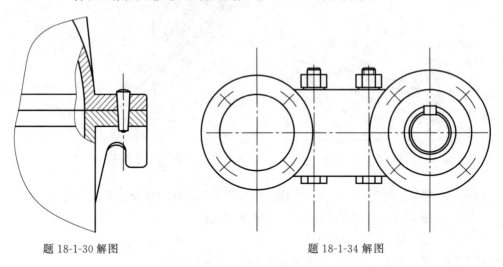

题 18-1-30 解图　　　　　　　　　　题 18-1-34 解图

18-1-35　**答**：螺栓太靠近轴承孔座，正确图例如题 18-1-35 解图所示。

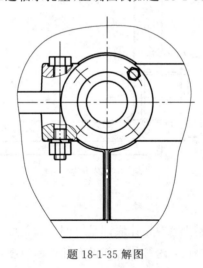

题 18-1-35 解图

18-1-36　**答**：中分面不应设螺钉。

18-1-37　**答**：箱盖与箱座应有分界线，连接螺栓没有局部剖视图表示装配关系。

18-1-38　**答**：螺栓连接画法错误，螺栓杆或螺母支承面无凸台或沉头座。

18-1-39　**答**：螺栓杆或螺母支承面无凸台或沉头座，缺防松垫片等，未局部剖开。

18-1-40　**答**：轴承孔座没有铸件拔模斜度。

18-1-41　**答**：螺栓的沉孔直径太小，平台没画全。

18-1-42　**答**：螺栓的沉孔直径太小，应该画局部剖视图。

18-1-43　**答**：凸缘没对齐，如题 18-1-43 解图所示。

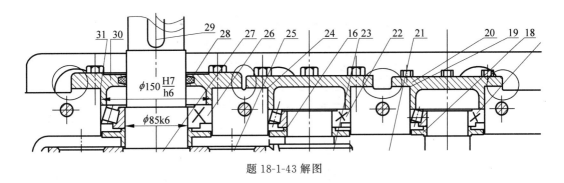

题 18-1-43 解图

18-1-44　**答**：大齿轮齿顶圆与内壁的距离(a)偏大、(b)偏小，正确图例如题 18-1-44 解图所示。

18-1-45　**答**：挡油环没间隙，不应平齐，正确图例如题 18-1-45 解图所示。

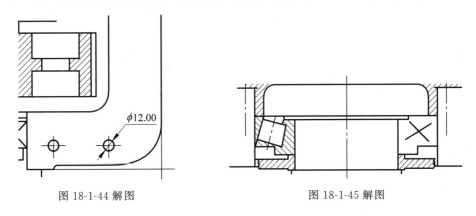

图 18-1-44 解图　　　　　　　　　　　　图 18-1-45 解图

18-1-46　**答**：端盖螺钉偏外，未考虑主视图投影角度，正确图例如题 18-1-46 解图所示。

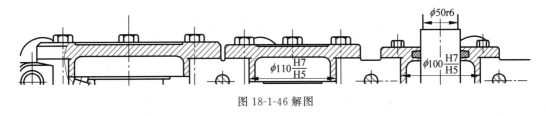

图 18-1-46 解图

18-1-47　**答**：轴承孔没贯通，正确图例如题 18-1-47 解图所示。

18-1-48　**答**：轴键槽和孔键槽的几何公差要求：为了保证键宽与键槽宽之间有足够的接触面积和可装配性，对键和键槽的位置误差要加以控制，应分别规定轴键槽对轴的基准线和轮毂槽对孔的基准轴线的对称度公差，一般可按 GB/T 1184—2019 对称度公差 7～9 级选取。查表时，公称尺寸是指键宽。

轴键槽和孔键槽的表面粗糙度轮廓要求：键和键槽配合面的表面粗糙度一般取 1.6～3.2μm，非配合面取 6.3μm。

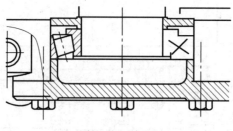

图 18-1-47 解图

轴键槽标注主要包括：(1)标注槽深 $d-t_1$ 及公差；(2)标注槽宽及公差；(3)标注对称度公差；(4)标注表面粗糙度，如题 18-1-48 解图(a)所示。

孔键槽标注主要包括：(1)标注轮毂深 $d+t_2$ 及公差；(2)标注槽宽 b 及公差；(3)标注对称度公差；(4)标注表面粗度，如题 18-1-48 解图(b)所示。

其中 $b,d,d-t_1,d+t_2$ 如题 18-1-48 解图(c)所示。

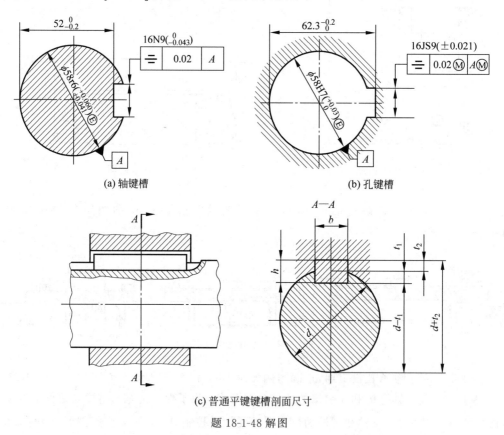

(c) 普通平键键槽剖面尺寸

题 18-1-48 解图

18-1-49　**答**：如题 18-1-49 解图所示。

参 考 文 献

[1] 黄平.机械设计习题集[M].北京：清华大学出版社,2016.

[2] 黄平,徐晓,朱文坚.机械设计基础：理论、方法与标准[M].北京：清华大学出版社,2018.

[3] 黄平,朱文坚.机械设计教程：理论、方法与标准[M].北京：清华大学出版社,2010.

[4] 朱文坚,黄平,翟敬梅.机械设计课程设计[M].3 版.北京：清华大学出版社,2015.

[5] 朱文坚,黄平,刘小康,等.机械设计[M].3 版.北京：高等教育出版社,2015.